全国高等职业教育规划教材

机器人应用技术

董春利　编著

机械工业出版社

本书根据高职高专教育的特点，以职业岗位核心能力为目标，精选教学内容，力求内容新颖、叙述简练、应用灵活、学用结合。

本书按照机器人应用技术的实用性为主线编写，主要内容包括机器人应用技术概述、机器人的基础知识、机器人的机械结构系统、机器人的驱动系统、机器人的控制系统、机器人的感觉系统、机器人的语言系统、工业机器人及其应用、其他机器人及其应用、智能机器人简介。

书中以大量常用的机器人作为实例，针对高等职业院校培养应用型技术人才的目标，删除繁琐的公式推导、函数计算和矩阵变换，结合大量图表，力求达到实用实效、好学好教、易读易懂。

本书可作为高职高专、应用型本科和成人高校的机电一体化技术、自动化技术、应用电子技术等专业的教材，也可供相关专业技术人员参考。

本书配套授课电子教案，需要的教师可登录机械工业出版社教材服务网 www.cmpedu.com 免费注册后下载，或联系编辑索取（QQ：1239258369，电话：010-88379739）。

图书在版编目（CIP）数据

机器人应用技术 / 董春利编著. —北京：机械工业出版社，2014.10
(2019.1重印)
全国高等职业教育规划教材
ISBN 978-7-111-47256-8

Ⅰ. ①机… Ⅱ. ①董… Ⅲ. ①机器人技术-高等职业教育-教材
Ⅳ. ①TP24

中国版本图书馆 CIP 数据核字（2014）第 246320 号

机械工业出版社（北京市百万庄大街 22 号 邮政编码 100037）

责任编辑：曹帅鹏　　责任校对：张艳霞
责任印制：常天培
涿州市京南印刷厂印刷
2019 年 1 月第 1 版・第 5 次印刷
184mm×260mm・20.5 印张・507 千字
11501-14500 册
标准书号：ISBN 978-7-111-47256-8
定价：49.90 元

凡购本书，如有缺页、倒页、脱页，由本社发行部调换

电话服务
服务咨询热线：（010）88379833
读者购书热线：（010）88379649

网络服务
机 工 官 网：http://www.cmpbook.com
机 工 官 博：http://weibo.com/cmp1952
教育服务网：http://www.cmpedu.com
金 书 网：www.golden-book.com

全国高等职业教育规划教材机电专业编委会成员名单

出 版 说 明

《国务院关于加快发展现代职业教育的决定》指出：到 2020 年，形成适应发展需求、产教深度融合、中职高职衔接、职业教育与普通教育相互沟通，体现终身教育理念，具有中国特色、世界水平的现代职业教育体系，推进人才培养模式创新，坚持校企合作、工学结合，强化教学、学习、实训相融合的教育教学活动，推行项目教学、案例教学、工作过程导向教学等教学模式，引导社会力量参与教学过程，共同开发课程和教材等教育资源。机械工业出版社组织全国 60 余所职业院校（其中大部分是示范性院校和骨干院校）的骨干教师共同策划、编写并出版的“全国高等职业教育规划教材”系列丛书，已历经十余年的积淀和发展，今后将更加紧密结合国家职业教育文件精神，致力于建设符合现代职业教育教学需求的教材体系，打造充分适应现代职业教育教学模式的、体现工学结合特点的新型精品化教材。

“全国高等职业教育规划教材”涵盖计算机、电子和机电三个专业，目前在销教材 300 余种，其中“十五”“十一五”“十二五”累计获奖教材 60 余种，更有 4 种获得国家级精品教材。该系列教材依托于高职高专计算机、电子、机电三个专业编委会，充分体现职业院校教学改革和课程改革的需要，其内容和质量颇受授课教师的认可。

在系列教材策划和编写的过程中，主编院校通过编委会平台充分调研相关院校的专业课程体系，认真讨论课程教学大纲，积极听取相关专家意见，并融合教学中的实践经验，吸收职业教育改革成果，寻求企业合作，针对不同的课程性质采取差异化的编写策略。其中，核心基础课程的教材在保持扎实的理论基础的同时，增加实训和习题以及相关的多媒体配套资源；实践性较强的课程则强调理论与实训紧密结合，采用理实一体的编写模式；涉及实用技术的课程则在教材中引入了最新的知识、技术、工艺和方法，同时重视企业参与，吸纳来自企业的真实案例。此外，根据实际教学的需要对部分课程进行了整合和优化。

归纳起来，本系列教材具有以下特点：

1）围绕培养学生的职业技能这条主线来设计教材的结构、内容和形式。

2）合理安排基础知识和实践知识的比例。基础知识以“必需、够用”为度，强调专业技术应用能力的训练，适当增加实训环节。

3）符合高职学生的学习特点和认知规律。对基本理论和方法的论述容易理解、清晰简洁，多用图表来表达信息；增加相关技术在生产中的应用实例，引导学生主动学习。

4）教材内容紧随技术和经济的发展而更新，及时将新知识、新技术、新工艺和新案例等引入教材。同时注重吸收最新的教学理念，并积极支持新专业的教材建设。

5）注重立体化教材建设。通过主教材、电子教案、配套素材光盘、实训指导和习题及解答等教学资源的有机结合，提高教学服务水平，为高素质技能型人才的培养创造良好的条件。

由于我国高等职业教育改革和发展的速度很快，加之我们的水平和经验有限，因此在教材的编写和出版过程中难免出现问题和疏漏。我们恳请使用这套教材的师生及时向我们反馈质量信息，以利于我们今后不断提高教材的出版质量，为广大师生提供更多、更适用的教材。

机械工业出版社

前　言

本教材是根据高职高专教学改革“淡化理论，够用为度，培养技能，重在运用，能力本位”的指导思想编写的，力图使高职高专机电一体化、自动化类各专业的学生在学完本课程后，能获得具有生产一线技术和运行人员所必须掌握的机器人技术应用的基本知识和基本技能。

机器人应用技术是机电一体化技术的专业核心课程，是机电一体化技术皇冠上的明珠。机器人应用岗位已经成为众多行业特别是电子制造、汽车制造、半导体工业、机械制造、造船工业、机床加工等行业最关键和最核心的工作岗位。根据近三年国内在北京、上海、广州、深圳举行的自动化类、机电一体化类展览会的调查发现，国内机器人的产销量呈直线上升趋势，对能够正确选择、使用、维护、维修机器人的生产一线的应用类人才的需求也日益增长。

根据最近工控网、慧聪网等专业网站报道，世界上各大主要的工业机器人公司，纷纷在长三角和珠三角设立国内的生产和组装工厂以及研发中心，可以预见国内机器人的产销量在不久的将来必将呈现爆炸式上升趋势，对机器人推广、销售、售后服务等的应用类人才的需求也将日益增长。中国经济正处于一个剧烈的转型期，从劳动密集型制造类大国，转向知识密集型创新大国，其中最主要的是制造技术的升级换代，其关键技术就是机器人应用的普及。

本书以机器人应用技术的实用性为主线编写，重点介绍各种实际机器人的应用实例，主要内容包括机器人的定义、结构、组成、发展等机器人应用技术概述；机器人的分类、性能、术语、符号、参数、运动学与动力学等机器人的基础知识；机器人的机身、臂部、腕部、手部和行走机构等机械结构系统；机器人的电动机以及液压、气压等驱动系统；机器人控制系统的结构、参数以及伺服电动机调速等机器人的控制系统；机器人的内部传感器、外部传感器等机器人的感觉系统；机器人的语言指令体系、离线编程过程等机器人的语言系统；焊接、搬运、码垛、喷涂、装配等工业机器人的应用；水下、空间、服务、军用、农业、仿人机器人的组成与应用；模糊、神经网络机器人等智能机器人系统的应用。

本书主要作为高职高专学校机电一体化、电气自动化技术和机械制造自动化等与装备制造业有关专业的教学用书，书中的一些章节具有一定的独立性，因此在教学中可以根据教学大纲要求分别选用，安排 32 学时～80 学时的教学内容。其他相关专业可根据需要选用不同的章节，安排学时。

由于机器人技术发展较快、涉及的知识面非常广泛，也由于作者的水平有限，在接触领域和理解上有一定的局限性，因此，在内容选择和安排上，难免会存在遗漏和不妥之处，诚请读者批评指正。

编　者

目　录

第1章 机器人应用技术概述

【内容提要】

本章主要是机器人应用技术的概述。讲述了机器人的定义、特性、历史、发展；讲解了机器人的主要部件、结构、工作原理；介绍了机器人应用技术的技术领域、应用现状与发展趋势。

【教学提示】

学习完本章的内容后，学生应能够了解机器人的定义、历史，了解机器人应用技术的现状与发展趋势，掌握机器人的部件、结构、特性；能够分析机器人的组成与工作原理；能够运用上述所学讲述机器人应用技术的内容，并强化学好本门课程的决心。

1.1 机器人的基本概念

机器人是一门多学科综合交叉的边缘学科，它涉及机械、电子、运动学、动力学、控制理论、传感检测、计算机技术和人机工程。机器人是典型的机电一体化装置，它不是机械、电子的简单组合，而是机械、电子、控制、检测、通信和计算机的有机融合。

计算机技术的不断发展使机器人技术的发展达到了一个新的水平。上至宇宙飞船、下至深海开发，大到空间站、小到微型机器人，机器人技术已拓展到全球经济发展的诸多领域，成为高科技中极为重要的组成部分。人类文明的发展、科技的进步已和机器人的研究、应用产生了密不可分的关系。人类社会的发展已离不开机器人技术，而机器人技术的进步又对推动科技发展起着不可替代的作用。

通过本书的学习，读者能了解机器人的组成、特性和应用，掌握机器人的基本知识和基本应用技能，能够将从本书学到的知识和技能，运用于对实际机器人的安装、调试、运行与维护等工作中。

1.1.1 机器人的定义与特性

一提起机器人，人们往往联想起科幻电影和电视中虚构的人形机器形象，它们外形如人，智能超群。那么，什么是机器人呢？一般地说，机器人是由程序控制的，具有人或生物的某些功能，可以代替人进行工作的机器。

1. 机器人的定义

（1）机器人名词的来源

机器人一词源于一个科幻的形象。1920 年捷克作家 Karel Capek 发表的一个科幻剧“Rossums Universal Robots”（罗萨姆的万能机器人），robot 是由捷克文 robota（意为农奴，苦力）衍生而来的。剧中描述了一家发明类人机器 robot 的公司，该公司将 robot 作为工业产品推向市场，让它去充当劳动力。它们按照其主人的指令工作，没有感觉和感情，以呆板的方式从事繁重的劳动。

目前现实生活中应用的机器人，外形和人毫无相似之处，通常是按照人们预定的程序重复一些看似简单的动作，设计人员往往只重视机器人的功能。随着科学技术的发展，各国都在致力于研制具有完全自主能力、拟人化的智能机器人。目前研制的最先进的仿人机器人，如日本本田公司研制的 ASIMO 双足步行机器人，其活动能力和智能与人还相差很远。

（2）国际上机器人的定义

机器人虽然现在已被广泛应用，且越来越受到人们的重视，而机器人这一名词却还没有一个统一、严格、准确的定义。不同国家、不同研究领域的学者给出的定义不尽相同，虽然定义的基本原则大体一致，但仍有较大区别。欧美国家的定义限定更多一些，日本给出的定义宽松一些，这样就使得机器人的定义范围大小不同，以致在统计机器人的数量时，由于定义限定的差异，各种统计数字会有很大出入，故经常要给予特殊说明。

国际上，关于机器人的定义主要有如下几种。

1）英国牛津字典的定义："机器人是貌似人的自动机，具有智力且顺从于人，但不具人格的机器"。

2）美国机器人协会（RIA）的定义："机器人是一种用于移动各种材料、零件、工具或专用装置的，通过可编程序操作来执行各种任务的，并具有编程能力的多功能机械手"。

3）国际标准化组织（ISO）的定义："机器人是一种自动的、位置可控的、具有编程能力的多功能机械手，这种机械手有几个轴，能够借助于可编程序操作来处理各种材料、零件、工具和专用装置，以执行各种任务"。

（3）我国对机器人的定义

我国科学家对机器人的定义是："机器人是一种自动化的机器，所不同的是这种机器具备一些与人或生物相似的智能能力，如感知能力、规划能力、动作能力和协同能力，是一种具有高度灵活性的自动化机器"。

在研究和开发未知及不确定环境下作业的机器人的过程中，人们逐步认识到机器人技术的本质是感知、决策、行动和交互技术的结合。

上述各种定义有共同之处，即认为机器人①像人或人的某一部分，并能模仿人的动作；②具有智力、感觉与识别能力；③是人造的机器或机械电子装置。随着机器人的进化和机器人智能的发展，这些定义都有修改的必要，甚至需要对机器人重新定义。

（4）对工业机器人的定义

1987 年国际标准化组织对工业机器人进行了定义："工业机器人是一种具有自动控制的操作和移动功能，能完成各种作业的可编程操作机"。

目前部分国家倾向于美国机器人协会所给出的定义："一种可以反复编程和多功能的，用来搬运材料、零件、工具的操作机；或者为了执行不同的任务而具有可改变的和可编程的动作的专门系统"。

2．机器人的特性

1967 年在日本召开的第一届机器人学术会议上，就提出了两个代表其特性的定义。一是森政弘与合田周平提出的："机器人是一种具有移动性、个体性、智能性、通用性、半机械半人性、自动性、奴隶性 7 个特征的柔性机器"。从这一定义出发，森政弘又提出了用自动性、智能性、个体性、半机械半人性、作业性、通用性、信息性、柔性、有限性、移动性10 个特性来表示机器人。另一个是加藤一郎提出的三个特性：具有脑、手、脚三要素的个体；具有非接触传感器（用眼、耳接受远方信息）和接触传感器；具有平衡觉和固有觉的传感器。

（1）机器人的特性

根据国际标准化组织（ISO）给出的机器人定义，机器人的特性涵盖如下。

1）机器人具有类人性，其动作机构具有类似于人或其他生物体某些器官的功能。

2）机器人具有通用性，其工作种类多样，动作程序灵活易变。

3）机器人具有智能性，其智能程度不同，如记忆、感知、推理、决策、学习等。

4）机器人具有独立性，完整的机器人系统在工作中可以不依赖于人的干预。

（2）机器人学三原则

为了防止机器人伤害人类，1940 年，一位名叫阿西莫夫（Isaac Asimov）的科幻作家首次使用了 Robotics（机器人学）来描述与机器人有关的科学，并提出了“机器人学三原则”，这三个原则如下。

1）机器人不得伤害人类或由于故障而使人遭受不幸。

2）机器人应执行人们下达的命令，除非这些命令与第一原则相矛盾。

3）机器人应能保护自己的生存，只要这种保护行为不与第一或第二原则相矛盾。

这是给机器人赋予的伦理性纲领。机器人学术界一直将这三原则作为机器人开发的准则。

1.1.2 机器人的历史与发展

1．机器人的历史

（1）古代的机器人

机器人一词虽出现得较晚，然而这一概念在人类的想象中却早已出现。制造机器人是机器人技术研究者的梦想，代表了人类重塑自身、了解自身的一种强烈愿望。自古以来，就有不少科学家和杰出工匠制造出了具有人类特点或具有模拟动物特征的机器人雏形。

《列子·汤问》记载，西周时期周穆王在位时，能工巧匠偃师制造出了一个逼真的机器人，它和人一样能歌善舞，这是我国最早记载的具备机器人概念的文字资料。据《墨经》记载，春秋后期，木匠鲁班在机械方面也是一位发明家，他曾制造过一只木鸟，能在空中飞行“三日而不下”。

三国时，又出现了能替人搬东西的“机器人”。它是由蜀汉丞相诸葛亮发明的，能替代人运输物资的机器——“木牛流马”，也就是现代的步行机机器人。它在结构和功能上相当于今天运输用的工业机器人。

1662 年，日本的竹田近江利用钟表技术发明了自动机器玩偶，并在大阪演出。18 世纪末通过改进，制造出了端茶玩偶。它是木质的，发条和弹簧是用鲸鱼须制成的。它双手捧着茶盘，如果把茶杯放在茶盘上，它便会向前走，把茶端给客人，客人取茶杯时，它会自动停止行走，客人喝完茶把茶杯放回茶盘上时，它就又转回原来的地方。

1738 年，法国天才技师杰克·戴·瓦克逊发明了一只机器鸭，它会嘎嘎叫，会游泳和喝水，还会进食和排泄。瓦克逊的本意是想把生物的功能机械化以进行医学上的分析。

1768～1774 年间，瑞士钟表匠德罗斯父子三人合作制造出三个像真人一样大小的机器人——写字偶人、绘图偶人和弹风琴偶人。它们是靠弹簧驱动，由凸轮控制的自动机器，至今还作为国宝保存在瑞士纳切尔市艺术和历史博物馆内。

1890 年在美国芝加哥的小实验室里，Archibald Campion 教授制造出了一个叫做机器人锅炉的装置，可以自动向外输出所需温度的热水，这个装置曾经参加了 1893 年的哥伦比亚世界博览会。

1901 年，为了迎接新世纪的到来，有人制造出了一个机器人战士，尽管那时候汽车和飞机还没有发明，但是对多功能人工机械人的研发，让人不得不刮目相看。

（2）近代的机器人

进入 20 世纪 40 年代后期，机器人的研究与发明得到了更多人的关心与关注。20 世纪 50 年代以后，美国橡树岭国家实验室开始研究能搬运核原料的遥控操纵机械手，如图 1-1 所示。这是一种主、从型控制系统，系统中加入力反馈，可使操作者获知施加力的大小，主、从机械手之间有防护墙隔开，操作者可通过观察窗或闭路电视对从机械手操作机进行有效地监视，主、从机械手系统的出现为机器人的产生以及近代机器人的设计与制造作了铺垫。

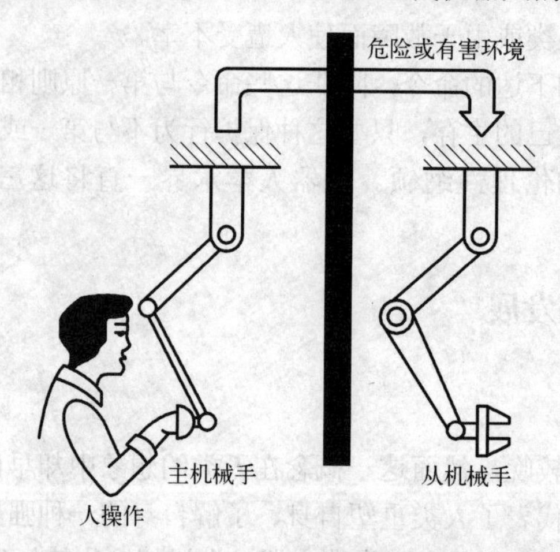

图 1-1　主从型遥控操纵机械手

1954 年美国德沃尔（George・G・Devol）最早提出了工业机器人的概念，并申请了专利。该专利的要点是借助伺服技术控制机器人的关节，利用人手对机器人进行动作示教，机器人能实现动作的记录和再现。这就是所谓的示教再现机器人。现有的机器人差不多都采用这种控制方式。

（3）现代的机器人

机器人是以控制论和信息论为指导，综合了机械学、微电子技术、计算机、传感技术等学科的成果而诞生的。因此，随着这些学科，特别是计算机技术的发展，在现代出现机器人已经是顺理成章的事了。

1959 年，德沃尔的 Unimation 公司制造出世界上第一台工业机器人 Unimate 机器人，机器人的历史才真正开始。这种机器人外形有点像坦克炮塔，基座上有一个大机械臂，大臂可绕轴在基座上转动，大臂上又伸出一个小机械臂，它相对大臂可以伸出或缩回。小臂顶有一个腕，可绕小臂转动，进行俯仰和侧摇。腕前端是手，即操作器。这个机器人的功能和人的手臂功能相似。现在的 Unimate 机器人（如图 1-2 所示）是球坐标机器人，它由 5 个关节串联的液压驱动，可完成近 200 种示教再现动作。

随后，美国 AMF 公司制造出 Versatran 机器人。Versatran 机器人（如图 1-3 所示）主要用于机器之间的物料运输，机器人手臂可以绕底座回转，沿垂直方向升降，也可以沿半径方向伸缩。因此，一般认为 Unimate 和 Versatran 机器人是世界上最早的工业机器人。

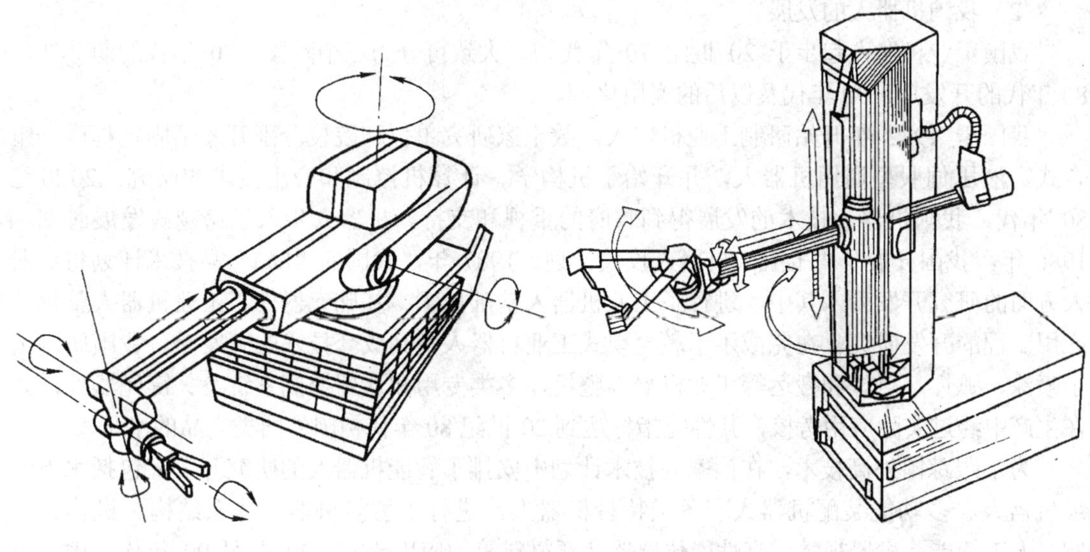

图 1-2　Unimate 机器人　　　　图 1-3　Versatran 机器人

2．机器人的实用化

（1）美日欧机器人的发展

美国机器人从诞生起，在相当长的一段时期内，主要停留在大学和研究所的实验室里，虽然做出了一系列研究成果，但是没有形成生产能力且应用较少，因而也很难得到充裕的经费支持。与此同时，工业生产和应用部门对机器人技术的效益持观望态度，因此研究开发、生产和应用脱节的现象延缓了这一新技术在美国的发展。直到 20 世纪 70 年代中期，鉴于机器人技术发展和日本在工业机器人方面所取得的成就，美国才意识到问题的紧迫性并采取多方面措施。

日本开始做机器人研究并不算早，日本的机器人技术人员首先引进了美国机器人技术，经过技术消化并在日本迅速将其实用化。1967 年，日本东京机械贸易公司首次从美国引进 Versatran 机器人；1968 年，日本川崎重工业公司从美国引进 Unimate 机器人，并对它进行改进，增加了视觉功能，使其成为一种具有智能的机器人。这一成就，引起日本产业界和政府的高度重视，为了推广应用这一新技术，日本政府在技术政策和经济上都采取措施加以扶植，因此，日本的工业机器人迅速走出了从试验应用到成熟产品应用的阶段，工业机器人得以大量生产和应用。20 世纪 70 年代是日本机器人的迅速发展时期，日本在机器人的产品开发和应用两个方面超过美国，成为当今世界第一的“机器人王国”。

1979 年 Unimation 公司又推出 PUMA 系列工业机器人，它是一种全电动驱动、关节式结构、多 CPU 二级微处理器控制、采用 VAL 专用语言、可配置视觉、触觉和力传感器的较为先进的机器人；同年日本山梨大学的牧野洋研制了具有平面关节的 SCARA 型机器人。

1985 年，发那科公司又推出了交流伺服驱动的工业机器人产品。这一时期，各种装配机器人的产量增长较快，与机器人配套使用的装置和视觉技术也在迅速发展。

近十几年来，欧洲的德国、瑞典、法国及英国的机器人产业发展比较快。目前，世界上机器人无论是从技术水平上，还是从已装备的数量上，优势集中在以日、欧、美为代表的少数几个发达的工业化国家。

（2）我国机器人的发展

我国工业机器人起步于 20 世纪 70 年代初，大致可分为三个阶段：70 年代的萌芽期，80 年代的开发期，90 年代及以后的实用化期。

我国于 1972 年开始研制工业机器人，数十家研究单位和院校分别开发了固定程序、组合式、液压伺服型通用机器人，并开始了机构学、计算机控制和应用技术的研究。20 世纪 80 年代，我国机器人技术的发展得到政府的重视和支持，机器人步入了跨越式发展时期。1986 年，我国开展了"七五"机器人攻关计划。1987 年，我国的"863"高技术计划将机器人方面的研究开发列入其中，进行了工业机器人基础技术、基础元器件、工业机器人整机及应用工程的开发研究。在完成了示教再现式工业机器人及其成套技术的开发后，我国研制出了喷涂、弧焊、点焊和搬运等工业机器人整机，多类专用和通用控制系统及关键元器件，并在生产中经过实际应用考核，其性能指标达到 20 世纪 80 年代初国外同类产品的水平。

为了跟踪国外高技术，在国家高技术计划中安排了智能机器人的研究开发，包括水下无缆机器人、多功能装配机器人和各类特种机器人，进行了智能机器人体系结构、机构、控制、人工智能、机器视觉、高性能传感器及新材料等的应用研究。20 世纪 90 年代，由于市场竞争加剧，一些企业认识到必须要用机器人等自动化设备来改造传统产业，从而使机器人进一步走向产业化。在喷涂机器人、点焊机器人、弧焊机器人、搬运机器人、装配机器人和矿山、建筑、管道作业的特种工业机器人技术和系统应用的成套技术方面继续开发和完善，进一步开拓市场，扩大应用领域，从汽车制造业逐步扩展到其他制造业并渗透到非制造业领域。如机器人化柔性装配系统的研究，充分发挥工业机器人在未来计算机集成制造系统（CIMS）中的核心技术作用。

3．机器人的发展方向

如今机器人发展的特点可概括为：①横向上，应用面越来越宽，由工业应用扩展到更多领域的非工业应用，像做手术、采摘水果、剪枝、巷道掘进、侦查、排雷等，只要能想到的，就可以去创造实现；②纵向上，机器人的种类越来越多，像进入人体的微型机器人，已成为一个新方向，可以小到像一个米粒般大小；③机器人智能化将得到加强，机器人会更加聪明。

（1）智能化

人工智能是关于人造物的智能行为，它包括知觉、推理、学习、交流和在复杂环境中的行为，人工智能的长期目标是发明出可以像人类一样或能更好地完成以上行为的机器。

（2）微型化

微型机器人又称为"明天的机器人"。它是机器人研究领域的一颗新星，它同智能机器人一起成为科学追求的目标。

在微电子机械领域，尺寸在 1～100mm 的为小型机械，10μm～1mm 的为微型机械，10nm～10μm 的为超微型机械。而微型机器人的体积可以缩小到微米级甚至亚微米级，重量轻至纳克，加工精度为微米级或纳米级。

发展微型和超微型机器人的指导思想非常简单：某些工作若用一台结构庞大、价格昂贵的大型机器人去做，不如用成千上万个低廉、微小、简单的机器人去完成。这正如用一大群蝗虫去“收割”一片庄稼，要比使用一台大型联合收割机快。

如图 1-4 所示的小得能放到手掌上的 FR-Ⅱ微型机器人轻巧地从现场设置的桌子上起飞后，能在 3m 左右的高度盘旋飞行。在现场设置的投影机上投出了安装在机器人上的 CMOS 摄像头拍摄到的图像。比起其前代来，新的机器人更轻盈也更高级，具有独立的飞行能力并且可采用无线蓝牙进行操控。

图 1-4　FR-Ⅱ微型机器人

微型机器人的发展依赖于微加工工艺、微传感器、微驱动器和微结构四个支柱。这四个方面的基础研究有三个阶段：器件开发阶段、部件开发阶段、装置和系统开发阶段。现已研制出直径为 20μm、长为 150μm 的铰链连杆，200μm×200μm 的滑块结构，以及微型的齿轮、曲柄、弹簧等。贝尔实验室已开发出一种直径为 400μm 的齿轮，在一张普通邮票上可放 6 万个齿轮和其他微型器件。德国卡尔斯鲁厄核研究中心的微型机器人研究所，研究出一种新型微加工方法，这种方法是 X 射线深刻蚀、电铸和塑料模铸的组合。深刻蚀厚度为 10～1000μm。

微型机械的发展，是建立在大规模集成电路制作设备与技术的基础上的。微驱动器、微传感器都是在集成电路技术基础上用标准的光刻和化学腐蚀技术制成的。不同的是集成电路大部分是二维刻蚀的，而微型机械则完全是三维的。微型机械和微型机器人已逐步形成一个牵动众多领域向纵深发展的新兴学科方向。

（3）仿生化

直至近来，大多数机器人才被认为属于生物纲目之一。工具型机器人保持了机器人应有的基本元素，如装备了爪形机械，抓具和轮子，但不管怎么看，它都像是台机器（如图 1-5 中的 R2-D2）。相比之下，类人形机器人则最大程度地与创造它们的人类相似，它们的运动臂上有自己的双手，下肢有真正的脚，有人类一样的脸（如图 1-5 中的 C-3PO）。介于这两种极端情况之间的是少数具备动物特征的机器人，它们通常被做成宠物的模样（如图 1-6 中的索尼机器狗 AIBO），但事实上，它们只不过是供娱乐的玩具。

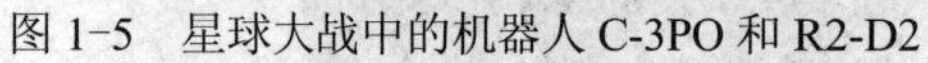

图 1-5　星球大战中的机器人 C-3PO 和 R2-D2

图 1-6　索尼机器狗 AIBO

有动物特征的机器人一直以来都在迅猛发展。现在，工程师们的仿生对象不仅有狗，还包括长有胡须的鼩鼱、会游泳的七鳃鳗、爪力十足的章鱼、善于攀爬的蜥蜴和穴居蛤。他们甚至在努力模仿昆虫，研发可以振翅高飞的蚊虫机器人，如图 1-7 所示。结果导致，工具型机器人和类人形机器人研究逐渐受到冷落，而动物形态仿生机器人的研究则不断取得进展。

图 1-7　机器蚊子

1.2　机器人的组成原理

1.2.1　机器人的组成

通常来讲，按照机器人各个部件的作用，一个机器人系统一般由三个部分、六个子系统组成，如图 1-8 和图 1-9 所示。这三个部分是机械部分、传感部分、控制部分；六个子系统是驱动系统、机械结构系统、感受系统、人-机交互系统、机器人-环境交互系统、控制系统。

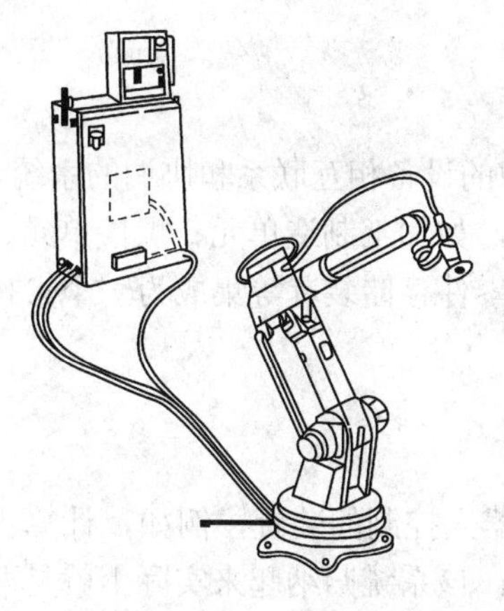
图 1-8　机器人的三大组成部分

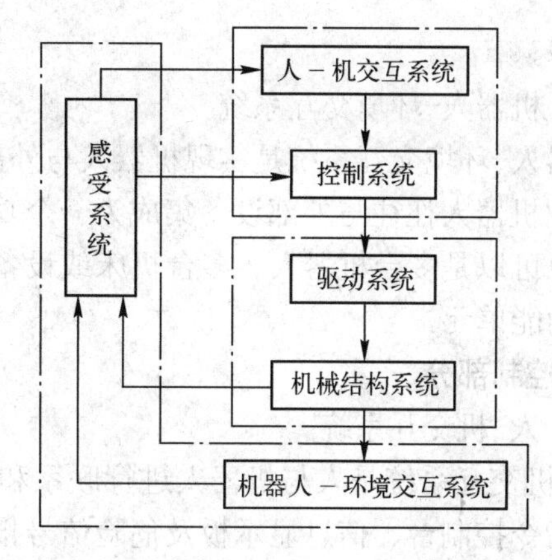

图 1-9　机器人的六个子系统

1．机械部分

（1）驱动系统

要使机器人运行起来，需给各个关节即每个运动自由度安装传动装置，这就是驱动系统。其作用是提供机器人各部位、各关节动作的原动力。

根据驱动源的不同，驱动系统可分为电动、液压、气动三种，也包括把它们结合起来应用的综合系统。驱动系统可以与机械系统直接相连，也可通过同步带、链条、齿轮、谐波传动装置等与机械系统间接相连。

（2）机械结构系统

机械结构系统又称为操作机或执行机构系统，是机器人的主要承载体，它由一系列连杆、关节等组成。机械系统通常包括机身、手臂、关节和末端，具有多自由度。如图 1-10 所示。

机身部分：如同机床的床身结构一样，机器人的机身构成机器人的基础支撑。有的机身底部安装有机器人行走机构，便构成行走机器人；有的机身可以绕轴线回转，构成机器人的腰；若机身不具备行走及回转机构，则构成单机器人臂。

关节：通常分为滑动关节和转动关节，以实现机身、手臂各部分、末端执行器之间的相对运动。

手臂：一般由上臂、下臂和手腕组成，用于完成各种简单或复杂的动作。

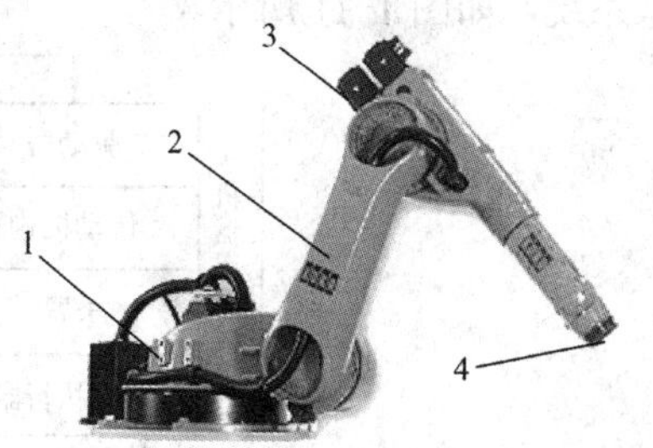

图 1-10　机器人的机械结构系统

1—机身　2—手臂　3—关节　4—末端

末端执行器：是直接装在手腕上的一个重要部件，它通常是模拟人的手掌和手指的，可以是两手指或多手指的手爪末端操作器，有时也可以是各种作业工具，如焊枪、喷漆枪等。

2．传感部分

（1）感受系统

感受系统通常由内部传感器模块和外部传感器模块组成，用以获取内部和外部环境中有意义的信息。

智能传感器的使用提高了机器人的机动性、适应性和智能化的水准。人类的感受系统对外部世界信息的感知是极其灵巧的，然而，对于一些特殊的信息，传感器比人类的感受系统更有效率。

（2）机器人-环境交互系统

机器人-环境交互系统是实现机器人与外部环境中的设备相互联系和协调的系统。

工业机器人往往与外部设备集成为一个功能单元，如加工制造单元、焊接单元、装配单元等；也可以是多台机器人、多台机床或设备、多个零件存储装置等集成为一个去执行复杂任务的功能单元。

3．控制部分

（1）人-机交互系统

人-机交互系统是人与机器人进行联系和参与机器人控制的装置，例如，计算机的标准终端、指令控制台、信息显示板及危险信号报警器等。该系统归纳起来实际上就是两大类：指令给定装置和信息显示装置。

（2）控制系统

控制系统的任务是根据机器人的作业指令程序以及从传感器反馈回来的信号，支配机器人的执行机构去完成规定的动作。

如果机器人不具备信息反馈特征，则为开环控制系统；具备信息反馈特征，则为闭环控制系统。根据控制原理可分为程序控制系统，适应性控制系统和人工智能控制系统。根据控制运动的形式可分为点位控制系统和连续轨迹控制系统。

1.2.2　工业机器人的工作原理

1．工业机器人的系统结构

一台通用的工业机器人，一般由三个相互关联的部分组成：机械手总成、控制器、示教系统，如图 1-11 所示。

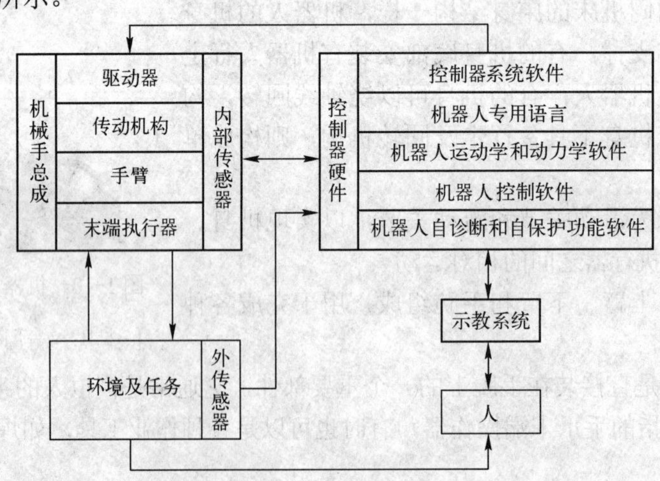

图 1-11　机器人基本工作原理

1）机械手总成是机器人的执行机构，它由驱动器、传动机构、手臂、关节、末端执行器以及内部传感器等组成。它的任务是精确地保证末端执行器所要求的位置、姿态和实现其运动。

2）控制器是机器人的神经中枢。它由计算机硬件、软件和一些专用电路构成，其软件包括控制器系统软件、机器人专用语言、机器人运动学和动力学软件、机器人控制软件、机器人自诊断和自保护功能软件等，它处理机器人工作过程中的全部信息和控制其全部动作。

3）示教系统是机器人与人的交互接口，在示教过程中它将控制机器人的全部动作，并将其全部信息送入控制器的存储器中，它实质上是一个专用的智能终端。

2．工业机器人的工作原理

现在广泛应用的工业机器人都属于第一代机器人，它的基本工作原理是示教再现。

示教也称为导引，即由用户引导机器人，一步步将实际任务操作一遍，机器人在引导过程中自动记忆示教的每个动作的位置、姿态、运动参数、工艺参数等，并自动生成一个连续执行全部操作的程序。

完成示教后，只需给机器人一个启动命令，机器人将精确地按示教动作，一步步完成全部操作，这就是示教与再现。

（1）机器人手臂的运动

机器人的机械臂是由数个刚性杆体和旋转或移动的关节连接而成，是一个开环关节链，开链的一端固接在基座上，另一端是自由的，安装着末端执行器（如焊枪），在机器人操作时，机器人手臂前端的末端执行器必须与被加工工件处于相适应的位置和姿态，而这些位置和姿态是由若干个臂关节的运动所合成的。

因此，机器人运动控制中，必须要知道机械臂各关节变量空间和末端执行器的位置和姿态之间的关系，这就是机器人运动学模型。一台机器人机械臂的几何结构确定后，其运动学模型即可确定，这是机器人运动控制的基础。

（2）机器人轨迹规划

机器人机械手端部从起点的位置和姿态到终点的位置和姿态的运动轨迹空间曲线叫做路径。

轨迹规划的任务是用一种函数来“内插”或“逼近”给定的路径，并沿时间轴产生一系列“控制设定点”，用于控制机械手运动。目前常用的轨迹规划方法有空间关节插值法和笛卡尔空间规划两种方法。

（3）机器人机械手的控制

当一台机器人机械手的动态运动方程已给定，它的控制目的就是按预定性能要求保持机械手的动态响应。但是由于机器人机械手的惯性力、耦合反应力和重力负载都随运动空间的变化而变化，因此要对它进行高精度、高速度、高动态品质的控制是相当复杂而困难的。

目前工业机器人上采用的控制方法是把机械手上每一个关节都当做一个单独的伺服机构，即把一个非线性的、关节间耦合的变负载系统，简化为线性的非耦合单独系统。

1.3　机器人应用技术

1.3.1　机器人应用与外部的关系

1．机器人应用涉及的领域

机器人技术是集机械工程学、计算机科学、控制工程、电子技术、传感器技术、人工智能、仿生学等学科为一体的综合技术，它是多学科科技革命的必然结果。每一台机器人，都是一个知识密集和技术密集的高科技机电一体化产品。

机器人与外部的关系如图 1-12 所示，机器人技术涉及的研究领域有如下几个。

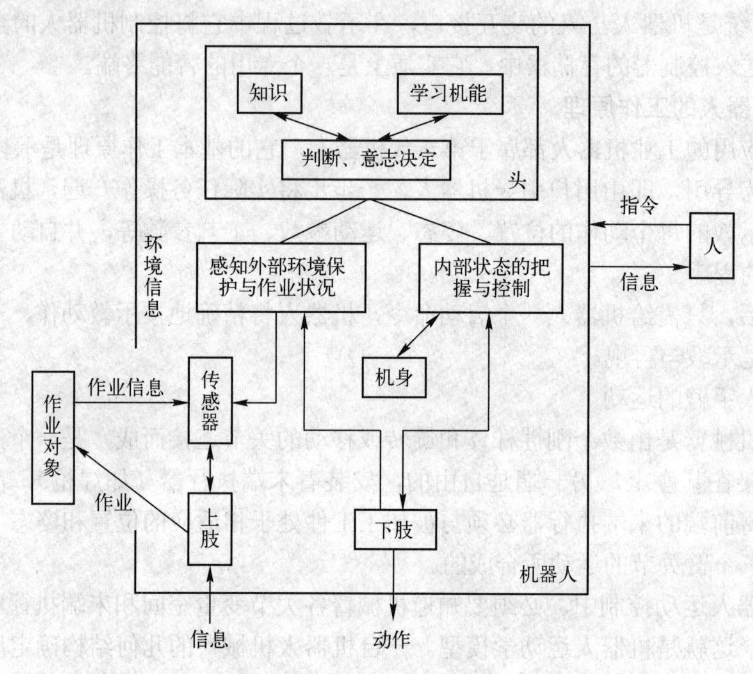

图 1-12　机器人与外部的关系

1）传感器技术。得到与人类感觉机能相似的传感器技术。

2）人工智能计算机科学。得到与人类智能或控制机能相似能力的人工智能或计算机科学。

3）假肢技术。

4）工业机器人技术。把人类作业技能具体化的工业机器人技术。

5）移动机械技术。实现动物行走机能的行走技术。

6）生物功能。以实现生物机能为目的的生物学技术。

2．机器人应用研究的内容

机器人研究的基础内容，有以下几个方面。

（1）空间机构学

空间机构在机器人中的应用体现在：机器人机身和臂部机构的设计、机器人手部机构的设计、机器人行走机构的设计、机器人关节部机构的设计。

（2）机器人运动学

机器人的执行机构实际上是一个多刚体系统，研究要涉及组成这一系统的各杆件之间以及系统与对象之间的相互关系，需要一种有效的数学描述方法。

（3）机器人静力学

机器人与环境之间的接触会引起它们之间相互的作用力和力矩，而机器人的输入关节力矩由各个关节的驱动装置提供，通过手臂传至手部，使力和力矩作用在环境的接触面上。这种力和力矩的输入和输出关系在机器人控制中是十分重要的。静力学主要讨论机器人手部端点力与驱动器输入力矩的关系。

（4）机器人动力学

机器人是一个复杂的动力学系统，要研究和控制这个系统，首先必须建立它的动力学方程。动力学方程是指作用于机器人各机构的力或力矩与其位置、速度、加速度关系的方程式。

（5）机器人控制技术

机器人的控制技术是在传统机械系统控制技术的基础上发展起来的，两者之间无根本区别。但机器人控制系统也有其特殊之处，它是有耦合的、非线性的多变量的控制系统，其负载、惯量、重心等随时间都可能变化，不仅要考虑运动学关系还要考虑动力学因素，其模型为非线性而工作环境又是多变的等。主要研究的内容有机器人控制方式和机器人控制策略。

（6）机器人传感器

一般人类具有视觉、听觉、触觉、味觉及嗅觉等 5 种外部感觉，除此之外机器人还有位置、角度、速度、姿态等表征机器人内部状态的内在感觉。机器人的感觉主要通过传感器来实现。

外部传感器是为了对环境产生相适应的动作而取得环境信息。内部传感器是根据指令而进行动作，检测机器人各部件状态。

（7）机器人编程语言

机器人编程语言是机器人和用户的软件接口，编程的功能决定了机器人的适应性和给用户的方便性。机器人编程与传统的计算机编程不同，机器人操作的对象是各类三维物体，运动在一个复杂的空间环境，还要监视和处理传感器信息。因此其编程语言主要有两类：面向机器人的编程语言和面向任务的编程语言。面向机器人的编程语言主要特点是描述机器人的动作序列，每一条语句大约相当于机器人的一个动作。面向任务的机器人编程语言允许用户发出直接命令，以控制机器人去完成一个具体的任务，而不需要说明机器人需要采取的每一个动作的细节。

1.3.2 机器人应用技术的现状

1．国际机器人应用技术的现状

当今机器人技术正逐渐向着具有行走能力、多种感觉能力以及对作业环境的较强自适应能力方面发展。美国某公司已成功地将神经网络装到芯片上，其分析速度比普通计算机快千万倍，可更快、更好地完成语言识别、图像处理等工作。

目前，对全球机器人技术发展最有影响的国家应该是美国和日本。美国在机器人技术的综合研究水平上仍处于领先地位，而日本生产的机器人在数量、种类方面居世界首位。机器人技术的发展推动了机器人学的建立，许多国家成立了机器人协会，美国、日本、英国、瑞典等国家设立了机器人学学位。

20 世纪 70 年代以来，许多大学开设了机器人课程，开展了机器人学的研究工作，如美国的麻省理工学院、斯坦福大学、康奈尔大学、加州大学等都是研究机器人学富有成果的著名学府。随着机器人学的发展，相关的国际学术交流活动也日渐增多，目前最有影响的国际会议是 IEEE 每年举行的机器人学及自动化国际会议，此外还有国际工业机器人会议（ISIR）和国际工业机器人技术会议（CIRT）等。

目前世界上机器人总数最多的国家是日本，占世界总数的一半以上。其次是欧洲，约占20%，美国约占10%。

国际机器人联合会（IFR）发布的季度报告数据显示，全球工业机器人需求在2013年达到了有史以来的最高点，全年销售量约在16.8万台，同比增长了5%。报告称，2013年机器人销售台数的增长，主要由于北美和亚洲日益增长的自动化生产需求。此外，在2013年第四季度，欧洲市场的复苏也刺激了对机器人的需求。

北美机器人工业协会在2014年年初的报告中指出，2013年汽车行业仍然是北美机器人最大的应用市场，但出货量基本与上年持平，而非汽车市场的出货量却猛增31%。在非汽车行业中，生命科学、制药、生物医药领域出货量增幅高达142%，食品及消费品市场涨幅达61%，塑料和橡胶行业涨幅为36%。2013年，来自非汽车市场的机器人订单同比增长了22%，对工业机器人行业而言，这是一个积极的信号。

在2013年11月，国际机器人联合会曾发布报告称，中国已成为世界上增长最快的工业机器人市场，并预言，中国或在2016年成为全球最大的机器人市场。也有美国媒体指出，机器人时代将很快来临，并将引领一场工业革命。

2．我国机器人应用技术的现状

（1）我国的机器人市场

我国的机器人市场已成为全球增长最快的市场。2010年，市场销量为14980台，2011年达到22577台，同比增长50.7%；2012年销量达到26902台，同比增长19.2%。过去5年，国内机器人销量复合增长率达到28%，而同期世界机器人市场销量复合增长率为10%。

2012年国内机器人安装量已占到当年全球安装量的14.6%。根据国际机器人联合会（IFR）预测，到2015年，中国机器人市场需求总量将达3.5万台，占全球销量比重的16.9%，成为世界规模最大的市场。

未来我国机器人市场仍有很大的发展空间。截至2012年年底，国内工业机器人累计安装量已超过10万台，占全世界正在服役的工业机器人总量的8%左右。目前我国制造业总产值占全球比重已接近20%，机器人的普及率仍有很大上升空间。

从制造业使用机器人密度的指标来看，我国每万名工人拥有机器人的数量仅为25台（按照制造业4000万名工人估算），而在发达国家，这一指标普遍在50台以上。国内制造业的自动化水平与发达国家差距很大。从机器人行业占机床行业产值比例来看，2010年我国机器人行业销售额达到93.1亿元，仅占当年机床行业总产值的2%左右，显示国内加工制造领域的自动化水平仍偏低。假设未来5年，我国机器人使用密度达到50台/万人的水平，则国内机器人销量复合增速要达到30%。

（2）我国的机器人应用方式

按照提供产品的差异区分，行业内企业可分为单元产品供应商和系统集成商两类。工业机器人的下游应用领域广泛，需求千差万别。而机器人商业化的前提是产业化、规模化。单元产品供应商负责生产机器人本体，产品具有较高开放性、标准化程度高，可批量化生产。系统集成商则根据下游客户的需要，将单元产品组成可实现的生产系统，起着供需双方桥梁的作用。单元产品是机器人产业发展的基础，系统集成商是机器人商业化、大规模普及的关键。从国内产业链来看，机器人单元产品由于技术壁垒较高，处于金字塔顶端，属于卖方市场。系统集成商的壁垒相对较低，与上、下游的议价能力较弱，毛利水平不高，但市场规模远大于单元产品。

（3）国外机器人公司在国内的发展

目前国内机器人单元产品市场中，销量占据前十位的仍以国外品牌为主。其中，发那科、安川、库卡和 ABB 公司被称为在国际工业机器人行业四巨头，2009～2012 年间，这四家厂商在华销量整体呈明显上扬趋势。2012 年其销量总和达 14470 台，占当年中国机器人市场销量的 53.8%。

早在十年前，国外的机器人企业开始在我国长三角、珠三角地区布局，开始是通过代理商模式，开拓市场，逐步建立研发中心、工程中心，在具备一定市场需求的情况下，建立自己的生产基地。目前，德国库卡、日本发那科、瑞士 ABB 和日本安川公司四大机器人企业都已全面进入中国市场，意大利、美国、韩国的机器人及配套企业也已经布局在中国市场。可以说，中国市场已经成为全球机器人及智能装备企业竞逐的最热门市场，分享中国大餐，已经成为全球共识。

（4）国内机器人公司的发展

目前国内企业与外资企业的差距仍很大。根据中国机器人网统计，2012 年本土品牌机器人销量仅为 1112 台，而独资及合资品牌销量高达 25790 台，市场占有率分别为 4%和 96%。

中国的自动化系统集成市场是机器人单元产品市场规模的 10 倍以上。根据工控网统计，国内自动化产品市场规模 2011 年已达 920 亿元，2012 年预计已超过 1000 亿元。国内自动化市场下游应用领域以装备制造业为主，占比 40%左右，其中机床工业是自动化产品的主要客户，需求占装备制造业总需求的四分之一。

我国工业机器人企业主要有沈阳新松、广州数控、长沙长泰、安徽埃夫特、深圳众为兴、昆山华恒公司和北京机械自动化所等为数不多的具备一定规模和水平的企业。国际先进机器人及智能装备企业纷纷进入中国市场，并完成在国内市场的布局，的确给国内机器人企业带来严峻挑战。但是，机遇与挑战并存。关键是国内机器人企业如何变挑战为机遇，在人才建设和自主创新方面下硬功夫，在应用方面做足功课，走在同行前面。根据用户需求不断创新，开发新产品。

（5）工业机器人量产面临瓶颈

一方面，机器人本身的技术难度首先降低了量产的可能性。像机械手这种简单的工业机器人，因为是在室内从事标准化生产，所以量产已经逐步展开。但对于具备运动能力需要在室外工作的特种机器人来说，环境的复杂性及非标准化的作业流程提高了量产的难度。

另一方面，国内的经济发展水平也是制约机器人产业发展的重要因素。工业生产线上的机械手是国内工业机器人的一个研发方向，但没有大量的市场订单，不能形成规模化生产，就不能形成规模的利润。

由于机器人所应用的工种不同，制造成本也有所区别，价格在几万、几十万甚至几百万元不等。高额的价格削减了企业对机器人的兴趣。但另一方面，卖不出去产品，机器人公司就没有资金生产模具、扩大厂房进行量产，因此机器人的价格始终居高不下。

除技术与资金问题，国内工业机器人量产还面临着体制问题。国家针对机器人有不少资金扶持，但现在的科技立项大多集中在科研机构中。科研机构有其基础研究的优势，但在产品转化上却不如企业。科技项目难以立项也是制约国内工业机器人发展的一个问题。由于国家对立项有相关的硬性规定，对自有土地和固定资产投资都有严格要求，达不到便无法立项，而很多合作商与投资商又比较看重是否立项这个条件，因此国内工业机器人企业会失去一些机会。

3．工业机器人应用技术的现状

（1）工业机器人50%以上用在汽车领域

汽车生产的四大工艺以及汽车关键零部件的生产都需要有工业机器人的参与。在汽车车身生产中，有大量压铸、焊接、检测等工序，这些目前均由工业机器人参与完成，特别是焊接线，一条焊接线就有大量的工业机器人参与，自动化程度相当得高。在汽车内饰件生产中，则需要表皮弱化机器人、发泡机器人、产品切割机器人。汽车车身的喷涂由于工作量大，危险性高，通常都会采用工业机器人代替。所以，完成一辆汽车的制造，需要的机器人相当多，工业机器人已成为汽车生产中关键的智能化设备。

国内60%的工业机器人用于汽车生产，全世界用于汽车工业的工业机器人已经达到总用量的37%，用于汽车零部件的工业机器人约占24%。随着汽车需求的不断增长，汽车行业必将为工业机器人产业的发展带来新的生机。

（2）焊接机器人在汽车制造业中发挥着不可替代的作用

焊接机器人是在工业机器人基础上发展起来的先进焊接设备，是从事焊接（包括切割与喷涂）的工业机器人，主要用于工业自动化领域，其广泛应用于汽车及其零部件制造、摩托车、工程机械等行业。焊接机器人可以使生产更具柔性，使焊接质量更有保证。

（3）自动引导车（AGV）将效益载入汽车制造业

近年来，随着工业信息化的发展，新兴机器人产业向传统汽车工业输送的高科技产品——自动导引车（AGV）伴随着我国装备制造业的转型、升级应运而生。国内汽车制造业在汽车生产中引入了 AGV 技术，使汽车装配的生产组织、信息管理和物流技术等方面实现了质的飞跃。自动导引车（AGV）分为装配型和搬运型两大类，装配型 AGV 系列产品主要应用于汽车装配柔性生产线，实现了发动机、后桥、油箱等部件的动态自动化装配，极大地提高了生产效率。

（4）工业机器人促进机器视觉发展

机器人可以通过视觉传感器获取环境的二维图像，并通过视觉处理器进行分析和解释，进而转换为符号，让机器人能够辨识物体，并确定其位置。机器人视觉广义上称为机器视觉，其基本原理与计算机视觉类似。

机器人视觉硬件主要包括图像获取和视觉处理两部分，图像获取由照明系统、视觉传感器、模拟-数字转换器和帧存储器等组成。根据功能不同，机器人视觉可分为视觉检验和视觉引导两种，广泛应用于电子、汽车、机械等工业部门和医学、军事领域。

在工业机器人行业，视觉技术主要是充当机器人的“眼睛”，跟机器人配合用于各种产品的定位，为机器人抓取物体提供坐标信息。这样的组合，可谓新技术与新技术之间的强强组合，其潜力自然不言而喻。

作业与思考题

1．简述机器人的定义。

2．说明机器人的主要特性。

3．机器人三原则对机器人做了哪些要求？

4．简述近代机器人和现代机器人的典型产品。

5．机器人的发展方向有哪些？

6．机器人的主要部件有哪些？机器人的主要结构有哪些？它们有什么联系与区别？

7．机器人的系统结构有哪些？

8．工业机器人控制器的主要功能有哪些？

9．机器人应用涉及的领域有哪些？

10．机器人应用研究与哪些基础学科密切相关？

11．谈谈国内和国外机器人应用技术的现状。

12．简述工业机器人的主要应用场合，这些场合有什么特点？

第2章　机器人的基础知识

【内容提要】

本章主要介绍了机器人的基础知识。介绍了机器人按应用领域、驱动方式、控制方式、坐标系统等不同的分类，讲解了不同类型机器人的性能；介绍了机器人的基本术语与各类图形符号；讲解了机器人的主要技术参数，并介绍了几种实际产品的技术规格和机构简图；讲述了机器人的运动学和动力学基础知识。

【教学提示】

学习完本章的内容后，学生应能够：了解机器人的各种分类方式，掌握不同类型机器人的性能；能够熟练地分析各种结构机器人的特点与性能。熟练掌握机器人的基本术语和各类图形符号的含义；能够读懂并解释机器人技术规格书的内容，能够熟练绘制出机器人机构简图和各种机械结构的运动简图；掌握运动学和动力学的基本问题，理解机器人的位置与变量的关系，了解运动学、静力学和动力学的一般表示方法，能用上述所学解释机器人的位置、姿态和运动的关系。

2.1　机器人的分类

应用于不同领域的机器人可按照不同的功能、目的、用途、规模、结构、坐标、驱动方式等分成很多类型，目前国内外尚无统一的分类标准。参考国内外有关资料，本书将从多个角度对机器人进行分类。

2.1.1　按机器人的应用领域分类

我国的机器人专家从应用领域出发，将机器人分为两大类，即工业机器人和操纵型机器人。

1．工业机器人

工业机器人（industrial robot）是在工业生产中使用的机器人的总称，主要用于完成工业生产中的某些作业。依据具体应用目的的不同，又常以其主要用途命名。

焊接机器人是目前应用最多的工业机器人，包括点焊和弧焊机器人，用于实现自动化焊接作业；装配机器人比较多地用于电子部件或电器的装配；喷涂机器人代替人进行各种喷涂作业；搬运、上料、下料及码垛机器人的功能都是根据工况要求的速度和精度，将物品从一处运到另一处；还有很多其他用途的机器人，如将金属溶液浇到压铸机中的浇注机器人等。

工业机器人的优点在于它可以通过更改程序，方便迅速地改变工作内容或方式，以满足生产要求的变化，例如改变焊缝轨迹及喷涂位置，变更装配部件或位置等。随着工业生产线越来越高的柔性要求，对各种工业机器人的需求也越来越广泛。

2．操纵型机器人

操纵型机器人（teleoperator robot）主要用于非工业生产的各种作业，又可分为服务机器人与特种作业机器人。

服务机器人通常是可移动的，在多数情况下，可由一个移动平台构成，平台上装有一只或几只手臂，代替或协助人完成为人类提供服务和安全保障的各种工作，如清洁、护理、娱乐和执勤等。

除以上服务机器人外，还有一些其他种类的特种作业机器人。如水下机器人，又称为水下无人深潜器，代替人在水下危险的环境中作业。再比如墙壁清洗机器人（如图 2-1 所示）、爬缆索机器人（如图 2-2 所示）以及管内移动机器人等。这些机器人都是根据某种特殊目的设计的特种作业机器人，为帮助人类完成一些高强度、高危险性或无法完成的工作。

图 2-1　墙壁清洗机器人

图 2-2　爬缆索机器人

2.1.2　按机器人的驱动方式分类

1．气动式机器人

气动式机器人以压缩空气来驱动其执行机构。这种驱动方式的优点是空气来源方便，动作迅速，结构简单，造价低；缺点是空气具有可压缩性，致使工作速度的稳定性较差。因气源压力一般只有 60MPa 左右，故此类机器人适宜抓举力要求较小的场合。

2．液动式机器人

相对于气力驱动，液力驱动的机器人具有大得多的抓举能力，可高达上百千克。液力驱动式机器人结构紧凑，传动平稳且动作灵敏，但对密封的要求较高，且不宜在高温或低温的场合工作，要求的制造精度较高，成本较高。

3．电动式机器人

目前越来越多的机器人采用电力驱动式，这不仅是因为电动机可供选择的品种众多，更因为可以运用多种灵活的控制方法。

电力驱动是利用各种电动机产生的力或力矩，直接或经过减速机构驱动机器人，以获得所需的位置、速度、加速度。电力驱动具有无污染，易于控制，运动精度高，成本低，驱动效率高等优点，其应用最为广泛。

电力驱动又可分为步进电动机驱动、直流伺服电动机驱动、无刷伺服电动机驱动等。

4．新型驱动方式机器人

伴随着机器人技术的发展，出现了利用新的工作原理制造的新型驱动器，如静电驱动器、压电驱动器、形状记忆合金驱动器、人工肌肉及光驱动器等。

2.1.3 按机器人的智能方式分类

1．一般型机器人

一般型机器人是第一代机器人，又叫做示教-再现型机器人，主要指只能以示教-再现方式工作的工业机器人。示教内容为机器人操作结构的空间轨迹、作业条件和作业顺序等。所谓示教，是由人教机器人运动的轨迹、停留点位、停留时间等。然后，机器人依照教给的行为、顺序和速度重复运动，即所谓的再现。

示教可由操作员手把手地进行。例如，操作人员抓住机器人上的喷枪把喷涂时要走的位置走一遍，机器人记住了这一连串运动，工作时自动重复这些运动，从而完成给定位置的喷涂工作。但是现在比较普遍的示教方式是通过控制面板完成的。操作人员利用控制面板上的开关或键盘控制机器人一步一步地运动，机器人自动记录下每一步，然后重复。目前在工业现场应用的机器人大多采用这一方式。

2．传感机器人

传感机器人是第二代机器人，又叫做感觉机器人，它带有一些可感知环境的装置，对外界环境有一定感知能力。工作时，根据感觉器官（传感器）获得的信息，通过反馈控制，使机器人能在一定程度上灵活调整自己的工作状态，保证在适应环境的情况下完成工作。

这样的技术现在正越来越多地应用在机器人身上，例如焊缝跟踪技术。在机器人焊接的过程中，一般通过示教方式给出机器人的运动曲线，机器人携带焊枪走这个曲线进行焊接。这就要求工件的一致性好，也就是说工件被焊接的位置必须十分准确，否则，机器人行走的曲线和工件上的实际焊缝位置将产生偏差。焊缝跟踪技术是在机器人上加一个传感器，通过传感器感知焊缝的位置，再通过反馈控制，机器人自动跟踪焊缝，从而对示教的位置进行修正。即使实际焊缝相对于原始设定的位置有变化，机器人仍然可以很好地完成焊接工作。

3．智能机器人

智能机器人是第三代机器人，它不仅具有感觉能力，而且还具有独立判断和行动的能力，并具有记忆、推理和决策的能力，因而能够完成更加复杂的动作。智能机器人的“智能”特征就在于它具有与外部世界——对象、环境和人相适应、相协调的工作机能。从控制方式看是以一种“认知-适应”的方式自律地进行操作。

这类机器人带有多种传感器，使机器人可以知道其自身的状态，例如在什么位置，自身的系统是否有故障等；且可通过装在机器人身上或者工作环境中的传感器感知外部的状态，例如发现道路与危险地段，测出与协作机器的相对位置与距离以及相互作用的力等。机器人能够根据得到的这些信息进行逻辑推理、判断、决策，在变化的内部状态与外部环境中，自主决定自身的行为。

这类机器人具有高度的适应性和自治能力，这是人们努力使机器人达到的目标。经过科学家多年来不懈的研究，已经出现了很多各具特点的试验装置和大量的新方法、新思想。但是，在已应用的机器人中，机器人的自适应技术仍十分有限，该技术是机器人今后发展的方向。

智能机器人的发展方向大致有两种，一种是类人型智能机器人，这是人类梦想的机器人；另一种外形并不像人，但具有机器智能。

2.1.4 按机器人的控制方式分类

按照机器人的控制方式可分为如下几类。

1．非伺服机器人

非伺服机器人按照预先编好的程序顺序进行工作，使用限位开关、制动器、插销板和定序器来控制机器人的运动。插销板用来预先规定机器人的工作顺序，而且往往是可调的。定序器是一种按照预定的正确顺序接通驱动装置的能源。驱动装置接通能源后，就带动机器人的手臂、腕部和手部等装置运动。

当它们移动到由限位开关所规定的位置时，限位开关切换工作状态，给定序器送去一个工作任务已经完成的信号，并使终端制动器动作，切断驱动能源，使机器人停止运动。非伺服机器人工作能力比较有限。

2．伺服控制机器人

伺服控制机器人通过传感器取得的反馈信号与来自给定装置的综合信号比较后，得到误差信号，经过放大后用以激发机器人的驱动装置，进而带动手部执行装置以一定规律运动，到达规定的位置或速度等，这是一个反馈控制系统。伺服系统的被控量可为机器人手部执行装置的位置、速度、加速度和力等。伺服控制机器人比非伺服机器人有更强的工作能力。

伺服控制机器人按照控制的空间位置不同，又可以分为点位伺服控制和连续轨迹伺服控制。

（1）点位伺服控制

点位伺服控制机器人的受控运动方式为从一个点位目标移向另一个点位目标，只在目标点上完成操作。机器人可以以最快和最直接的路径从一个端点移到另一端点。

按点位方式进行控制的机器人，其运动为空间点到点之间的直线运动，在作业过程中只控制几个特定工作点的位置，不对点与点之间的运动过程进行控制。在点位伺服控制的机器人中，所能控制点数的多少取决于控制系统的复杂程度。

通常，点位伺服控制机器人适用于只需要确定终端位置而对编程点之间的路径和速度不做主要考虑的场合。点位控制主要用于点焊、搬运机器人。

（2）连续轨迹伺服控制

连续轨迹伺服控制机器人能够平滑地跟随某个规定的路径，其轨迹往往是某条不在预编程端点停留的曲线路径。

按连续轨迹方式进行控制的机器人，其运动轨迹可以是空间的任意连续曲线。机器人在空间的整个运动过程都处于控制之下，能同时控制两个以上的运动轴，使得手部位置可沿任意形状的空间曲线运动，而手部的姿态也可以通过腕关节的运动得以控制，这对于焊接和喷涂作业是十分有利的。

连续轨迹伺服控制机器人具有良好的控制和运行特性，由于数据是依时间采样的，而不是依预先规定的空间采样，因此机器人的运行速度较快、功率较小、负载能力也较小。连续轨迹伺服控制机器人主要用于弧焊、喷涂、打飞边毛刺和检测机器人。

2.1.5 按机器人的坐标系统分类

按结构形式，机器人可分为关节型机器人和非关节型机器人两大类，其中关节型机器人的机械本体部分一般为由若干关节与连杆串联组成的开式链机构。

通常关节机器人依据坐标型式的不同可分为直角坐标型、圆柱坐标型、极坐标型、多关节坐标型和平面关节坐标型等。

1．直角坐标型机器人

直角坐标型机器人的结构如图 2-3a 所示，它在 x，y，z 轴上的运动是独立的。机器人手臂的运动将形成一个立方体表面。直角坐标型机器人又叫做笛卡尔坐标型机器人或台架型机器人。

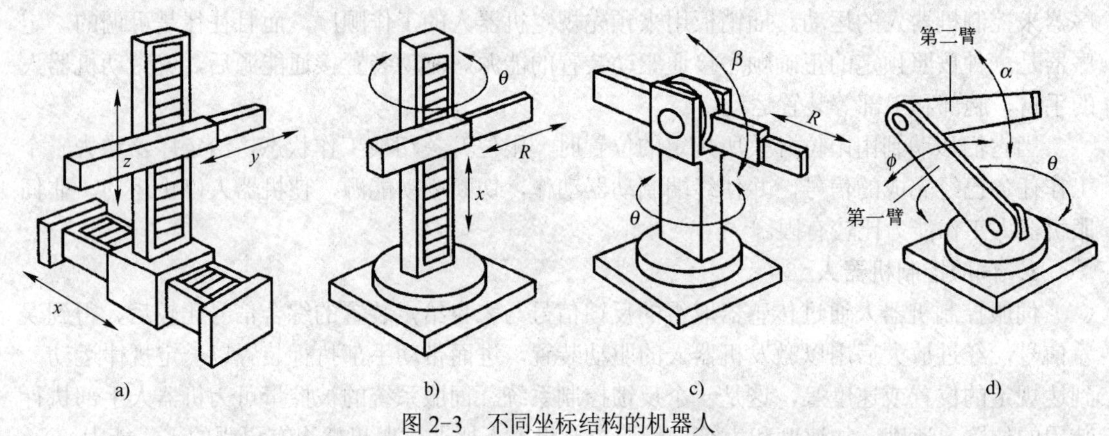

图 2-3　不同坐标结构的机器人

a) 直角坐标型　b) 圆柱坐标型　c) 极坐标型　d) 多关节型

这种机器人手部空间位置的改变通过沿三个互相垂直的轴线的移动来实现，即沿着 x 轴的纵向移动，沿着 y 轴的横向移动及沿着 z 轴的升降移动。

直角坐标型机器人的位置精度高，控制简单、无耦合，避障性好，但结构较庞大，动作范围小，灵活性差，难与其他机器人协调。DENSO 公司的 XYC 机器人、IBM 公司的 RS-1 机器人是该型机器人的典型代表。

2．圆柱坐标型机器人

圆柱坐标型机器人的结构如图 2-3b 所示，R、θ 和 x 为坐标系的三个坐标，其中 R 是手臂的径向长度，θ 是手臂的角位置，x 是垂直方向上手臂的位置。如果机器人手臂的径向坐标 R 保持不变，机器人手臂的运动将形成一个圆柱面。

这种机器人通过两个移动和一个转动运动实现手部空间位置的改变，机器人手臂的运动是由垂直立柱平面内的伸缩和沿立柱的升降两个直线运动及手臂绕立柱的转动复合而成。圆柱坐标型机器人的位置精度仅次于直角坐标型，控制简单，避障性好，但结构也较庞大，难与其他机器人协调工作，两个移动轴的设计较复杂。AMF 公司的 Versatran 机器人是该型机器人的典型代表。

3．极坐标型机器人

极坐标型机器人又称为球坐标型机器人，其结构如图 2-3c 所示，R，θ 和 β 为坐标系的三个坐标。其中 θ 是绕手臂支撑底座铅垂轴的转动角，β 是手臂在铅垂面内的摆动角。这种机器人运动所形成的轨迹表面是半球面。

这类机器人手臂的运动由一个直线运动和两个转动所组成，即沿手臂方向 x 的伸缩，绕 y 轴的俯仰和绕 z 轴的回转。极坐标型机器人占地面积较小，结构紧凑，位置精度尚可，能与其他机器人协调工作，重量较轻，但避障性差，有平衡问题，位置误差与臂长有关。Unimation 公司的 Unimate 机器人是其典型代表。

4. 多关节坐标型机器人

多关节坐标型机器人主要由立柱、前臂和后臂组成，结构如图 2-3d 所示，它是以相邻运动部件之间的相对角位移 θ、α 和 ϕ 为坐标系的坐标，其中 θ 是绕底座铅垂轴的转角，ϕ 是过底座的水平线与第一臂之间的夹角，α 是第二臂相对于第一臂的转角。这种机器人手臂可以达到球形体积内绝大部分位置，所能达到区域的形状取决于两个臂的长度比例，因此又称为拟人型机器人。

这类机器人的运动由前、后臂的俯仰及立柱的回转构成，其结构最紧凑，灵活性大，占地面积最小，工作空间最大，能与其他机器人协调工作，避障性好，但位置精度较低，有平衡问题，控制存在耦合，故比较复杂，这种机器人目前应用得最多。

Unimation 公司的 PUMA 型机器人、瑞士 ABB 公司的 IRB 型机器人，德国 KUKA 公司的 IR 型机器人是其典型代表。

5. 平面关节坐标型机器人

平面关节坐标型机器人可以看成是多关节坐标型机器人的特例。平面关节坐标型机器人很类似人的手臂的运动，它用平行的肩关节和肘关节实现水平运动，关节轴线共面；腕关节来实现垂直运动，在平面内进行定位和定向，是一种固定式的工业机器人，其结构如图 2-4 所示。

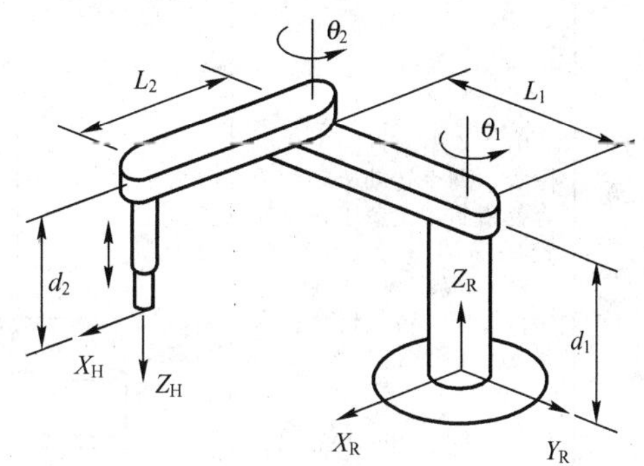

图 2-4　平面关节坐标型机器人

这类机器人的特点是其在 x-y 平面上的运动具有较大的柔性，而沿 z 轴具有很强的刚性。所以，它具有选择性的柔性在装配作业中获得了较好的应用。

这类机器人结构轻便、响应快，有的平面关节坐标型机器人的运动速度可达 10m/s，比一般的多关节坐标型机器人快数倍。它能实现平面运动，全臂在垂直方向的刚度大，在水平方向的柔性大。

KUKA 的 KR-5 系列 SCARA 机器人、日本日立公司的 SCARA 机器人、深圳众为兴的 SCARA 机器人是其典型代表。

6. 不同坐标型机器人的性能比较

对于不同坐标型式的机器人，其特点、工作范围及其性能也不同，如表 2-1 所示。

表 2-1　不同坐标型机器人的性能比较

	特　点	工 作 空 间
直角坐标型	在直线方向上移动，运动容易想象； 通过计算机控制实现，容易达到高精度； 占地面积大，运动速度低； 直线驱动部分难以密封、防尘，容易被污染	横向行程　水平极限伸长　水平行程　垂直行程　垂直极限升高

（续）

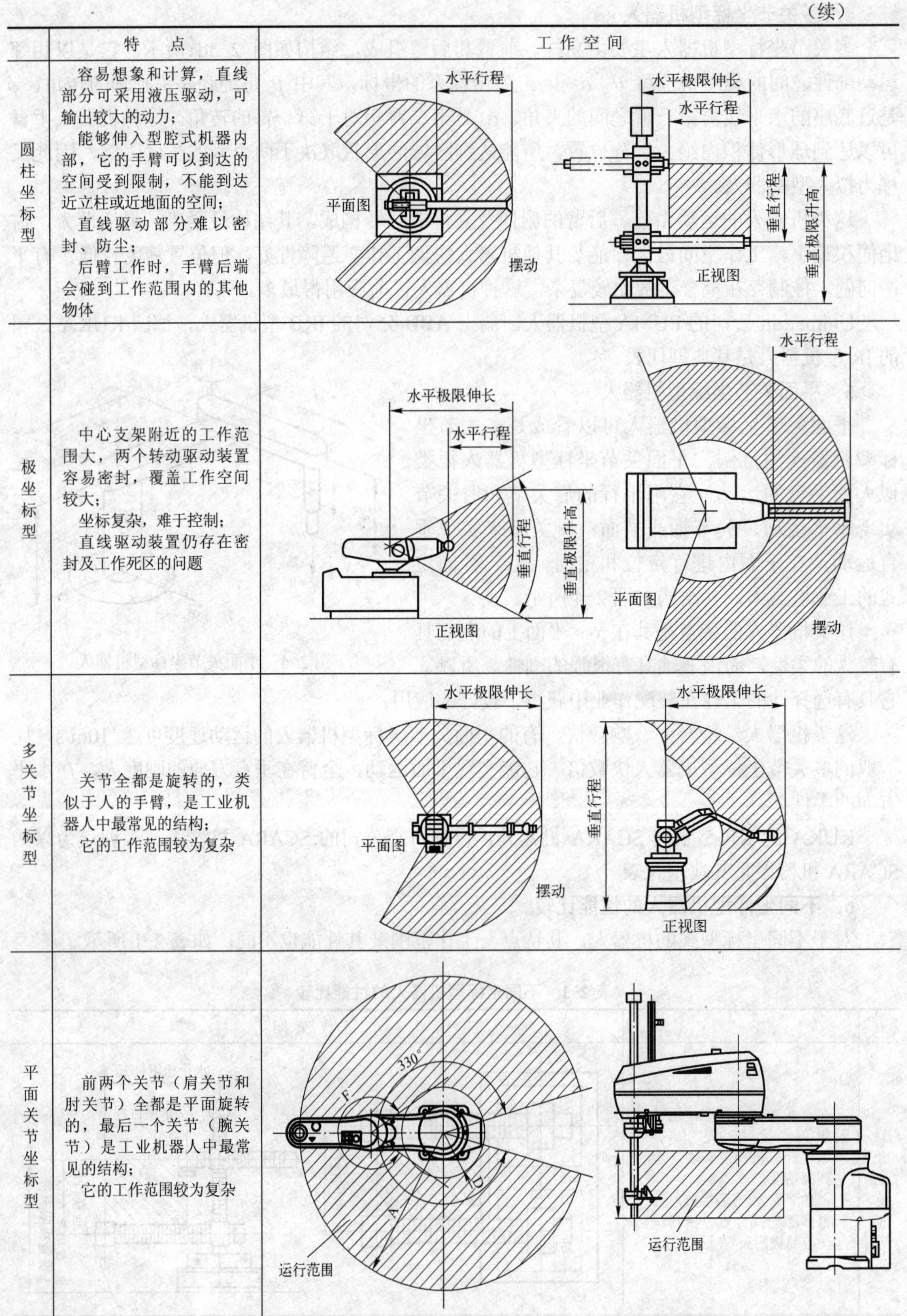

	特　点	工 作 空 间
圆柱坐标型	容易想象和计算，直线部分可采用液压驱动，可输出较大的动力； 能够伸入型腔式机器内部，它的手臂可以到达的空间受到限制，不能到达近立柱或近地面的空间； 直线驱动部分难以密封、防尘； 后臂工作时，手臂后端会碰到工作范围内的其他物体	水平行程　平面图　摆动　水平极限伸长　水平行程　垂直行程　垂直极限升高　正视图
极坐标型	中心支架附近的工作范围大，两个转动驱动装置容易密封，覆盖工作空间较大； 坐标复杂，难于控制； 直线驱动装置仍存在密封及工作死区的问题	水平极限伸长　水平行程　垂直行程　垂直极限升高　正视图　水平行程　平面图　摆动
多关节坐标型	关节全都是旋转的，类似于人的手臂，是工业机器人中最常见的结构； 它的工作范围较为复杂	水平极限伸长　平面图　摆动　水平极限伸长　垂直行程　正视图
平面关节坐标型	前两个关节（肩关节和肘关节）全都是平面旋转的，最后一个关节（腕关节）是工业机器人中最常见的结构； 它的工作范围较为复杂	330°　F　D　A　运行范围　运行范围

2.2 机器人的基本术语与图形符号

2.2.1 机器人的基本术语

1．关节

关节（Joint）：即运动副，是允许机器人手臂各零件之间发生相对运动的机构，是两构件直接接触并能产生相对运动的活动联接，如图 2-5 所示。A、B 两部件可以做互动联接。

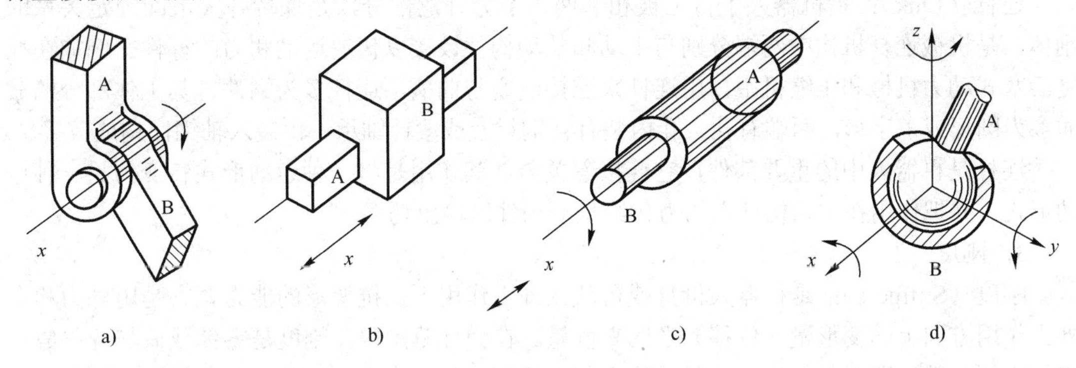

图 2-5　机器人的关节

a) 回转副　b) 移动副　c) 回转移动副　d) 球面副

高副机构（Higher pair），简称高副，指的是运动机构的两构件通过点或线的接触而构成的运动副。例如齿轮副和凸轮副就属于高副机构。平面高副机构拥有两个自由度，即相对接触面切线方向的移动和相对接触点的转动。相对而言，通过面的接触而构成的运动副叫做低副机构。

关节是各杆件间的结合部分，是实现机器人各种运动的运动副，由于机器人的种类很多，其功能要求不同，关节的配置和传动系统的形式都不同。机器人常用的关节有移动、旋转运动副。一个关节系统包括驱动器、传动器和控制器，属于机器人的基础部件，是整个机器人伺服系统中的一个重要环节，其结构、重量、尺寸对机器人性能有直接影响。

（1）回转关节

回转关节，又叫做回转副、旋转关节，是使连接两杆件的组件中的一件相对于另一件绕固定轴线转动的关节，两个构件之间只作相对转动的运动副。如手臂与机座、手臂与手腕，并实现相对回转或摆动的关节机构，由驱动器、回转轴和轴承组成。多数电动机能直接产生旋转运动，但常需各种齿轮、链、带传动或其他减速装置，以获取较大的转矩。

（2）移动关节

移动关节，又叫做移动副、滑动关节、棱柱关节，是使两杆件的组件中的一件相对于另一件作直线运动的关节，两个构件之间只作相对移动。它采用直线驱动方式传递运动，包括直角坐标结构的驱动，圆柱坐标结构的径向驱动和垂直升降驱动，以及极坐标结构的径向伸缩驱动。直线运动可以直接由气缸或液压缸和活塞产生，也可以采用齿轮齿条、丝杠、螺母等传动元件把旋转运动转换成直线运动。

（3）圆柱关节

圆柱关节，又叫做回转移动副、分布关节，是使两杆件的组件中的一件相对于另一件移动或绕一个移动轴线转动的关节，两个构件之间除了作相对转动之外，还同时可以作相对移动。

（4）球关节

球关节，又叫做球面副，是使两杆件间的组件中的一件相对于另一件在三个自由度上绕一固定点转动的关节，即组成运动副的两构件能绕一球心作三个独立的相对转动的运动副。

2．连杆

连杆（Link）：指机器人手臂上被相邻两关节分开的部分，是保持各关节间固定关系的刚体，是机械连杆机构中两端分别与主动和从动构件铰接以传递运动和力的杆件。例如在往复活塞式动力机械和压缩机中，用连杆来连接活塞与曲柄。连杆多为钢件，其主体部分的截面多为圆形或工字形，两端有孔，孔内装有青铜衬套或滚针轴承，供装入轴销而构成铰接。

连杆是机器人中的重要部件，它连接着关节，其作用是将一种运动形式转变为另一种运动形式，并把作用在主动构件上的力传给从动构件以输出功率。

3．刚度

刚度（Stiffness）：是机器人机身或臂部在外力作用下抵抗变形的能力。它是用外力和在外力作用方向上的变形量（位移）之比来度量。在弹性范围内，刚度是零件载荷与位移成正比的比例系数，即引起单位位移所需的力。它的倒数称为柔度，即单位力引起的位移。刚度可分为静刚度和动刚度。

在任何力的作用下，体积和形状都不发生改变的物体叫做刚体（Rigid body）。在物理学上，理想的刚体是一个固体的，尺寸值有限的，形变情况可以被忽略的物体。不论是否受力，在刚体内任意两点的距离都不会改变。在运动中，刚体上任意一条直线在各个时刻的位置都保持平行。

2.2.2 机器人的图形符号体系

1．运动副的图形符号

机器人所用的零件和材料以及装配方法等与现有的各种机械完全相同。机器人常用的关节有移动、旋转运动副，常用的运动副图形符号如表 2-2 所示。

表 2-2 常用的运动副图形符号

运动副名称		运动副符号	
	转动副	两运动构件构成的运动副	两构件之一为固定时的运动副
平面运动副	转动副	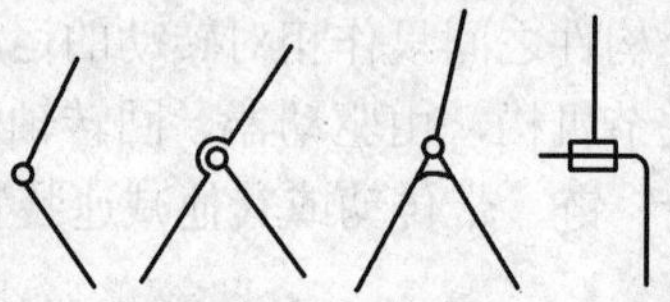	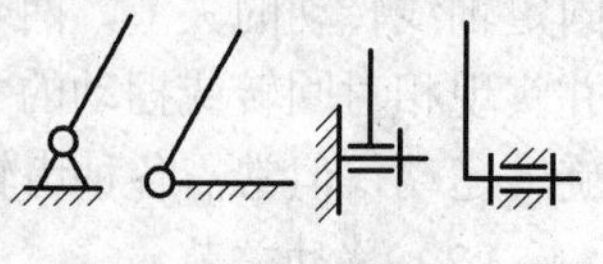
	移动副	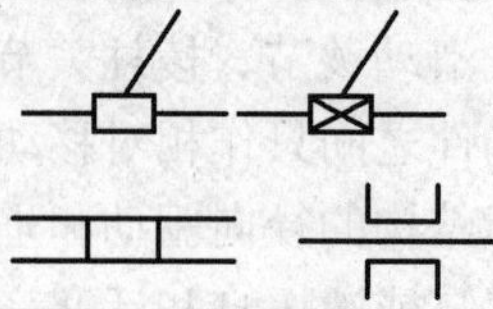	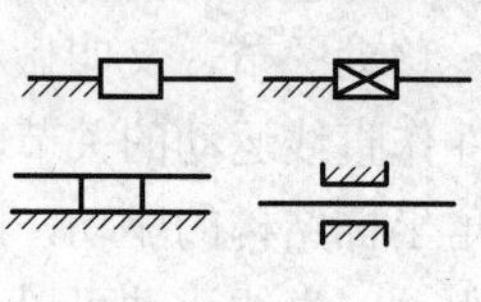
	平面高副	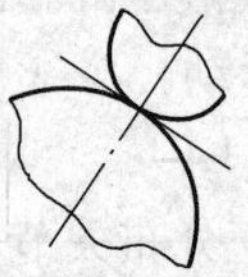	

（续）

运动副名称		运动副符号	
空间运动副	螺旋副		
	球面副及球销副		

2．基本运动的图形符号

机器人的基本运动与现有的各种机械表示也完全相同。常用的基本运动图形符号如表 2-3 所示。

表 2-3　常用的基本运动图形符号

序　　号	名　　称	符　　号
1	直线运动方向	单向　双向
2	旋转运动方向	单向　双向
3	连杆、轴关节的轴	
4	刚性连接	
5	固定基础	
6	机械联锁	

3．运动机能的图形符号

机器人的运动机能常用的图形符号如表 2-4 所示。

表 2-4　机器人的运动机能常用的图形符号

编　　号	名　　称	图 形 符 号	参考运动方向	备　　注
1	移动（1）			
2	移动（2）			
3	回转机构			
4	旋转（1）	① ②		① 一般常用的图形符号 ② 表示①的侧向的图形符号

（续）

编　　号	名　　称	图 形 符 号	参考运动方向	备　　注
5	旋转（2）	① ②		① 一般常用的图形符号 ② 表示①的侧向的图形符号
6	差动齿轮			
7	球关节			
8	握持			
9	保持			包括已成为工具的装置。工业机器人的工具此处未作规定
10	机座			

4. 运动机构的图形符号

机器人的运动机构常用的图形符号如表2-5所示。

表2-5　机器人的运动机构常用的图形符号

序　　号	名　　称	自　由　度	符　　号	参考运动方向	备　　注
1	直线运动关节（1）	1			
2	直线运动关节（2）	1			
3	旋转运动关节（1）	1			
4	旋转运动关节（2）	1			平面
5		1			立体
6	轴套式关节	2			
7	球关节	3			
8	末端操作器		一般型 溶接 真空吸引		用途示例

2.2.3 机器人的图形符号表示

机器人的描述方法可分为机器人机构简图、机器人运动原理图、机器人传动原理图、机器人速度描述方程、机器人位姿运动学方程、机器人静力学描述方程等。

1．四种坐标机器人的机构简图

机器人的机构简图是描述机器人组成机构的直观图形表达形式，是将机器人的各个运动部件用简便的符号和图形表达出来，此图可用上述图形符号体系中的文字与代号表示。

图 2-2 的四种坐标机器人，其机构简图如图 2-6 所示。

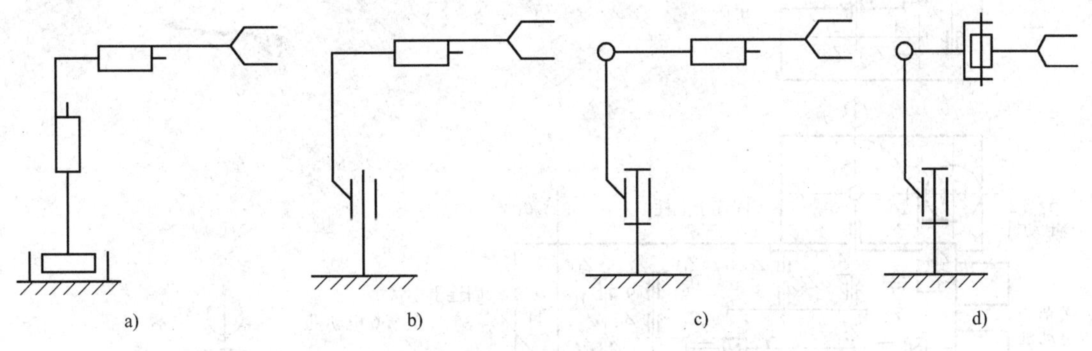

图 2-6　典型机器人机构简图

a) 直角坐标型　b) 圆柱坐标型　c) 极坐标型　d) 多关节型

2．机器人运动原理图

机器人运动原理图是描述机器人运动的直观图形表达形式，是将机器人的运动功能原理用简便的符号和图形表达出来，此图可用上述的图形符号体系中的文字与代号表示。

机器人运动原理图是建立机器人坐标系、运动和动力方程式、设计机器人传动原理图的基础，也是我们为了应用好机器人，在学习使用机器人时最有效的工具。

PUMA-262 机器人的机构运动示意图和运动原理图如图 2-7 所示。可见，运动原理图可以简化为机构运动示意图，以明确主要因素。

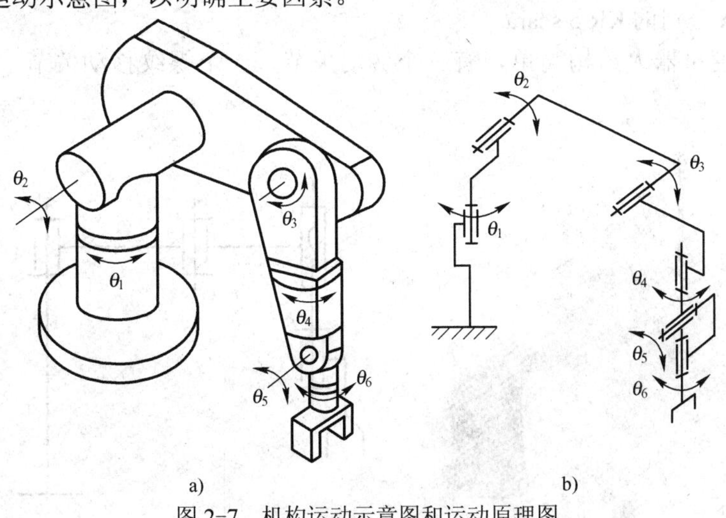

图 2-7　机构运动示意图和运动原理图

a) 机构运动示意图　b) 机构运动原理图

3．机器人传动原理图

将机器人动力源与关节之间的运动及传动关系用简洁的符号表示出来，就是机器人传动原理图。PUMA-262 机器人的传动原理图如图 2-8 所示。机器人的传动原理图是机器人传动系统设计的依据，也是理解传动关系的有效工具。

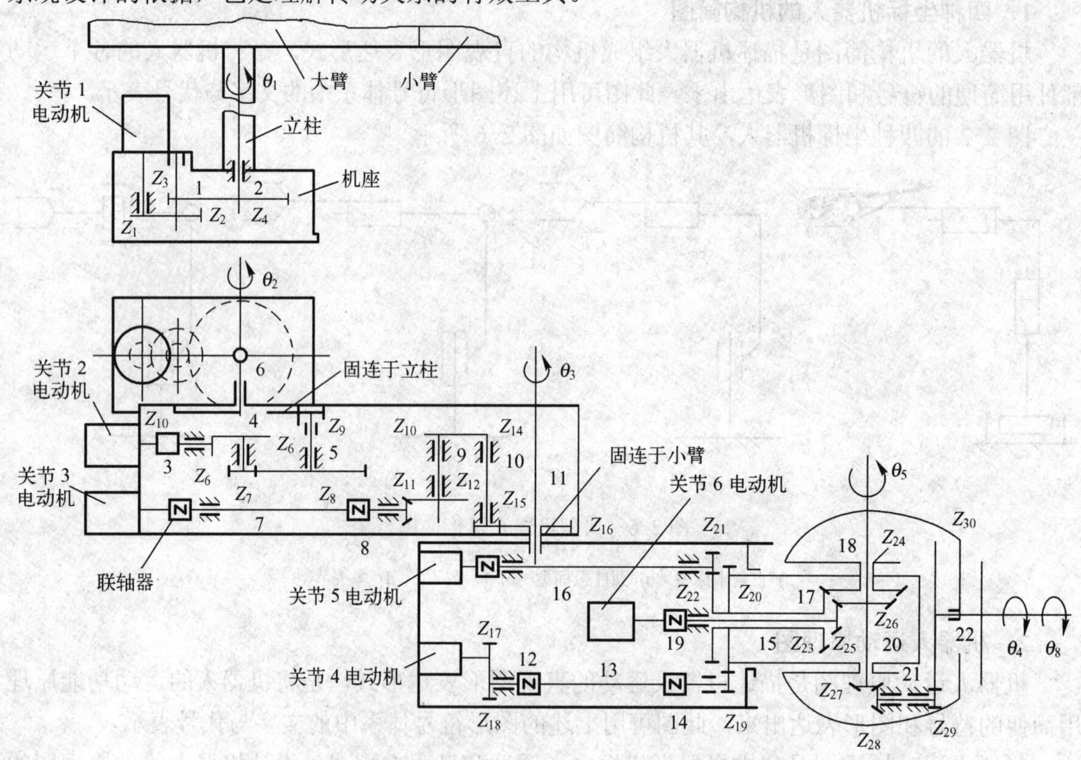

图 2-8　PUMA-262 机器人传动原理图

4．典型机器人的结构简图

ABB、FUNAC、KUKA 和 MOTOMAN 公司的典型产品的机械结构分析如下。

（1）KUKA 公司的 KR 5 scara

该四自由度机器人结构简单，有三个转动关节、一个螺纹移动关节。其结构简图如图 2-9 所示。

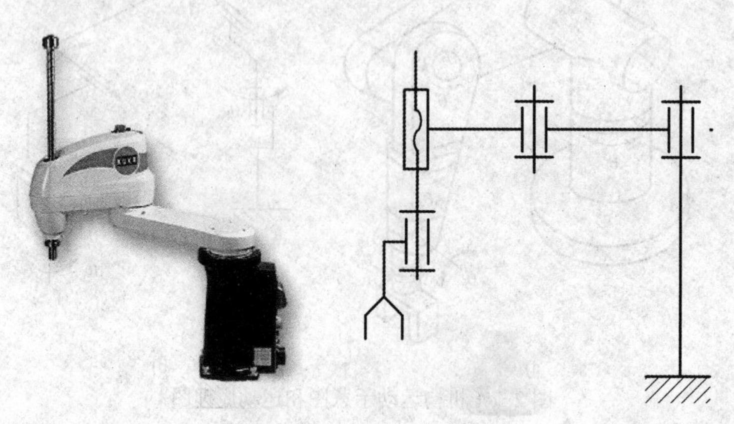

图 2-9　KR 5 scara 结构简图

（2）ABB 公司的 IRB 2400

ABB、FUNAC、KUKA 的大多数产品均为六自由度机器人，MOTOMAN 也有六自由度产品，它们的关节分布比较类似，多采用安川的交流驱动电动机。其中 ABB 公司的 IRB 2400 产品是全球销量最大的型号之一，已安装 20 000 套。其结构简图如图 2-10 所示。

（3）FUNAC 公司的 R-2000iB

FUNAC 公司的 R-2000iB 也为六自由度机器人。其结构简图如图 2-11 所示。

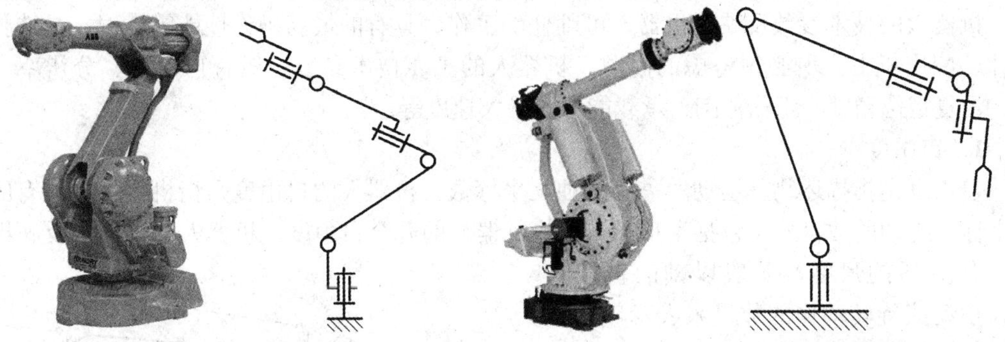

图 2-10　IRB 2400 的结构简图　　　　图 2-11　R-2000iB 的结构简图

（4）MOTOMAN 公司的 IA20

MOTOMAN 的 IA20 是七自由度产品。其结构简图如图 2-12 所示。

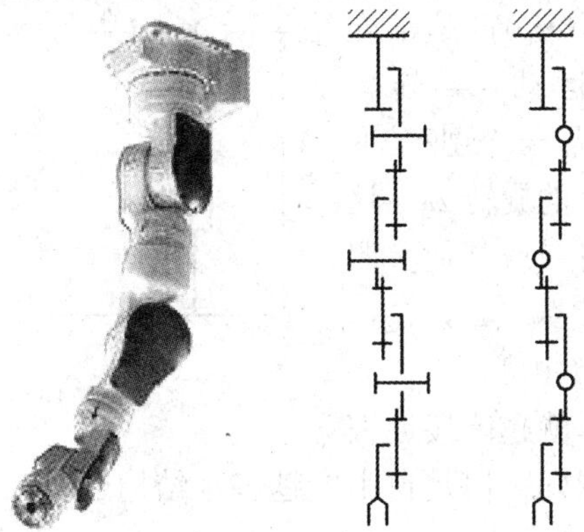

图 2-12　IA20 的结构简图

（5）MOTOMAN 公司的 DIA10

MOTOMAN 的 DIA10 产品的结构较为复杂，有十五个自由度。其结构简图如图 2-13 所示。

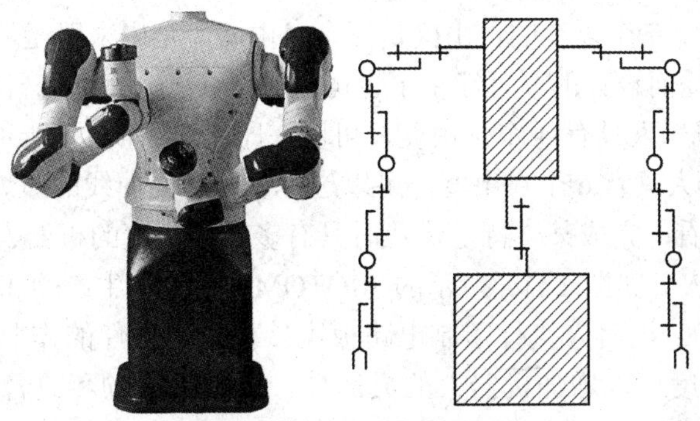

图 2-13　DIA10 的结构简图

2.3 机器人的技术参数

选用机器人，首先要了解机器人的主要技术参数，然后根据生产和工艺的实际需求，通过机器人的技术参数来选择机器人的机械结构、坐标型式和传动装置等。

2.3.1 机器人的主要参数

机器人的技术参数反映了机器人可胜任的工作、具有的最高操作性能等情况，是选择、设计、应用机器人所必须考虑的问题。机器人的主要技术参数一般有自由度、分辨率、精度、重复定位精度、工作范围、承载能力及最大速度等。

1．自由度

自由度是指描述物体运动所需要的独立坐标数。机器人的自由度是指机器人所具有的独立坐标轴运动的数目，不包括手爪（末端执行器）的开合自由度。机器人的自由度反映机器人动作灵活的尺度，一般以轴的直线移动、摆动或旋转动作的数目来表示，手部的动作不包括在内。

如图 2-14 所示的机器人，臂部在 xO_1y 面内有三个独立运动——升降（L_1）、伸缩（L_2）和转动（ϕ_1），腕部在 xO_1y 面内有一个独立的运动——转动（ϕ_2）。机器人手部位置需一个独立变量——手部绕自身轴线 O_3C 的旋转 ϕ_3。这种用来确定手部相对于机身（或其他参照系统）位置的独立变化的参数（L_1，L_2，ϕ_1，ϕ_2，ϕ_3）即为机器人的自由度。

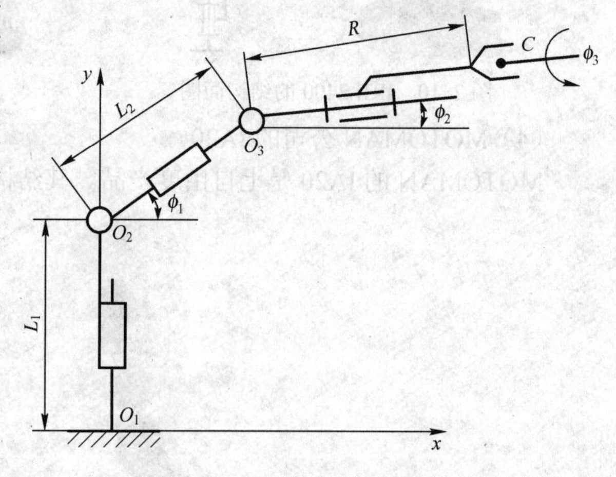

图 2-14　五自由度机器人简图

机器人的自由度越多，就越能接近人手的动作机能，通用性就越好；但是自由度越多，结构越复杂，对机器人的整体要求就越高，这是机器人设计中的一个矛盾。

自由度的选择与生产要求有关，若批量大，操作可靠性要求高，运行速度快，则机器人的自由度数可少一些；如果要便于产品更换，增加柔性，则机器人的自由度要多一些。

在三维空间中描述一个物体的位置和姿态（简称位姿）需要 6 个自由度。工业机器人一般多为 4～6 个自由度，7 个以上的自由度是冗余自由度，是用来躲避障碍物的。工业机器人的自由度是根据其用途而设计的，可能小于也可能大于 6 个自由度。例如 KUKA 公司生产的 KR 5 scara 装配机器人具有 4 个自由度，可以在印制电路板上接插电子器件；ABB 公司生产的 IRB 2400 机器人具有 6 个自由度，可以进行复杂空间曲线的弧焊作业。

从运动学的观点看，完成某一特定作业时具有多余自由度的机器人称为冗余自由度机器人，也称冗余度机器人。如图 2-12 所示的 MOTOMAN 公司生产的 IA20 机器人和 PUMA 公司生产的 PUMA700 机器人执行印制电路板上接插电子器件的作业时就成为冗余度机器人。利用冗余的自由度可以增加机器人的灵活性，躲避障碍物和改善动力性能。人的手臂（大臂、小臂、手腕）共有 7 个自由度，所以工作起来很灵巧，可躲避障碍物，从不同方向到达同一个目的点。

2．工作空间

工作空间又叫做工作范围、工作区域，是设备所能达到的所有空间区域。机器人的工作空间是指机器人手臂末端或手腕中心（手臂或手部安装点）所能到达的所有点的集合，不包括手部本身所能达到的区域。由于末端执行器的形状和尺寸是多种多样的，为真实反映机器人的特征参数，工作范围是指不安装末端执行器时的工作区域。

机器人所具有的自由度数目及其组合不同，其运动图形也不同；而自由度的变化量（即直线运动的距离和回转角度的大小）则决定着运动图形的大小。表 2-1 列出了 5 个典型坐标型机器人的工作空间。

工作范围的形状和大小是十分重要的，机器人在执行某作业时可能会因存在手部不能到达的作业死区（dead zone）而不能完成任务。

3．工作速度

不同厂家对工作速度规定的内容也有所不同，有的厂家定义为工业机器人主要自由度上最大的稳定速度；有的厂家定义为手臂末端最大的合成速度，通常在技术参数中加以说明。一般来说，工作速度是指机器人在工作载荷条件下、匀速运动过程中，机械接口中心或工具中心点在单位时间内所移动的距离或转动的角度。

显而易见，工作速度越高，工作效率就越高。然而工作速度越高就要花费更多的时间去升速或降速，对工业机器人最大加速度变化率及最大减速度变化率的要求更高。

在使用或设计机器人时，确定机器人手臂的最大行程后，根据循环时间安排每个动作的时间，并确定各动作同时进行或是顺序进行，就可以确定各动作的运动速度。分配各动作的时间除考虑工艺动作要求外，还要考虑惯性和行程大小、驱动和控制方式、定位和精度要求。

为了提高生产率，要求缩短整个运动循环时间。运动循环包括加速起动，等速运行和减速制动三个过程。过大的加减速度会导致惯性力加大，影响动作的平稳和精度。为了保证定位精度，加减速过程往往占用较长时间。

4．工作载荷

工作载荷，又叫做承载能力，是机器人在规定的性能范围内，机械接口处能承受的最大负载重量（包括手部），或者说是在工作范围内的任何位姿上所能承受的最大重量。通常用重量、力矩、惯性矩来表示。

负载大小主要考虑机器人各运动轴上的所受的力和力矩。承载能力不仅决定于负载的重量，还包括机器人末端执行器的重量，即手部的重量、抓取工件的重量；而且与机器人运行的速度和加速度的大小和方向有关，即由运动速度变化而产生的惯性力和惯性力矩。

一般机器人在低速运行时，承载能力大，为安全考虑，规定在高速运行时所能抓取的工件重量作为承载能力指标。即承载能力这一技术指标是指高速运行时的承载能力。目前使用的工业机器人，其承载能力范围较大，最大可达 1000kg。

5．分辨率

在机器人学中，分辨率常常容易和精度、重复定位精度相混淆。机器人的分辨率由系统设计检测参数决定，并受到位置反馈检测单元性能的影响。

分辨率是指机器人每根轴能够实现的最小移动距离或最小转动角度。分辨率分为编程分辨率与控制分辨率，统称为系统分辨率。

编程分辨率是指程序中可以设定的最小距离单位，又称为基准分辨率。例如：当电动机旋转 0.1°，机器人腕点即手臂尖端点移动的直线距离为 0.01mm 时，其基准分辨率为 0.01 mm。

控制分辨率是位置反馈回路能够检测到的最小位移量。例如：若每周（转）1000 个脉冲的增量式编码盘与电动机同轴安装，则电动机每旋转 0.36°（360°，1000 r/min）编码盘就发出一个脉冲，0.36° 以下的角度变化无法检测，则该系统的控制分辨率为 0.36°。显然，当编程分辨率与控制分辨率相等时，系统性能达到最高。

6. 精度

精度是一个位置量相对于其参照系的绝对度量，指机器人手部实际到达位置与所需要到达的理想位置之间的差距。机器人的精度主要依存于机械误差、控制算法误差与分辨率系统误差。

机械误差主要产生于传动误差、关节间隙与连杆机构的挠性。传动误差是由轮齿误差、螺距误差等引起的；关节间隙是由关节处的轴承间隙、谐波齿隙等引起的；连杆机构的挠性随机器人位形、负载的变化而变化。

控制算法误差主要指算法能否得到直接解和算法在计算机内的运算字长所造成的比特（bit）误差。因为 16 位以上 CPU 进行浮点运算，精度可达到 82 位以上，所以比特误差与机构误差相比基本可以忽略不计。

分辨率系统误差可取 1/2 基准分辨率，其理由是基准分辨率以下的变位既无法编程又无法检测。机器人的精度可认为是 1/2 基准分辨率与机械误差之和，即：

机器人的精度=1/2 基准分辨率 + 机械误差

如能够做到使机械的综合误差达到 1/2 基准分辨率，则精度等于分辨率。但是，就目前的水平而言，除纳米领域的机构以外，工业机器人尚难以实现。

7. 重复定位精度

重复定位精度是指在相同的运动位置命令下，机器人连续若干次运动轨迹之间的误差度量。如果机器人重复执行某位置给定指令，它每次走过的距离并不相同，而是在一平均值附近变化，该平均值代表精度，而变化的幅度代表重复定位精度。所以，重复定位精度是关于精度的统计数据。

任何一台机器人即使在同一环境、同一条件、同一动作、同一命令之下，每一次动作的位置也不可能完全一致。如对某一个型号的机器人的测试结果为：在 20 mm/s、200 mm/s 的速度下分别重复 10 次，其重复定位精度为 0.4mm。如图 2-15 所示，若重复定位精度为±0.2 mm，则指所有的动作位置停止点均在以平均值位置为中心的左右 0.2 mm 以内。

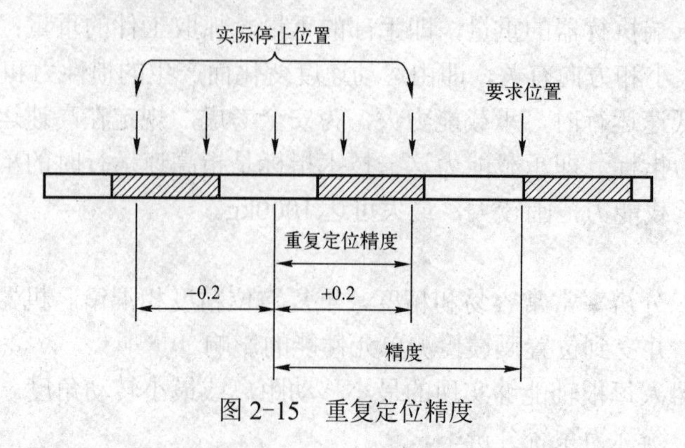

图 2-15　重复定位精度

在测试机器人的重复定位精度时，不同速度、不同方位下，反复试验的次数越多，重复定位精度的评价就越准确。因重复定位精度不受工作载荷变化的影响，故通常用重复定位精度这一指标作为衡量示教-再现方式工业机器人水平的重要指标。机器人标定重复定位精度时一般同时给出测试次数、测试过程所加的负载和手臂的姿态。精度和重复定位精度测试的典型情况如图 2-16 所示。

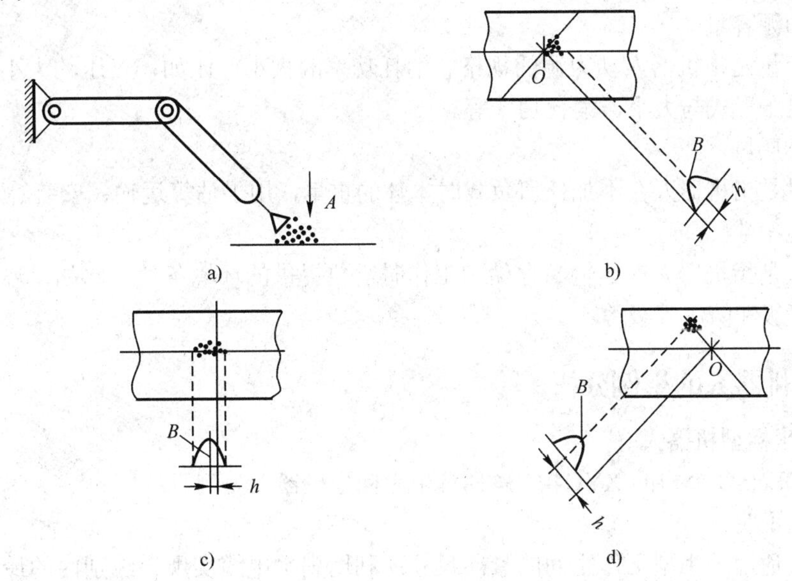

图 2-16　精度和重复定位精度的典型情况

a) 重复定位精度的测定　b) 合理的精度，良好的重复定位精度

c) 良好的精度，很差的重复定位精度　d) 很差的精度，良好的重复定位精度

精度、重复定位精度和分辨率都用来定义机器人手部的定位能力。工业机器人的精度、重复定位精度和分辨率要求是根据其使用要求确定的。机器人本身所能达到的精度取决于机器人结构的刚度、运动速度控制和驱动方式、定位和缓冲等因素。由于机器人有转动关节，不同回转半径时其直线分辨率是变化的，因此造成了机器人的精度难以确定。由于精度一般较难测定，通常工业机器人只给出重复精度。表 2-6 为不同工业机器人要求的重复定位精度。

表 2-6　不同工业机器人要求的重复定位精度　　（单位：mm）

任务	机床上下料	冲床上下料	点焊	模锻	喷涂	装配	测量	弧焊
重复精度	±（0.05～1）	±1	±1	±（0.1～2）	±3	±（0.01～0.5）	±（0.01～0.5）	±（0.2～0.5）

机器人在其技术规格书的说明中都会用表格的方式给出上述基本参数。

8．其他参数

此外，对于一个完整的机器人还有下列参数描述其技术规格。

（1）控制方式

控制方式是指机器人用于控制轴的方式，是伺服还是非伺服，伺服控制方式是实现连续轨迹还是点到点的运动。

（2）驱动方式

驱动方式是指关节执行器的动力源形式。通常有气动、液压、电动等形式。

（3）安装方式

安装方式是指机器人本体安装的工作场合的形式，通常有地面安装、架装、吊装等形式。

（4）动力源容量

动力源容量是指机器人动力源的规格和消耗功率的大小，比如，气压的大小，耗气量；液压高低；电压形式与大小，消耗功率等。

（5）本体质量

本体质量是指机器人在不加任何负载时本体的重量，用于估算运输、安装等。

（6）环境参数

环境参数是指机器人在运输、存储和工作时需要提供的环境条件，比如，温度、湿度、振动、防护等级和防爆等级等。

2.3.2 实用机器人的举例分析

1．直角坐标型机器人

以美国 DENSO 公司的 XYC4-G 系列直角坐标型机器人为例。

（1）一般说明

该机器人适用于小型工作空间的紧凑尺寸：利用扁平电缆实现该级别内的最小尺寸，此种型号适用于较小空间，可利用其建立较小的设备。

宽泛的变化：左臂类型、右臂类型。48 种行程，针对用户需要可以有多种选择。

利用高强度滑动单元可获得最大负载：高强度滑动单元和大功率交流伺服电动机可使机械手搬动重达 10kg 的物体。适用于搬运重物或使用双手的情况。

用于大功率或精细任务的两种驱动功率模式：通过控制电流，用户可以用大功率模式执行高速或重载任务，而用低功率模式执行精细任务。

标准配置：该设备包括 6 套空气管线系统，10 个信号阀和电磁阀。

（2）外形图

XYC4-G 系列直角坐标型机器人外形如图 2-17 所示。

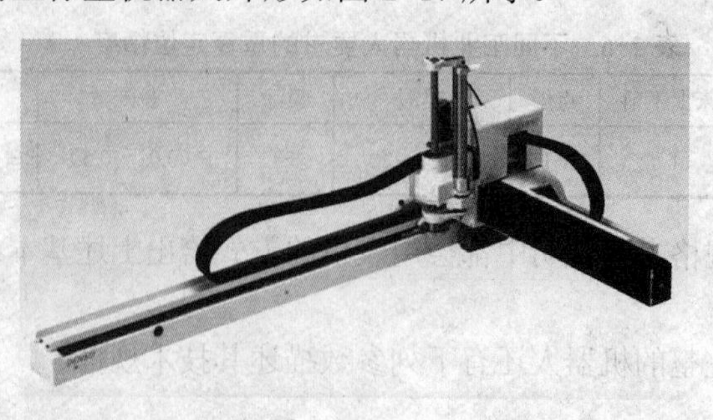

图 2-17　XYC4-G 系列直角坐标型机器人外形图

（3）工作范围

XYC4-G 系列直角坐标型机器人工作范围如图 2-18 所示。

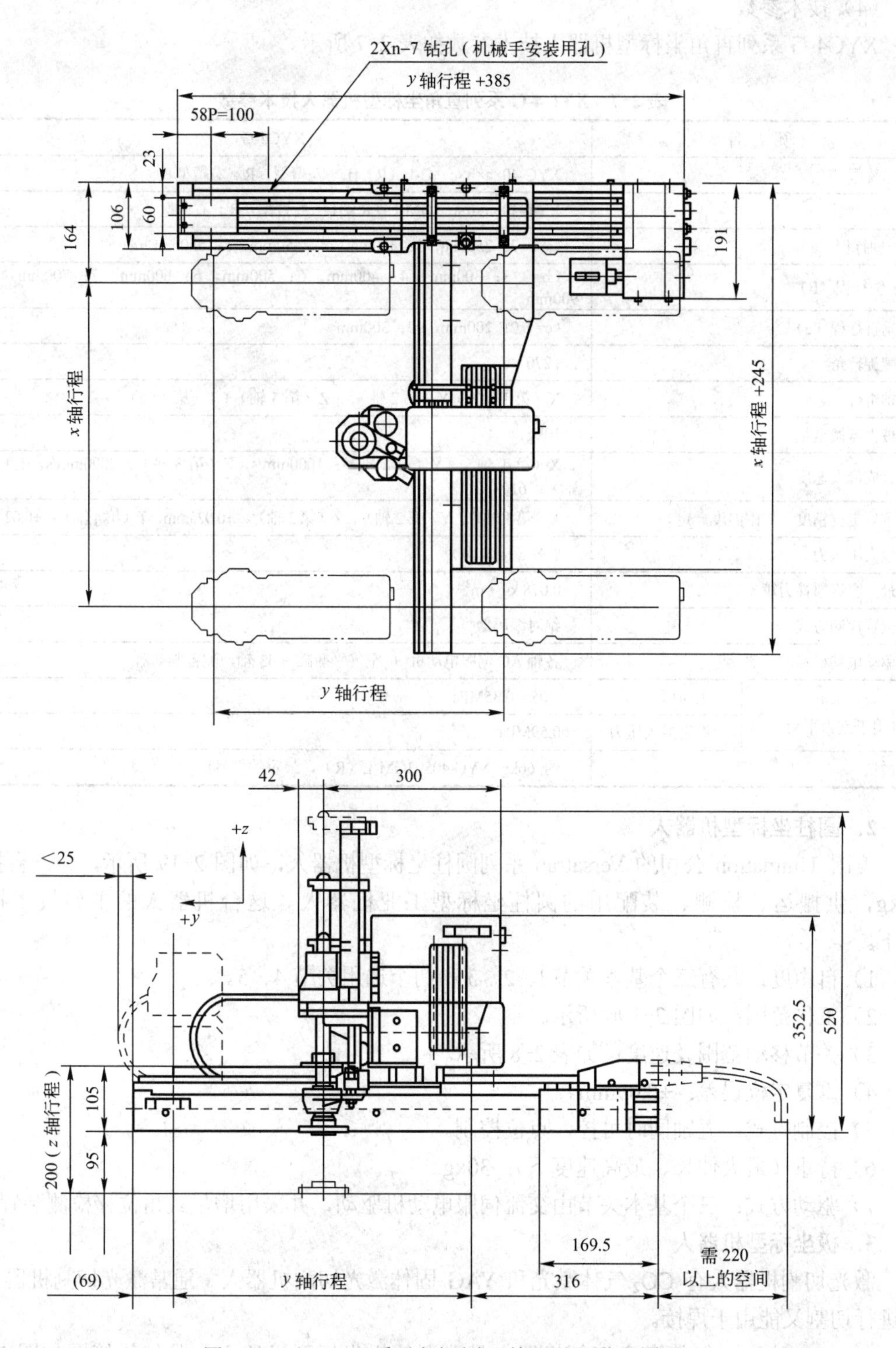

图 2-18　XYC4-G 系列直角坐标型机器人工作范围图

（4）技术参数

XYC4-G 系列直角坐标型机器人技术参数如表 2-7 所示。

表 2-7　XYC4-G 系列直角坐标型机器人技术参数

项　目		XYC4-G
系统型号		XYC-40×a×b×c　G-L（R）[L：左臂型，R：右臂型
单元型号		XYC-40×a×b×c　GM-L（R）[L：左臂型，R：右臂型
x 轴行程（a）		（a=）2：250mm，3：350mm，4：450mm，5：550mm
y 轴行程（b）		（b=）3：300mm，4：400mm，5：500mm，6：600mm，7：700mm，9：900mm
垂直行程（c）		（c=）2：200mm，3：300mm
腕旋转角		±270°
轴组合		X（第 1 轴）+ Y（第 2 轴） + Z（第 3 轴）+ T（第 4 轴）
最大可搬重量		10kg
合成最大速度		X（第 1 轴），Y（第 2 轴）：1000mm/s，Z（第 3 轴）：2000mm/s，T（第 4 轴）：610° /s
重复定位精度（周围温度一定）		X（第 1 轴），Y（第 2 轴），Z（第 3 轴）：±0.025mm，T（第 4 轴）：±0.02°
最大压入力		98N（1s 以内）
最大容许惯性力矩		0.078 kg · m^2
位置检测方式		绝对编码器
驱动电动机和制动器		各轴 AC 伺服电动机 + 空气平衡缸 + J3 轴，配备制动器
空气动力源（用于重力平衡）	工作压力	0.05～0.35MPa
	许用最大压力	0.59MPa
质量		约 66kg [XYC-40593GM-L（R），最重的型号]

2．圆柱坐标型机器人

美国 Unimation 公司的 Versatran 系列圆柱坐标型机器人，如图 2-19 所示，为一台持重 30kg，供搬运、检测、装配用的圆柱坐标型工业机器人。这台机器人的主要技术指标如下。

1）自由度：共有三个基本关节 1、2、3 和两个选用关节 4、5。

2）工作范围：如图 2-19b 所示。

3）关节移动范围及速度：如表 2-8 所示。

4）重复定位误差：±0.05mm。

5）控制方式：五轴同时可控，点位控制。

6）持重（最大伸长、最高速度下）：30kg。

7）驱动方式：三个基本关节由交流伺服电动机驱动，并采用增量式角位移检测装置。

3．极坐标型机器人

激光切割机器人有 CO_2 气体激光和 YAG 固体激光切割机器人。通常激光切割机器人既可进行切割又能用于焊接。

L-1000 型 CO_2 气体激光切割机器人是典型的极坐标型机器人，其结构简图如图 2-20 所示。

表 2-8　Versatran 系列圆柱坐标型机器人关节移动范围及速度

关　节	移动范围	速　度
A1	300°	2.10r/s
A2	500mm	600mm/s
A3	500mm	1200mm/s
A4	360°	2.10r/s
A5	190°	1.05r/s

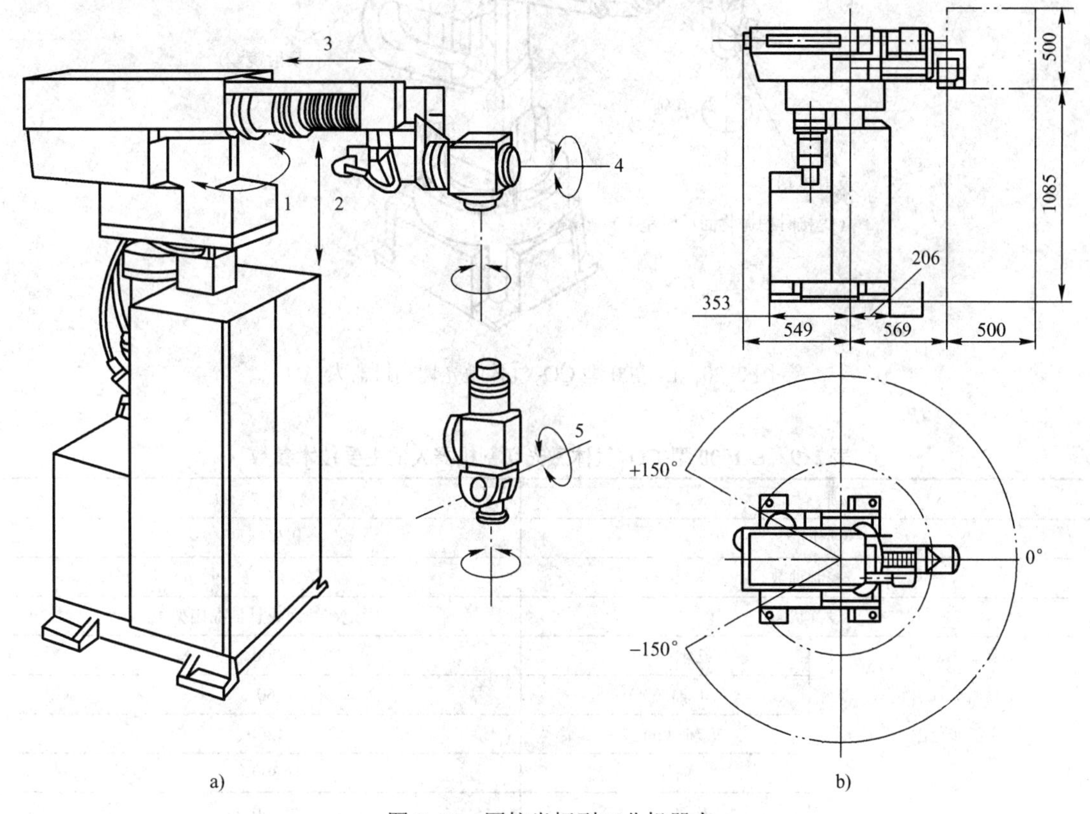

图 2-19　圆柱坐标型工业机器人

a) 结构简图　b) 工作空间图

L-1000 型 CO_2 气体激光切割机器人是极坐标式五轴控制机器人，配用 C1000～C3000 型激光器。光束经由设置在机器人手臂内的 4 个反射镜传送，聚焦后从喷嘴射出。反射镜用铜制造，表面经过反射处理，使光束传递损失不超过 0.8%，而且焦点的位置精度相当好。

为了防止反射镜受到污损，光路完全不与外界接触，同时还在光路内充入经过滤器过滤的洁净空气，并具有一定的压力，从而防止周围的灰尘进入。

L-1000 型 CO_2 气体激光切割机器人的主要技术参数如表 2-9 所示。

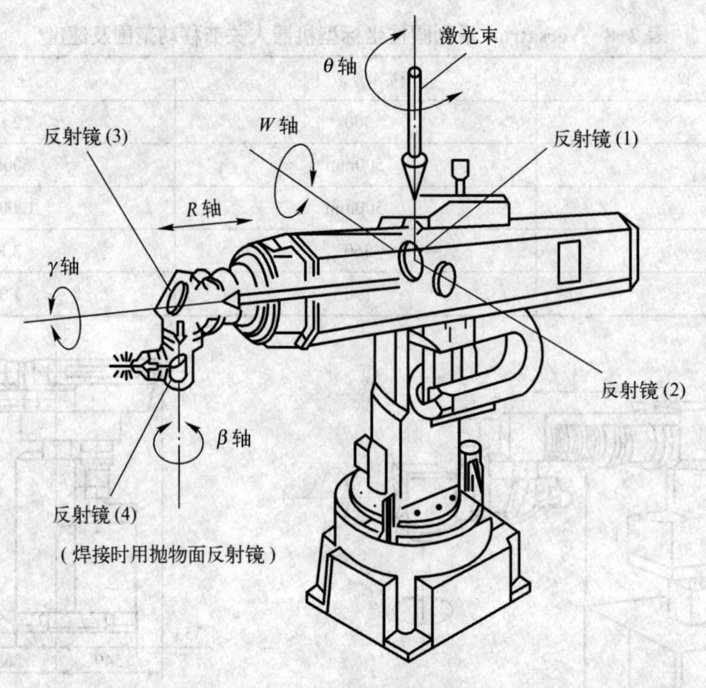

图 2-20　L-1000 型 CO_2 气体激光切割机器人

表 2-9　L-1000 型 CO_2 气体激光切割机器人的主要技术参数

项　目		技术参数
动作形态		极坐标型
控制轴数		5 轴（θ、W、R、γ、β）
设置状态		固定在地面或悬挂在门架上
工作范围	θ 轴（°）	200
	W 轴（°）	60
	R 轴（mm）	1200
	γ 轴（°）	360
	β 轴（°）	280
最大动作速度	θ 轴（°/s）	90
	W 轴（°/s）	70
	R 轴（mm/s）	90
	γ 轴（°/s）	360
	β 轴（°/s）	360
手臂前段可携带重量（kg）		5
驱动方式		交流伺服电动机伺服驱动
控制方式		数字伺服控制
重复定位精度（mm）		±0.5
激光反射镜数量		4
激光进入口直径（mm）		62
辅助气体管路系统		2 套

（续）

项　　目	技 术 参 数
光路清洁用空气管路系统	1套
激光反射镜冷却水系统	进、出水各1套
机械结构部分的重量（kg）	580

4．多关节坐标型机器人

日本安川公司生产的 MOTOMAN UP6 型通用工业机器人，其外形如图 2-21 所示，技术参数如表 2-10 所示，工作范围如图 2-22 所示。

图 2-21　MOTOMAN UP6 型通用工业机器人

表 2-10　MOTOMAN UP6 型通用工业机器人的技术参数

基本参数	机械结构	垂直多关节坐标型
	自由度数	6
	载荷重量	6 kg
	重复定位精度	±0.08 mm
	本体质量	130 kg
	安装方式	地面安装
	电源容量	1.5 kV·A
最大动作范围	*S* 轴（回旋）	±170°
	L 轴（下臂倾动）	+155°、-90°
	U 轴（上臂倾动）	+190°、-170°
	R 轴（手臂横摆）	±180°
	B 轴（手腕俯仰）	+225°、-45°
	T 轴（手腕回旋）	±360°

（续）

最大速度	*S* 轴	2.44 rad/s （140°/s）
	L 轴	2.79 rad/s （160°/s）
	U 轴	2.97 rad/s （170°/s）
	R 轴	5.85 rad/s （335°/s）
	B 轴	5.85 rad/s （335°/s）
	T 轴	8.37 rad/s （500°/s）
容许力矩	*R* 轴	11.8 N·m （1.2 kgf·m）
	B 轴	9.8 N·m （1.0 kgf·m）
	T 轴	5.9 N·m （0.6 kgf·m）
容许转动惯量	*R* 轴	0.24 kg·m^2
	B 轴	0.17 kg·m^2
	T 轴	0.06 kg·m^2
标准涂色		活动部位：淡灰色
		固定部位：深灰色
		电动机：黑色
安装环境	温度	0～45℃
	湿度	（20～80）% RH （不能结露）
	振动	4.9 m/s^2 以下
	其他	避免接触易燃及腐蚀性气体或液体； 不可接近水、油、粉尘等； 远离电气噪声源

5．平面关节坐标型机器人

深圳众为兴数控技术有限公司生产的 ADT-600×4G300-5 机器人是典型的平面关节坐标型机器人。

（1）产品用途

适用领域：搬运与装卸，包装及拣选，钎焊、涂漆、表面处理、涂胶水和密封材料，安装、固定塑料加工设备，置入、装夹、操作其他机床，测量、检测或检验。

（2）性能特点

ADT-600×4G300-5 在负载 5kg 时的作用范围是 550mm，且具有很高的定位精确性。高性能控制器，可控制机器人实现高速点位运动，空间直线插补运动，空间圆弧插补等功能；系统扩展性强，参数配置简单，易于维护；基于高性能处理芯片的机器人功能部件保证了系统的实时控制与调度，实现多伺服功能部件的联动与插补；系统界面简洁大方，提供丰富的显示及监控信息；机器人语言指令系统简单易学，能满足绝大部分工业需求。

（3）技术参数

ADT-600×4G300-5 的地面安装标准型机器人本体的外形尺寸与动作范围如图 2-23 和表 2-11 所示。

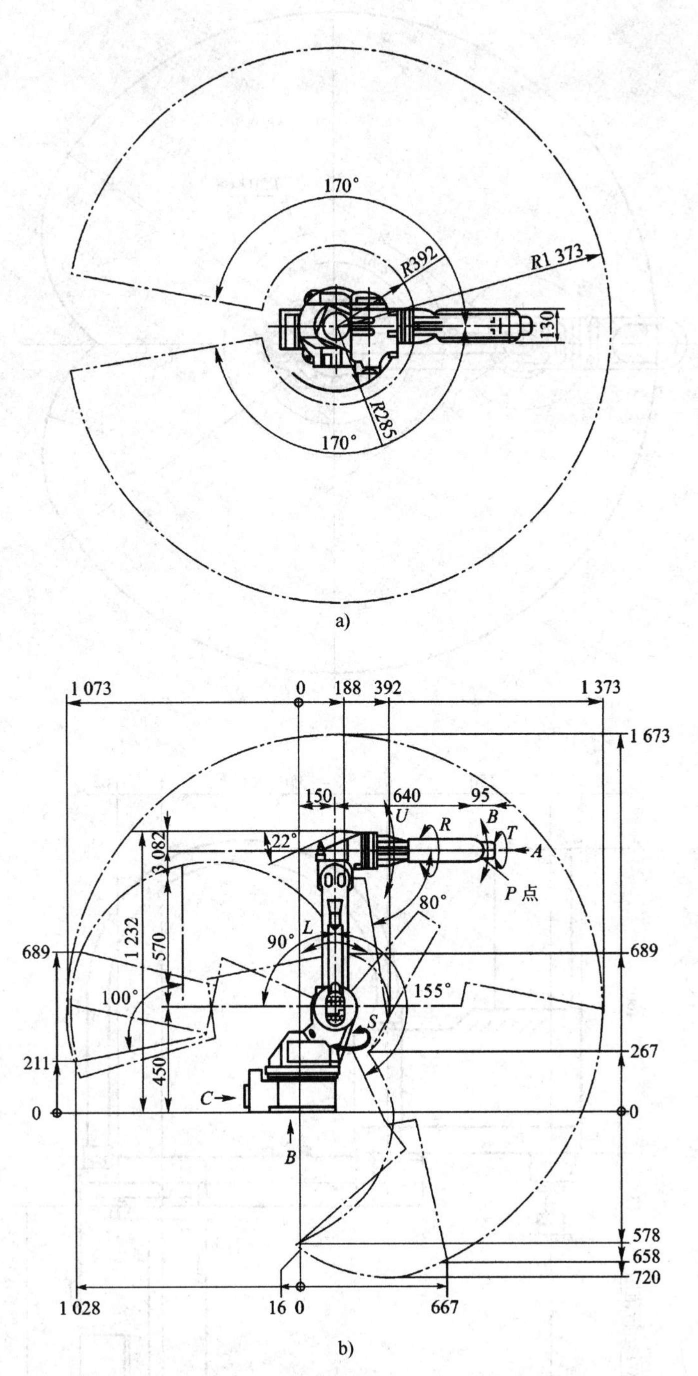

图 2-22　MOTOMAN UP6 机器人的工作范围

a) 俯视图　b) 主视图

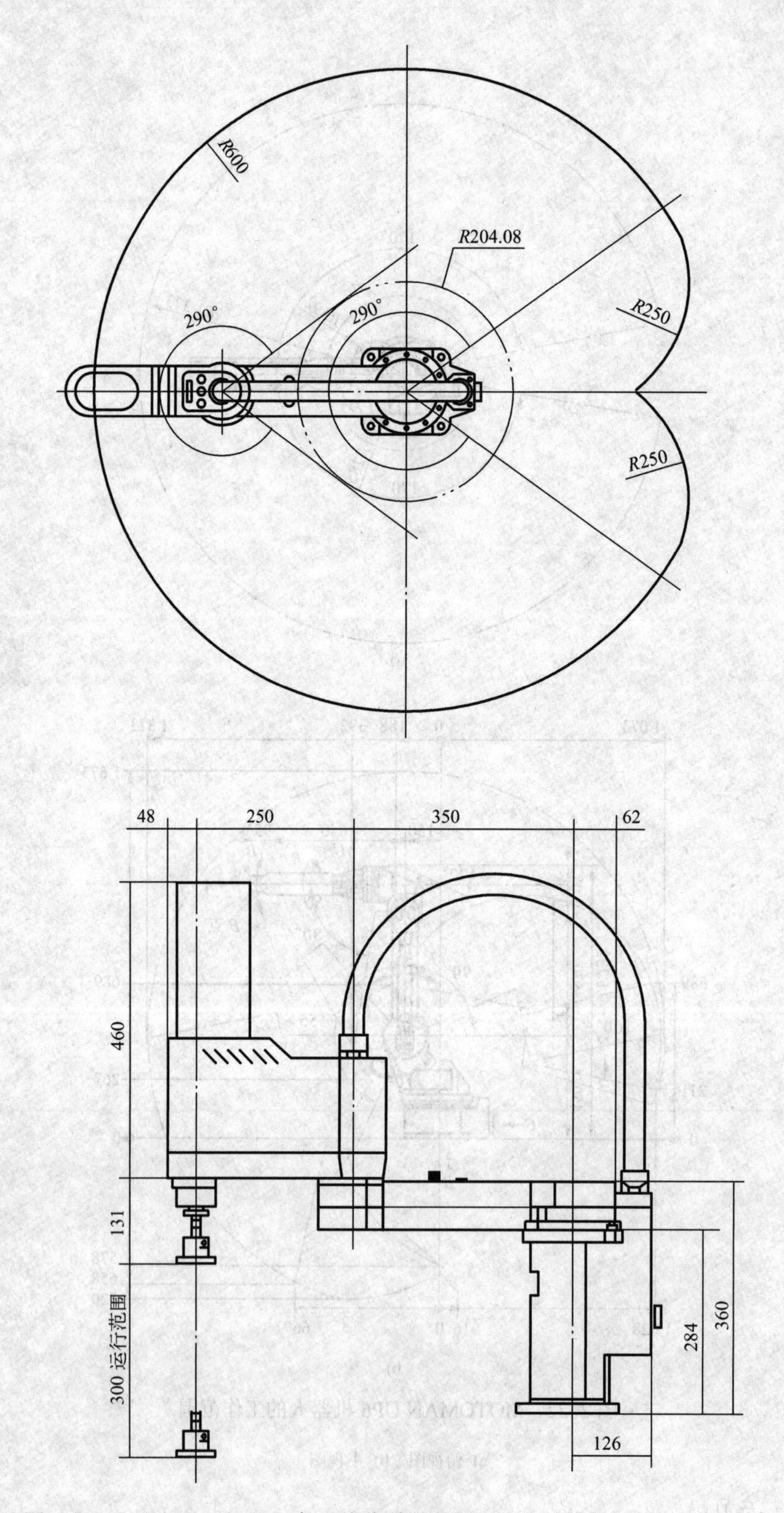

图 2-23　ADT-600×4G300-5 机器人本体的外形尺寸与动作范围（单位：mm）

表 2-11　ADT-600×4G 机器人技术参数

型号			ADT-600×4G100	ADT-600×4G200	ADT-600×4G300
轴规格	*X* 轴	手臂长度	350mm		
	Y 轴	手臂长度	250mm		
	Z 轴	行程	100mm	200mm	300mm
	X 轴	旋转范围	±115°		
	Y 轴	旋转范围	±145°		
	R 轴	旋转范围	±360°		
电动机规格	*X* 轴		400W		
	Y 轴		200W		
	Z 轴（带刹车）		200W		
	R 轴		100W		
最高速度	*X* 速度		225°/s		
	Y 速度		225°/s		
	X、*Y* 轴合成		3.3m/s		
	Z 速度		0.8m/s		
	R 速度		360°/s		
重复定位精度	*X*、*Y* 轴		±0.05mm		
	Z		±0.02mm		
	R		±0.02°		
最大负载			3kg /5kg		
用户用信号线			0.12sq×25		
用户配管			$\phi 6\times 3$ 线		
限位保护			1.软件限位 2.机械限位（*X*、*Y*、*Z* 轴）		
重量			40kg		

2.4　机器人的运动学基础

机器人运动学涉及机器人相对于固定参考坐标系运动几何学关系的分析研究，而与产生运动的力或力矩无关。这样，运动学就涉及机器人空间位移作为时间函数的解析说明，特别是机器人末端执行器位置和姿态与关节变量空间之间的关系。

2.4.1　机器人的运动学问题

机器人，特别是其中最有代表性的关节型机器人，实质上是由一系列关节连接而成的空间连杆开式链机构。

1．运动学概述

机器人的运动学可用一个开环关节链来建模，此链由数个刚体（杆件）以驱动器驱动的转动或移动关节串联而成。开环关节链的一端固定在基座上，另一端是自由的，安装着工具，用以操作物体或完成装配作业。关节的相对运动导致杆件的运动，使手定位于所需的方位上。在很多机器人应用问题中，人们感兴趣的是操作机构末端执行器相对于固定参考坐标系的空间描述。

两个机器人运动学中的基本问题归纳如下。

1）对一给定的机器人，已知杆件几何参数和关节角矢量，求机器人末端执行器相对于参考坐标系的位置和姿态。

2）已知机器人杆件的几何参数，给定机器人末端执行器相对于参考坐标系的期望位置和姿态（位姿），机器人能否使其末端执行器达到这个预期的位姿？如能达到，那么机器人有几种不同形态可满足同样的条件？

第一个问题常称为运动学正问题（直接问题），第二个问题常称为运动学逆问题（解臂形问题）。

由于机器人手臂的独立变量是关节变量，但作业通常是用参考坐标系来描述的，所以常常碰到的是第二个问题，即机器人逆向运动学问题。1955 年 Denavit 和 Hartenbe 曾提出了一种采用矩阵代数的系统而广义的方法，来描述机器人手臂杆件相对于固定参考坐标系的空间几何。

这种方法使用 4×4 齐次变换矩阵来描述两个相邻的机械刚性构件间的空间关系，把正向运动学问题简化为寻求等价的 4×4 齐次变换矩阵，此矩阵把手部坐标系的空间位移与参考坐标系联系起来，并且该矩阵还可用于推导手臂运动的动力学方程。而逆向运动学问题可采用几种方法来求解，最常用的是矩阵代数、迭代或几何方法。

2．运动学的基本问题

为了使问题简单易懂，先以两自由度的机器人的手爪为例来说明。图 2-24 所示为两自由度机器人手部的连杆机构。由于其运动主要由连杆机构来决定，所以在进行机器人运动学分析时，大多数时候是把驱动器及减速器的元件去除后来分析。

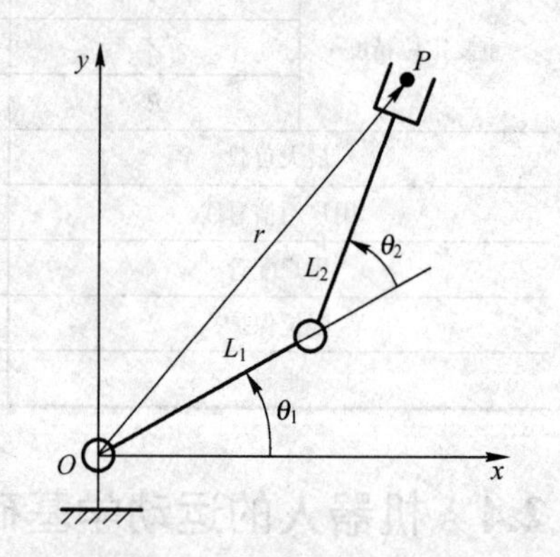

图 2-24　两自由度机械手的正运动学

图 2-24 中的连杆机构是两杆件通过转动副连接的关节结构，通过一定的连杆长度 L_1、L_2 以及关节角 θ_1、θ_2，可以定义该连杆机构。在分析机器人末端手爪的运动时，若把作业看做主要依靠机器人手爪来实现的，则应考虑手爪的位置（图中点 P 的位置）。一般场合中，手爪姿势也表示手指位置。从几何学的观点来处理这个手指位置与关节变量的关系称为运动学。这里引入矢量分别表示手爪位置 $\boldsymbol{r}$ 和关节变量 $\boldsymbol{\theta}$：

$$\boldsymbol{r}=\begin{bmatrix} x \\ y \end{bmatrix},\ \boldsymbol{\theta}=\begin{bmatrix} \theta_1 \\ \theta_2 \end{bmatrix}$$

因此，利用上述两个矢量来描述图 2-24 所示的两自由度机器人的运动学问题。手爪位置的各分量，按几何学可表示为：

$$x = L_1\cos\theta_1 + L_2\cos(\theta_1+\theta_2) \tag{2-1}$$

$$y = L_1\sin\theta_1 + L_2\sin(\theta_1+\theta_2) \tag{2-2}$$

用矢量表示这个关系式，其一般可表示为：

$$\boldsymbol{r} = f(\boldsymbol{\theta}) \tag{2-3}$$

式中 f 表示矢量函数。

已知机器人的关节变量 $\boldsymbol{\theta}$，求其手爪位置 $\boldsymbol{r}$ 的运动学问题称为正运动学。式（2-3）被称为运动方程式。如果给定机器人的手爪位置 $\boldsymbol{r}$，求为了到达这个预定的位置，机器人的关节变量 $\boldsymbol{\theta}$ 的运动学问题称为逆运动学。其运动方程式可以通过以下分析得到。

如图 2-25 所示，根据图中描述的几何学关系，可得：

$$\theta_2 = \pi - \alpha \tag{2-4}$$

$$\theta_1 = \arctan\left(\frac{y}{x}\right) - \arctan\left(\frac{L_2 \sin\theta_2}{L_1 + L_2 \cos\theta_2}\right) \tag{2-5}$$

式中：

$$\alpha = \arccos\left[\frac{-(x^2 + y^2) + L_1^2 + L_2^2}{2L_1 L_2}\right] \tag{2-6}$$

同样，如果用矢量表示上述关系式，其一般可表示为：

$$\boldsymbol{\theta} = f^{-1}(\boldsymbol{r}) \tag{2-7}$$

如图 2-25 所示，机器人到达给定的手爪位置 $\boldsymbol{r}$ 有两个姿态满足要求，即图中的 $\alpha' = -\alpha$ 也是其解。这时 θ_1 和 θ_2 变成为另外的值，即逆运动学的解不是唯一的，可以有多个解。

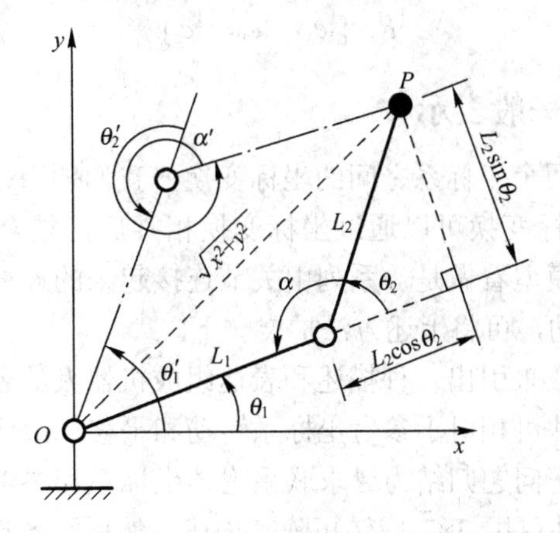

图 2-25　两自由度机械手的逆运动学

上述的正运动学、逆运动学统称为运动学。把式（2-3）的两边微分即可得到机器人手爪的速度和关节速度的关系，再进一步进行微分将得到加速度之间的关系，处理这些关系也是机器人运动学的问题。

2.4.2　机器人的位置与变量之间的关系

以手爪位置与关节变量之间的关系为例，要想正确表示机器人的手爪位置和姿态，首先就要建立坐标系，如图 2-26 所示，应分别定义固定机器人的基准和手爪的坐标系，这样才能很好地描述它们之间的位置和姿态之间的关系。下面就先说明一下这种坐标系。

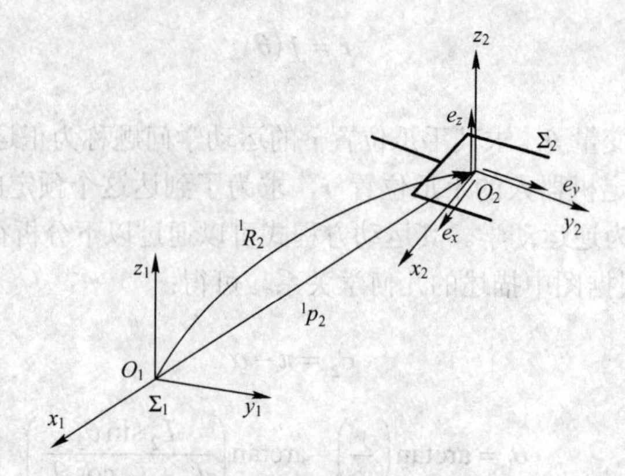

图 2-26　基准坐标系和手爪坐标系

如图 2-26 所示，图中的坐标系分别如下。

$\sum_1$——基准坐标系（$O_1-x_1y_1z_1$，固定在基座上）。

$\sum_2$——手爪坐标系（$O_2-x_2y_2z_2$，固定在手爪上），手爪的位置和姿态可分别表示为：

$^1P_2 \in R^{3\times1}$——由 O_1 指向 O_2 的位置矢量；

$^1R_2 \in R^{3\times3}$——由$\sum_1$看$\sum_2$姿态的姿态变换矩阵（旋转变换矩阵）。

这里左上角标表示描述的坐标，$M \in R^{i\times j}$ 表示 M 是第 i 行 j 列的矩阵（在 $j=1$ 的特殊情况下，表示列矢量）。设坐标系$\sum_2$中各轴方向的单位矢量，在坐标系中描述为 ^1e_x，^1e_y，^1e_z，若用这些单位矢量来表示，则 $^1R_2$ 可表示为：

$$^1R_2=[^1e_x，^1e_y，^1e_z] \tag{2-8}$$

2.4.3　机器人运动学的一般表示

前面所介绍的是任意两个坐标系之间的坐标变换，我们知道，机器人一般是有多个关节组成的，各关节之间的坐标变换可以通过坐标变换相乘后，结合在一起进行求解。如前所述，可以把机器人的运动模型看做是一系列由关节连接起来的连杆机构。一般机器人具有 n 个自由度，为了分析其运动，可将上述方法扩展一下。

这里用矢量和矩阵代数来引出一种描述和表达组成机器人的各杆件相对于固定参考系位置的通用方法。由于各杆件可相对于参考坐标系转动和平移，故应对每个杆件沿关节轴建立一个附体坐标系。运动学正问题归结为寻求联系附体坐标系和参考坐标系的变换矩阵。附体坐标系相对于参考系的转动可用 3×3 旋转矩阵来描述，然后用齐次坐标表达三维空间的位置矢量，若旋转矩阵扩展为 4×4 齐次变换矩阵，则可以包括附体坐标系的平移。

通常把描述一个连杆与下一个连杆间相对关系的齐次变换叫做 $\boldsymbol{A}$ 矩阵。如果用 $\boldsymbol{A}_1^0$ 表示第 1 个连杆在基系的位置和姿态，$\boldsymbol{A}_2^1$ 表示第 2 个连杆相对第 1 个连杆的位置和姿态，那么第 2 个连杆在基系的位置和姿态可由下列矩阵的乘积求得：

$$\boldsymbol{T}_2 = A_1^0 A_2^1 \tag{2-9}$$

同理，若 $\boldsymbol{A}_3^2$ 表示第 3 个连杆相对第 2 个连杆的位置和姿态，那么第 3 个连杆在基系的位置和姿态可由下列矩阵的乘积求得：

$$\boldsymbol{T}_3 = A_1^0 A_2^1 A_3^2 \tag{2-10}$$

通常称这些 $\boldsymbol{A}$ 矩阵的乘积为 $\boldsymbol{T}$ 矩阵，于是，对于6连杆的机器人，有下列 $\boldsymbol{T}$ 矩阵：

$$\boldsymbol{T}_6 = A_1^0 A_2^1 A_3^2 A_4^3 A_5^4 A_6^5 \tag{2-11}$$

一般，每个连杆有1个自由度，则6连杆组成的机器人具有6个自由度，并能在其运动范围内任意定位与定向。其中，3个自由度用于规定位置，另外3个自由度用来规定姿态。所以 $\boldsymbol{T}_6$ 表示了机器人的位置和姿态。

对于具有 n 个关节的机器人，若设坐标系 $O_n\text{–}x_n y_n z_n$ 为固定在指尖上的坐标系时，则从坐标系 $O_n - x_n y_n z_n$ 到基准坐标系 $O_0- x_0 y_0 z_0$ 的坐标变换矩阵 $\boldsymbol{T}$ 可由下式给出：

$$\boldsymbol{T}_n = A_1^0 A_2^1 A_3^2 \cdots A_n^{n-1} \tag{2-12}$$

$\boldsymbol{T}$ 不仅是从坐标系 $O_n - x_n y_n z_n$ 到坐标系 $O_0- x_0 y_0 z_0$ 的坐标变换，而且同时还可以解释为在基准坐标系 $O_0- x_0 y_0 z_0$ 上看到的表示指尖位置和方向的矩阵。

2.5 机器人的动力学基础

2.5.1 机器人的动力学问题

机器人的动力学就是机器人动态特性的运动方程式，即机器人的动力学方程。它表示的是机器人各个关节变量对时间的导数、各执行器驱动力或力矩之间的关系，是机器人机械系统的运动方程，机器人动力学是研究机器人运动数学方程的建立。其实际动力学模型可以根据已知的物理定律（例如牛顿或拉格朗日力学定律）求得。

机器人运动方程的求解可分为两种不同性质的问题。

1．动力学的基本问题

（1）正动力学问题

机器人各执行器的驱动力或力矩已知，求解机器人关节变量在关节变量空间的轨迹或末端执行器在笛卡尔空间的轨迹，这称为机器人动力学方程的正面求解，简称为正动力学问题。

（2）逆动力学问题

机器人在关节变量空间的轨迹已确定，或末端执行器在笛卡尔空间的轨迹已确定（轨迹已被规划），求解机器人各执行器的驱动力或力矩，这称为机器人动力学方程的反面求解，简称为逆动力学问题。

2．动力学的问题解法

不管是哪一种动力学问题都要研究机器人动力学数学模型，区别在于问题的解法，我们研究动力学的主要目的之一是为了对机器人的运动进行有效控制，以实现预期的轨迹运动。常用的方法有牛顿-欧拉法、拉格朗日法、凯恩动力学法等。

2.5.2 机器人的静力学

1．虚功原理

在介绍机器人静力学之前，首先要说明一下静力学中所需要的虚功原理。

约束力不做功的力学系统实现平衡的充分且必要条件是对结构上允许的任意位移（虚位

移）施力所作功之和为零。这里所指的虚位移是描述作为对象的系统力学结构的位移，不同于随时间一起产生的实际位移，为此用“虚位移”一词来表示。而约束力是使系统动作受到制约的力。

下面看一个例子来理解一下实际中如何使用虚功原理。

如图 2-27 所示，已知作用在杠杆一端的力 $\boldsymbol{F_A}$，试用虚功原理求作用于另一端的力 $\boldsymbol{F_B}$。假设杠杆长度 L_A，L_B 已知。

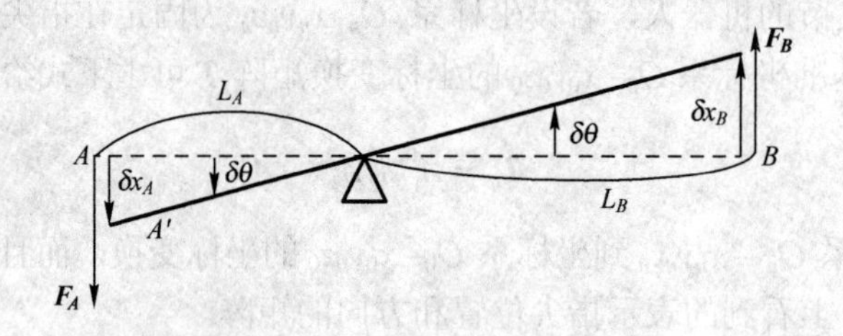

图 2-27　杠杆及作用在两端的力

按照虚功原理，杠杆两端受力所作的虚功应该是：

$$F_A\delta x_A + F_B\delta x_B = 0 \tag{2-13}$$

式中，δx_A，δx_B 是杠杆两端的虚位移。对于虚位移，存在下式：

$$\delta x_A = L_A\delta\theta\text{，}\delta x_B = L_B\delta\theta \tag{2-14}$$

式中，$\delta\theta$ 是绕杠杆支点的虚位移。把式（2-14）代入式（2-13）消去 δx_A、δx_B，可得下式：

$$(F_A L_A + F_B L_B)\delta\theta = 0 \tag{2-15}$$

由于式（2-15）对任意的 $\delta\theta$ 都成立，所以有下式成立：

$$F_A L_A + F_B L_B = 0$$

因此得到：

$$F_B = \frac{L_A}{L_B}F_A \tag{2-16}$$

当力 $\boldsymbol{F_A}$ 向下取正值时，$\boldsymbol{F_B}$ 则为负值。

2．机器人静力学关系式

现在利用前面的虚功原理来获得机器人的静力学关系式。以图 2-28 所示的机械手为研究对象，要产生图 2-28a 所示的虚位移，获得图 2-28b 所示各力之间的关系式。

假设：

$$\delta r = [\delta r_1, \cdots, \delta r_m]^T\text{，} \in \boldsymbol{R}^{m\times 1}\ \text{手爪的虚位移}$$

$$\delta\theta = [\delta\theta_1, \cdots, \delta\theta_n]^T\text{，} \in \boldsymbol{R}^{n\times 1}\ \text{关节的虚位移}$$

$$F = [f_1, \cdots, f_m]^T\text{，} \in \boldsymbol{R}^{m\times 1}\ \text{手爪力}$$

$$\tau = [\tau_1, \cdots, \tau_n]^T\text{，} \in \boldsymbol{R}^{n\times 1}\ \text{关节驱动力}$$

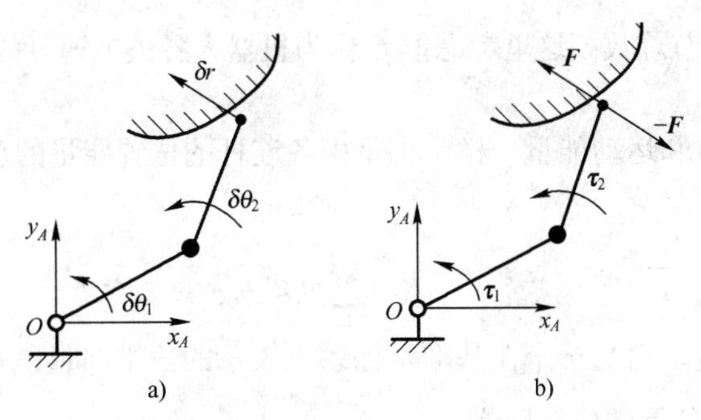

图 2-28　机械手的虚位移和施加的力

a) 虚位移　b) 施加的力

则可得到下面的机械手静力学关系式：

$$\tau = J^T F \tag{2-17}$$

式中，J 为表征手爪的虚位移 δr 和关节的虚位移 $\delta 0$ 之间关系的雅可比矩阵。上式表示了机械手在静止状态为产生手爪力 $\boldsymbol{F}$ 的驱动力 $\boldsymbol{\tau}$。

2.5.3　机器人的动力学

1．机器人的动能

为了理解多关节机器人的运动方程式，首先要了解机器人的动能（运动能量）和位能（位置能量）。先看图 2-29 所示的第 i 个连杆的运动能量。刚体的运动能量是由该刚体的平移构成的运动能量与该刚体的旋转而构成的运动能量之和表示的。因此，图 2-29 中表示的连杆的运动能量，可以用下式表示：

$$K_i = \frac{1}{2} m_i v_{C_i}^T v_{C_i} + \frac{1}{2} \omega_i^T I_i \omega_i \tag{2-18}$$

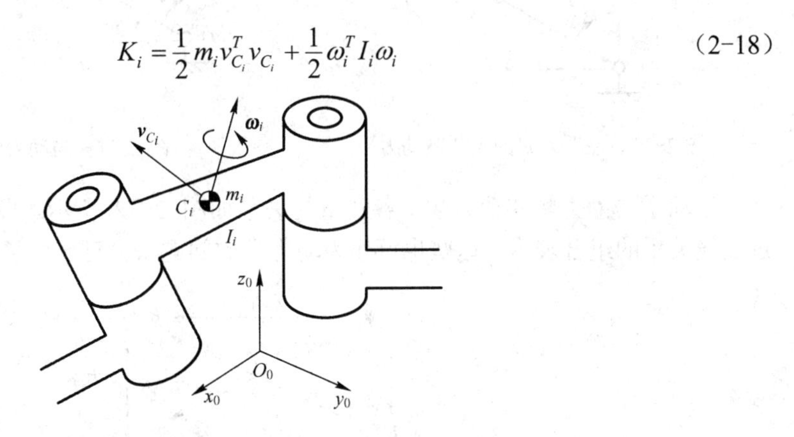

图 2-29　第 i 个连杆的旋转速度和重心的平移速度

式中，K_i 为连杆 i 的运动能量；m_i 为质量；$\boldsymbol{v}_{C_i}$ 为在基准坐标系上表示的重心的平移速度向量；I_i 为在基准坐标系上表示的连杆 i 的转动惯量；$\boldsymbol{\omega}_i$ 为在基准坐标系上表示的转动速度向量。

因为机器人的全部运动能量为 K，由各连杆的运动能量的总和表示，所以得到：

$$K = \sum_{i=1}^{n} K_i \tag{2-19}$$

式中，n 为机器人的关节总数。这里考虑把 K 作为机器人各关节速度的函数。

2．机器人的位能

机器人的位置能量和运动能量一样，也是由各连杆的位置能量的总和给出，因此可用下式表示：

$$P=\sum_{i=1}^{n}m_i g^T r_{0,C_i} \tag{2-20}$$

式中，$\boldsymbol{g}$ 是重力加速度，它是一个在基准坐标系上表示的三维向量；$\boldsymbol{r}_{0,C_i}$ 是从基准坐标系原点到第 i 个连杆的重心位置的位置向量。

3．运动学、静力学、动力学的关系

如图 2-30 所示，当机器人的手爪接触环境时，手爪力 $\boldsymbol{F}$ 与驱动力 $\boldsymbol{\tau}_1$ 和 $\boldsymbol{\tau}_2$ 的关系起着重要作用，在静止状态下处理这种关系称为静力学（Statics）。

在考虑控制时，就要考虑在机器人的动作中，关节驱动力 $\boldsymbol{\tau}$ 会产生怎样的关节位置 θ、关节速度 $\dot{\theta}$、关节加速度 $\ddot{\theta}$，处理这种关系称为动力学（Dynamics）。对于动力学来说，除了与连杆长度 L_i 有关之外，还与各连杆的质量 m_i，绕质量中心的惯性矩 I_{C_i}，连杆的质量中心与关节轴的距离 L_{C_i} 有关，如图 2-31 所示。

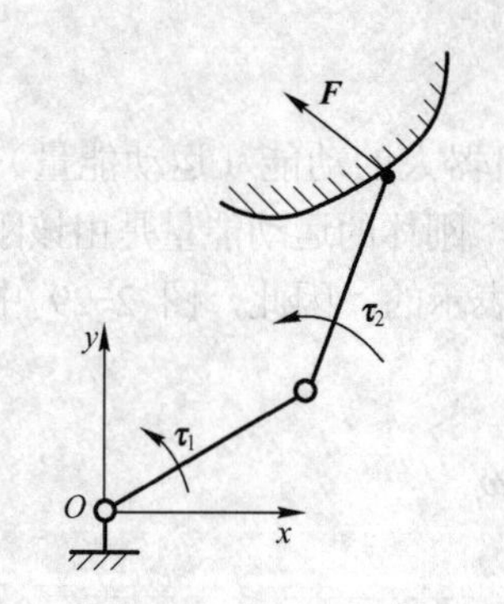

图 2-30　手爪力 F 的关节驱动力

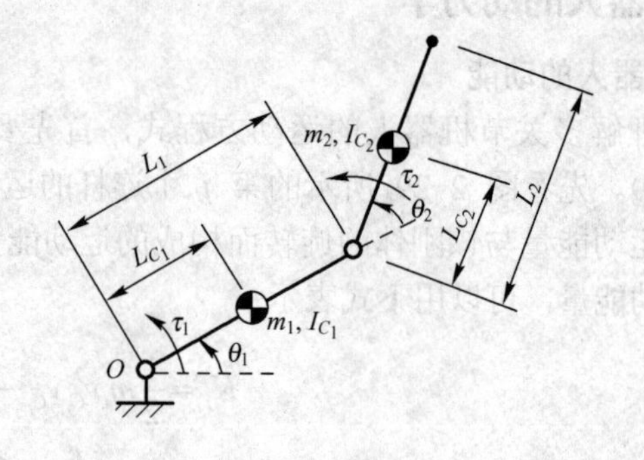

图 2-31　与动力学有关的变量

运动学、静力学和动力学中各变量的关系如图 2-32 所示。图中用虚线表示的关系可通过实线关系的组合表示，这些也可作为动力学的问题来处理。

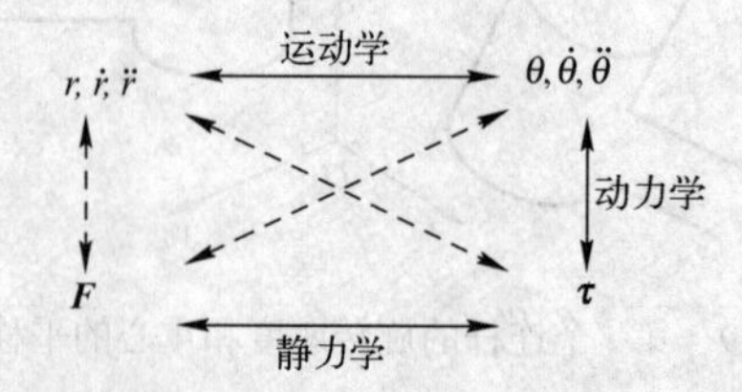

图 2-32　运动学、静力学、动力学各变量的关系

作业与思考题

1．机器人按应用领域分有哪些类型？按驱动方式、控制方式、机器智能划分呢？

2．机器人按坐标系统分类有哪些？各有何种优缺点？

3．什么是伺服机器人，有哪几种伺服控制方式？

4．机器人的基本术语有哪些？

5．工作范围的重要性体现在哪里？

6．工作速度、工作载荷的实际意义有哪些？

7．什么是精度、重复定位精度、分辨率？它们的联系与区别是什么？

8．查找本章 5 个实例的技术规格，分别列出它们的基本术语。

9．运动副的图形符号有哪些，用来表示何种意义？

10．基本运动的图形符号有哪些，用来表示何种意义？

11．运动机能的图形符号有哪些，用来表示何种意义？

12．运动机构的图形符号有哪些，用来表示何种意义？

13．分别画出本章 5 个实例的机构简图。

14．什么是机器人运动学的正问题？它解决了什么问题？

15．什么是机器人运动学的逆问题？它解决了什么问题？

16．写出二自由度正运动学和逆运动学的运动方程式。

17．为什么要建立坐标系？

18．描述机器人各个杆件相对于固定参考坐标系位置的通用方法是什么？

19．已知一个连杆与下一个连杆的齐次变换为 A，写出 6 个自由度的机器人末端装置在固定参考坐标系中的坐标变换矩阵 T。

20．写出 6 个自由度的机器人末端装置在固定参考坐标系中的坐标。

21．什么是机器人的动力学的正问题？它解决了什么问题？

22．什么是机器人的动力学的逆问题？它解决了什么问题？

23．动力学的正问题与运动学正问题的异同是什么？动力学的逆问题与运动学逆问题的异同是什么？

24．什么是虚功原理？什么是虚位移？

25．写出机器人静力学的关系式，并解释。

26．写出机器人的动能公式。

27．解释机器人运动学、静力学、动力学之间的关系。

第3章　机器人的机械结构系统

【内容提要】

本章主要讲述的是机器人的机械结构系统。介绍了机器人的升降回转型、俯仰型、直移型、类人机器人型机身机构；讲解了机器人的臂部机构组成、配置及典型机构；讲述了机器人的腕部机构的转动方式、自由度、驱动方式、典型结构和柔顺腕部；介绍了机器人的手部机构的特点与夹持式、吸附式和仿人式三种类型；讲述了机器人的行走机构的特点与车轮式、履带式和足式三种机构。

【教学提示】

学习完本章的内容后，学生应能够：了解机器人机身不同结构的组成原理，以及手部、腕部、臂部、机身和行走机构各部分的组成与种类；能熟练地分析各机械结构系统的特点与工作原理；掌握各个机械结构的典型机构；能用上述所学分析实用机器人的各个机械结构的组成、原理、故障的可能原因。

3.1　机器人的机身机构

机器人的机械结构系统由手部、腕部、臂部、机身和行走机构组成。机器人必须有一个便于安装的基础件机座。机座往往与机身做成一体，机身与臂部相连，机身支承臂部，臂部又支承腕部和手部。

机器人为了进行作业，就必须配置操作机构，这个操作机构叫做手部，有时也称为手爪或末端操作器。而连接手部和手臂的部分，叫做腕部，其主要作用是改变手部的空间方向和将作业载荷传递到臂部。臂部连接机身和腕部，主要作用是改变手部的空间位置，满足机器人的作业空间，并将各种载荷传递到机身。机身是机器人的基础部分，它起着支承作用；对固定式机器人，直接连接在地面基础上；对移动式机器人，则安装在行走机构上。

机身是直接连接、支承和传动手臂及行走机构的部件。它是由臂部运动（升降、平移、回转和俯仰）机构及有关的导向装置、支承件等组成。由于机器人的运动形式、使用条件、负载能力各不相同，所采用的驱动装置、传动机构、导向装置也不同，致使机身结构有很大差异。

机身结构一般由机器人总体设计确定。比如，直角坐标型机器人有时把升降（z 轴）或水平移动（x 轴）自由度归属于机身；圆柱坐标型机器人把回转与升降这两个自由度归属于机身；极坐标型机器人把回转与俯仰这两个自由度归属于机身；关节坐标型机器人把回转自由度归属于机身。

一般情况下，实现臂部的升降、回转或俯仰等运动的驱动装置或传动件都安装在机身上。臂部的运动越多，机身的结构和受力越复杂。机身既可以是固定式的，也可以是行走式的，即在它的下部装有能行走的机构，可沿地面或架空轨道运行。

常用的机身结构有：升降回转型机身结构、俯仰型机身结构、直移型机身结构、类人机器人型机身结构。

1．升降回转型机身结构

升降回转型机身结构由实现臂部的回转和升降的机构组成，回转通常由直线液（气）压缸驱动的传动链、涡轮蜗杆机械传动回转轴完成；升降通常由直线缸驱动、丝杠-螺母机构驱动、直线缸驱动的连杆升降台完成。

（1）回转与升降机身结构特点

1）升降油缸在下，回转油缸在上，回转运动采用摆动油缸驱动，因摆动油缸安置在升降活塞杆的上方，故活塞杆的尺寸要加大。

2）回转油缸在下，升降油缸在上，回转运动采用摆动油缸驱动，相比之下，回转油缸的驱动力矩要设计得大一些。

3）链条链轮传动是将链条的直线运动变为链轮的回转运动，它的回转角度可大于360°。图 3-1a 为气动机器人采用单杆活塞气缸驱动链条链轮传动机构实现机身的回转运动。此外，也有用双杆活塞气缸驱动链条链轮回转的方式，如图 3-1b 所示。

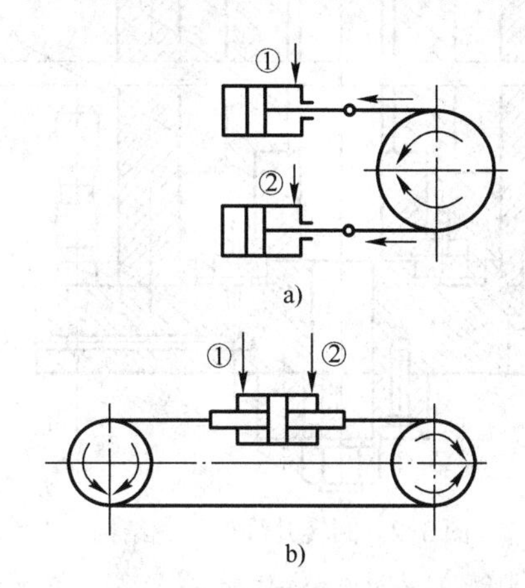

图 3-1　链条链轮传动机构

a) 单杆活塞气缸驱动链条链轮传动机构　b) 双杆活塞气缸驱动链条链轮传动机构

（2）回转与升降机身结构工作原理

如图 3-2 所示设计的机身包括两个运动，机身的回转和升降。机身回转机构置于升降缸之上。

手臂部件与回转缸的上端盖连接，回转缸的动片与缸体连接，由缸体带动手臂回转运动。回转缸的转轴与升降缸的活塞杆是一体的。活塞杆采用空心，内装一花键套与花键轴配合，活塞升降由花键轴导向。花键轴与升降缸的下端盖用键来固定，下端盖与连接地面的底座固定。这样就固定了花键轴，也就通过花键轴固定了活塞杆。这种结构中导向杆在内部，结构紧凑。

2．俯仰型机身结构

俯仰型机身结构由实现手臂左右回转和上下俯仰的部件组成，它用手臂的俯仰运动部件代替手臂的升降运动部件。俯仰运动大多采用摆式直线缸驱动。

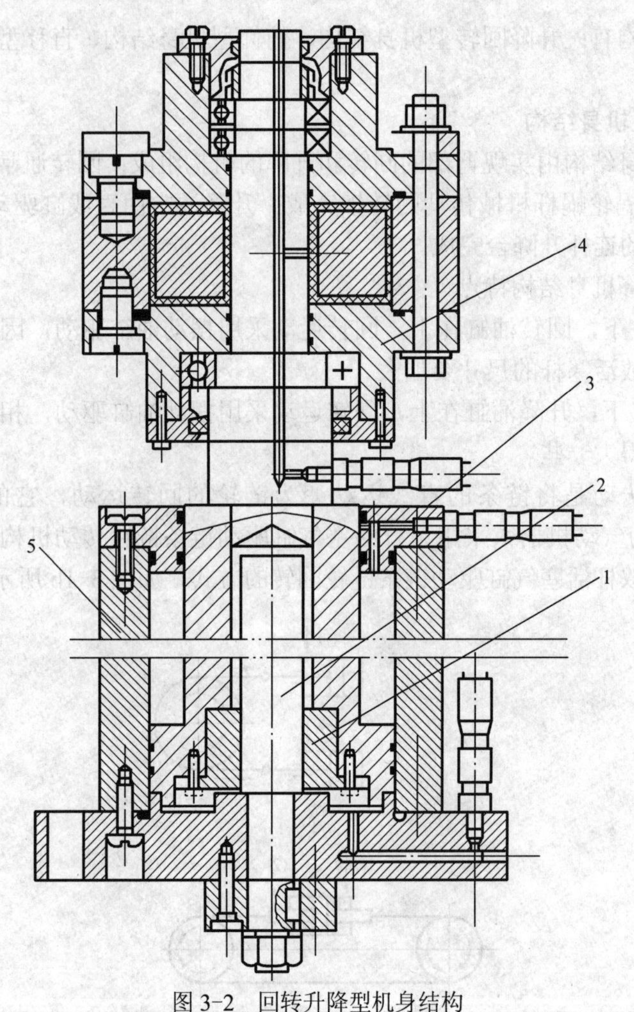

图 3-2　回转升降型机身结构

1—花键轴套　2—花键轴　3—活塞　4—回转缸　5—升降缸

机器人手臂的俯仰运动一般采用活塞缸与连杆机构实现。手臂俯仰运动用的活塞缸位于手臂的下方，其活塞杆和手臂用铰链连接，缸体采用尾部耳环或中部销轴等方式与立柱连接，如图 3-3 所示。此外有时也采用无杆活塞缸驱动齿条齿轮或四连杆机构实现手臂的俯仰运动。

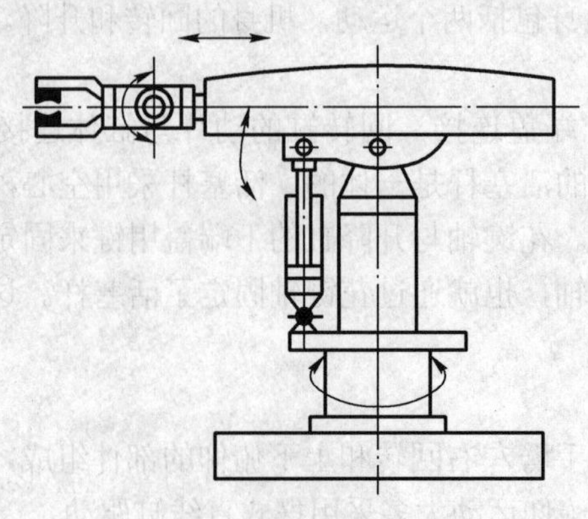

图 3-3　俯仰型机身结构

3．直移型机身结构

直移型机身结构多为悬挂式，机身实际是悬挂手臂的横梁。为使手臂能沿横梁平移，除了要有驱动和传动机构外，导轨也是一个重要的部件。

4．类人机器人型机身结构

类人机器人型机身结构的机身上除了装有驱动臂部的运动装置外，还应该有驱动腿部运动的装置和腰部关节。类人机器人型机身结构的机身靠腿部的屈伸运动来实现升降，腰部关节实现左右和前后的俯仰和人身轴线方向的回转运动。

3.2 机器人的臂部机构

手臂部件（简称臂部）是机器人的主要执行部件，它的作用是支承腕部和手部，并带动它们在空间运动。

3.2.1 机器人臂部的组成

1．手臂的运动

一般来讲，为了让机器人的手爪或末端操作器可以达到任务目标，手臂至少能够完成三个运动：垂直移动、径向移动、回转运动。

（1）垂直移动

垂直移动是指机器人手臂的上下运动。这种运动通常采用液压缸机构或其他垂直升降机构来完成，也可以通过调整整个机器人机身在垂直方向上的安装位置来实现。

（2）径向移动

径向移动是指手臂的伸缩运动。机器人手臂的伸缩使其手臂的工作长度发生变化。在圆柱坐标式结构中，手臂的最大工作长度决定其末端所能达到的圆柱表面直径。

（3）回转运动

回转运动是指机器人绕铅垂轴的转动。这种运动决定了机器人的手臂所能到达的角度位置。

2．手臂的组成

机器人的手臂主要包括臂杆以及与其伸缩、屈伸或自转等运动有关的构件，如传动机构、驱动装置、导向定位装置、支承联接和位置检测元件等。此外，还有与腕部或手臂的运动和联接支承等有关的构件、配管配线等。

根据臂部的运动和布局、驱动方式、传动和导向装置的不同，可分为：伸缩型臂部结构；转动伸缩型臂部结构；屈伸型臂部结构；其他专用的机械传动臂部结构。伸缩型臂部结构可由液（气）压缸驱动或直线电动机驱动；转动伸缩型臂部结构除了臂部作伸缩运动，还绕自身轴线运动，以便使手部旋转。

3.2.2 机器人臂部的配置

机身和臂部的配置形式基本上反映了机器人的总体布局。由于机器人的运动要求、工作对象、作业环境和场地等因素的不同，出现了各种不同的配置形式。目前常用的有横梁式、立柱式、机座式、屈伸式四种。

1．横梁式配置

机身设计成横梁式，用于悬挂手臂部件，通常分为单臂悬挂式和双臂悬挂式两种，如图 3-4 所示。这类机器人的运动形式大多为移动式。它具有占地面积小，能有效利用空间，动作简单直观等优点。

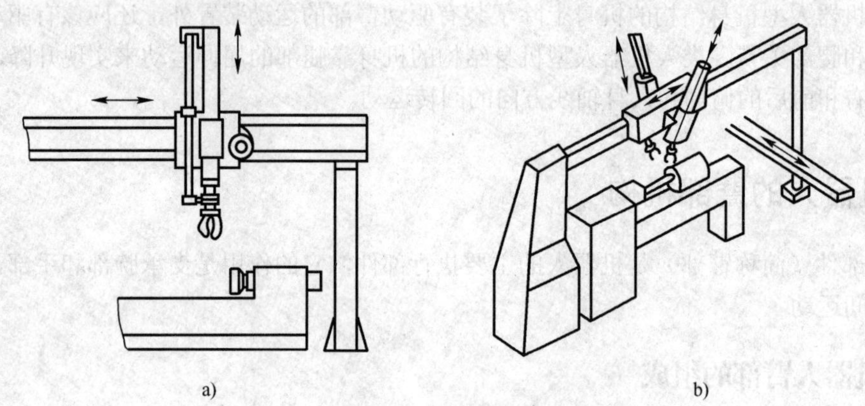

图 3-4　横梁式配置

a) 单臂悬挂式　b) 双臂悬挂式

横梁可以是固定的，也可以是行走的，一般横梁安装在厂房原有建筑的柱梁或有关设备上，也可从地面架设。

2．立柱式配置

立柱式机器人多采用回转型、俯仰型或屈伸型的运动形式，是一种常见的配置形式。通常分为单臂式和双臂式两种，如图 3-5 所示。一般臂部都可在水平面内回转，具有占地面积小而工作范围大的特点。

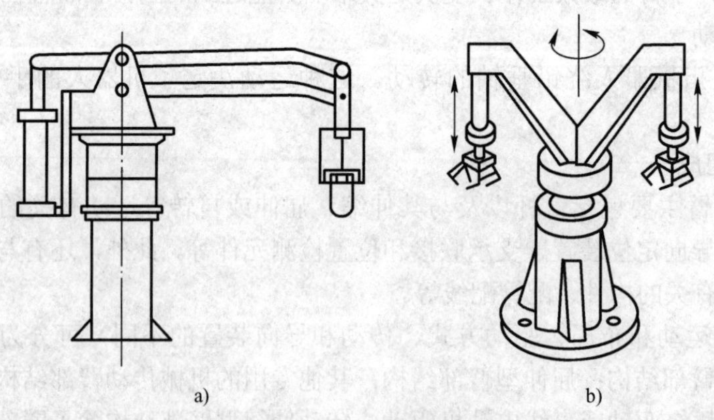

图 3-5　立柱式配置

a) 单臂配置　b) 双臂配置

立柱可固定安装在空地上，也可以固定在床身上。立柱式结构简单，服务于某种主机，承担上、下料或转运等工作。

3．机座式配置

这种机器人可以是独立的、自成系统的完整装置，可以随意安放和搬动，也可以具有行走机构，如沿地面上的专用轨道移动，以扩大其活动范围。各种运动形式均可设计成机座式，如图 3-6 所示。

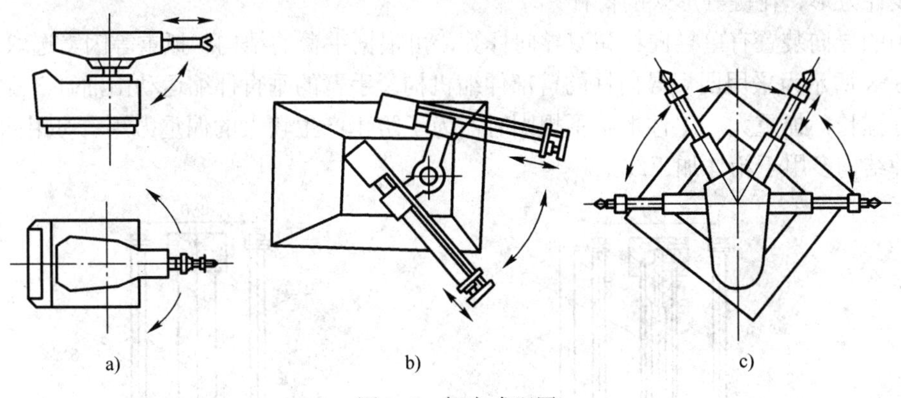

图 3-6　机座式配置

a) 单臂回转式　b) 双臂回转式　c) 多臂回转式

4．屈伸式配置

屈伸式机器人的臂部由大小臂组成，大小臂间有相对运动，称为屈伸臂。屈伸臂与机身间的配置形式关系到机器人的运动轨迹，可以实现平面运动，也可以作空间运动，如图 3-7 所示。

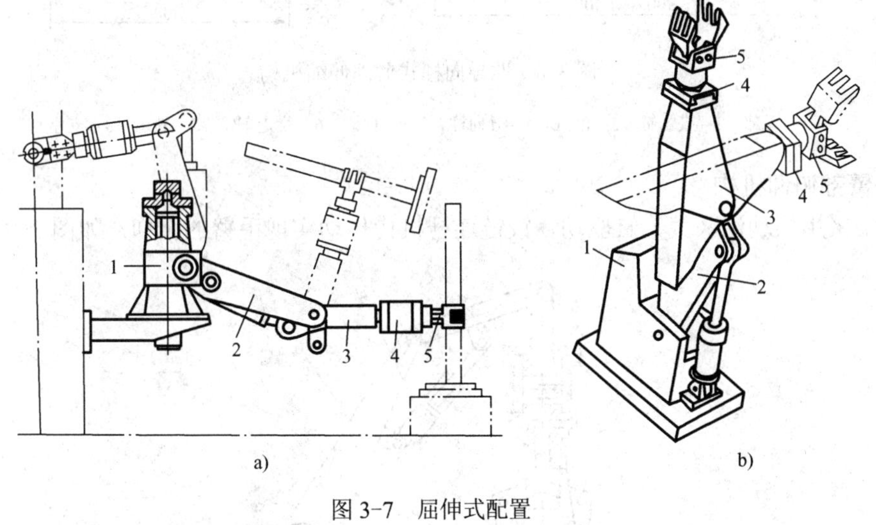

图 3-7　屈伸式配置

a) 平面屈伸式　b) 立体屈伸式

3.2.3　机器人的三种臂部机构

机器人的手臂由大臂、小臂或多臂组成。手臂的驱动方式主要有液压驱动、气动驱动和电动驱动几种形式，其中电动驱动形式最为通用。

1．臂部伸缩机构

当行程小时，采用油（气）缸直接驱动；当行程较大时，可采用油（气）缸驱动齿条传动的倍增机构或步进电动机及伺服电动机驱动，也可用丝杠螺母或滚珠丝杆传动。为了增加手臂的刚性，防止手臂在伸缩运动时绕轴线转动或产生变形，臂部伸缩机构需设置导向装置，或设计方形、花键等形式的臂杆。

常用的导向装置有单导向杆和双导向杆等，可根据手臂的结构、抓重等因素选取。

图 3-8 所示为采用四根导向柱的臂部伸缩机构。手臂的垂直伸缩运动由油缸 3 驱动，其特点是行程长，抓重大。工件形状不规则时，为了防止产生较大的偏重力矩，可用四根导向柱，这种结构多用于箱体加工线上。

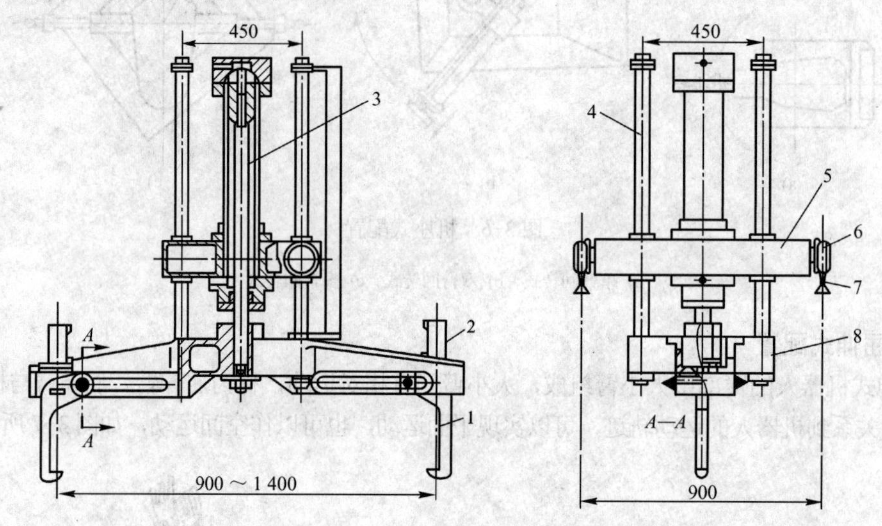

图 3-8　四导向柱式臂部伸缩机构

1—手部　2—夹紧缸　3—油缸　4—导向柱　5—运行架　6—行走车轮　7—轨道　8—支座

2．臂部俯仰机构

通常采用摆动油（气）缸驱动、铰链连杆机构传动实现手臂的俯仰，如图 3-9 所示。

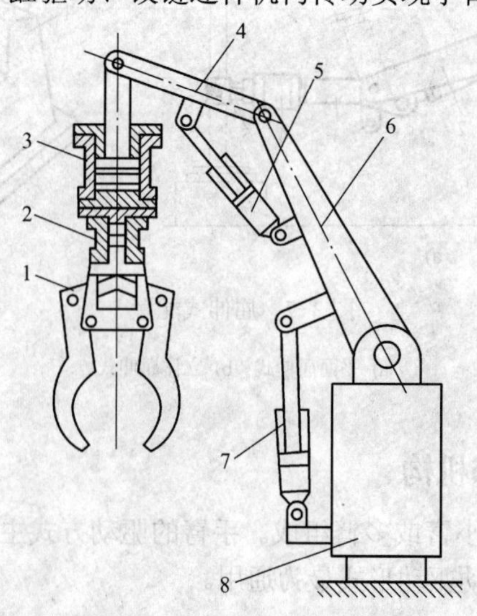

图 3-9　摆动气缸驱动连杆俯仰臂部机构

1—手部　2—夹紧缸　3—升降缸　4—小臂　5、7—摆动气缸　6—大臂　8—立柱

3．臂部回转与升降机构

臂部回转与升降机构常采用回转缸与升降缸单独驱动，适用于升降行程短而回转角度小于 360° 的情况，也有用升降缸与气动马达-锥齿轮传动的机构。

3.3 机器人的腕部机构

腕部是连接机器人的小臂与末端执行器（臂部和手部）之间的结构部件，其作用是利用自身的活动度来确定手部的空间姿态，从而确定手部的作业方向。对于一般的机器人，与手部相连接的腕部都具有独驱自转的功能，若腕部能在空间取任意方位，那么与之相连的手部就可在空间取任意姿态，即达到完全灵活。

多数将腕部结构的驱动部分安排在小臂上。腕部是臂部与手部的连接部件，起支承手部和改变手部姿态的作用。目前，RRR 型三自由度腕部应用较普遍。

3.3.1 机器人腕部的转动方式

1．腕部的运动

机器人一般具有 6 个自由度才能使手部（末端执行器）达到目标位置和处于期望的姿态。为了使手部能处于空间任意方向，要求腕部能实现对空间 3 个坐标轴 x，y，z 的旋转运动，如图 3-10 所示。这便是腕部的 3 个运动：腕部旋转、腕部弯曲、腕部侧摆，或称为 3 个自由度。

（1）腕部旋转

腕部旋转是指腕部绕小臂轴线的转动，又叫做臂转。有些机器人限制其腕部转动角度小于 360°。另一些机器人则仅仅受到控制电缆缠绕圈数的限制，腕部可以转几圈。如图 3-10a 所示。

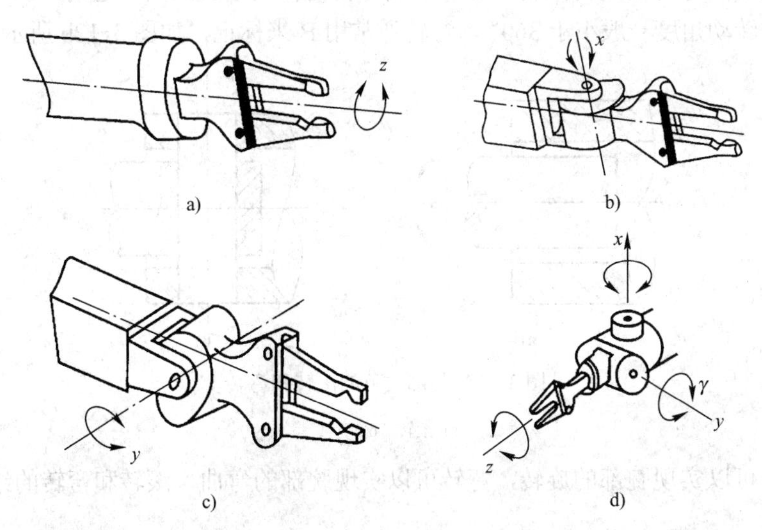

图 3-10 腕部的三个运动和坐标系

a) 臂转 b) 手转 c) 腕摆 d) 腕部坐标系

（2）腕部弯曲

腕部弯曲是指腕部的上下摆动，这种运动也称为俯仰，又叫做手转。如图 3-10b 所示。

（3）腕部侧摆

腕部侧摆指机器人腕部的水平摆动，又叫做腕摆。腕部的旋转和俯仰两种运动结合起来可以看成是侧摆运动，通常机器人的侧摆运动由一个单独的关节提供。如图 3-10c 所示。

腕部结构多为上述三个回转方式的组合，组合的方式可以有多种形式，常用的腕部组合的方式有：臂转-腕摆-手转结构，臂转-双腕摆-手转结构等，如图 3-11 所示。

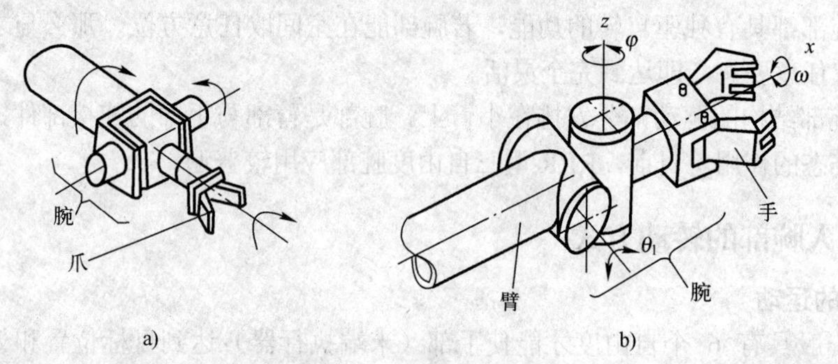

图 3-11　腕部的组合方式

a) 臂转、腕摆、手转结构　b) 臂转、双腕摆、手转结构

2．腕部的转动

按腕部转动特点的不同，用于腕部关节的转动又可细分为滚转和弯转两种。

滚转是指组成关节的两个零件自身的几何回转中心和相对运动的回转轴线重合，因而能实现 360° 无障碍旋转的关节运动，通常用 R 来标记，如图 3-12a 所示。

弯转是指两个零件的几何回转中心和其相对转动轴线垂直的关节运动。由于受到结构的限制，其相对转动角度一般小于 360°。弯转通常用 B 来标记，如图 3-12b 所示。

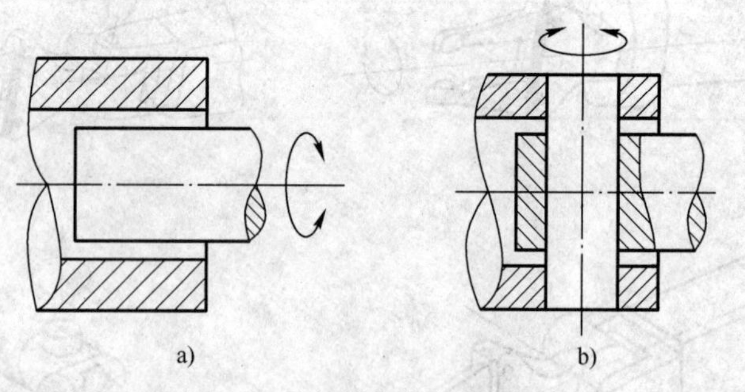

图 3-12　腕部关节的滚转和弯转

a) 滚转　b) 弯转

可见滚转可以实现腕部的旋转，弯转可以实现腕部的弯曲，滚转和弯转的结合就实现了腕部的侧摆。

3.3.2　机器人腕部的自由度

并不是所有的腕部都必须具备 3 个自由度，腕部实际所需要的自由度数目应根据实际使用的工作要求和机器人的工作性能来确定。在有些情况下，腕部具有 2 个自由度，即翻转和俯仰或翻转和偏转。一些专用机械手甚至没有腕部，但有些腕部为了满足特殊要求还有横向移动自由度。

1．单自由度腕部

具有几种单一自由度功能的腕部，如图 3-13 所示。

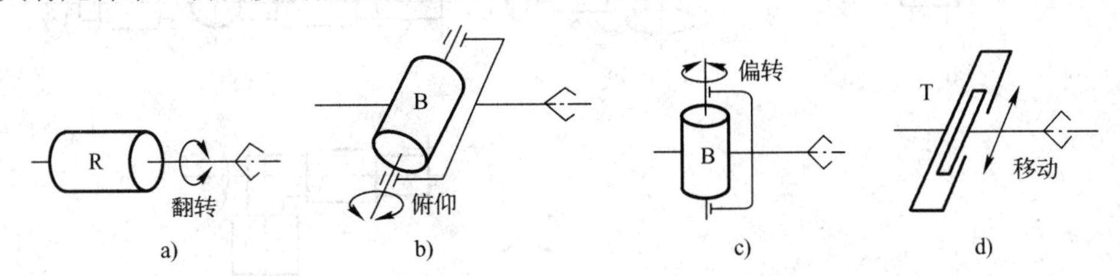

图 3-13　单一自由度功能的腕部

a) 单一的臂转功能　b) 单一的手转功能　c) 单一的侧摆功能　d) 单一的平移功能

（1）单一的臂转功能

腕部的关节轴线与手臂的纵轴线共线，常回转角度不受结构限制，可以回转 360° 以上。该运动用滚转关节（R 关节）实现，如图 3-13a 所示。

（2）单一的手转功能

腕部关节轴线与手臂及手的轴线相互垂直，常回转角度受结构限制，通常小于 360° 。该运动用弯转关节（B 关节）实现，如图 3-13b 所示。

（3）单一的侧摆功能

腕部关节轴线与手臂及手的轴线在另一个方向上相互垂直；常回转角度受结构限制，通常小于 360° 。该运动用弯转关节（B 关节）实现，如图 3-13c 所示。

（4）单一的平移功能

腕部关节轴线与手臂及手的轴线在一个方向上成一平面；不能转动只能平移。该运动用平移关节（T 关节）实现，如图 3-13d 所示。

2．二自由度腕部

可以由一个滚转关节和一个弯转关节联合构成滚转弯转 BR 关节实现；或由两个弯转关节组成 BB 关节实现；但不能由两个滚转关节 RR 构成二自由度腕部，因为两个滚转关节的功能是重复的，实际上只起到单自由度的作用。如图 3-14 所示。

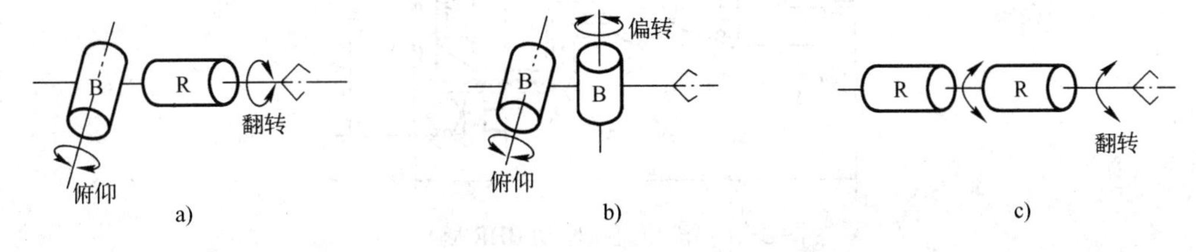

图 3-14　二自由度腕部

3．三自由度腕部

由 R 关节和 B 关节的组合构成的三自由度腕部可以有多种形式，实现臂转、手转和腕摆功能。可以证明，三自由度腕部能使手部取得空间任意姿态。图 3-15 所示为三自由度腕部的 6 种结合方式示意图。

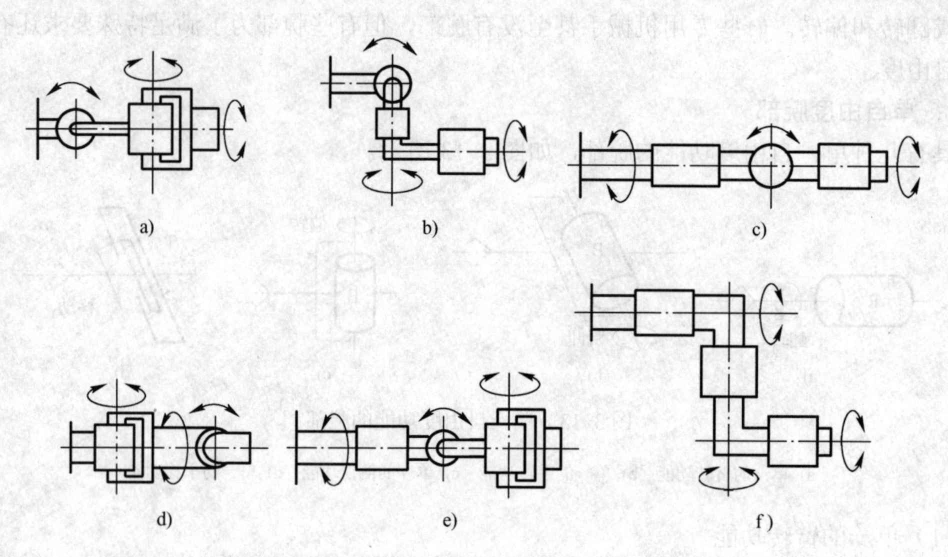

图 3-15　6 种三自由度腕部的结合方式示意图

a) BBR 型　b) BRR 型　c) RBR 型　d) BRB 型　e) RBB 型　f) RRR 型

3.3.3　机器人腕部的驱动方式

多数机器人将腕部结构的驱动部分安排在小臂上。首先设法使几个电动机的运动传递到同轴旋转的心轴和多层套筒上去，当运动传入腕部后再分别实现各个动作。

从驱动方式看，腕部驱动一般有两种形式，即直接驱动和远程驱动。

1．直接驱动

直接驱动是指驱动器安装在腕部运动关节的附近直接驱动关节运动，因而传动路线短，传动刚度好，但腕部的尺寸和质量大、惯量大。如图 3-16 所示。

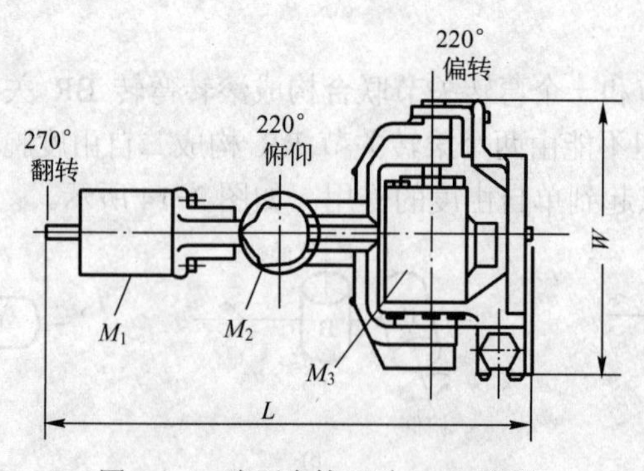

图 3-16　液压直接驱动 BBR 腕部

驱动源直接装在腕部上，这种直接驱动腕部的关键是能否设计和加工出尺寸小、重量轻而驱动转矩大、驱动性能好的驱动电动机或液压马达。

2．远程驱动

远程驱动方式的驱动器安装在机器人的大臂、基座或小臂远端，通过连杆、链条或其他传动机构间接驱动腕部关节运动，因而腕部的结构紧凑，尺寸和质量小，对改善机器人的整体动态性能有好处，但传动设计复杂，传动刚度也降低了。

如图 3-17 所示，轴Ⅰ做回转运动，轴Ⅱ做俯仰运动，轴Ⅲ做偏转运动。

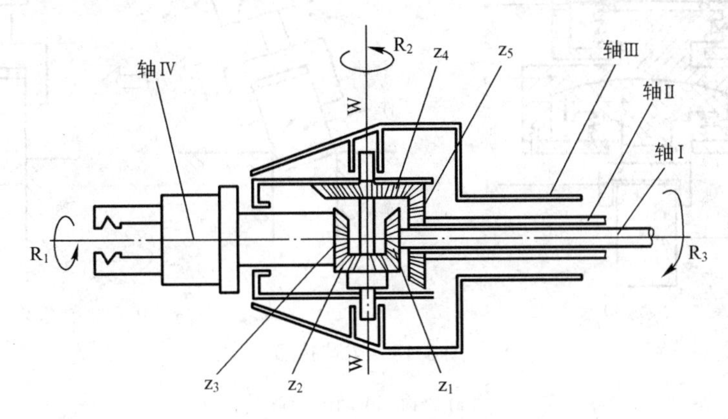

图 3-17　远程传动腕部

3.3.4　机器人的柔顺腕部

一般来说，在用机器人进行精密装配作业中，当被装配零件不一致，工件的定位夹具、机器人的定位精度不能满足装配要求时，会导致装配困难。这就提出了装配动作的柔顺性要求。柔顺装配技术有两种，包括主动柔顺装配和被动柔顺装配。

1．主动柔顺装配

从检测、控制的角度，采取各种不同的搜索方法，可以实现边校正边装配。如在手爪上装有如视觉传感器、力传感器等检测元件，这种柔顺装配称为“主动柔顺装配”。主动柔顺腕部需装配一定功能的传感器，价格较贵；另外，由于反馈控制响应能力的限制，装配速度较慢。

2．被动柔顺装配

从机械结构的角度在腕部配置一个柔顺环节，以满足柔顺装配的需要。这种柔顺装配技术称为“被动柔顺装配”（RCC）。被动柔顺腕部结构比较简单，价格比较便宜，装配速度较快。相比主动柔顺装配技术，它要求装配件要有倾角，允许的校正补偿量受到倾角的限制，轴孔间隙不能太小。采用被动柔顺装配技术的机器人腕部称为机器人的柔顺腕部。如图 3-18 所示。

（1）柔顺腕部的构成

在柔顺腕部中，图 3-18a 是一个具有水平和摆动浮动机构的柔顺腕部。水平浮动机构由平面、钢球和弹簧构成，实现在两个方向上进行浮动；摆动浮动机构由上、下浮动件和弹簧构成，实现两个方向的摆动。

（2）柔顺腕部的原理

在装配作业中如遇夹具定位不准或机器人手爪定位不准时可自行校正。其动作过程如图 3-18b 所示，在插入装配中，工件局部被卡住时，将会受到阻力，促使柔顺腕部起作用，使手爪有一个微小的修正量，工件便能顺利地插入。

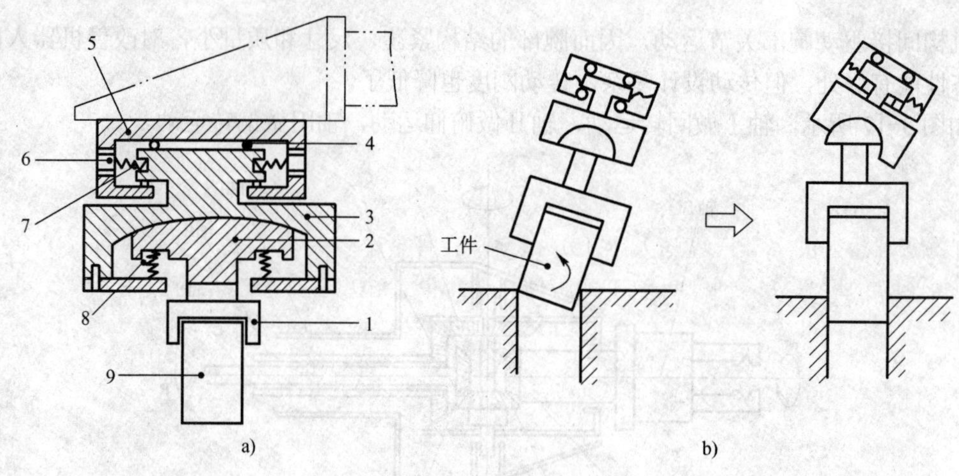

图 3-18 柔顺腕部

a) 结构 b) 动作过程

1—机械手 2—上浮动件 3—下浮动件 4—钢球 5—中空固定件 6—螺钉 7、8—弹簧 9—工件

3.4 机器人的手部机构

人类的手是最灵活的肢体部分，能完成各种各样的动作和任务。同样，机器人的手部是完成抓握工件或执行特定作业的重要部件，也需要有多种结构。

机器人的手部也叫做末端执行器，它是装在机器人腕部上，直接抓握工件或执行作业的部件。人的手有两种定义：一种是医学上把包括上臂、腕部在内的整体叫做手；另一种是把手掌和手指部分叫做手。机器人的手部接近于后一种定义。

机器人的手部是最重要的执行机构，从功能和形态上看，它可分为工业机器人的手部和仿人机器人的手部。目前，前者应用较多，也比较成熟。工业机器人的手部是用来握持工件或工具的部件。由于被握持工件的形状、尺寸、重量、材质及表面状态的不同，手部结构是多种多样的。大部分的手部结构都是根据特定的工件要求而专门设计的。

3.4.1 机器人手部的特点

1. 机器人手部的特点

（1）手部与腕部相连处可拆卸

手部与腕部有机械接口，也可能有电、气、液接头。工业机器人作业对象不同时，可以方便地拆卸和更换手部。

（2）手部是机器人末端执行器

它可以像人手那样具有手指，也可以不具备手指；可以是类人的手爪，也可以是进行专业作业的工具，比如装在机器人腕部上的喷漆枪、焊接工具等。

（3）手部的通用性比较差

机器人手部通常是专用的装置，例如，一种手爪往往只能抓握一种或几种在形状、尺寸、重量等方面相近似的工件；一种工具只能执行一种作业任务。

2．机器人手部的性质

机器人手部是一个独立的部件。假如把腕部归属于手臂，那么机器人机械系统的三大件就是机身、手臂和手部。

手部对于整个工业机器人来说是完成作业好坏以及作业柔性好坏的关键部件之一，具有复杂感知能力的智能化手爪的出现增加了工业机器人作业的灵活性和可靠性。目前有一种弹钢琴的表演机器人的手部已经与人手十分相近，具有多个多关节手指，一个手有二十余个自由度，每个自由度独立驱动。目前工业机器人手部的自由度还比较少，把具备足够驱动力量的多个驱动源和关节安装在紧凑的手部内部是十分困难的。

3.4.2　机器人手部的分类

1．按手部的用途分类

手部按其用途划分，可以分为手爪和工具两类。

（1）手爪

手爪具有一定的通用性，它的主要功能是：抓住工件，握持工件，释放工件。

抓住：在给定的目标位置和期望姿态上抓住工件，工件在手爪内必须具有可靠的定位，保持工件与手爪之间准确的相对位姿，并保证机器人后续作业的准确性。

握持：确保工件在搬运过程中或零件在装配过程中定义了的位置和姿态的准确性。

释放：在指定点上除去手爪和工件之间的约束关系。

如图 3-19 所示，手爪在夹持圆柱工件时，尽管夹紧力足够大，在工件和手爪接触面上有足够的摩擦力来支承工件重量，但是从运动学观点来看其约束条件不够，不能保证工件在手爪上的准确定位。

（2）工具

工具是进行某种作业的专用工具，如喷漆枪、焊具等，如图 3-20 所示。

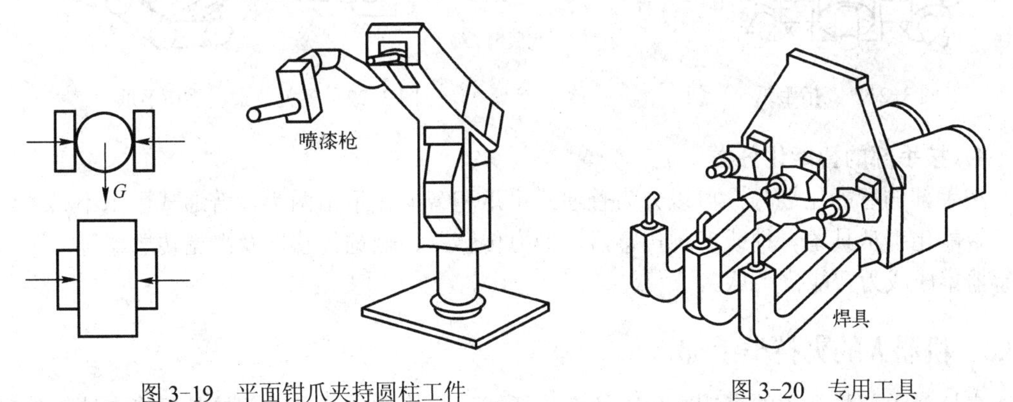

图 3-19　平面钳爪夹持圆柱工件

图 3-20　专用工具

2．按手部的抓握原理分类

手部按其抓握原理可分为夹持类手部和吸附类手部两类。

（1）夹持类手部

夹持类手部通常又叫做机械手爪，有靠摩擦力夹持和吊钩承重两种，前者是有指手爪，后者是无指手爪。产生夹紧力的驱动源可以有气动、液动、电动和电磁四种。

（2）吸附类手部

吸附类手部有磁力类手爪和真空类手爪两种。磁力类手爪主要是磁力吸盘，有电磁吸盘和永磁吸盘两种。真空类手爪主要是真空式吸盘，根据形成真空的原理可分为真空吸盘、气流负压吸盘和挤气负压吸盘三种。磁力类手爪及真空类手爪都是无指手爪。吸附式手部适应于大平面（单面接触无法抓取）、易碎（玻璃、磁盘、晶圆）、微小（不易抓取）的物体，因此使用面也比较大。

3．按手部的手指或吸盘数目分类

按手指数目可分为二指手爪及多指手爪。按手指关节可分为单关节手指手爪及多关节手指手爪。吸盘式手爪按吸盘数目可分为单吸盘式手爪及多吸盘式手爪。

如图 3-21 所示为一种三指手爪的外形图，每个手指是独立驱动的。这种三指手爪与二指手爪相比可以抓取类似立方体、圆柱体及球体等形状的物体。如图 3-22 所示为一种多关节柔性手指手爪，它的每个手指具有若干个被动式关节，每个关节不是独立驱动的。在拉紧夹紧钢丝绳后柔性手指环抱住物体，因此这种柔性手指手爪对物体形状有一定适应性。但是，这种柔性手指并不同于各个关节独立驱动的多关节手指。

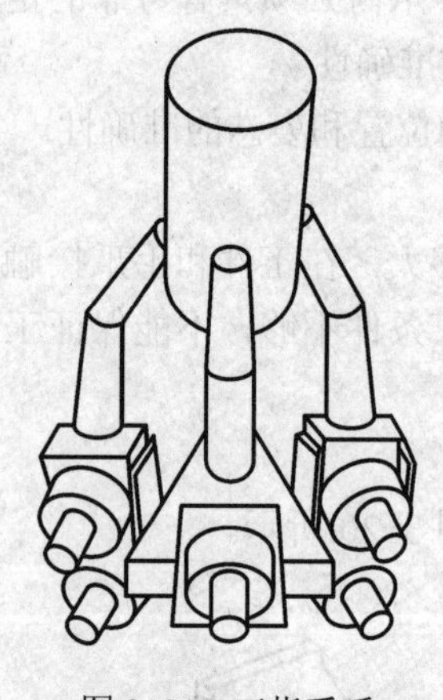
图 3-21　三指手爪

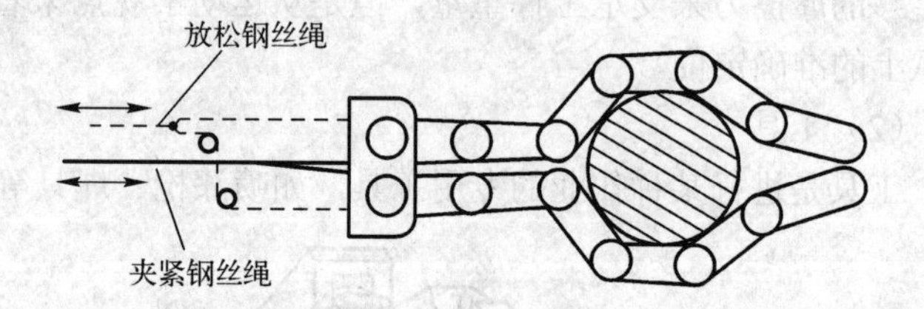

图 3-22　多关节柔性手指手爪

4．按手部的智能化分类

按手部的智能化划分，可以分为普通式手爪和智能化手爪两类。普通式手爪不具备传感器。智能化手爪具备一种或多种传感器，如力传感器、触觉传感器及滑觉传感器等，手爪与传感器集成成为智能化手爪。

3.4.3　机器人的夹持类手部

夹持类手部除常用的夹钳式外，还有钩托式和弹簧式。此类手部按其手指夹持工件时的运动方式不同，又可分为手指回转型和指面平移型。

1．夹钳式手部

夹钳式是工业机器人最常用的一种手部形式。夹钳式一般由手指、驱动装置、传动机构、支架等组成，如图 3-23 所示。

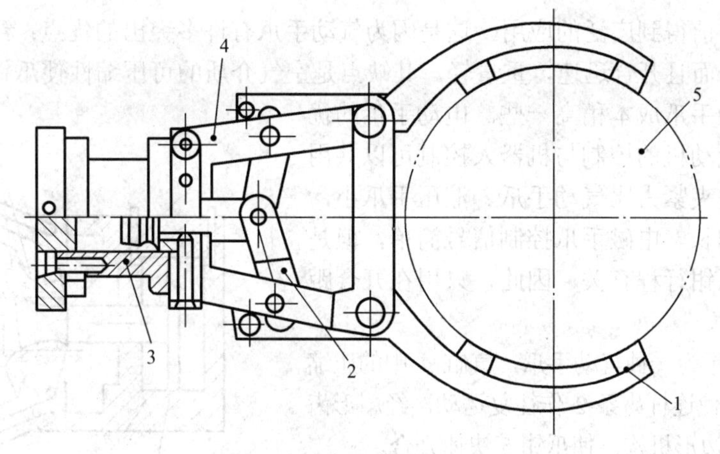

图 3-23　夹钳式手部的组成

1—手指　2—传动机构　3—驱动装置　4—支架　5—工件

（1）手指或爪钳

手指是直接与工件接触的构件。手部松开和夹紧工件，就是通过手指的张开和闭合来实现的。一般情况下，机器人的手部只有两个手指，少数有三个或多个手指。它们的结构形式常取决于被夹持工件的形状和特性。指端的形状分为 V 形指、平面指、尖指和特形指，如图 3-24 所示。

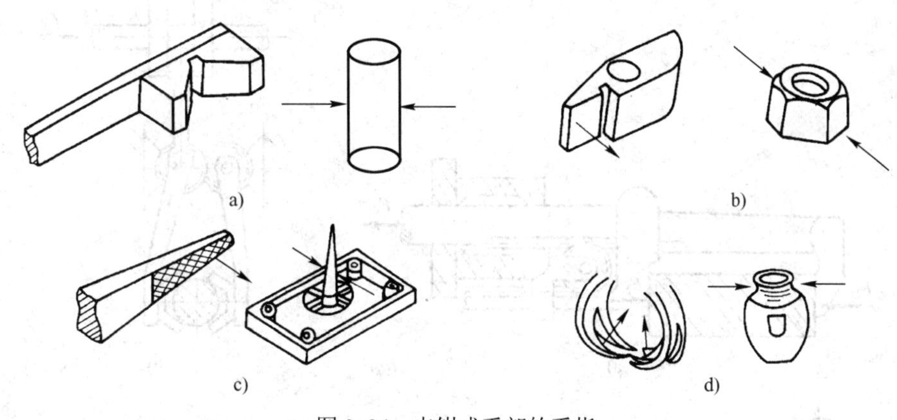

图 3-24　夹钳式手部的手指

a) V 形指　b) 平面指　c) 尖指　d) 特形指

根据工件形状、大小及被夹持部位材质的软硬、表面性质等的不同，手指的指面有光滑指面、齿型指面和柔性指面三种形式。对于夹钳式手部，其手指材料可选用一般碳素钢和合金结构钢。为使手指经久耐用，指面可镶嵌硬质合金；高温作业的手指，可选用耐热钢；在腐蚀性气体环境下工作的手指，可镀铬或进行搪瓷处理，也可选用耐腐蚀的玻璃钢或聚四氟乙烯。

（2）驱动

夹钳式手部通常采用气动、液动、电动和电磁来驱动手指的开合。

气动手爪目前得到广泛的应用，这是因为气动手爪有许多突出的优点：结构简单，成本低，容易维修，而且开合迅速，重量轻。其缺点是空气介质的可压缩性使爪钳位置控制比较复杂。液压驱动手爪成本稍高一些。电动手爪的优点是手指开合电动机的控制与机器人控制可以共用一个系统，但是夹紧力比气动手爪、液压手爪小，开合时间比它们长。电磁手爪控制信号简单，但是电磁夹紧力与爪钳行程有关，因此，只用在开合距离小的场合。

图 3-25 所示为一种气动手爪，气缸 4 中的压缩空气推动活塞 3 使连杆齿条 2 作往复运动，经扇形齿轮 1 带动平行四边形机构，使爪钳 5 快速开合。

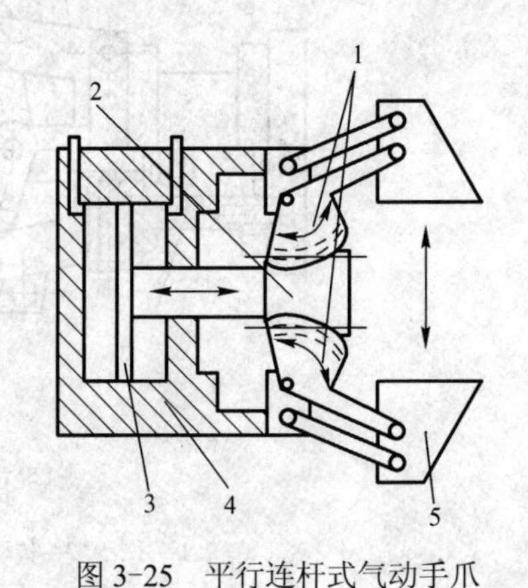

图 3-25　平行连杆式气动手爪

1—扇形齿轮　2—齿条　3—活塞　4—气缸　5—爪钳

（3）传动

驱动源的驱动力通过传动机构驱使手指或爪钳开合并产生夹紧力。传动机构是向手指传递运动和动力，以实现夹紧和松开动作的机构。夹钳式手爪还常以传动机构来命名，如图 3-26 所示。对于传动机构有运动要求和夹紧力要求。

如图 3-25 所示的平行连杆式手爪及图 3-26a 所示的齿轮齿条式手爪可保持爪钳平行运动，夹持宽度变化大。对夹紧力的要求是爪钳开合度不同时，夹紧力能保持不变。

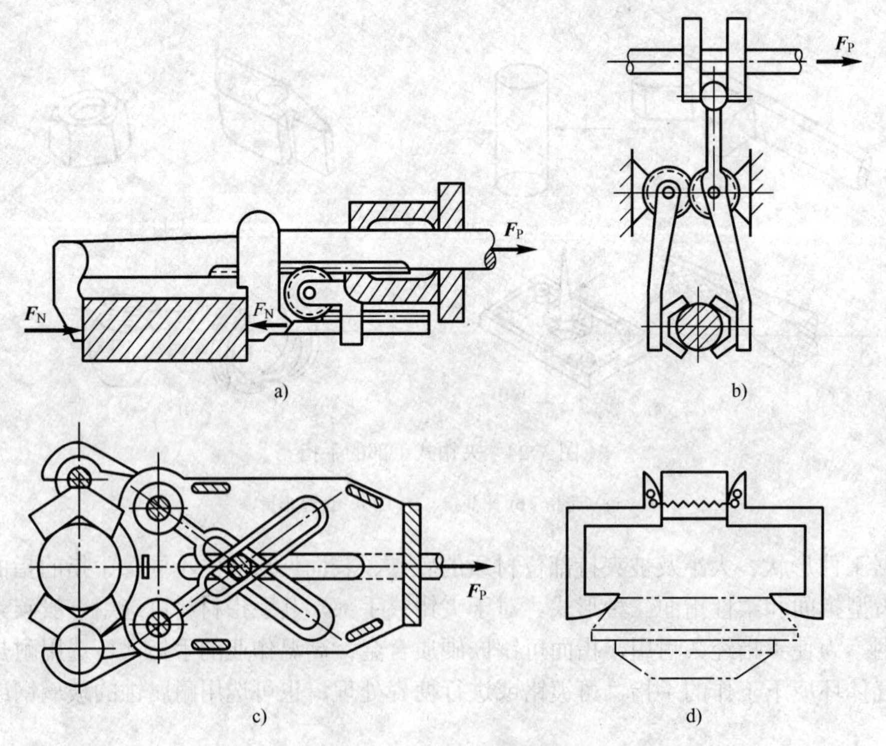

图 3-26　四种手爪传动机构

a) 齿轮齿条式手爪　b) 拨杆杠杆式手爪　c) 滑槽式手爪　d) 重力式手爪

2．钩托式手部

钩托式手部主要特征是不靠夹紧力来夹持工件，而是利用手指对工件钩、托、捧等动作来托持工件。应用钩托方式可降低驱动力的要求，简化手部结构，甚至可以省略手部驱动装置。它适用于在水平面内和垂直面内作低速移动的搬运工作，尤其对大型笨重的工件或结构粗大而质量较轻且易变形的工件更为有利。钩托式手部可分为无驱动装置型和有驱动装置型。

（1）无驱动装置型

无驱动装置型的钩托式手部，手指动作通过传动机构，借助臂部的运动来实现，手部无单独的驱动装置。图 3-27a 为一种无驱动型，手部在臂的带动下向下移动，当手部下降到一定位置时齿条 1 下端碰到撞块，臂部继续下移，齿条便带动齿轮 2 旋转，手指 3 即进入工件钩托部位。手指托持工件时，销 4 在弹簧力作用下插入齿条缺口，保持手指的钩托状态并可使手臂携带工件离开原始位置。在完成钩托任务后，由电磁铁将销向外拔出，手指又呈自由状态，可继续下一个工作循环程序。

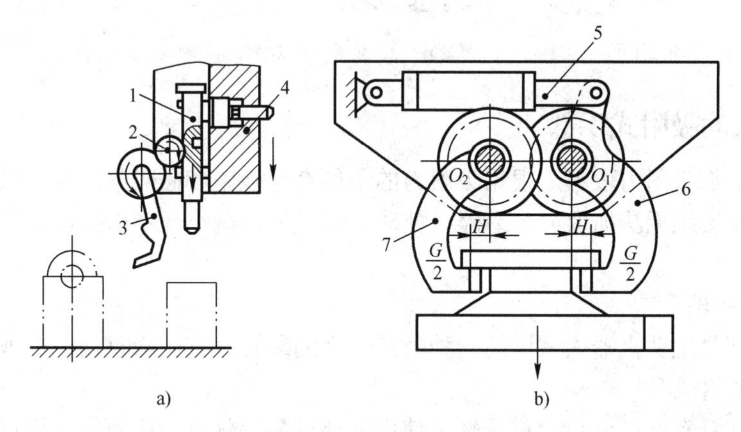

图 3-27　钩托式手部

a) 无驱动装置　b) 有驱动装置

1—齿条　2—齿轮　3—手指　4—销　5—液压缸　6、7—杠杆手指

（2）有驱动装置型

图 3-27b 为一种有驱动装置型的钩托式手部。其工作原理是依靠机构内力来平衡工件重力而保持托持状态。驱动液压缸 5 以较小的力驱动杠杆手指 6 和 7 回转，使手指闭合至托持工件的位置。手指与工件的接触点均在其回转支点 O_1、O_2 的外侧，因此在手指托持工件后工件本身的重量不会使手指自行松脱。

3．弹簧式手部

弹簧式手部靠弹簧力的作用将工件夹紧，手部不需要专用的驱动装置，结构简单。它的使用特点是工件进入手指和从手指中取下工件都是强制进行的。由于弹簧力有限，故只适用于夹持轻小工件。

如图 3-28 所示为一种结构简单的簧片手指弹性手爪。手臂带动夹钳向坯料推进时，弹簧片 3 由于受到压力而自动张开，于是工件进入钳内，受弹簧作用而自动夹紧。当机器人将工件传送到指定位置后，手指不会将工件松开，必须先将工件固定后，手部后退，强迫手指撑开后留下工件。这种手部只适用于定心精度要求不高的场合。

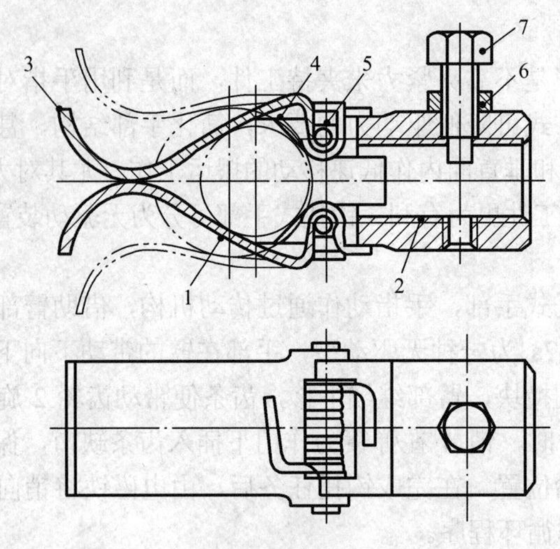

图 3-28 弹簧式手部

1—工件 2—套筒 3—弹簧片 4—扭簧 5—销钉 6—螺母 7—螺钉

3.4.4 机器人的吸附式手部

吸附式手部靠吸附力取料。根据吸附力的不同有气吸附和磁吸附两种。吸附式手部适用于大平面（单面接触无法抓取）、易碎（玻璃、磁盘）、微小（不易抓取）的物体，因此适用面也较大。

1．气吸式手部

气吸式手部是工业机器人常用的一种吸持工件的装置。它由吸盘（一个或几个）、吸盘架及进排气系统组成。

气吸式手部具有结构简单、重量轻、使用方便可靠等优点，主要用于搬运体积大，重量轻的零件，如冰箱壳体、汽车壳体等；也广泛用于需要小心搬运的物件，如显像管、平板玻璃等；以及非金属材料，如板材、纸张等；或材料的吸附搬运。

气吸式手部的另一个特点是对工件表面没有损伤，且对被吸持工件预定的位置精度要求不高；但要求工件上与吸盘接触部位光滑平整、清洁，被吸工件材质致密，没有透气空隙。

气吸式手部是利用吸盘内的压力与大气压之间的压力差工作的。按形成压力差的方法，可分为真空气吸、气流负压气吸、挤压排气气吸三种。

（1）真空气吸吸附手部

如图 3-29 所示为产生负压的真空吸盘控制系统。吸盘吸力在理论上决定于吸盘与工件表面的接触面积和吸盘内、外压差，但实际上其与工件表面状态有十分密切的关系，工件表面状态影响负压的泄漏。采用真空泵能保证吸盘内持续产生负压，所以这种吸盘比其他形式吸盘的吸力大。

如图 3-30 所示为真空气吸吸附手部结构。真空的产生是利用真空系，真空度较高，主要零件为橡胶吸盘 1，通过固定环 2 安装在支承杆 4 上，支承杆由螺母 6 固定在基板 5 上。取料时，橡胶吸盘与物体表面接触，橡胶吸盘的边缘起密封和缓冲作用，然后真空抽气，吸盘内腔形成真空，进行吸附取料。放料时，管路接通大气，失去真空，物体放下。为了避免在取放料时产生撞击，有的还在支承杆上配有弹簧缓冲；为了更好地适应物体吸附面的倾斜状况，有的在橡胶吸盘背面设计有球铰链。

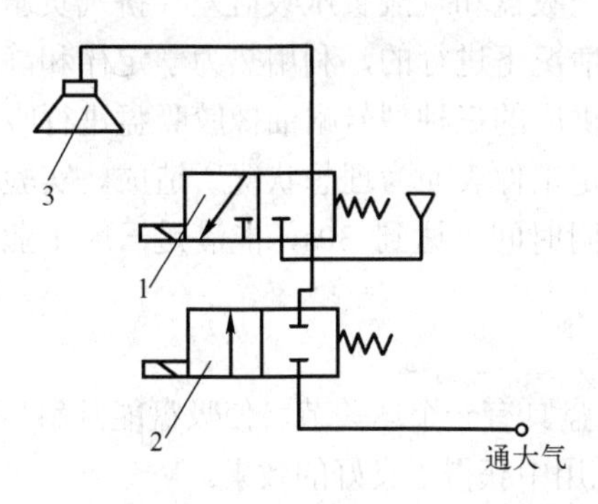

图 3-29 真空吸盘控制系统

1、2—电磁阀 3—吸盘

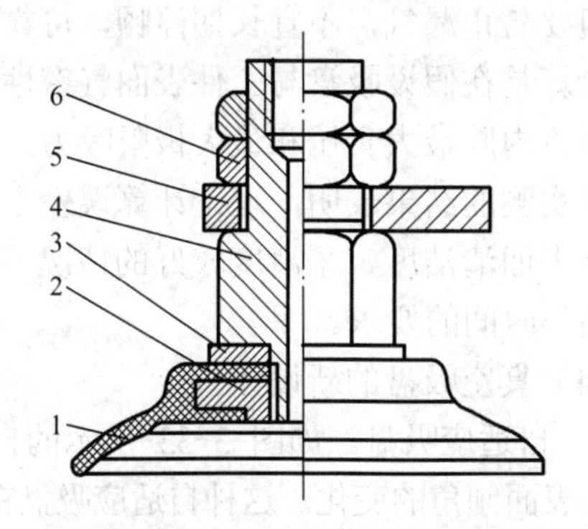

图 3-30 真空气吸吸附手部

1—橡胶吸盘 2—固定环 3—垫片 4—支承杆 5—基板 6—螺母

（2）气流负压吸附手部

图 3-31 为气流负压吸附手部，压缩空气进入喷嘴后，利用伯努利效应使橡胶皮腕内产生负压。当需要取物时，压缩空气高速流经喷嘴 5 时，其出口处的气压低于吸盘腔内的气压，于是，腔内的气体被高速气流带走而形成负压，完成取物动作。当需要释放时，切断压缩空气即可。气流负压吸附手部需要的压缩空气，工厂一般都有空压机站或空压机，比较容易获得空压机气源，不需要专为机器人配置真空泵，所以气流负压吸盘在工厂内使用方便，成本较低。

（3）挤压排气式手部

图 3-32 为挤压排气式手部结构。其工作原理为：取料时手部先向下，吸盘压向工件 5，橡胶吸盘 4 形变，将吸盘内的空气挤出；之后，手部向上提升，压力去除，橡胶吸盘恢复弹性形变使吸盘内腔形成负压，将工件牢牢吸住，机械手即可进行工件搬运。到达目标位置后要释放工件时，用碰撞力 $\boldsymbol{F}_P$ 或电磁力使压盖 2 动作，使吸盘腔与大气连通而失去负压，破坏吸盘腔内的负压，释放工件。

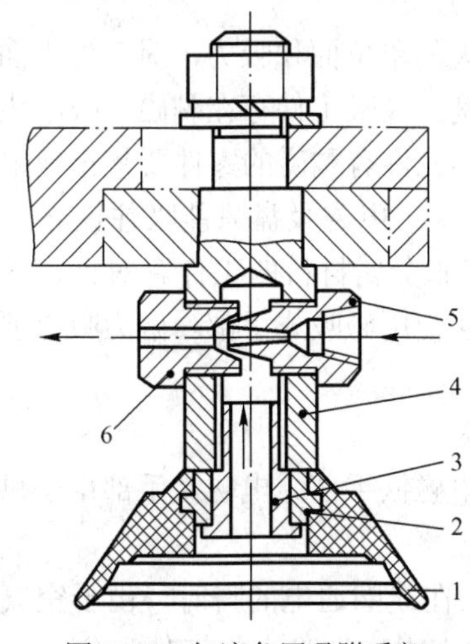

图 3-31 气流负压吸附手部

1—橡胶吸盘 2—心套 3—通气螺钉 4—支承杆 5—喷嘴 6—喷嘴套

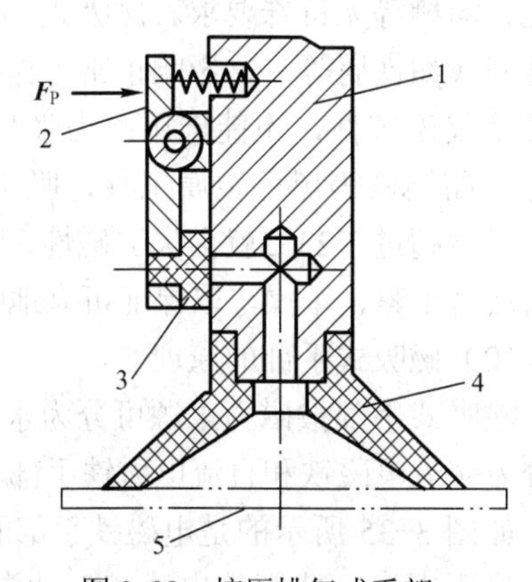

图 3-32 挤压排气式手部

1—吸盘架 2—压盖 3—密封垫 4—橡胶吸盘 5—工件

挤压排气式手部结构简单，既不需要真空泵系统也不需要压缩空气气源，比较经济方便。但要防止漏气，不宜长期停顿，可靠性比真空吸盘和气流负压吸盘差。挤气负压吸盘的吸力计算是在假设吸盘与工件表面气密性良好的情况下进行的，利用热力学定律和静力平衡公式计算内腔最大负压和最大极限吸力。对市场供应的三种型号耐油橡胶吸盘进行吸力理论计算及实测的结果表明，理论计算误差主要由假定工件表面为理想状况所造成。实验表明，在工件表面清洁度、平滑度较好的情况下牢固吸附时间可达到 30s，能满足一般工业机器人工作循环时间的要求。

（4）真空吸盘的新设计

1）自适应吸盘。如图 3-33 所示的自适应吸盘具有一个球关节，使吸盘能倾斜自如，适应工件表面倾角的变化，这种自适应吸盘在实际应用中获得了良好的效果。

2）异形吸盘。图 3-34 为异形吸盘中的一种。通常吸盘只能吸附一般的平整工件，而该异形吸盘可用来吸附鸡蛋、锥颈瓶等物件，扩大了真空吸盘在工业机器人上的应用。

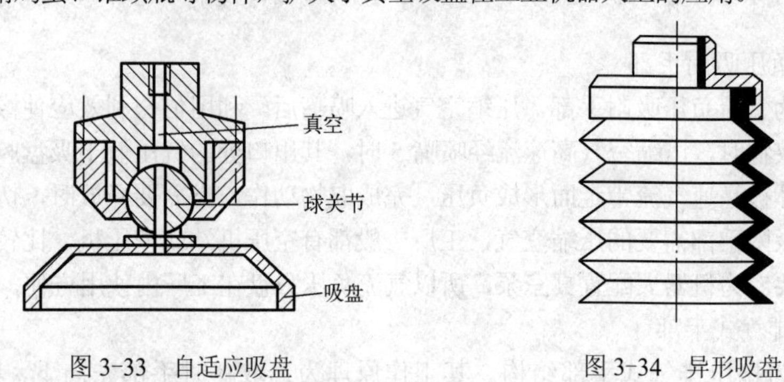

图 3-33　自适应吸盘　　　图 3-34　异形吸盘

2．磁吸式手部

磁吸式手部是利用永久磁铁或电磁铁通电后产生的磁力来吸附材料工件的，应用较广。磁吸式手部不会破坏被吸件表面质量。

（1）磁吸式手部的特点

磁吸式手部比气吸式手部优越的方面是：有较大的单位面积吸力，对工件表面粗糙度及通孔、沟槽等无特殊要求。磁吸式手部的不足之处是：被吸工件存在剩磁，吸附头上常吸附磁性屑（如铁屑等），影响正常工作。因此对那些不允许有剩磁的零件要禁止使用，如钟表零件及仪表零件，不能选用磁力吸盘，可用真空吸盘。电磁吸盘只能吸住铁磁材料制成的工件，如钢铁等黑色金属工件，吸不住有色金属和非金属材料的工件。对钢、铁等材料制品，温度超过 723℃就会失去磁性，故在高温下无法使用磁吸式手部。磁力吸盘要求工件表面清洁、平整、干燥，以保证可靠地吸附。

（2）磁吸式手部的原理

磁吸式手部按磁力来源可分为永久磁铁手部和电磁铁手部。电磁铁手部由于供电不同又可分为交流电磁铁和直流电磁铁手部。

如图 3-35 所示的是电磁铁手部的结构示意图。在线圈通电的瞬时，由于空气间隙的存在，磁阻很大，线圈的电感和启动电流很大，这时产生磁性吸力将工件吸住，一旦断电，磁吸力消失，工件松开。若采用永久磁铁作为吸盘，则必须强迫性地取下工件。

磁力吸盘的计算主要是电磁吸盘中电磁铁吸力的计算以及铁心截面积、线圈导线直径和线圈匝数等参数的设计。要根据实际应用环境选择工作情况系数和安全系数。

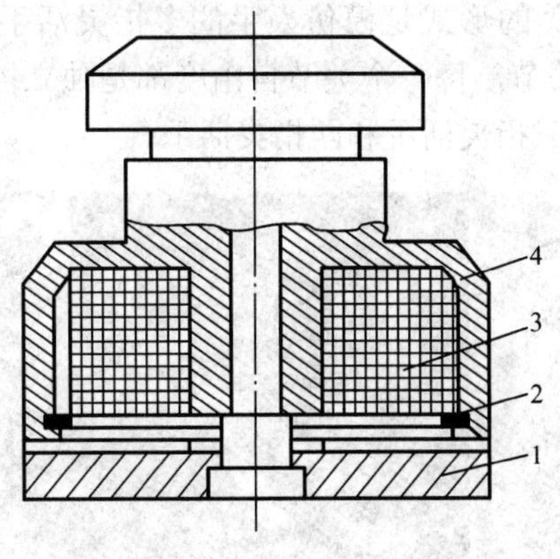

图 3-35 电磁铁手部结构

1—电磁吸盘 2—防尘盖 3—线圈 4—外壳体

3.4.5 仿人手机器人手部

目前，大部分工业机器人的手部只有两个手指，而且手指上一般没有关节。因此取料不能适应物体外形的变化，不能使物体表面承受比较均匀的夹持力，因此无法满足对复杂形状、不同材质的物体实施夹持和操作。

为了提高机器人手部和腕部的操作能力、灵活性和快速反应能力，使机器人能像人手一样进行各种复杂的作业，如装配作业、维修作业、设备操作等，就必须有一个运动灵活、动作多样的灵巧手，即仿人手机器人手部。

1. 柔性手

柔性手可对不同外形物体实施抓取，并使物体表面受力比较均匀。

如图 3-36 所示为多关节柔性手，图 3-36a 为其外观结构，每个手指由多个关节串接而成。图 3-36b 为其手指传动原理，手指传动部分由牵引钢丝绳及摩擦滚轮组成，每个手指由两根钢丝绳牵引，一侧为握紧，一侧为放松。这样的结构可抓取凹凸外形并使物体受力较为均匀。

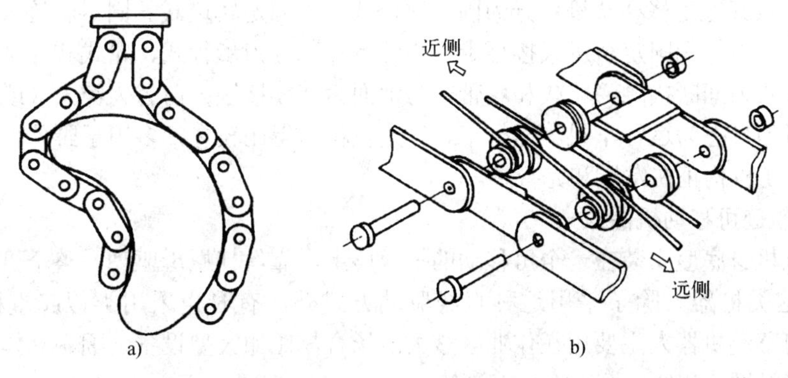

图 3-36 多关节柔性手

a) 柔性手外观结构 b) 手指传动原理

2．多指灵活手

机器人手部和腕部最完美的形式是模仿人手的多指灵活手。多指灵活手由多个手指组成，每一个手指有三个回转关节，每一个关节自由度都是独立控制的，这样各种复杂动作都能模仿。如图 3-37 所示的是三指灵活手和四指灵活手。

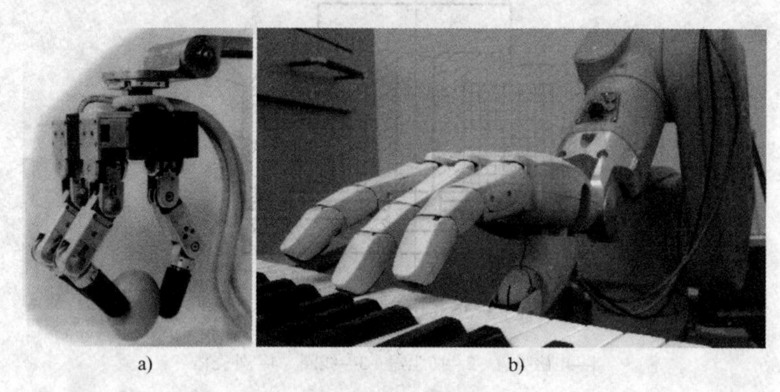

a)　　　　　　b)

图 3-37　多指灵活手

a) 三指灵活手实物图　b) 四指灵活手实物图

3.5　机器人的行走机构

行走机构是行走机器人的重要执行部件，它由驱动装置、传动机构、位置检测元件、传感器、电缆及管路等组成。它一方面支承机器人的机身、臂部和手部，另一方面还根据工作任务的要求，带动机器人实现在更广阔的空间内运动。

一般而言，行走机器人的行走机构主要有车轮式行走机构、履带式行走机构、足式行走机构，此外，还有步进式行走机构、蠕动式行走机构、混合式行走机构和蛇行式行走机构等，以适合于各种特殊的场合。下面主要介绍车轮式行走机构、履带式行走机构和足式行走机构，及其有代表性的典型机构。

3.5.1　机器人行走机构的特点

行走机构按其行走移动轨迹可分为固定轨迹式和无固定轨迹式。固定轨迹式行走机构主要用于工业机器人。无固定轨迹式按行走机构的特点可分为步行式、轮式和履带式。在行走过程中，步行式为间断接触，轮式和履带式与地面为连续接触；前者为类人（或动物）的腿脚式，后两者的形态为运行车式。运行车式行走机构用得比较多，多用于野外作业，比较成熟。步行式行走机构正在发展和完善中。

1．固定轨迹可移动机器人

该机器人机身底座安装在一个可移动的拖板座上，靠丝杠螺母驱动，整个机器人沿丝杠纵向移动。这类机器人除了采用这种直线驱动方式外，有时也采用类似起重机梁行走方式等。这种可移动机器人主要用在作业区域大的场合，比如大型设备装配，立体化仓库中的材料搬运、材料堆垛和储运及大面积喷涂等。

2．无固定轨迹式行走机器人

工厂对机器人行走性能的基本要求是机器人能够从一台机器旁边移动到另一台机器旁边，或者在一个需要焊接、喷涂或加工的物体周围移动。这样，就不用再把工件送到机器人面前。这种行走性能也使机器人能更加灵活地从事更多的工作。在一项任务不忙的时候，它还能够去干另一项工作，就好像真正的工人一样。要使机器人能够在被加工物体周围移动或者从一个工作地点移动到另一个工作地点，首先需要机器人能够面对一个物体自行重新定位。同时，行走机器人应能够绕过其运行轨道上的障碍物。计算机视觉系统是提供上述能力的方法之一。

运载机器人的行走车辆必须能够支承机器人的重量。当机器人四处行走对物体进行加工的时候，移动车辆还需具有保持稳定的能力。这就意味着机器人本身既要平衡可能出现的不稳定力或力矩，又要有足够的强度和刚度，以承受可能施加于其上的力和力矩。为了满足这些要求。可以采用以下两种方法：一是增加机器人移动车辆的重量和刚性；二是进行实时计算和施加所需要的平衡力。由于前一种方法容易实现，所以它是目前改善机器人行走性能的常用方法。

3.5.2 车轮式行走机构

车轮式行走机器人是机器人中应用最多的一种，在相对平坦的地面上，用车轮移动方式行走是相当优越的。

1．车轮的形式

车轮的形状或结构形式取决于地面的性质和车辆的承载能力。在轨道上运行的多采用实心钢轮，室外路面行驶多采用充气轮胎，室内平坦地面上的可采用实心轮胎。

如图 3-38 所示的是不同地面上采用的不同车轮形式。图 3-38a 的充气球轮适合于沙丘地形；图 3-38b 的半球形轮是为火星表面而开发的；图 3-38c 的传统车轮适合于平坦的坚硬路面；图 3-38d 为车轮的一种变形，称为无缘轮，用来爬越阶梯，以及在水田中行驶。

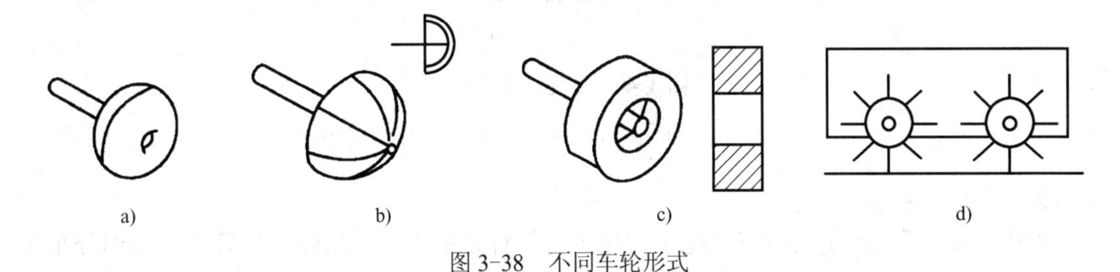

图 3-38 不同车轮形式

a) 充气球轮 b) 半球形轮 c) 传统车轮 d) 无缘轮

如图 3-39 所示的是中国登月工程中月球车“玉兔”的图片，其车轮是镂空金属带轮，镂空是为了减少扬尘。因为在月面环境影响下，“玉兔”行驶时很容易打滑，月壤细粒会大量扬起飘浮，进而对巡视器等敏感部件产生影响，引起机械结构卡死、密封机构失效、光学系统灵敏度下降等故障。为应付“月尘”困扰，“玉兔”的轮子的辐条采用钛合金，筛网用金属丝编制，在保持高强度和抓地力的同时，减轻了轮子的重量，轮子是镂空的，同时还能起到减少扬尘的作用。轮子上还有二十几个抓地爪露在外面。

图 3-39 “玉兔”月球车车轮

2．车轮的配置和转向机构

车轮行走机构依据车轮的多少分为一轮、二轮、三轮、四轮以及多轮机构。一轮和二轮行走机构在实现上的主要障碍是稳定性问题，实际应用的车轮式行走机构多为三轮和四轮。

（1）一般三轮行走机构

三轮行走机构具有一定的稳定性，代表性的车轮配置方式是一个前轮，两个后轮，如图 3-40 所示，图 3-40a 是两个后轮独立驱动，前轮仅起支承作用，靠后轮的转速差实现转向；图 3-40b 则是采用前轮驱动，前轮转向的方式；图 3-40c 为利用两后轮差动减速器驱动，前轮转向的方式。

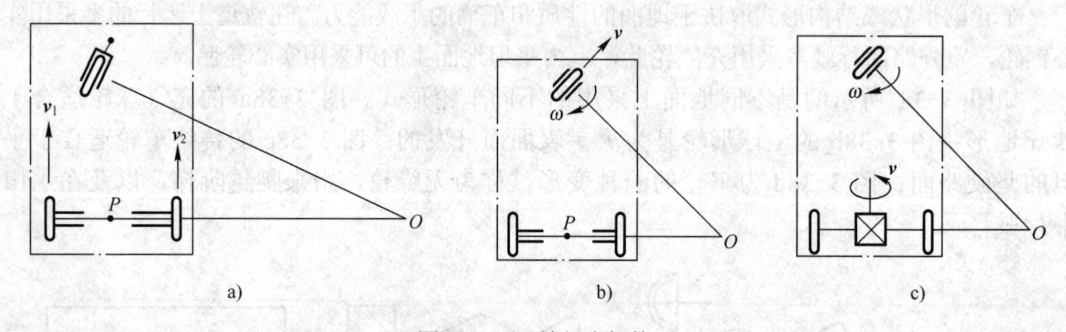

图 3-40　三轮行走机构

a) 两后轮独立驱动　b) 前轮驱动和转向　c) 后轮差动，前轮转向

（2）轮组三轮行走机构

如图 3-41 所示的是具有三组轮子的轮组三轮行走机构。三组轮子呈等边三角形分布在机器人的下部，每组轮子由若干个滚轮组成。这些轮子能够在驱动电动机的带动下自由地转动，使机器人移动。驱动电动机控制系统既可以同时驱动三组轮子，也可以分别驱动其中两组轮子，这样，机器人就能够在任何方向上移动。该机器人的行走机构设计得非常灵活，它不但可以在工厂地面上运动，而且能够沿小路行驶。这种轮系存在的问题是稳定性不够，容易倾倒，而且运动稳定性随着负载轮子的相对位置不同而变化；在轮子与地面的接触点从一个滚轮移到另一个滚轮上的时候，还会出现颠簸。

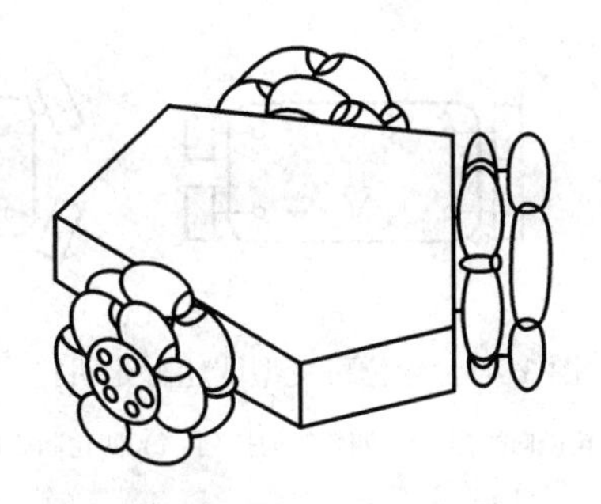

图 3-41　三组轮子的轮组三轮行走机构

为了改进该机器人的稳定性，重新设计的三轮机器人是使用长度不同的两种滚轮，长滚轮呈锥形，固定在短滚轮的凹槽里，这样可大大减小滚轮之间的间隙，减小了轮子的厚度，提高了机器人的稳定性。此外，滚轮上还附加了软橡皮，具有足够的变形能力，可使滚轮的接触点在相互替换时不发生颠簸。

（3）四轮行走机构

四轮行走机构的应用最为广泛，四轮机构可采用不同的方式实现驱动和转向，如图 3-42 所示。图 3-42a 为后轮分散驱动；图 3-42b 为用连杆机构实现四轮同步转向机构，当前轮转向时，通过四连杆机构使后轮得到相应的偏转。这种车辆相比仅有前轮转向的车辆可实现更小的转向回转半径。

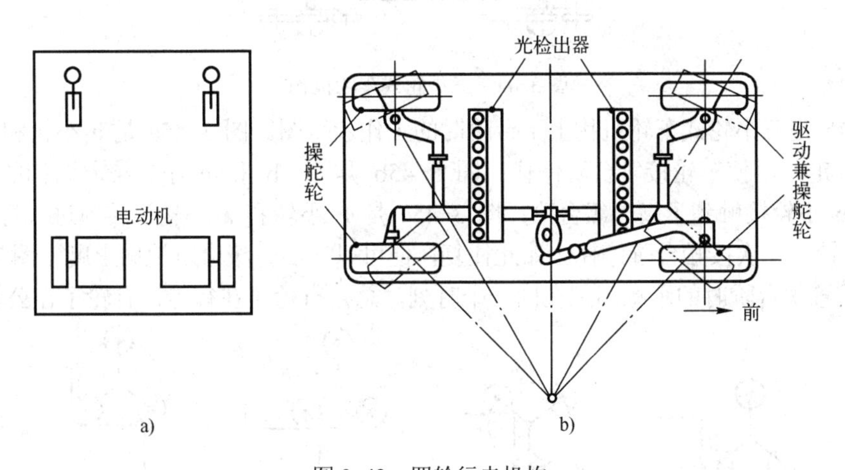

图 3-42　四轮行走机构

a) 后轮分散驱动　b) 四轮同步转向机构

具有四组轮子的轮系其运动稳定性有很大提高。但是，要保证四组轮子同时和地面接触，必须使用特殊的轮系悬挂系统。它需要四个驱动电动机，控制系统也比较复杂，造价也较高。图 3-43 是一个轮位可变型四轮行走机构，机器人可以根据需要让四个车轮呈横向、纵向或同心方向的行走，可以增加机器人的运动灵活性。

3．越障轮式机构

普通车轮行走机构对崎岖不平的地面适应性很差，为了提高轮式车辆的地面适应能力，设计了越障轮式机构。这种行走机构往往是多轮式行走机构。

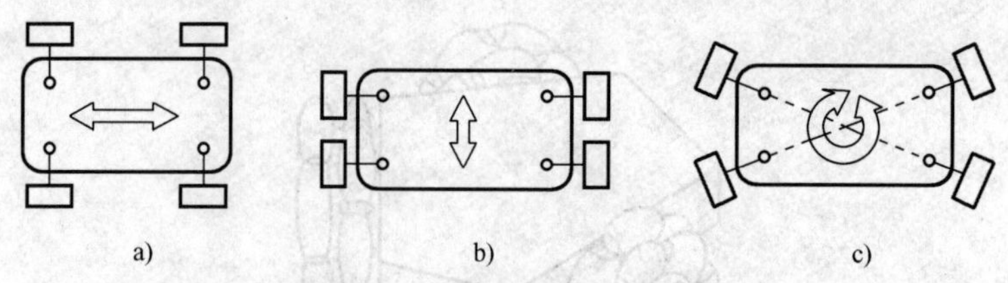

图 3-43　轮位可变型四轮行走机构

a) 四轮横向排列　b) 四轮纵向排列　c) 四轮同心排列

（1）三小轮式车轮机构

图 3-44 是三小轮式车轮机构示意图。当①～④小车轮自转时，用于正常行走；当⑤、⑥车轮公转时，用于上台阶，⑦是支臂撑起负载的时候。

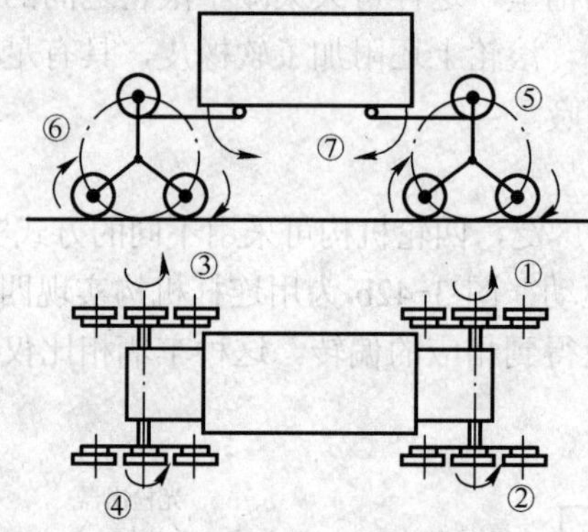

图 3-44　三小轮式车轮机构

图 3-45 是三小轮式车轮机构上下台阶时的工作示意图。图 3-45a 是 a 小轮和 c 小轮旋转前进（行走），使车轮接触台阶停住；图 3-45b 是 a、b 和 c 小轮绕着它们的中心旋转（公转），b 小轮接触到了高一级台阶；图 3-45c 是 b 小轮和 a 小轮旋转前进（行走）；图 3-45d 是车轮又一次接触台阶停住。如此往复，便可以一级一级台阶地向上爬。图 3-46 是三轮或四轮装置上台阶时的示意图，在同一个时刻，总是有轮子在行走，有轮子在公转。

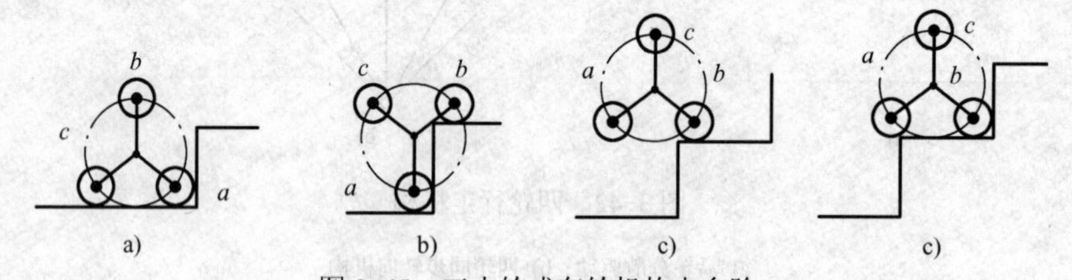

图 3-45　三小轮式车轮机构上台阶

a) 接触　b) 公转　c) 行走　d) 接触

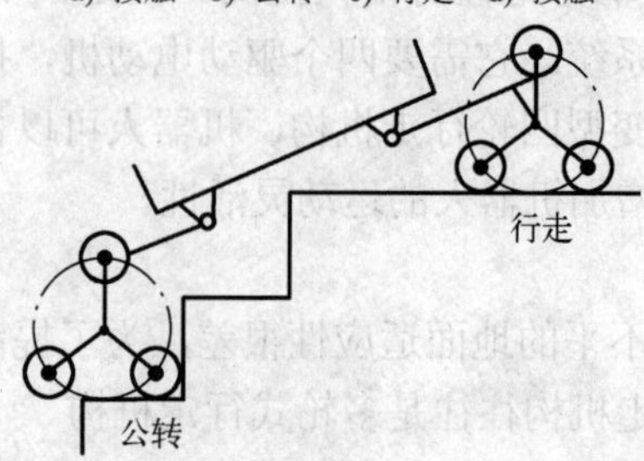

图 3-46　三轮或四轮装置的三小轮式车轮机构上台阶

（2）多节车轮式结构

多节车轮式结构是由多个车轮用轴关节或伸缩关节连在一起形成的轮式行走结构。这种多轮式行走机构非常适合于行驶在崎岖不平的道路上，对于攀爬台阶，也非常有效。图 3-47 为这种行走机构的组成原理图，图 3-48 为其上台阶的工作过程示意图。

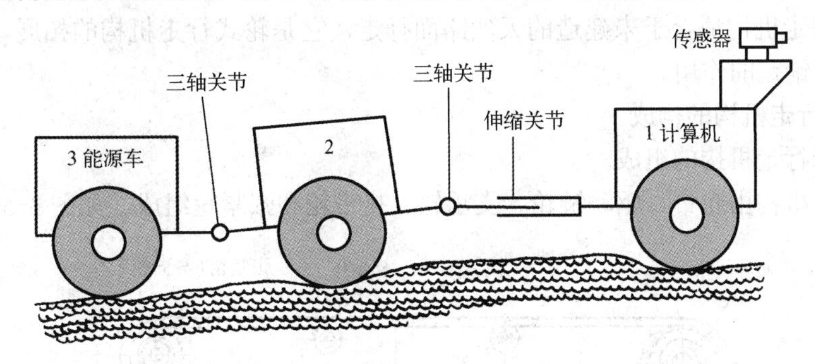

图 3-47　多节车轮式行走机构组成原理图

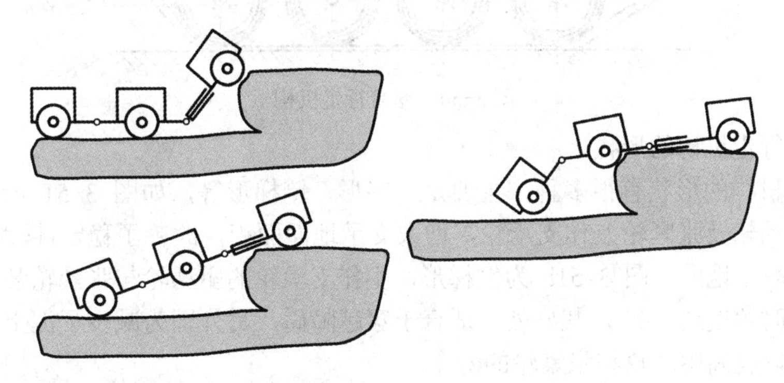

图 3-48　多节车轮式行走机构上台阶过程

（3）摇臂车轮式结构

摇臂车轮式结构的行走机构，更有利于在未知的地况下行走，如图 3-49 所示的是“玉兔”月球车，它是由 6 个独立的摇臂作为每个车轮的支撑，每个车轮可以独立驱动、独立旋转、独立伸缩。“玉兔”月球车可以凭借 6 个轮子实现前进、后退、原地转向、行进间

图 3-49 “玉兔”月球车

转向、20° 爬坡、20cm 越障等。六轮摇臂车轮式行走结构，可使它们同时适应不同高度，保持 6 个轮子同时着地，是一个真正的“爬行高手”。

3.5.3 履带式行走机构

履带式行走机构适合于未建造的天然路面行走，它是轮式行走机构的拓展，履带本身起着给车轮连续铺路的作用。

1．履带行走机构的构成

（1）履带行走机构的组成

履带行走机构由履带、驱动链轮、支承轮、托带轮和张紧轮组成。如图 3-50 所示。

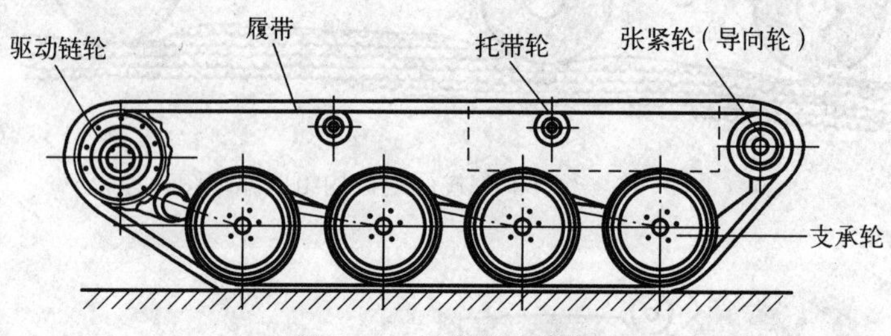

图 3-50 履带行走机构

（2）履带行走机构的形状

履带行走机构的形状有很多种，主要是一字形、倒梯形等，如图 3-51 所示。图 3-51a 为一字形，驱动轮及张紧轮兼作支承轮，增大支承地面面积，改善了稳定性，此时驱动轮和导向轮只略微高于地面。图 3-51b 为倒梯形，不作支承轮的驱动轮与张紧轮装得高于地面，链条引入引出时角度达 50°，其好处是适合于穿越障碍，另外因为减少了泥土夹入引起的磨损和失效，可以提高驱动轮和张紧轮的寿命。

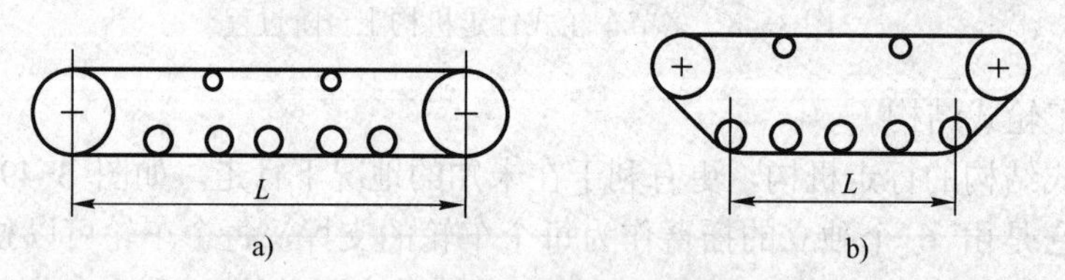

图 3-51 履带行走机构的形状

a) 一字形 b) 倒梯形

2．履带行走机构的特点

（1）履带行走机构的优点

1）支承面积大，接地比压小，适合于松软或泥泞场地进行作业，下陷度小，滚动阻力小。

2）越野机动性好，可以在有些凹凸的地面上行走，可以跨越障碍物，能爬梯度不太高的台阶，爬坡、越沟等性能均优于轮式行走机构。

3）履带支承面上有履齿，不易打滑，牵引附着性能好，有利于发挥较大的牵引力。

（2）履带行走机构的缺点

1）由于没有自定位轮，没有转向机构，只能靠左右两个履带的速度差实现转弯，所以在横向和前进方向都会产生滑动。

2）转弯阻力大，不能准确地确定回转半径。

3）结构复杂，重量大，运动惯性大，减振功能差，零件易损坏。

3．履带行走机构的变形

（1）形状可变履带行走机构

如图 3-52 所示为形状可变履带行走机构。随着主臂杆和曲柄的摇摆，整个履带可以随意变成各种类型的三角形形态，即其履带形状可以为适应台阶而改变，这样会比普通履带机构的动作更为自如，从而使机器人的机体能够任意进行上下楼梯和越过障碍物的行走，如图 3-53 所示。

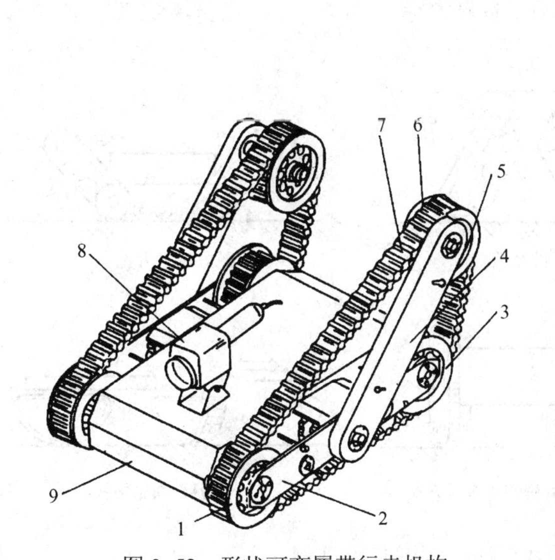

图 3-52　形状可变履带行走机构

1—驱动轮　2—履带架　3—导向轮　4—主臂杆　5—曲柄　6—行星轮　7—履带　8—摄像机　9—机体

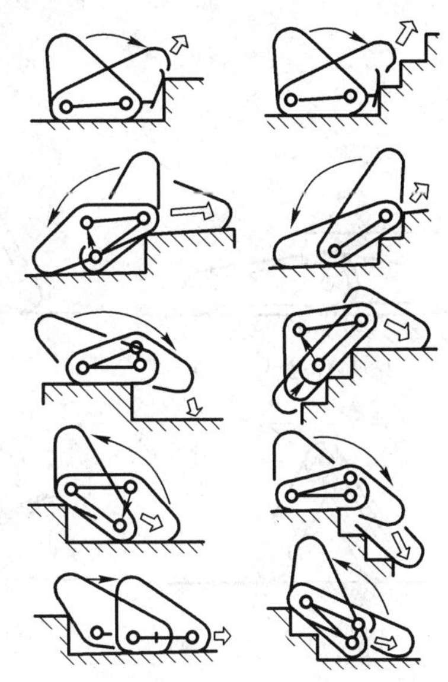

图 3-53　形状可变履带行走机构的上下楼梯

（2）位置可变履带行走机构

如图 3-54 所示为位置可变履带行走机构。随着主臂杆和曲柄的摇摆，4 个履带可以随意变成朝前和朝后的多种位置组合形态，从而使机器人的机体能够进行上下楼梯、越过障碍物甚至是跨越横沟的行走，如图 3-55 所示。如图 3-56 所示为位置可变履带行走机构的其他实例。

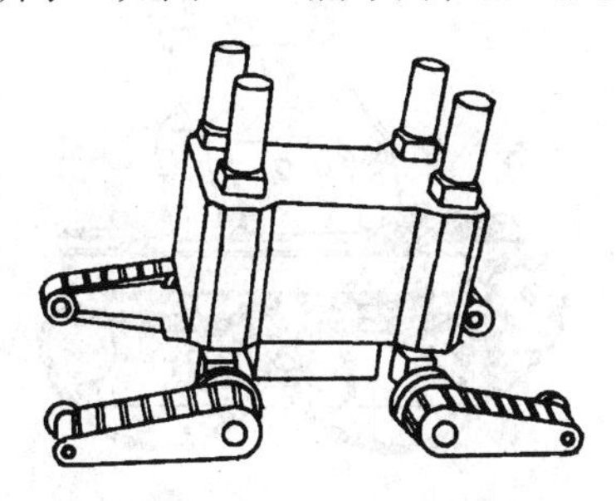

图 3-54　位置可变履带行走机构

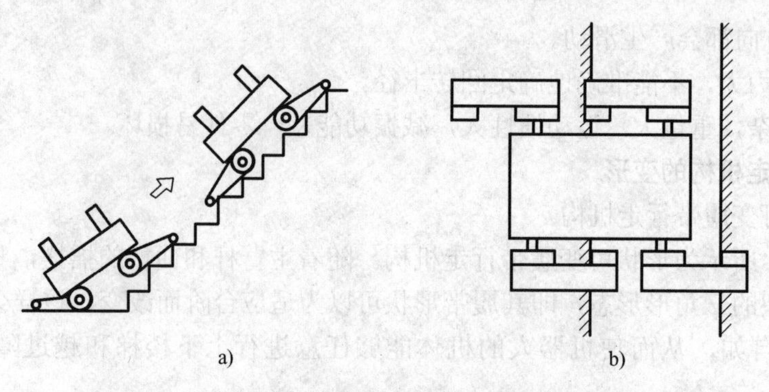

图 3-55　位置可变履带行走机构的上下楼梯和跨越横沟

a) 上下楼梯　b) 跨越横沟

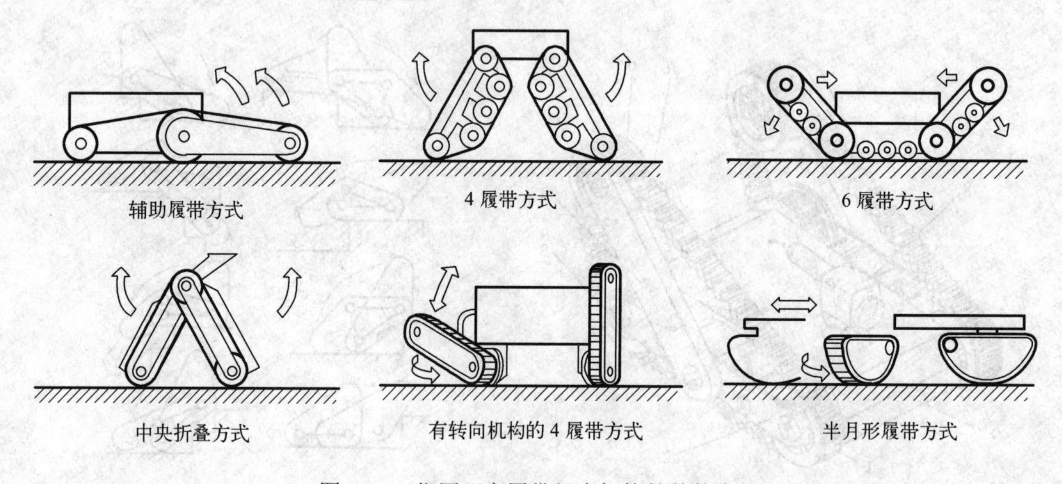

图 3-56　位置可变履带行走机构的其他实例

（3）装有转向机构的履带行走机构

如图 3-57 所示为装有转向机构的履带式机器人。它可以转向，可以上下台阶。如图 3-58

图 3-57　装有转向机构的履带式机器人

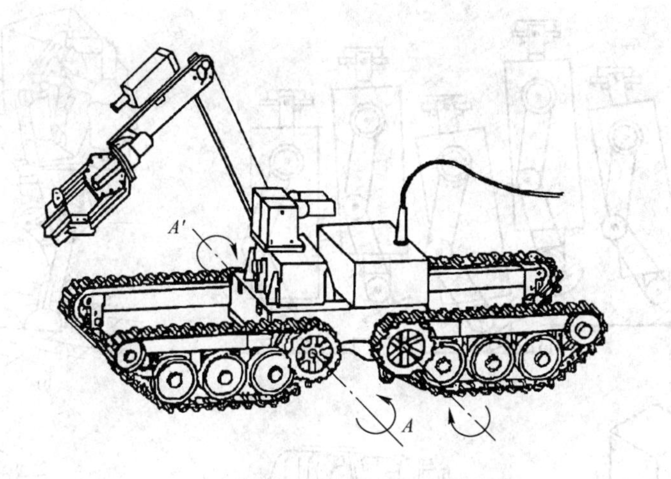

图 3-58　双重履带式可转向行走机构机器人

所示为双重履带式可转向行走机构机器人，其行走机构的主体前后装有转向器，并装有使转向器绕图中的 A—A'轴旋转的提起机构，这使得机器人上下台阶非常顺利，能得到诸如用折叠方式向高处伸臂，在斜面上保持主体水平等各种各样的姿势。

3.5.4　足式行走机构

车轮式行走机构只有在平坦坚硬的地面上行驶才有理想的运动特性。如果地面凸凹程度和车轮直径相当或地面很软，则它的运动阻力将大大增加。履带式行走机构虽然可在高低不平的地面上运动，但它的适应性不够，行走时晃动太大，在软地面上行驶运动效率低。根据调查，地球上近一半的地面不适合传统的轮式或履带式车辆行走。但是一般多足动物却能在这些地方行动自如，显然足式与轮式和履带式行走方式相比具有独特的优势。

1．足式行走特点

（1）足式行走的优点

足式行走对崎岖路面具有很好的适应能力，足式运动方式的立足点是离散的点，可以在可能到达的地面上选择最优的支撑点，而轮式和履带行走工具必须面临最差的地形上的几乎所有点；足式行走机构有很大的适应性，尤其在有障碍物的通道（如管道、台阶或楼梯）或很难接近的工作场地更有优越性。足式运动方式还具有主动隔振能力，尽管地面高低不平，机身的运动仍然可以相当平稳；足式行走在不平地面和松软地面上的运动速度较高，能耗较少。

（2）足的数目

现有的步行机器人的足数分别为单足、双足、三足、四足、六足、八足甚至更多。足的数目多，适合于重载和慢速运动。双足和四足具有最好的适应性和灵活性，也最接近人类和动物。

图 3-59 显示了单足、双足、三足、四足和六足行走结构。不同足数对行走能力的评价如表 3-1 所示。

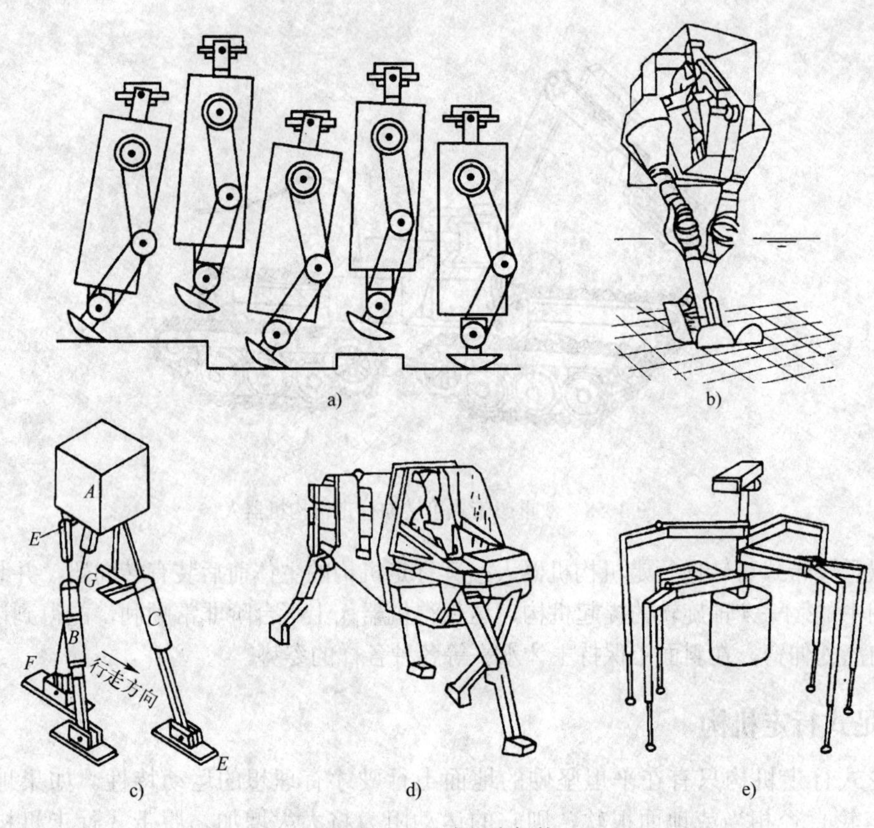

图 3-59 足式行走机构

a) 单足跳跃机器人 b) 双足机器人 c) 三足机器人 d) 四足机器人 e) 六足机器人

表 3-1 不同足数对行走能力的评价

评价指标 \ 足数	1	2	3	4	5	6	7	8
保持稳定姿态的能力	无	无	好	最好	最好	最好	最好	最好
静态稳定行走的能力	无	无	无	好	最好	最好	最好	最好
高速静态稳定行走能力	无	无	无	有	好	最好	最好	最好
动态稳定行走的能力	有	有	最好	最好	最好	好	好	好
用自由度数衡量的结构简单性	最好	最好	好	好	好	有	有	有

2. 足的配置

足的配置是指足相对于机体的位置和方位的安排，这个问题对于两足及以上机器人尤为重要。就两足而言，足的配置或者是一左一右，或者是一前一后。后一种配置因容易引起腿间的干涉而实际上很少用到。

（1）足的主平面的安排

在假设足的配置为对称的前提下，四足或多于四足的配置可能有两种，如图 3-60 所示。图 3-60a 是正向对称分布，即腿的主平面与行走方向垂直；图 3-60b 为前后向对称分布，即腿平曲和行走方向一致。

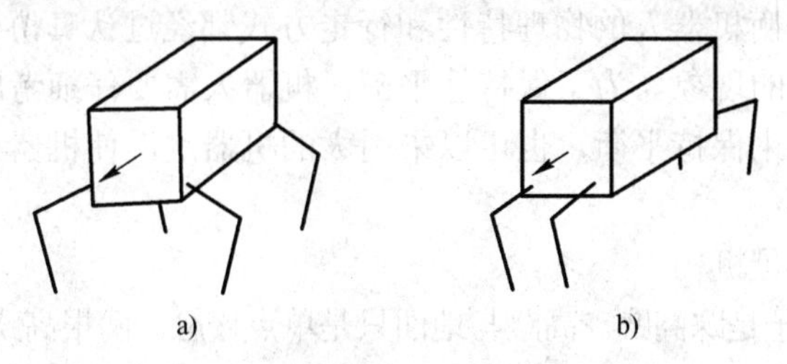

图 3-60　足的主平面的安排

a) 正向对称分布　b) 前后向对称分布

（2）足的几何构形

图 3-61 表示的是足在主平面内的几何构形，分别有：哺乳动物形，如图 3-61a 所示；爬行动物形，如图 3-61b 所示；昆虫形，如图 3-61c 所示。

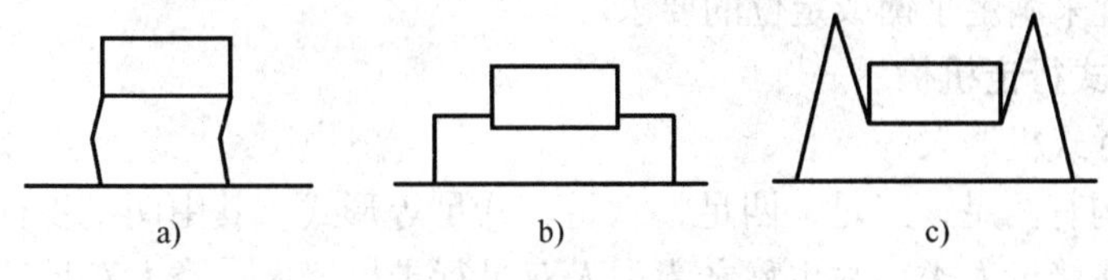

图 3-61　足的几何构形

a) 哺乳动物形　b) 爬行动物形　c) 昆虫形

（3）足的相对方位

如图 3-62 所示的是足的相对弯曲方向，分别有：图 3-62a 所示的内侧相对弯曲，图 3-62b 所示的外侧相对弯曲，图 3-62c 所示的同侧弯曲。不同的安排对稳定性有不同的影响。

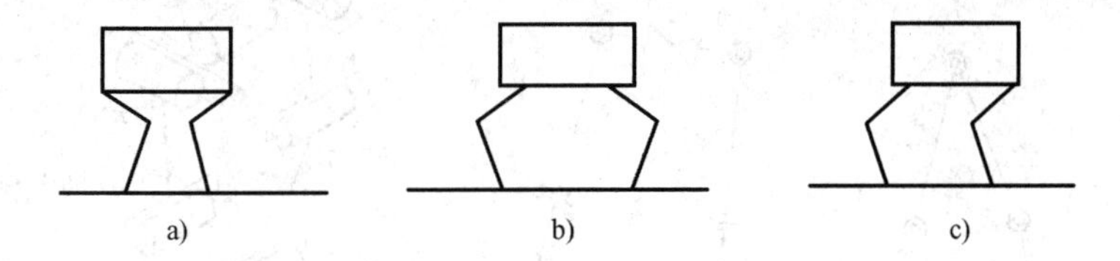

图 3-62　足的相对方位

a) 内侧相对弯曲　b) 外侧相对弯曲　c) 同侧弯曲

3．足式行走机构的平衡和稳定性

（1）静态稳定的多足机构

机器人机身的稳定通过足够数量的足支承来保证。在行走过程中，机身重心的垂直投影始终落在支承足着落地点垂直投影所形成的凸多边形内。这样，即使在运动中的某一瞬时将运动“凝固”，机体也不会有倾覆的危险。这类行走机构的速度较慢，它的步态为爬行或步行。

四足机器人在静止状态是稳定的，在步行时，当一只脚抬起，另三只脚支承自重时，必须移动身体，让重心落在三只脚接地点所组成的三角形内。六足、八足步行机器人由于行走时可保证至少有三足同时支承机体，在行走时更容易得到稳定的重心位置。

在设计阶段，静平衡机器人的物理特性和行走方式都经过认真协调，因此在行走时不会发生严重偏离平衡位置的现象。为了保持静平衡，机器人需要仔细考虑机器足的配置。保证至少同时有三个足着地来保持平衡，也可以采用大的机器足，使机器人重心能通过足的着地面，易于控制平衡。

（2）动态稳定的多足机构

动态稳定的典型例子是踩高跷。高跷与地面只是单点接触，两根高跷在地面不动时站稳是非常困难的，要想原地停留，必须不断踏步，不能总是保持步行中的某种瞬间姿态。

在动态稳定中，机体重心有时不在支承图形中，利用这种重心超出面积外而向前产生倾倒的分力作为行走的动力并不停地调整平衡点以保证不会跌倒。这类机构一般运动速度较快，消耗能量小。其步态可以是小跑和跳跃。

双足行走和单足行走有效地利用了惯性力和重力，利用重力使身体向前倾倒来向前运动。这就要求机器人控制器必须不断地将机器人的平衡状态反馈回来，通过不停地改变加速度或者重心的位置来满足平衡或定位的要求。

4．典型的足式行走机构

（1）两足步行式机器人

足式行走机构有两足、三足、四足、六足、八足等形式，其中两足步行式机器人具有最好的适应性，也最接近人类，故也称之为类人双足行走机器人。类人双足行走机构是多自由度的控制系统，是现代控制理论很好的应用对象。这种机构除结构简单外，在保证静、动行走性能及稳定性和高速运动等方面都是最困难的。

如图 3-63 所示的两足步行式机器人行走机构是一空间连杆机构。在行走过程中，行走机构始终满足静力学的静平衡条件，也就是机器人的重心始终落在接触地面的一只脚上。

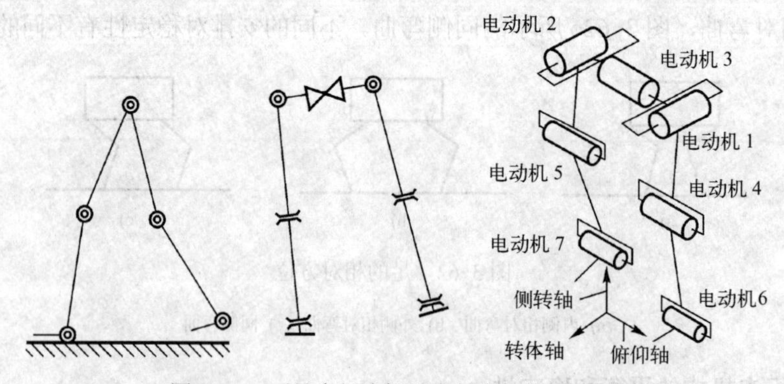

图 3-63　两足步行式机器人行走机构原理图

（2）四足、六足步行式机器人

这类步行式机器人是模仿动物行走的机器人。四足步行式机器人除了关节式外，还有缩放式步行机构。如图 3-64 所示为四足缩放式步行机器人在平地上行走的初始姿态，通常使机体与支承面平行。四足对称姿态比两足步行容易保持运动过程中的稳定，控制也容易些，其运动过程是一只腿抬起，三腿支承机体向前移动。如图 3-65 所示为六足缩放式步行机构原理，每条腿有三个转动关节。行走时，三条腿为一组，足端以相同位移移动，两组相差一定时间间隔进行移动，可以实现 XY 平面内任意方向的行走和原地转动。

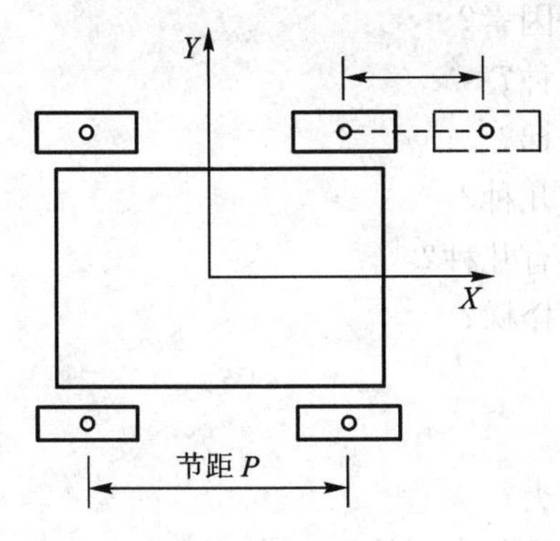

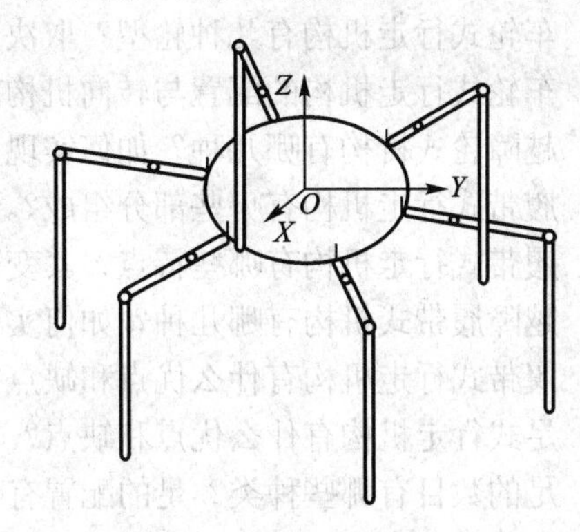

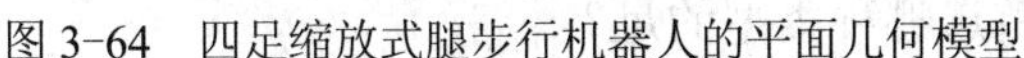

图 3-64　四足缩放式腿步行机器人的平面几何模型　　　　图 3-65　六足缩放式步行机构

作业与思考题

1．机器人的机械结构系统有哪些组成部分？各部分是如何连接的？

2．介绍机器人的升降回转型机身机构的特点，说明它是如何工作的。

3．机器人的俯仰型机身机构是如何工作的？

4．介绍机器人的直移型、类人型机身机构的特点。

5．机器人的臂部机构组成有哪些？其运动有哪几类？

6．机器人的臂部机构配置有哪几类？各有何种特点？

7．机器人的臂部机构有哪几类？各有何种特点？

8．机器人腕部机构的转动方式有哪几种？

9．机器人腕部机构自由度及其组合方式有哪些？

10．解释一下机器人的柔顺腕部的作用机理。

11．介绍一下机器人的手部机构的特点，机器人手部有哪些种类？

12．机器人手部按照握持原理分为哪几类？

13．夹持类手部有哪几类？夹钳式手部由哪几个部分组成？

14．夹钳式手部的手指指端形状有哪几种？各有什么优势与特点？

15．夹钳式手部的手指材料有哪几种？各有什么优势和特点？

16．夹钳式手部的传动机构有哪几种？各有什么优势和特点？

17．钩托式手部的主要特征是什么？与其他手部相比有什么好处？

18．弹簧式手部原理是什么？

19．吸附类手部有哪几类？为什么要用吸附类手部？

20．气吸式手部有哪几类？各依靠什么原理？

21．磁吸式手部有哪几类？各有什么优缺点？

22．气吸式与磁吸式手部各有什么优缺点？

23．仿人机器人手部有哪几类？

24．机器人行走机构有哪些部分组成？主要作用有哪些？

25．机器人行走机构有哪几类？各有什么特点？

26．车轮式行走机构有几种轮型？取决于哪些因素？

27．车轮式行走机构的配置与转向机构有哪几种？

28．越障轮式机构有哪几种？如何实现上下楼梯？

29．履带式行走机构有哪些部分组成？形状有几种？

30．履带式行走机构有哪些特点？其变形种类有几种？

31．越障履带式机构有哪几种？如何实现上下楼梯？

32．履带式行走机构有什么优点和缺点？

33．足式行走机构有什么优点和缺点？

34．足的数目有哪些种类？足的配置有哪些种类？

35．从稳定性和高速行走能力上看，应该首选哪种类型的足？

36．足的主平面安排有哪几类？

37．足的几何构形有哪几类？足的相对方位有哪几类？

38．典型两足式步行机器人需要多少个自由度？

第4章 机器人的驱动系统

【内容提要】

本章主要介绍机器人的驱动系统。内容包括机器人的直接与间接驱动方式，液压、气压、电动驱动元件与特点，驱动机构与传动机构，制动器；液压系统组成与工作原理，液压系统的主要设备；气压系统组成与工作原理，气压系统的主要设备；直流电动机与直流伺服电动机的结构原理与参数，交流电动机与交流伺服电动机的结构原理与参数，步进电动机的结构原理与参数，直线步进电动机简介。

【教学提示】

学习完本章的内容后，学生应能够：了解机器人的驱动方式，掌握不同类型机器人驱动元件的性能与特点，熟悉驱动机构、传动机构及其传动方式的图例与特点，了解制动器的基本功能；能够熟练地分析实际机器人的驱动机构、驱动方式与制动原理，能够绘制出传动原理图。掌握机器人的液压驱动系统的组成，熟悉液压驱动系统主要设备的工作机理；能够分析液压驱动系统的流程，能够找出液压驱动系统的故障环节。掌握机器人的气压驱动系统的组成，熟悉气压驱动系统主要设备的工作机理；能够分析气压驱动系统的流程，能够找出气压驱动系统的故障环节。了解伺服系统与伺服电动机的要点，掌握直流电动机与直流伺服电动机的结构原理与参数，掌握交流电动机与交流伺服电动机的结构原理与参数，掌握步进电动机的结构原理与参数；能够分析电动机驱动系统的工作特性，能够找出电动机驱动系统的控制要点。

4.1 机器人的驱动系统概述

机器人是运动的，各个部位都需要能源和动力，因此设计和选择良好的驱动系统是非常重要的。本节主要介绍机器人驱动系统的主要几个指标：驱动方式、驱动元件、传动机构、制动机构。

早期的工业机器人都用液压、气压方式来进行伺服驱动。随着大功率交流伺服驱动技术的发展，目前大部分被电气驱动方式所代替，只有在少数要求超大输出功率、防爆、低运动精度的场合才考虑使用液压和气压驱动。电气驱动无环境污染，响应快，精度高，成本低，控制方便。

4.1.1 驱动方式

机器人的驱动方式主要分为直接驱动和间接驱动两种。无论何种方式，都是对机器人关节的驱动。

1．关节与关节驱动

机器人中连接运动部分的机构称为关节。关节有转动型和移动型，分别称为转动关节和移动关节。

（1）转动关节

转动关节就是在机器人中简称为关节的连接部分，它既连接各机构，又传递各机构间的回转运动（或摆动），用于基座与臂部、臂部之间、臂部和手部等连接部位。关节由回转轴、轴承和驱动机构组成。

关节与驱动机构的连接方式有多种，因此转动关节也有多种形式，如图 4-1 所示。

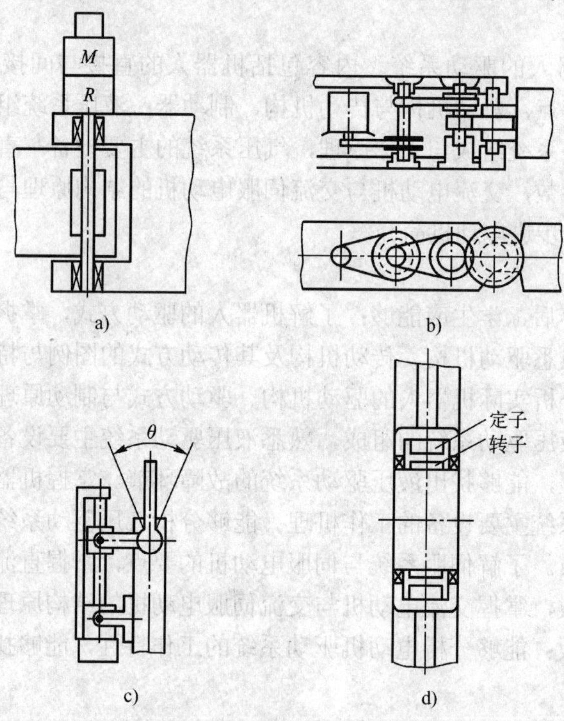

图 4-1　转动关节的形式

a) 驱动机构和回转轴同轴式　b) 驱动机构与回转轴正交式

c) 外部驱动机构驱动臂部的形式　d) 驱动电动机安装在关节内部的形式

1）驱动机构和回转轴同轴式。这种形式的驱动机构直接驱动回转轴，有较高的定位精度。但是，为减轻重量，要选择小型减速器并增加臂部的刚性。它适用于水平多关节型机器人。

2）驱动机构与回转轴正交式。重量大的减速机构安放在基座上，通过臂部的齿轮、链条传递运动。这种形式适用于要求臂部结构紧凑的场合。

3）外部驱动机构驱动臂部的形式。这种形式适合于传递大转矩的回转运动，采用的传动机构有滚珠丝杠、液压缸和气缸。

4）驱动电动机安装在关节内部的形式。这种形式称为直接驱动形式。

机器人中轴承起着相当重要的作用，用于转动关节的轴承有多种形式，球轴承是机器人结构中最常用的轴承。球轴承能承受径向和轴向载荷，摩擦较小，对轴和轴承座的刚度不敏感。图 4-2a 为普通向心球轴承；图 4-2b 为向心推力球轴承。这两种轴承的每个球和滚道之间只有两点接触（一点与内滚道，另一点与外滚道）。为实现预载，此种轴承必须成对使用。图 4-2c 为四点接触球轴承。该轴承的滚道是尖拱式半圆，球与每个滚道两点接触，该轴承通过两内滚道之间适当的过盈量实现预紧。因此，此种轴承的优点是无间隙，能承受双向轴向载荷，尺寸小，承载能力和刚度比同样大小的一般球轴承高 1.5 倍；缺点是价格较高。

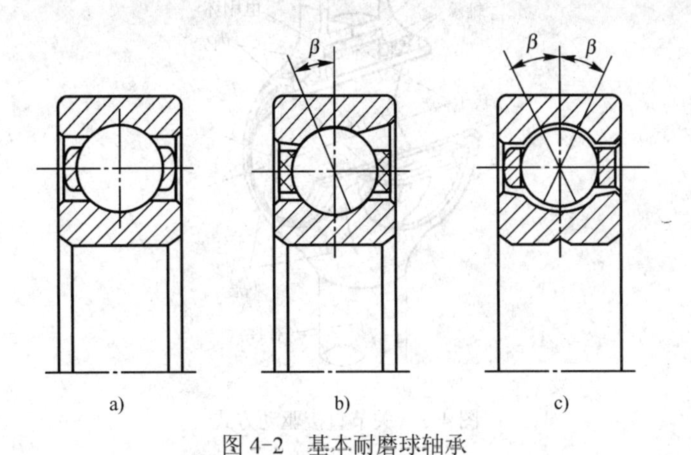

图 4-2　基本耐磨球轴承

a) 普通向心球轴承　b) 向心推力球轴承　c) 四点接触球轴承

（2）移动关节

移动关节由直线运动机构和在整个运动范围内起直线导向作用的直线导轨部分组成。导轨部分分为滑动导轨、滚动导轨、静压导轨和磁性悬浮导轨等形式。

一般要求机器人导轨间隙小或能消除间隙；在垂直于运动方向上要求刚度高，摩擦系数小且不随速度变化，并且有高阻尼、小尺寸和小惯量。通常，由于机器人在速度和精度方面的要求很高，故一般采用结构紧凑且价格低廉的滚动导轨。滚动导轨的分类如下。

1）按滚动体分类——球、圆柱滚子和滚针。

2）按轨道分类——圆轴式、平面式和滚道式。

3）按滚动体是否循环分类——循环式、非循环式。

这些滚动导轨各有特点，装有滚珠的滚动导轨适用于中小载荷和小摩擦的场合；装有滚柱的滚动导轨适用于重载和高刚性的场合。受轻载滚柱的特性接近于线性弹簧，呈硬弹簧特性；而滚珠的特性接近于非线性弹簧，刚性要求高时应施加一定的预紧力。

2．直接驱动方式

直接驱动方式是驱动器的输出轴和机器人手臂的关节轴直接相连的方式。直接驱动方式的驱动器和关节之间的机械系统较少，因而能够减少摩擦等非线性因素的影响，控制性能比较好。然而，为了直接驱动手臂的关节，驱动器的输出转矩必须很大。此外，由于不能忽略动力学对手臂运动的影响，因此控制系统还必须考虑到手臂的动力学问题。

高输出转矩的驱动器有油缸式液压装置，另外还有力矩电动机（直驱马达）等，其中液压装置在结构和摩擦等方面的非线性因素很强，所以很难体现出直接驱动的优点。因此，在 20 世纪 80 年代所开发的力矩电动机，采用了非线性的轴承机械系统，得到了优良的逆向驱动能力（以关节一侧带动驱动器的输出轴）。图 4-3 中显示了使用力矩电动机的直接驱动方式的关节机构实例。

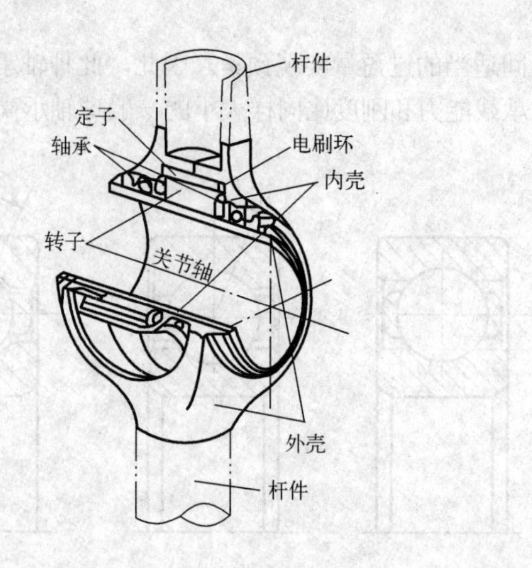

图 4-3　关节直接驱动方式

使用这样的直接驱动方式的机器人，通常称为 DD 机器人（Direct Drive Robot），简称 DDR。DD 机器人驱动电动机通过机械接口直接与关节连接，驱动电动机和关节之间没有速度和转矩的转换。

日本、美国等工业发达国家已经开发出性能优异的 DD 机器人。美国 Adept 公司研制出带有视觉功能的四自由度平面关节型 DD 机器人。日本大日机工公司研制成功了五自由度关节型 DD-600V 机器人，其性能指标为：最大工作范围为 1.2 m，可搬重量为 5 kg，最大运动速度为 8.2m/s，重复定位精度为 0.05 mm。

DD 机器人的其他优点包括：机械传动精度高；振动小，结构刚度好；机械传动损耗小；结构紧凑，可靠性高；电动机峰值转矩大，电气时间常数小，短时间内可以产生很大转矩，响应速度快，调速范围宽；控制性能较好。DD 机器人目前主要存在的问题有：载荷变化、耦合转矩及非线性转矩对驱动及控制影响显著，使控制系统设计困难和复杂；对位置、速度的传感元件提出了相当高的要求；需开发小型实用的 DD 电动机；电动机成本高。

3．间接驱动方式

间接驱动方式是把驱动器的动力经过减速器或钢丝绳、传送带、平行连杆等装置后传递给关节。间接驱动方式中包含带减速器的电动机驱动和远距离驱动两种。目前大部分机器人的关节是间接驱动。

（1）带减速器的电动机驱动

中小型机器人一般采用普通的直流伺服电动机、交流伺服电动机或步进电动机作为机器人的执行电动机，由于电动机速度较高，输出转矩又大大小于驱动关节所需要的转矩，所以必须使用带减速器的电动机驱动。但是，间接驱动带来了机械传动中不可避免的误差，引起冲击振动，影响机器人系统的可靠性，并且增加关节重量和尺寸。由于手臂通常采用悬臂梁结构，所以多自由度机器人关节上安装减速器会使手臂根部关节驱动器的负载增大。

（2）远距离驱动

远距离驱动将驱动器与关节分离，目的在于减少关节体积、减轻关节重量。一般来说，驱动器的输出转矩都远远小于驱动关节所需要的力，因此也需要通过减速器来增大驱动力。远距离驱动的优点在于能够将多自由度机器人关节驱动所必需的多个驱动器设置在合适的位置。由于机器人手臂都采用悬臂梁结构，因此远距离驱动是减轻位于手臂根部关节驱动器负载的一种措施。

4.1.2 驱动元件

驱动元件是执行装置，就是按照信号的指令，将来自电、液压和气压等各种能源的能量转换成旋转运动、直线运动等方式的机械能的装置。按利用的能源来分，主要可分为电动执行装置、液压执行装置和气压执行装置。因此，机器人关节的驱动元件有液动式、气动式和电动式。

1．液压驱动

液压驱动的输出力和功率很大，能构成伺服机构，常用于大型机器人关节的驱动。美国 Unimation 公司生产的 Unimate 型机器人采用了直线液压缸作为径向驱动源。Versatran 机器人也使用直线液压缸作为圆柱坐标式机器人的垂直驱动源和径向驱动源。

（1）机器人采用液压驱动的优点

1）液压容易达到较高的单位面积压力（常用油压为 25～63kg/cm^2），体积较小。

2）可以获得较大的推力或转矩；功率/重量比大，可以减小执行装置的体积。

3）介质可压缩性小，刚度高，工作平稳可靠，能够实现高速、高精度的位置控制。

4）液压传动中，通过流量控制可以实现无级变速，力、速度比较容易实现自动控制。

5）液压系统采用油液作介质，具有防锈和自润滑性能，可以提高机械效率，使用寿命长。

（2）机器人采用液压驱动的缺点

1）油液的黏度随温度变化而变化，影响工作性能，高温容易引起油液燃烧爆炸等危险。

2）液体的泄漏难于克服，要求液压元件有较高的精度和质量，故造价较高。

3）需要相应的供油系统，尤其是电液伺服系统要求严格的滤油装置，否则会引起故障。

4）必须对油的污染进行控制，稳定性较差。

5）液压油源和进油、回油管路等附属设备占空间较大；造价较高。

2．气压驱动

气压驱动多用于开关控制和顺序控制的机器人。与液压驱动相比，气压驱动的特点如下。

（1）优点

1）压缩空气黏度小，容易达到高速（1 m/s）。

2）利用工厂集中的空气压缩机站供气，不必添加动力设备。

3）空气介质对环境无污染，使用安全，可直接应用于高温作业。

4）气动元件工作压力低，故制造要求也比液压元件低。

（2）缺点

1）压缩空气常用压力为 0.4～0.6MPa，若要获得较大的力，其结构就要相对增大。

2）空气压缩性大，工作平稳性差，速度控制困难，要达到准确的位置控制很困难。

3）压缩空气的除水问题处理不当会使钢类零件生锈，导致机器人失灵。

4）排气还会造成噪声污染。

3．电动机驱动

电动机驱动可分为普通交流电动机驱动，交、直流伺服电动机驱动和步进电动机驱动。

普通交、直流电动机驱动需加减速装置，输出转矩大，但控制性能差，惯性大，适用于中型或重型机器人。伺服电动机和步进电动机输出转矩相对小，控制性能好，可实现速度和位置的精确控制，适用于中小型机器人。

交、直流伺服电动机一般用于闭环控制系统，而步进电动机则主要用于开环控制系统，一般用于速度和位置精度要求不高的场合。关于电动机驱动将在第 4.2 节进行详细分析。

电动机使用简单，且随着材料性能的提高，电动机性能也逐渐提高。所以总的看来，目前机器人关节驱动逐渐为电动式所代替。

4．驱动元件的特点

各种驱动方式的特点比较如表 4-1 所示。

表 4-1　各种驱动方式特点比较

驱动元件		特点					
		输出力	控制性能	维修使用	结构体积	使用范围	制造成本
液压驱动		压力高，可获得大的输出力	油液不可压缩，压力、流量均容易控制，可无级调速，反应灵敏，可实现连续轨迹控制	维修方便，液体对温度变化敏感，油液泄漏易着火	在输出力相同的情况下，体积比气压驱动方式小	中、小型及重型机器人	液压元件成本较高，油路比较复杂
气压驱动		气压压力低，输出力较小，如需要输出大力时，其结构尺寸过大	可高速，冲击较严重，精确定位困难。气体压缩性大，阻尼效果差，低速不易控制，不易与 CPU 连接	维修简单，能在高温、粉尘等恶劣环境中使用，泄漏无影响	体积较大	中、小型机器人	结构简单，能源方便，成本低
电动机驱动	异步电动机 直流电动机	输出力较大	控制性能较差，惯性大，不易精确定位	维修使用方便	需要减速装置，体积较大	速度低，持重大的机器人	成本低
	步进电动机 伺服电动机	输出力较小	容易与 CPU 连接，控制性能好，响应快，可精确定位，但控制系统复杂	维修使用较复杂	体积较小	程序复杂、运动轨迹要求严格的机器人	成本较高

4.1.3　驱动机构

1．直线驱动机构

机器人采用的直线驱动包括直角坐标结构的 X、Y、Z 向驱动，圆柱坐标结构的径向驱动和垂直升降驱动，以及球坐标结构的径向伸缩驱动。直线运动可以直接由气缸或液压缸和活塞产生，也可以采用齿轮齿条、丝杠、螺母等传动方式把旋转运动转换成直线运动。

2．旋转驱动机构

多数普通电动机和伺服电动机都能够直接产生旋转运动，但其输出转矩比所需要的转矩小，转速比所需要的转速高。因此，需要采用各种传动装置把较高的转速转换成较低的转速，并获得较大的转矩。

有时也采用直线液压缸或直线气缸作为动力源，这就需要把直线运动转换成旋转运动。

这种运动的传递和转换必须高效率地完成，并且不能有损于机器人系统所需要的特性，特别是定位精度、重复定位精度和可靠性。

由于旋转驱动具有旋转轴强度高、摩擦小、可靠性好等优点，因此在结构设计中较多采用。

3．行走机构的驱动

在行走机构关节中，完全采用旋转驱动实现关节伸缩时，旋转运动虽然也能转化得到直线运动，但在高速运动时，关节伸缩的加速度不能忽视，它可能产生振动。为了提高着地点选择的灵活性，还必须增加直线驱动系统。

因此，许多情况采用直线驱动更为合适。直线气缸仍是目前所有驱动装置中最廉价的动力源，凡能够使用直线气缸的地方，还是应该选用它。有些要求精度高的地方也要选用直线驱动。

4.1.4 传动机构

传动机构用来把驱动器的运动传递到关节和动作部位。机器人的传动系统要求结构紧凑、重量轻、转动惯量和体积小，要求消除传动间隙，提高其运动和位置精度。工业机器人传动装置除蜗杆传动、带传动、链传动和行星齿轮传动外，还常用滚珠丝杠传动、谐波传动、钢带传动、同步齿形带传动、绳轮传动、流体传动和连杆传动与凸轮传动。

1．行星齿轮传动机构

如图 4-4 所示为行星齿轮传动的结构简图。行星齿轮传动尺寸小，惯量低；一级传动比大，结构紧凑；载荷分布在若干个行星齿轮上，内齿轮也具有较高的承载能力。

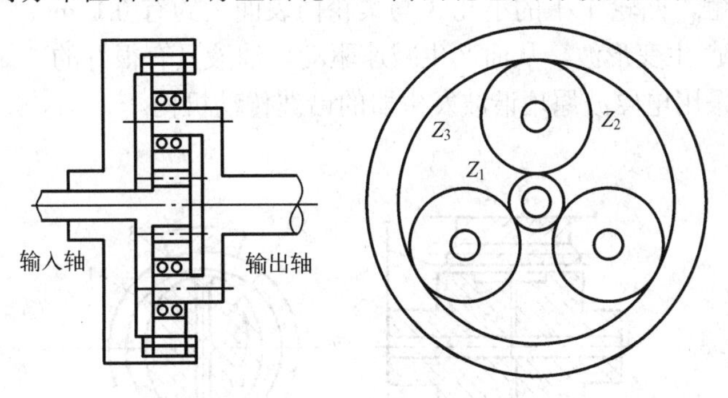

图 4-4　行星齿轮传动

2．谐波传动机构

谐波传动在运动学上是一种具有柔性齿圈的行星传动，它在机器人上获得了比行星齿轮传动更加广泛的应用。

谐波发生器通常由凸轮或偏心安装的轴承构成。刚轮为刚性齿轮，柔轮为能产生弹性变形的齿轮。当谐波发生器连续旋转时，产生的机械力使柔轮变形，变形曲线为一条基本对称的谐波曲线。发生器波数表示谐波发生器转一周时，柔轮某一点变形的循环次数。其工作原理是：当谐波发生器在柔轮内旋转时，迫使柔轮发生变形，同时进入或退出刚轮的齿间。在谐波发生器的短轴方向，刚轮与柔轮的齿间处于啮入或啮出的过程，伴随着发生器的连续转动，齿间的啮合状态依次发生变化，即产生啮入—啮合—啮出—脱开—啮入的变化过程。这种错齿运动把输入运动变为输出的减速运动。

如图 4-5 所示是谐波传动机构的结构简图。由于谐波发生器 4 的转动使柔轮 6 上的柔轮齿圈 7 与刚轮（圆形花键轮）1 上的刚轮内齿圈 2 相啮合。输入轴为 3，如果刚轮 1 固定，则轴 5 为输出轴；如果轴 5 固定，则刚轮 1 的轴为输出轴。

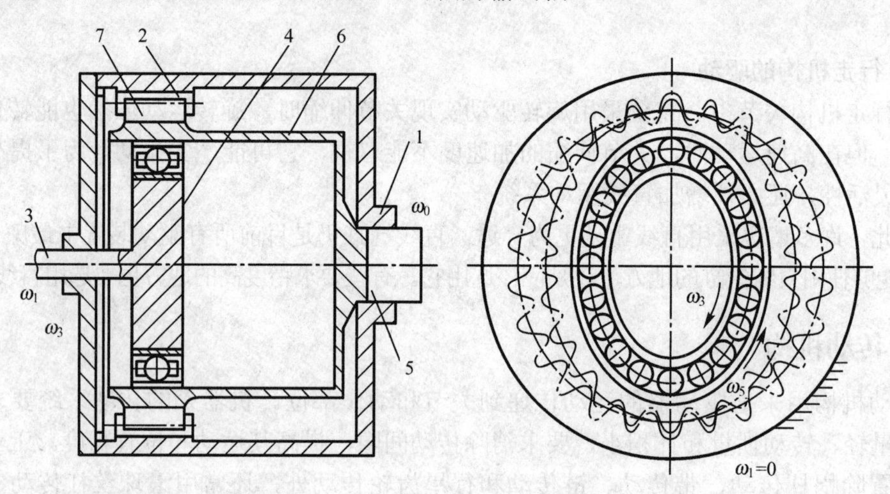

图 4-5　谐波传动机构的结构

1—刚轮　2—刚轮内齿圈　3—输入轴　4—谐波发生器　5—轴　6—柔轮　7—柔轮齿圈

最近，采用液压静压谐波发生器的谐波传动机构已经问世，如图 4-6 所示。凸轮 1 和柔轮 2 之间不直接接触，凸轮 1 上的小孔 3 与柔轮内表面大约有 0.1 mm 的间隙，高压油从小孔 3 喷出，使柔轮产生变形波，从而产生减速驱动。油液具有很好的冷却作用，能提高传动速度。此外，还有采用电磁波原理谐波发生器的谐波传动机构。

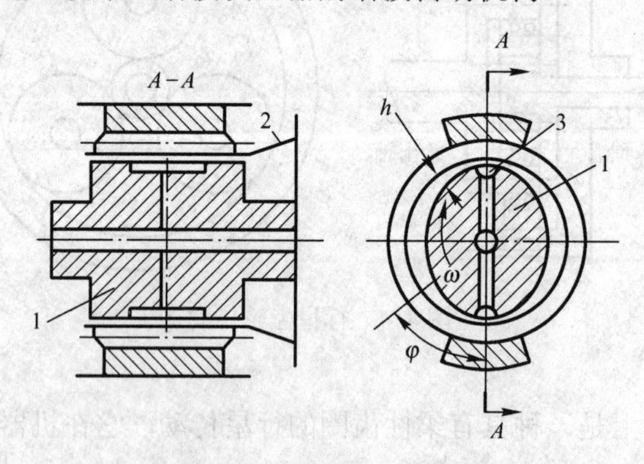

图 4-6　采用液压静压谐波发生器的谐波传动

1—凸轮　2—柔轮　3—小孔

谐波传动装置在机器人技术比较先进的国家已得到了广泛的应用，仅就日本来说，机器人传动装置的 60%都采用了谐波传动。美国送到月球上的机器人，其各个关节部位都采用谐波传动装置，其中一只上臂就用了 30 个谐波传动机构。前苏联送入月球的移动式机器人“登月者”，其成对安装的 8 个轮子均是用密闭谐波传动机构单独驱动的。德国大众汽车公司研制的 ROHREN、GEROT R30 型机器人和法国雷诺公司研制的 VERTICAL 80 型机器人等都采用了谐波传动机构。

3．丝杠传动

丝杠传动有滑动式、滚珠式和静压式等。机器人传动用的丝杠具备结构紧凑，间隙小和传动效率高等特点。

滑动式丝杠螺母机构是连续的面接触，传动中不会产生冲击，传动平稳，无噪声，能自锁。因丝杠的螺旋升角较小，所以用较小的驱动转矩可获得较大的牵引力。但是，丝杠螺母螺旋面之间的摩擦为滑动摩擦，故传动效率低。滚珠丝杠传动效率高，而且传动精度和定位精度均很高，传动时灵敏度和平稳性也很好。由于磨损小，滚珠丝杠的使用寿命比较长，但成本较高。

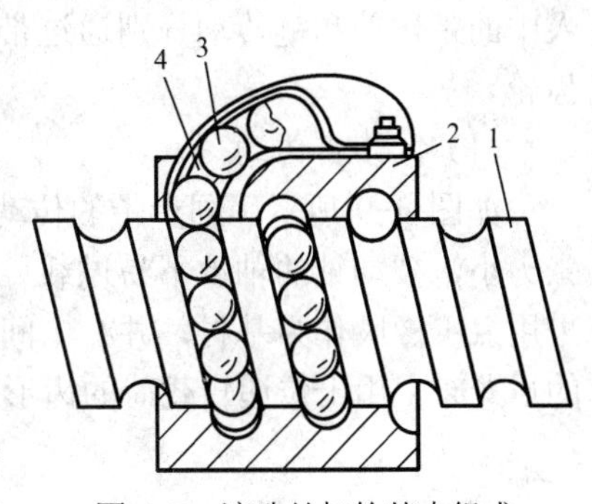

图 4-7　滚珠丝杠的基本组成

1—丝杠　2—螺母　3—滚珠　4—导向槽

如图 4-7 所示为滚珠丝杠的基本组成。导向槽 4 连接螺母的第一圈和最后两圈，使其形成滚动体可以连续循环的导槽。滚珠丝杠在工业机器人上的应用比滚柱丝杠多，因为后者结构尺寸大（径向和轴向），传动效率低。

如图 4-8 所示为采用丝杠螺母传动的手臂升降机构。由电动机 1 带动蜗杆 2 使蜗轮 5 回转，依靠蜗轮内孔的螺纹带动丝杠 4 作升降运动。为了防止丝杠的转动，在丝杠上端铣有花键，与固定在箱体 6 上的花键套 7 组成导向装置。

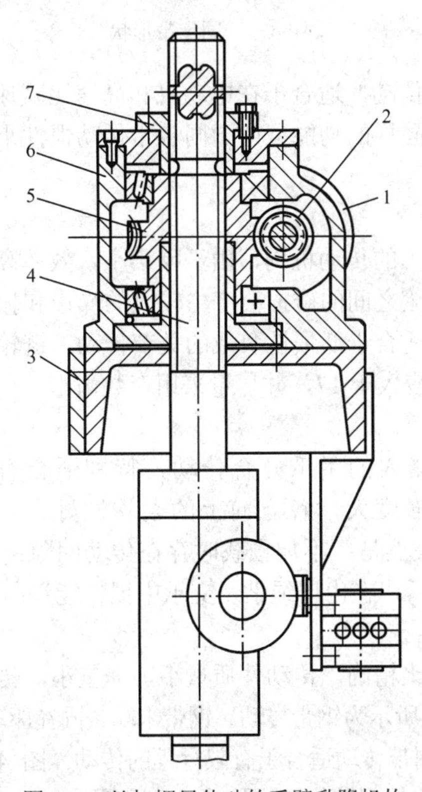

图 4-8　丝杠螺母传动的手臂升降机构

1—电动机　2—蜗杆　3—臂架　4—丝杠　5—蜗轮　6—箱体　7—花键套

4. 带传动和链传动

带传动和链传动用于传递平行轴之间的回转运动，或把回转运动转换成直线运动。机器人中的带传动和链传动分别通过带轮或链轮传递回转运动，有时还用来驱动平行轴之间的小齿轮。

（1）同步带传动

如图 4-9 所示，同步带的传动面上有与带轮啮合的梯形齿。同步带传动时无滑动，初始张力小，被动轴的轴承不易过载。因无滑动，它除了用做动力传动外还适用于定位。同步带采用氯丁橡胶作为基材，并在中间加入玻璃纤维等伸缩刚性大的材料，齿面上覆盖耐磨性好的尼龙布。用于传递轻载荷的齿形带用聚氨基甲酸酯制造。

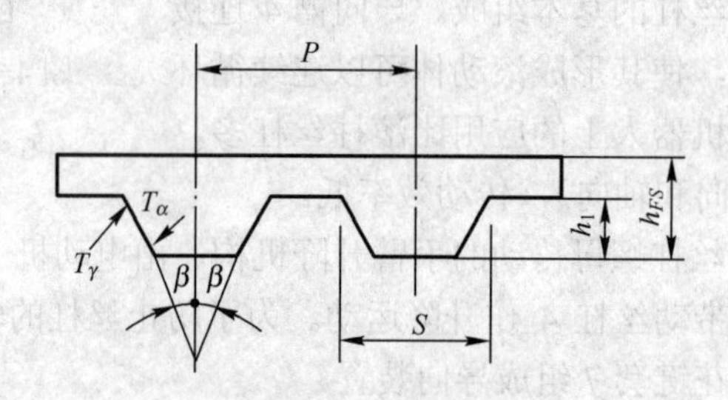

图 4-9　同步带形状

同步带传动属于低惯性传动，适合于在电动机和高速比减速器之间使用。同步带上安装滑座可完成与齿轮齿条机构同样的功能。由于同步带传动惯性小，且有一定的刚度，所以适合于高速运动的轻型滑座。

（2）滚子链传动

滚子链传动属于比较完善的传动机构，由于噪声小，效率高，因此得到了广泛的应用。但是，高速运动时滚子与链轮之间的碰撞会产生较大的噪声和振动，只有在低速时才能得到满意的效果，即滚子链传动适合于低惯性负载的关节传动。链轮齿数少，摩擦力会增加，要得到平稳运动，链轮的齿数应大于 17，并尽量采用奇数齿。

（3）绳传动

绳传动广泛应用于机器人的手爪开合传动，特别适合有限行程的运动传递。绳传动的主要优点是：钢丝绳强度大，各方向上的柔软性好，尺寸小，预载后有可能消除传动间隙。绳传动的主要缺点是：不加预载时存在传动间隙；因为绳索的蠕变和索夹的松弛使传动不稳定；多层缠绕后，在内层绳索及支承中损耗能量；效率低；易积尘垢。

（4）钢带传动

钢带传动的优点是传动比精确，传动件质量小，惯量小，传动参数稳定，柔性好，不需要润滑，强度高。如图 4-10 所示为钢带传动。钢带末端紧固在驱动轮和被驱动轮上，因此，摩擦力不是传动的重要因素。钢带传动适合于有限行程的传动。图 4-10a 适合于等传动比传动；图 4-10c 适合于变化的传动比的回转传动；图 4-10b 和图 4-10d 为两种直线传动，而图 4-10a 和图 4-10c 为两种回转传动。

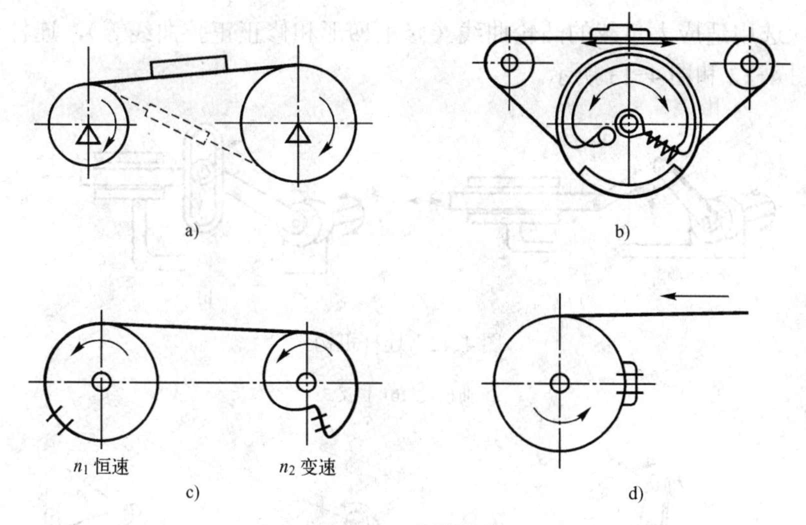

图 4-10　钢带传动

a) 等传动比回转传动　b) 等传动比直线传动　c) 变传动比回转传动　d) 变传动比直线传动

钢带传动已成功应用在 ADEPT 机器人上，其以 1∶1 速比的直接驱动在立轴和小臂关节轴之间进行远距离传动，如图 4-11 所示。

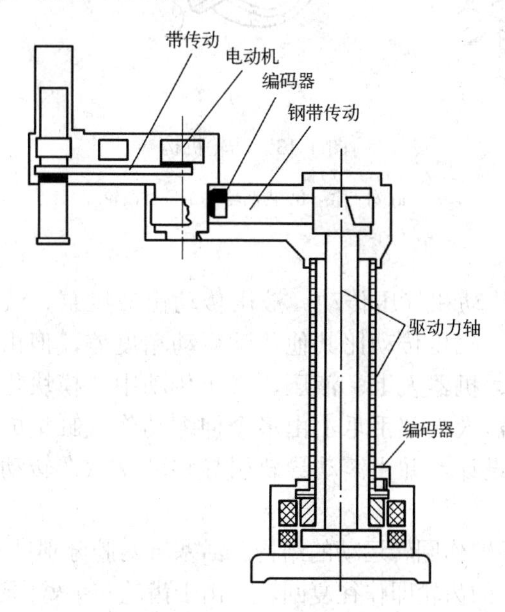

图 4-11　采用钢带传动的 ADEPT 机器人

5．杆、连杆与凸轮传动

重复完成简单动作的搬运机器人（固定程序机器人）中广泛采用杆、连杆与凸轮机构，例如从某位置抓取物体放在另一位置上的作业。连杆机构的特点是用简单的机构就可得到较大的位移，而凸轮机构具有设计灵活，可靠性高和形式多样等特点。外凸轮机构是最常见的凸轮机构，它借助于弹簧可得到较好的高速性能；内凸轮驱动时要求有一定的间隙，其高速性能不如前者；圆柱凸轮用于驱动摆杆，而摆杆在与凸轮回转方向平行的面内摆动。设计凸轮机构时，应选用适应大负载的凸轮曲线（修正梯形和修正正弦曲线等），连杆机构和凸轮机构分别如图 4-12 和图 4-13 所示。

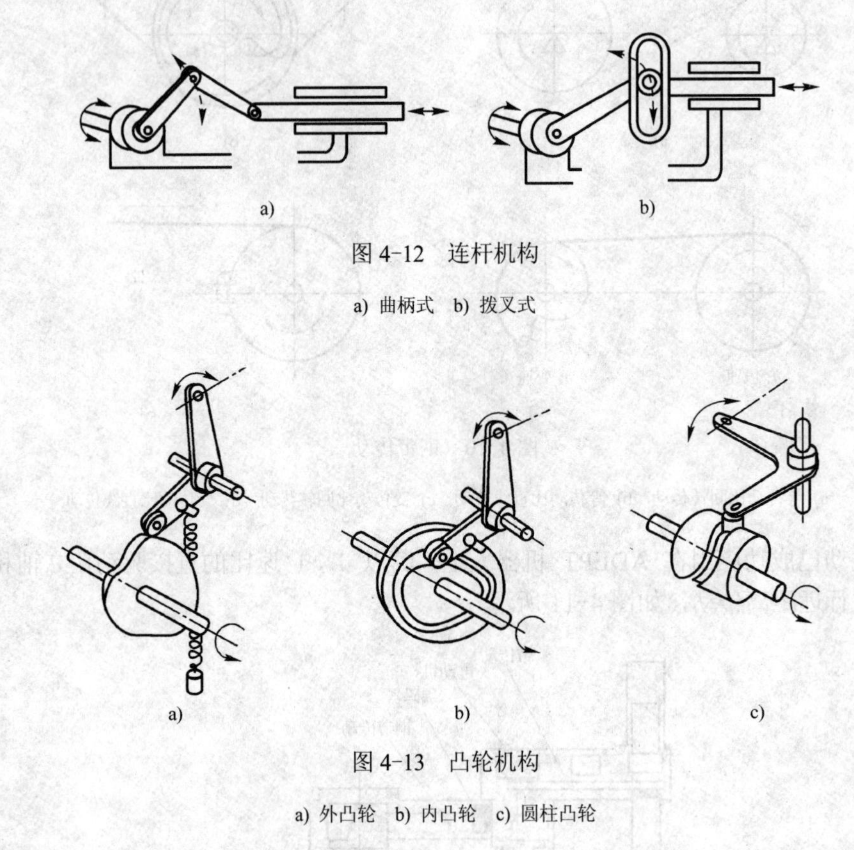

图 4-12　连杆机构

a) 曲柄式　b) 拨叉式

图 4-13　凸轮机构

a) 外凸轮　b) 内凸轮　c) 圆柱凸轮

6．流体传动

流体传动分为液压传动和气压传动。液压传动由液压泵、液压马达或液压缸组成，可得到高转矩—惯性比。气压传动比其他传动运动精度差，但由于容易达到高速，多数用在完成简易作业的搬运机器人上。液压、气压传动中，模块化和小型化的机构较易得到应用。例如，驱动机器人端部手爪上由多个伸缩动作气缸集成的内装式移动模块；气缸与基座或滑台一体化设计，并由滚动导轨引导移动支承在转动部分的基座和滑台内的后置式模块等。

如图 4-14 所示为手臂作回转运动的结构。活塞缸两腔分别进压力油，推动齿条活塞作往复移动，而与齿条啮合的齿轮即作往复回转。由于齿轮与手臂固连，从而实现手臂的回转运动。在手臂的伸缩运动中，为了使手臂移动的距离和速度有定值的增加，可以采用齿轮齿条传动的增倍机构。

如图 4-15 所示为气压传动的齿轮齿条增倍手臂机构。活塞杆 3 左移时，与活塞杆 3 相连接的齿轮 2 也左移，并使运动齿条 1 一起左移。由于齿轮 2 与固定齿条相啮合，因而齿轮 2 在移动的同时，又迫使其在固定齿条上滚动，并将此运动传给运动齿条 1，从而使运动齿条 1 又向左移动一段距离。因手臂固连于运动齿条 1 上，所以手臂的行程和速度均为活塞杆 3 的两倍。

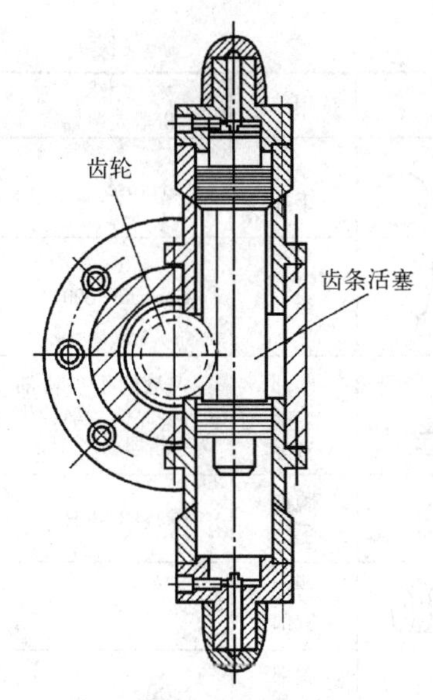

图 4-14　油缸和齿轮齿条手臂结构

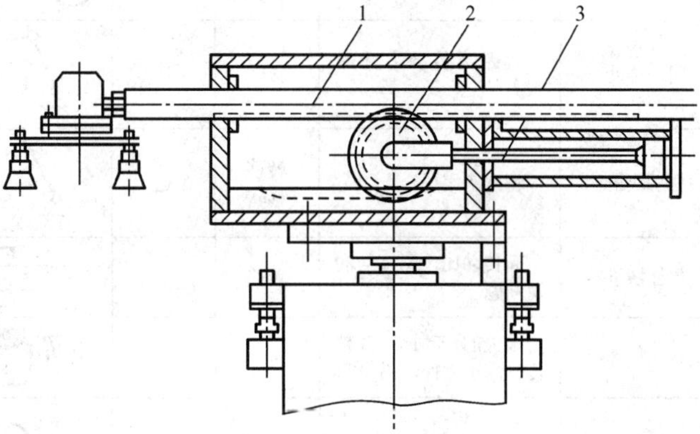

图 4-15　气压传动的齿轮齿条增倍手臂机构

1—运动齿条　2—齿轮　3—活塞杆

7. 常用传动方式图例与特点

各种传动方式的特点比较如表 4-2 所示。

表 4-2　常用传动方式的图例与特点比较

传动方式	特点	运动形式	传动距离	简图	应用部件	实例（机器人型号）
圆柱齿轮	用于为手臂第一转动轴提供大转矩	转转	近		臂部	Unimate FUMA560
锥齿轮	转动轴方向垂直相交	转转	近	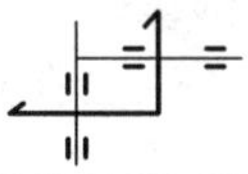	臂部 腕部	Unimate
蜗轮蜗杆	大传动比，重量大，有发热问题	转转	近	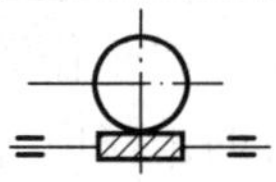	臂部 腕部	FANUC M1
行星传动	大传动比，价格高，重量大	转转	近	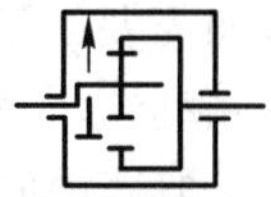	臂部 腕部	Unimate PUMA560
谐波传动	很大的传动比，尺寸小，重量轻	转转	近		臂部 腕部	ASEA
链传动	无间隙，重量大	转转 转移 移转	远	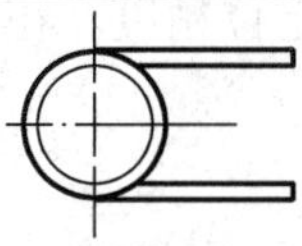	足部 腕部	ASEA IR66
同步齿形带	有间隙和振动，重量轻	转转 转移 移转	远	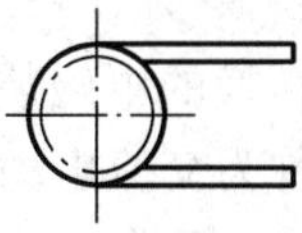	腕部 手部	KUKA

（续）

传动方式	特点	运动形式	传动距离	简图	应用部件	实例（机器人型号）
钢丝传动	远距离传动很好，有轴向伸长问题	转转 转移 移转	远		腕部 手部	S. Hirose
四杆传动	远距离传动力性能很好	转转	远		臂部 手部	Unimate 2000
曲柄滑块机构	特殊应用场合	转移 移转	远		腕部 手部 臂部	大量的手爪将油（气）缸的运动转化为手指摆动
丝杠螺母	高传动比，摩擦与润滑问题	转移	远		腕部 手部	精工 PT300H
滚珠丝杠螺母	很大的传动比，高精度，高可靠性，昂贵	转移	远		臂部 腕部	Motorman L10
齿轮齿条	精度高，价格低	转移 移转	远		腕部 手部 臂部	Unimate 2000
液压 气压	液压和气动的各种变型形式	移移	远		腕部 手部 臂部	Unimate 2

4.1.5 制动器

许多机器人的机械臂都需要在各关节处安装制动器，其作用是：在机器人停止工作时，保持机械臂的位置不变；在电源发生故障时，保护机械臂和它周围的物体不发生碰撞。例如齿轮链、谐波齿轮机构和滚珠丝杠等元件的质量较好，一般摩擦力都很小，在驱动器停止工作的时候，它们是不能承受负载的。如果不采用如制动器、夹紧器或止挡销等装置，一旦电源关闭，机器人的各个部件就会在重力的作用下滑落。因此，机器人制动装置是十分必要的。

制动器通常是按失效抱闸方式工作的，要放松制动器就必须接通电源，否则，各关节不能产生相对运动。它的主要目的是在电源出现故障时起保护作用。其缺点是在工作期间要不断消耗电力使制动器放松。假如需要的话也可以采用一种省电的方法，其原理是：需要各关节运动时，先接通电源，松开制动器，然后接通另一电源，驱动一个挡销将制动器锁在放松状态。这样所需要的电力仅仅是把挡销放到位所消耗的电力。

为了使关节定位准确，制动器必须有足够的定位精度。制动器应当尽可能地放在系统的驱动输入端，这样利用传动链速比，能够减小制动器的轻微滑动所引起的系统移动，保证了在承载条件下仍具有较高的定位精度。在许多实际应用中机器人都采用了制动器。

4.2 电动机及其特性

电动机是一种机电能量转换的电磁装置。将直流电能转换为机械能的称为直流电动机，将交流电能转换为机械能的称为交流电动机，将脉冲步进电能转换成机械能的称为步进电动机。本节将主要介绍这几种用于机器人的电动机的基本结构、原理和特性。

4.2.1 伺服系统与伺服电动机

1．伺服电动机

伺服电动机（Servo Motor）是指在伺服系统中控制机械元件运转的发动机，是一种辅助马达间接变速装置。伺服电动机可使速度控制，位置精度非常准确，可以将电压信号转化为转矩和转速以驱动控制对象。在自动控制系统中，伺服电动机用做执行元件，把所收到的电信号转换成电动机轴上的角位移或角速度输出。它分为直流和交流伺服电动机两大类，其主要特点是，当信号电压为零时无自转现象，转速随着转矩的增加而匀速下降。

2．伺服系统

伺服系统（Servo mechanism）是使物体的位置、方位、状态等输出被控量能够跟随输入目标（或给定值）任意变化的自动控制系统。它的主要任务是按控制命令的要求、对功率进行放大、变换与调控等处理，使驱动装置输出的转矩、速度和位置的控制非常灵活方便。

伺服主要靠脉冲来定位，可以这样理解，伺服电动机接收到 1 个脉冲，就会旋转 1 个脉冲对应的角度，从而实现位移。因为伺服电动机本身具备发出脉冲的功能，所以伺服电动机每旋转一个角度，都会发出对应数量的脉冲，这样就和伺服电动机接收的脉冲形成了呼应。如此一来，系统就会知道发了多少脉冲给伺服电动机，同时又收到了多少脉冲，就能够很精确地控制电动机的转动，从而实现精确的定位。

4.2.2 直流伺服电动机

1．直流电动机

根据直流电动机的工作原理可知，直流电动机的结构由定子和转子组成。直流电动机运行时静止不动的部分称为定子，其主要作用是产生磁场，由机座、主磁极、换向极、端盖、轴承和电刷装置等组成。运行时转动的部分称为转子，主要作用是产生电磁转矩和感应电动势，是直流电动机进行能量转换的枢纽，所以通常称为电枢，由转轴、电枢铁心、电枢绕组和换向器等组成。

（1）直流电动机的额定值

电动机制造厂按照国家标准，根据电动机的设计和试验数据，规定的每台电动机的主要参数称为电动机的额定值。额定值一般标在电动机的铭牌上和产品说明书上。直流电动机的额定值有以下几项。

1）额定功率：额定功率是电动机按照规定的工作方式运行时所能提供的输出功率。对电动机来说，额定功率是指轴上输出的机械功率，单位为 kW。

2）额定电压：额定电压是电动机电枢绕组能够安全工作的最大外加电压或输出电压，单位为 V。

3）额定电流：额定电流是电动机按照规定的工作方式运行时，电枢绕组允许流过的最大电流，单位为 A。

4）额定转速：额定转速是电动机在额定电压、额定电流和额定功率下运行时，电动机的旋转速度，单位为 r/min。

额定值一般标在铭牌上，故又称为铭牌数据。还有一些额定值，例如额定转矩、额定效率和额定温升等，不一定标在铭牌上，可查阅产品说明书。

（2）直流电动机的控制方式

直流电动机是在一个方向连续旋转，或在相反的方向连续转动，运动连续且平滑，但是本身没有位置控制能力。

直流电动机的优点：调速方便（可无级调速），调速范围广，调速特性平滑；低速性能好（起动转矩大，起动电流小），运行平稳，转矩和转速容易控制；过载能力较强，起动和制动转矩较大。直流电动机的缺点：存在换向器，其制造复杂，价格较高；换向器需经常维护，电刷极易磨损，必须经常更换，噪声比交流电动机大。

可通过改变电压或电流控制电动机的转速和转矩。PWM（Pulse Width Modulation）控制是利用脉宽调制器对大功率晶体管开关放大器的开关时间进行控制，将直流电压转换成某一频率的矩形波电压，加到直流电动机的电枢两端，通过对矩形波脉冲宽度的控制，改变电枢两端的平均电压以达到调节电动机转速的目的。

正因为直流电动机的转动是连续且平滑的，因此要实现精确的位置控制，必须加入某种形式的位置反馈，构成闭环伺服系统。有时，机器人的运动还有速度要求，所以还要加入速度反馈。一般直流电动机和位置反馈、速度反馈形成一个整体，即通常所说的直流伺服电动机。由于采用闭环伺服控制，所以能实现平滑的控制和产生大的转矩。

2．直流伺服电动机原理

直流伺服电动机的工作原理如图 4-16 所示。图中 N、S 为永磁铁，当位于 N、S 之间的导体转子有电流流过且转子电流和磁通正交时，由于磁场的作用，导体转子两边产生方向相反的电磁力，从而形成如图 4-16 所示的转矩使导体转动。当导体转过 90° 时，由于换向器使电流反向，使转子导体两边的电磁力反向，但由于此时转子位置的改变正好使所形成的转矩保持和原来相同的方向，使转子继续向同一方向转动。这样，转子每转过 90°，换向器就使电流反向一次，使得转子连续不断地转动。在图中所示位置开始通电时，转子转矩最大。

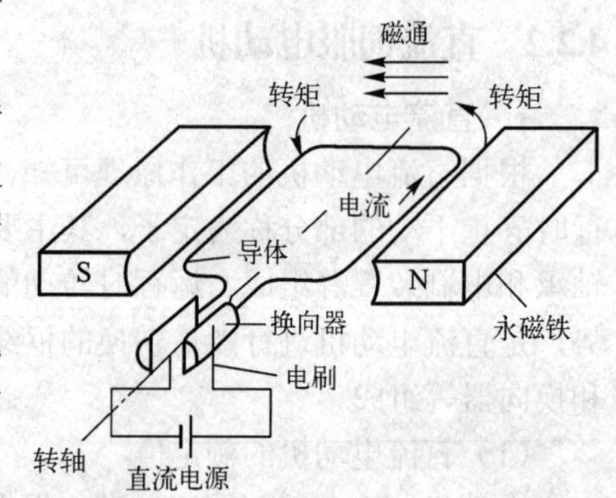

图 4-16　直流伺服电动机的工作原理

随着转子的旋转转矩逐渐减小，直到转过 90° 时，转矩为零，转子继续旋转，转矩又从零开始逐渐增大。所以直流电动机是一种转矩变化剧烈的电动机。为了保证电动机保持一定的最大转矩，实际使用的直流电动机往往要设置 10 个换向器。

3．直流伺服电动机的种类

机器人对直流伺服电动机的基本要求是：宽广的调速范围，机械特性和调速特性均为线性，无自转现象（控制电压降到零时，伺服电动机能立即自行停转），响应快速等。

直流伺服电动机经过几十年的研究发展了许多不同的结构和形式，目前主要有两大类，一类是小惯量直流伺服电动机，另一类是大惯量宽调速直流电动机。

（1）小惯量直流伺服电动机

小惯量直流伺服电动机的特点是转子轻、转动惯量小、快速响应好。按照电枢形式的不同分为盘型电枢直流伺服电动机、空心杯电枢永磁式直流伺服电动机及无槽电枢直流伺服电动机。

如图 4-17 所示，盘型电枢直流伺服电动机的定子是由永久磁铁和前后磁轭组成，转轴上装有圆盘，圆盘上有电枢绕组，可以是印制绕组，也可以是绕线式绕组，电枢绕组中的电流沿径向流过圆盘表面，与轴向磁通相互作用产生转矩。

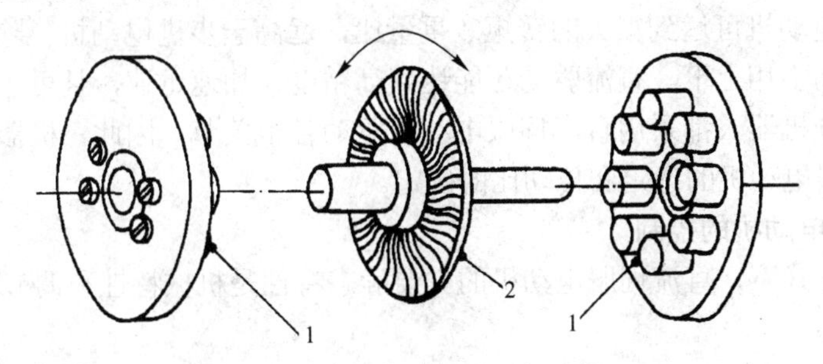

图 4-17　盘型直流电动机结构

1—定子　2—转子

如图 4-18 所示，空心杯电枢永磁式直流伺服电动机有一个外定子和一个内定子。外定子是两个半圆形的永久磁铁，内定子由圆柱形的软磁材料制成，空心杯电枢置于内外定子之间的圆周气隙中，并直接装在电动机轴上。当电枢绕组流过一定的电流时，空心杯电枢能在内外定子间的气隙中旋转，并带动电动机转轴旋转。

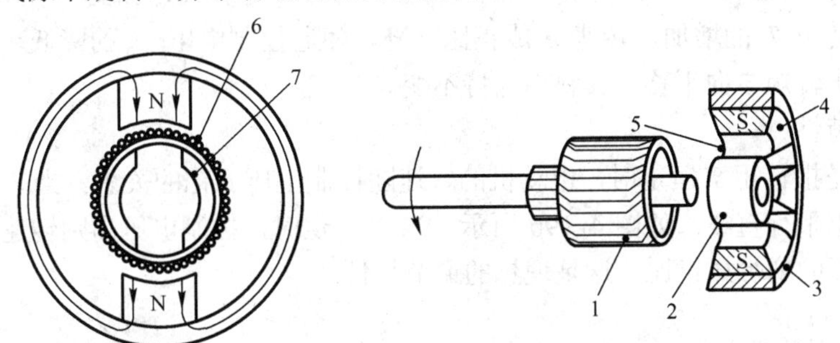

图 4-18　空心杯电枢永磁式直流伺服电动机结构

1—空心杯电枢　2—内定子　3—外定子 4—磁极　5—气隙　6—导线　7—内定子中的磁路

小惯量直流伺服电动机与一般直流电动机相比，其转子为光滑无槽的铁心，用绝缘黏合剂直接把线圈黏合在铁心表面上，且转子长而直径小，气隙尺寸比一般直流电动机大 10 倍以上，输出功率一般在 10 kW 以内，主要用于要求快速动作、功率较大的系统。小惯量直流电动机具有以下特点。

1）转动惯量小，为一般直流电动机的 1/10。

2）由于气隙大，电枢反应小，具有良好的换向性，一般换向时间只有几毫秒。由于转子无槽，低速时电磁转矩的波动小，稳定性好，在速度低于 10r/min 时也无爬行现象。

3）过载能力强，一般可达额定值的 10 倍。

4）容许过载的持续时间不能太长。

（2）大惯量宽调速直流电动机

小惯量直流伺服电动机用减少电动机转动惯量来提高电动机的快速性，而大惯量宽调速直流电动机在不改变一般直流电动机大转动惯量的情况下用提高转矩的方法来改善其动态特性。它既有小惯量电动机的快速性，又有较好的输出转矩 / 惯量比值，还可以在电动机内装测速发电机、旋转变压器、编码器等测量装置。大惯量宽调速直流电动机的特点包括：1）输出转矩大；2）调速范围宽；3）动态响应好；4）过载能力强；5）易于调试。

目前，直流电动机可达到很大的转矩 / 重量比，远高于步进电动机。除了在较大功率情况下，与液压驱动不相上下。直流驱动还能达到高精度，加速迅速，且可靠性高。由于以上原因，当今大部分机器人都采用直流伺服电动机驱动各个关节。因此，机器人关节的驱动部分设计应包括伺服电动机的选定和传动比的确定。

4．直流伺服电动机的控制

在电枢控制方式下，直流伺服电动机的主要静态特性是机械特性和调节特性。

（1）机械特性

机械特性是指控制电压 U_a 恒定时，电动机的转速随转矩变化的关系，直流伺服电动机的机械特性可用下式表示：

$$n=\frac{U_a}{C_T\phi}-\frac{R}{C_eC_T\phi^2}=n_0-\frac{R}{C_eC_T\phi^2}T \tag{4-1}$$

式中，n_0 为电动机的理想空载转速；R 为电枢电阻；C_e 为直流电动机电动势结构常数；C_T 为转矩结构常数；ϕ 为磁通；T 为转矩。

由式（4-1）可知，当 U_a 不同时，机械特性为一组平行直线，如图 4-19a 所示。当 U_a 一定时，随着转矩 T 的增加，转速 n 成正比下降。随着控制电压 U_a 的降低，机械特性平行地向低速度、小转矩方向平移，其斜率保持不变。

（2）调节特性

调节特性是指转矩 T 恒定时，电动机的转速随控制电压变化的关系。当 T 为不同值时，调节特性为一组平行直线，如图 4-19b 所示。当 T 一定时，控制电压高则转速也高，转速的增加与控制电压的增加成正比，这是理想的调节特性。

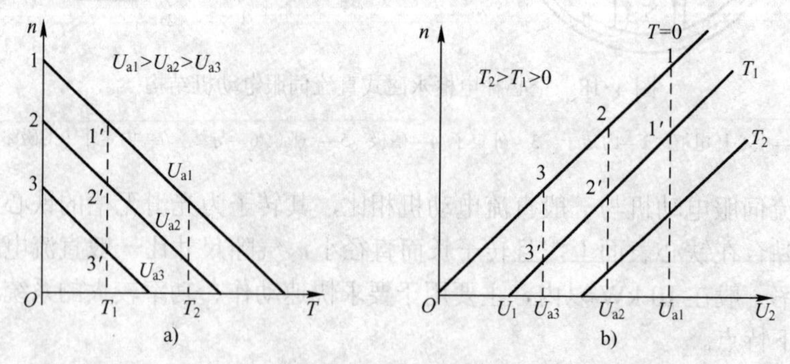

图 4-19　直流伺服电动机的静态特性

a) 机械特性　b) 调节特性

调节特性曲线与横坐标的交点（n=0），表示在一定负载转矩时的电动机的始动电压。在该转矩下，电动机的控制电压只有大于相应的始动电压时，电动机方能起动。例如 $T=T_1$ 时，始动电压为 U_1，控制电压 $U_a>U_1$ 时，电动机才能起动。理想空载时，始动电压为零，它的大小决定于电动机的空载制动转矩。空载制动转矩大，始动电压也大。当电动机带动负载时，始动电压随负载转矩的增大而增大。一般把调节特性曲线上横坐标从零到始动电压这一范围称为失灵区。在失灵区内，即使电枢有外加电压，电动机也不能转动。失灵区的大小与负载转矩的大小成正比，负载转矩大，失灵区也大。

（3）调速方式

直流伺服电动机一般采用晶闸管（SCR）调速系统和晶体管脉宽调制（PWM）调速系统。目前广泛使用后者进行调速驱动。与晶闸管调速系统相比，晶体管脉宽调制调速系统具有频带宽，电动机脉动小，电源功率因数高，动态特性好的优点。

PWM 是利用大功率晶体管的开关作用，将恒定的直流电源电压转成一定频率的方波电压，并加在直流电动机的电枢上，通过对方波脉冲宽度的控制，改变电枢的平均电压来控制电动机转速的一种方式。为了满足小型直流电动机的应用需要，各半导体厂商纷纷推出直流电动机驱动专用集成电路，如美国 Silicon General 公司生产的半桥单片集成电路 SG1635 以及意大利 DGS 公司生产的全桥驱动 L292 等。

直流伺服电动机最常用的控制方式是电枢控制。电枢控制就是把电枢绕组作为控制绕组，电枢电压作为控制电压，而励磁电压恒定不变，通过改变控制电压来控制直流伺服电动机的运行状态。

（4）电动机选择

选择电动机，首先要考虑电动机必须能够提供负载所需要的瞬时转矩和转速，就安全角度而言，就是能够提供克服峰值所需要的功率。其次，当电动机的工作周期可以与其发热时间常数相比较时，必须考虑电动机的热定额问题，通常以负载的均方根功率作为确定电动机发热功率的基础。

4.2.3 交流伺服电动机

直流伺服电动机上的电刷和换向器，需要定期更换和进行维修，电动机使用寿命短，噪声大。尤其是直流电动机的容量小，电枢电压低，很多特性参数随速度而变化，限制了直流电动机向高速、大容量方向发展。在一些具有可燃气体的场合，由于电刷换向过程中可能产生火花，因此不适合使用。

1. 交流电动机

（1）交流电动机的工作原理

在单相交流电动机中（图 4-20），当定子绕组通过交流电流时，建立了电枢磁动势，它对电动机能量转换和运行性能都有很大影响。所以单相交流绕组通入单相交流产生脉振磁动势，该磁动势可分解为两个幅值相等、转速相反的旋转磁动势和，从而在气隙中建立正转和反转磁场和。这两个旋转磁场切割转子导体，并分别在转子导体中产生感应电动势和感应电流。该电流与磁场相互作用产生正、反电磁转矩。正向电磁转矩企图使转子正转；反向电磁转矩企图使转子反转。这两个转矩叠加起来就是推动电动机转动的合成转矩。

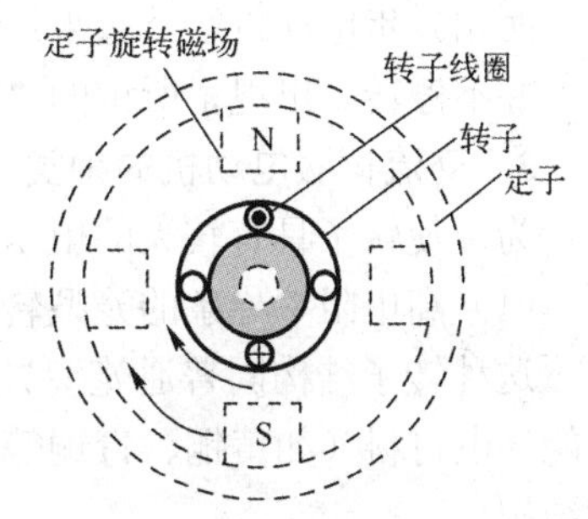

图 4-20　异步交流电动机的工作原理

对于三相电动机，当向三相定子绕组中通入对称的三相交流电时，就产生了一个以同步转速 n_1 沿定子和转子内圆空间作顺时针方向旋转的旋转磁场。由于旋转磁场以 n_1 转速旋转，转子导体开始时是静止的，故转子导体将切割定子旋转磁场而产生感应电动势（感应电动势的方向用右手定则判定）。由于转子导体两端被短路环短接，在感应电动势的作用下，转子导体中将产生与感应电动势方向基本一致的感生电流。转子的载流导体在定子磁场中受到电磁力的作用（力的方向用左手定则判定）。电磁力对转子轴产生电磁转矩，驱动转子沿着旋转磁场方向旋转。

通过上述分析可以总结出电动机工作原理为：当电动机的三相定子绕组（各相差120°），通入三相交流电后，将产生一个旋转磁场，该旋转磁场切割转子绕组，从而在转子绕组中产生感应电流（转子绕组是闭合通路），载流的转子导体在定子旋转磁场作用下将产生电磁力，从而在电动机转轴上形成电磁转矩，驱动电动机旋转，并且电动机旋转方向与旋转磁场方向相同。

（2）交流电动机的特点

特点：无电刷和换向器，无产生火花的危险；比直流电动机的驱动电路复杂、价格高。

同步电动机：定子是永磁体，所谓同步是指转子速度与定子磁场速度相同，体积小。用途：要求响应速度快的中等速度以下的工业机器人；机床领域。

异步电动机：所谓异步是指转子磁场和定子间存在速度差（不是角度差）。转子和定子上都有绕组，转子惯量很小，响应速度很快。用途：中等功率以上的伺服系统。

改变定子绕组上的电压或频率，即电压控制或频率控制方式。伺服电动机的精度由编码器的精度决定。

2．交流伺服电动机的原理

由于直流电动机本身在结构上存在一些不足，而对于交流伺服电动机，由于它具有结构简单、制造方便、价格低廉，而且坚固耐用、惯量小、运行可靠、很少需要维护、可用于恶劣环境等优点，目前在机器人领域有逐渐取代直流伺服电动机的趋势。

交流伺服电动机为单相异步电动机，定子两相绕组在空间相距 90°，一相为励磁绕组，运行时接至电压为 U_f 的交流电源上；另一相为控制绕组，输入控制电压 U_c，U_c 与 U_f 为同频率的交流电压，转子为笼型。

同直流伺服电动机一样，交流伺服电动机也必须具有宽广的调速范围、线性机械特性和快速响应等性能，除此外，还应无“自转”现象。

在正常运行时，交流伺服电动机的励磁绕组和控制绕组都通电，通过改变控制电压 U_c 来控制电动机的转速。当 $U_c = 0$ 时，电动机应当停止旋转，而实际情况是，当转子电阻较小时，两相异步电动机运转起来后，若控制电压 $U_c = 0$，电动机便成为单相异步电动机继续运行，并不停转。出现了所谓的“自转”现象，使自动控制系统失控。

3．交流伺服电动机的种类

为了使转子具有较大的电阻和较小的转动惯量，交流伺服电动机的转子有三种结构。

（1）高电阻率导条的笼型转子

这种转子结构同普通笼型异步电动机一样，只是转子细而长，笼导条和端环采用高电阻率的导电材料（如黄铜、青铜等）制造，国内生产的 SL 系列的交流伺服电动机就是采用这种结构。

（2）非磁性空心杯转子

在外定子铁心槽内放置空间相距 90°的两相分布绕组；内定子铁心由硅钢片叠成，不放绕组，仅作为磁路的一部分；由铝合金制成的空心杯转子置于内外定子铁心之间的气隙中，并靠其底盘和转轴固定。

（3）铁磁性空心转子

转子采用铁磁材料制成，转子本身既是主磁通的磁路，又作为转子绕组，结构简单，但当定子、转子气隙稍微不均匀时，转子就容易因单边磁拉力而被“吸住”，所以目前应用较少。

如前所述，交流伺服电动机正得到越来越广泛的应用，大有取代直流电动机之势。交流伺服电动机除了能克服直流伺服电动机的缺点外，还具有转子惯量较直流电动机小，动态响应好，能在较宽的速度范围内保持理想的转矩，结构简单，运行可靠等优点。一般同样体积下，交流电动机的输出功率可比直流电动机高出 10%～70%。另外，交流电动机的容量可做得比直流电动机大，达到更高的转速和电压。目前在机器人系统中，90%的系统采用交流伺服电动机。

4.2.4 步进电动机

对于小型机器人或点位式控制机器人而言，其位置精度和负载转矩较小，有时可采用步进电动机驱动。这种电动机能在电脉冲控制下以很小的步距增量运动。计算机的打印机和磁盘驱动器常用步进电动机实现打印头和磁头的定位。在小型机器人上，有时也用步进电动机作为主驱动电动机。可以用编码器或电位器提供精确的位置反馈，所以步进电动机也可用于闭环控制。

1．步进电动机的原理

（1）步进电动机的种类

步进电动机按励磁方式分有永磁式、反应式（也称为可变磁阻式，在欧美等发达国家 80 年代已被淘汰）和混合式三种。混合式是指混合了永磁式和反应式的优点，混合式步进电动机的应用最为广泛。

（2）步进电动机的原理

这里以反应式步进电动机为例说明其工作原理。如图 4-21 所示为单定子、径向分相三相反应式步进电动机的结构原理图。与普通电动机一样，该电动机有定子和转子两部分，其中定子又分为定子铁心和定子绕组。定子铁心由电工钢片叠压而成，其形状如图 4-21 所示。

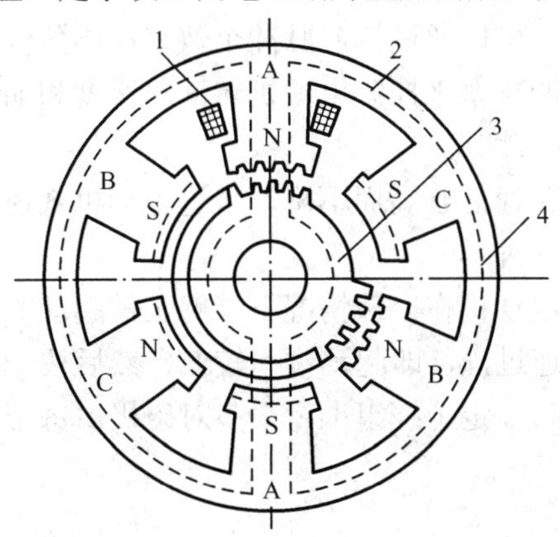

图 4-21　三相反应式步进电动机结构原理图

1—定子绕组　2—定子铁心　3—转子　4—A 相磁通

定子绕组是绕在定子铁心上的 6 个均匀分布的齿上的线圈，直径方向上相对的两个齿上的线圈串联在一起，构成一相控制绕组。若任一相绕组通电，便形成一组定子磁极，其方向即图中所示的 N、S 极。在定子的每个磁极即定子铁心每个齿上又开了 5 个小齿，齿槽等宽，齿间夹角是 9°，与磁极上的小齿一致。此外，三相定子磁极上的小齿在空间位置上依次错开 1/3 齿距。当 A 相磁极上的小齿与转子上的齿对齐时，B 相磁极上的小齿刚好超前或滞后转子上的齿 1/3 齿距角，C 相磁极超前或滞后 2/3 齿距角。

当 A 相绕组通电时，转子上的齿与定子 AA 上的小齿对齐。若 A 相断电，B 相通电，由于磁力的作用，转子的齿与定子 BB 上的小齿对齐，转子沿顺时针方向转过 3°。如果控制线路不断地按 A→B→C→A→…的顺序控制步进电动机绕组的通、断电，步进电动机的转子则不停地顺时针转动。若通电顺序改为 A→C→B→A→…，步进电动机的转子将逆时针转动。这种通电方式称为三相单三拍通电方式。通常为了得到小的步距角和较好的输出性能，用三相六拍通电方式，其通电顺序为 A→AB→B→BC→C→CA→A→…（顺时针）和 A→AC→C→CB→B→BA→A→…（逆时针），相应地绕组的通电状态每改变一次，转子转过 1.5°。

步进电动机的步距角为：

$$\theta = \frac{360}{mzk} \tag{4-2}$$

式中：θ 为步进电动机的步距角；m 为定子绕组的相数；z 为转子的齿数；k 为通电方式常数，m 相 m 拍通电时 k=1，m 相 $2m$ 拍通电时 k=2。

步进电动机运动系统主要由步进电动机控制器、功率放大器及步进电动机组成。硬件步进电动机控制器由脉冲发生器、环形分配器、控制逻辑等组成。它的作用是把代表转速的脉冲数分配到电动机的各个绕组上，使电动机按既定的方向和转速转到相应的位置。随着计算机和软件技术的发展，硬件步进电动机控制器的功能逐步由软件来代替。

2．步进电动机的特点

（1）步进电动机的特性

步进电机是一种将电脉冲转化为角位移的执行机构。当步进驱动器接收到一个脉冲信号，它就驱动步进电动机按设定的方向转动一个固定的角度（称为步距角），它的旋转是以固定的角度一步一步运行的。可以通过控制脉冲个数来控制角位移量，从而达到准确定位的目的；同时可以通过控制脉冲频率来控制电动机转动的速度和加速度；一般步进电动机的精度为步距角的 3%～5%，且不累积。

步进电动机的转矩会随转速的升高而下降。步进电动机低速时可以正常运转，但若高于一定速度就无法起动，并伴有啸叫声。

空载起动频率，即步进电动机在空载情况下能够正常起动的脉冲频率，要使电动机达到高速转动，脉冲频率应有加速过程，即起动频率较低，然后按一定加速度升到所希望的高频（电动机转速从低速升到高速）。定子绕组上有很多对磁极，每个磁极依通电方向不同可形成 N 极或者 S 极。

（2）步进电动机的优点

1）输出角度精度高，无积累误差，惯性小。步进电动机的输出精度主要由步距角来反映。目前步距角一般可以做到 0.002° ～0.005° 甚至更小。步进电动机的实际步距角与理论步距角总存在一定的误差，这误差在电动机旋转一周的时间内会逐步积累，但当电动机旋转一周后，其转轴又回到初始位置，使误差回零。

2）输入和输出呈严格线性关系。输出角度不受电压、电流及波形等因素的影响，仅取决于输入脉冲数的多少。

3）容易实现位置、速度控制，起、停及正、反转控制方便。步进电动机的位置（输出角度）由输入脉冲数确定，其转速由输入脉冲的频率决定，正、反转（转向）由脉冲输入的顺序决定，而脉冲数、脉冲频率、脉冲顺序都可方便地由计算机输出控制。

4）输出信号为数字信号，可以与计算机直接通信。

5）结构简单，使用方便，可靠性好，寿命长。

3．步进电动机的系统与步进电动机的选择

（1）步进电动机的系统

步进电动机一般作为开环伺服系统的执行机构，有时也用于闭环伺服系统，它是一种将脉冲电信号转换为角位移或直线位移的一种 D-A 转换装置。按照输出位移的不同，步进电动机可分为回转式步进电动机和直线式步进电动机。机器人中一般采用回转式步进电动机。如果把步进电动机装在机器人回转关节轴上，则接收一个电脉冲，步进电动机就带动机器人的关节轴转过一个相应的角度。步进电动机连续不断地接收脉冲，关节轴就连续不断地转动。步进电动机转过的角度与接收的脉冲数成正比。

一个步进电动机的系统由步进电动机控制卡，步进电动机驱动器和步进电动机组成，如图 4-22 所示。

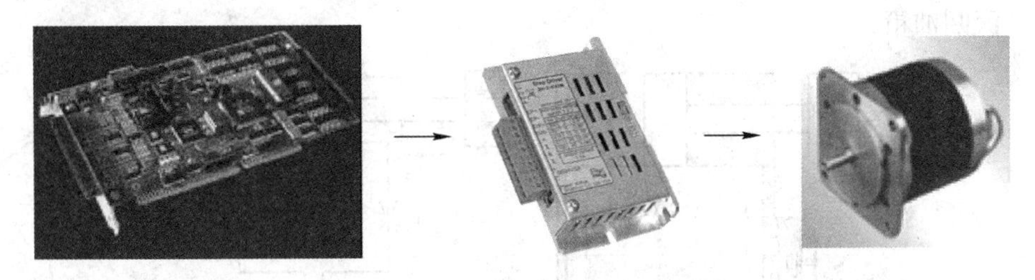

图 4-22　步进电动机的系统组成

步进电动机驱动器优点是控制较容易，维修也较方便，而且控制为全数字化。缺点是由于开环控制，所以精度不高。

（2）步进电动机的选择

步进电动机有步距角（涉及相数）、静转矩及电流三大要素组成。一旦三大要素确定，步进电动机的型号便确定下来了。

电动机的步距角取决于负载精度的要求，将负载的最小分辨率（当量）换算到电动机轴上，每个当量电动机应走多少角度（包括减速）。电动机的步距角应小于或等于此角度。目前市场上步进电动机的步距角一般有 0.36°/0.72°（五相电动机）、0.9°/1.8°（二、四相电动机）、1.5°/3°（三相电动机）等。

步进电动机的动态转矩很难立即确定，往往先确定电动机的静转矩。静转矩选择的依据是电动机工作的负载，而负载可分为惯性负载和摩擦负载两种。直接起动时（一般由低速）时两种负载均要考虑，加速起动时主要考虑惯性负载，恒速运行时只要考虑摩擦负载。一般情况下，静转矩应为摩擦负载的 2～3 倍。静转矩相同的电动机，由于电流参数不同，其运行特性差别较大，可依据矩频特性曲线图，判断电动机的电流（参考驱动电源及驱动电压）。

4.3 液压驱动系统及其特性

液压驱动系统利用液压泵将原动机的机械能转换为液体的压力能，通过液体压力能的变化来传递能量，经过各种控制阀和管路的传递，借助于液压执行元件（液压缸或马达）把液体压力能转换为机械能，从而驱动工作机构，实现直线往复运动和回转运动。其中的液体称为工作介质，一般为矿物油，它的作用和机械传动中的传送带、链条和齿轮等传动元件类似。

4.3.1 液压系统概述

液压驱动系统的作用为通过改变压强增大作用力。液压驱动方式的输出力和功率更大，能构成伺服机构，常用于大型机器人关节的驱动。

1．液压驱动系统工作原理

液压驱动系统工作原理如图 4-23 所示。电动机驱动液压泵 2 从油箱 1 中吸油送至输送管路中，经过换向阀 4 改变液压油的流动方向，再经过节流阀 6 调整液压油的流量（流量大小由工作液压油缸需要量决定），图 4-23a 所示的换向阀位置是液压油经换向阀进入液压缸 5 左侧空腔，推动活塞右移。液压缸活塞右侧腔内液压油经过换向阀已经开通的回油管，液压油卸压，流回油箱。

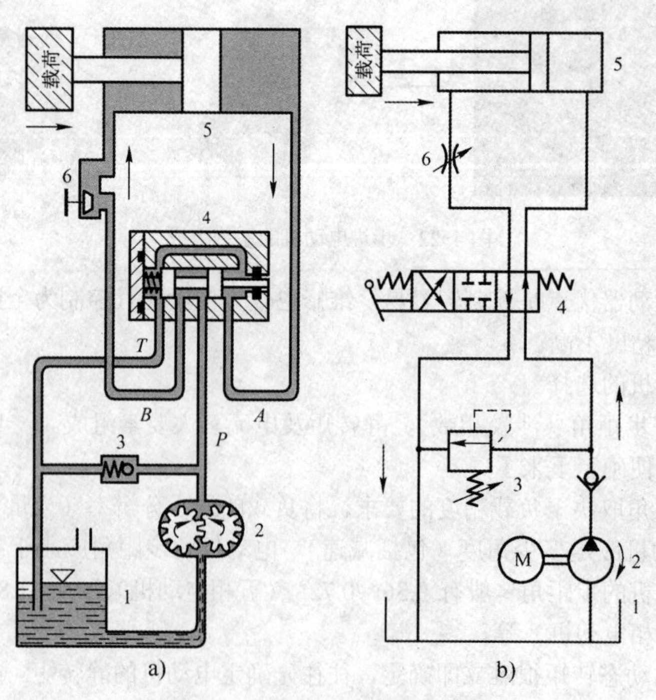

图 4-23 液压驱动系统工作原理

1—油箱 2—液压泵 3—溢流阀 4—换向阀 5—液压缸 6—节流阀

如操作换向阀手柄至图 4-23b 所示位置时，则有一定压力的液压油进入液压缸活塞右腔。活塞左侧空腔中的液压油经换向阀流回油箱。操作手柄的进出动作变换了液压油输入油缸的方向，推动活塞左右移动。液压泵输出的油压力按液压缸活塞工作能量需要由溢流阀 3 调整控制。在溢流阀调压控制时，多余的液压油经溢流阀流回油箱。输油管路中的液压油压力在额定压力下安全流通，正常工作。

2．液压驱动系统的组成

从这个简单的液压驱动系统中可知，一个完整的液压系统由五个部分组成，即动力元件、控制元件、执行元件、辅助元件（附件）和工作介质。

动力元件包括电动机和液压泵，它的作用是利用液体把原动机的机械能转换成液压力能，是液压传动中的动力部分。

执行元件包括液压缸、液压马达等，它是将液体的液压能转换成机械能。其中，液压缸作直线运动，马达作旋转运动。

控制元件包括节流阀、换向阀、溢流阀等，它们的作用是对液压系统中工作液体的压力、流量和流向进行调节控制。

辅助元件是除上述三部分以外的其他元件，包括压力表、滤油器、蓄能装置、冷却器、管件各种管接头（扩口式、焊接式、卡套式）、高压球阀、快换接头、软管总成、测压接头、管夹及油箱等，它们同样十分重要。

工作介质是指各类液压传动中的液压油或乳化液，它经过液压泵实现能量转换。

采用液压缸作为液压传动系统的动力元件，能够省去中间动力减速器，从而消除了齿隙和磨损问题。加上液压缸的结构简单、价格便宜，因而使它在工业机器人机械手的往复运动装置和旋转运动装置上都获得广泛应用。

4.3.2 液压执行元件

1．液压缸

液压缸是将液压能转变为机械能的、作直线往复运动（或摆动运动）的液压执行元件。它结构简单、工作可靠。用它来实现往复运动时，可免去减速装置，并且没有传动间隙，运动平稳，因此在各种机械的液压系统中得到广泛应用。

用电磁阀控制的直线液压缸是最简单和最便宜的开环液压驱动装置。在直线液压缸的操作中，通过受控节流口调节流量，可以在到达运动终点时实现减速，使停止过程得到控制。

无论是直线液压缸或旋转液压马达，它们的工作原理都是基于高压油对活塞或对叶片的作用。液压油是经控制阀被送到液压缸的一端的，在开环系统中，阀是由电磁铁打开和控制的；在闭环系统中，则是用电液伺服阀来控制的。如图 4-24 所示。

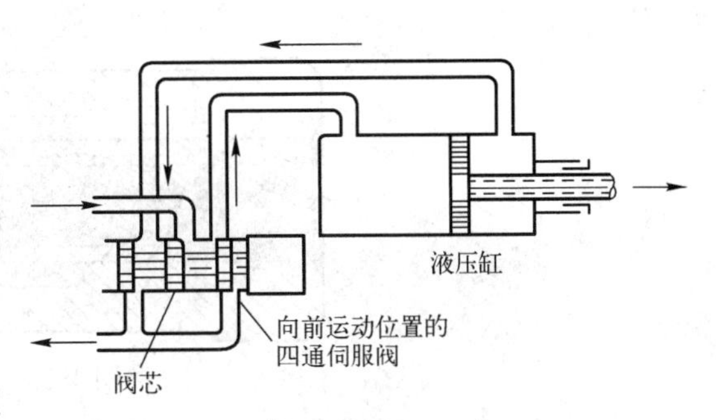

图 4-24　直线液压缸

2．液压马达

液压马达，又叫做旋转液压马达，是液压系统的旋转式执行元件，如图 4-25 所示。

壳体由铝合金制成，转子是钢制的。密封圈和防尘圈分别用来防止油的外泄和保护轴承。在电液阀的控制下，液压油经进油口进入，并作用于固定在转子的叶片上，使转子转动。隔板用来防止液压油短路。通过一对由消隙齿轮带动的电位器和一个解算器给出转子的位置信息。电位器给出粗略值，而精确位置由解算器测定。当然，整体的精度不会超过驱动电位器和解算器的齿轮系精度。

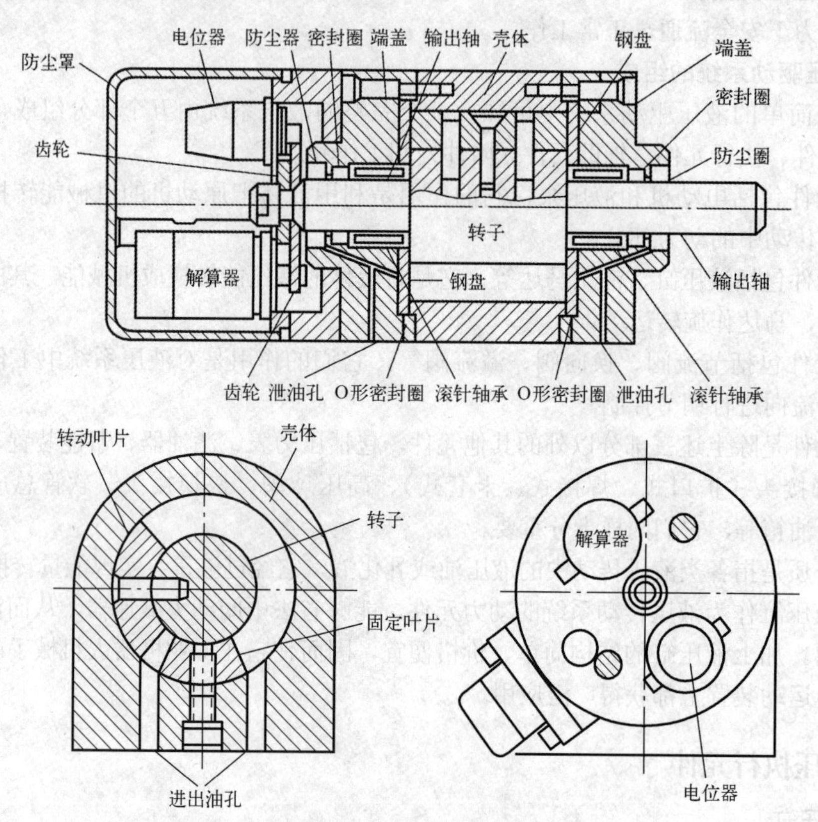

图 4-25　旋转液压马达

4.3.3　液压控制元件

1．单向阀

单向阀只允许油液向某一方向流动，而反向截止。这种阀也称为止回阀，如图 4-26 所示。

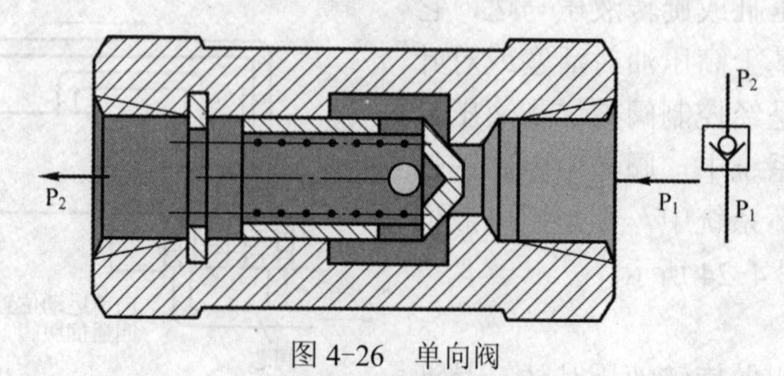

图 4-26　单向阀

对单向阀的主要性能要求是：油液通过时压力损失要小；反向截止密封性要好。其结构如图 4-26 所示。压力油从 P_1 进入，克服弹簧力推动阀芯，使油路接通，压力油从 P_2 流出；

当压力油从反向进入时，油液压力和弹簧力将阀芯压紧在阀座上，油液不能通过。

2．换向阀

换向阀包括滑阀式换向阀、机动换向阀、电磁换向阀和手动换向阀等，其中手动换向阀用于手动换向。

滑阀式换向阀是靠阀芯在阀体内作轴向运动，而使相应的油路接通或断开的换向阀。其换向原理如图 4-27 所示。当阀芯处于左图位置时，P 与 B，A 与 T 相连，活塞向左运动；当阀芯向右移动处于右图位置时，P 与 A， B 与 T 相连，活塞向右运动。

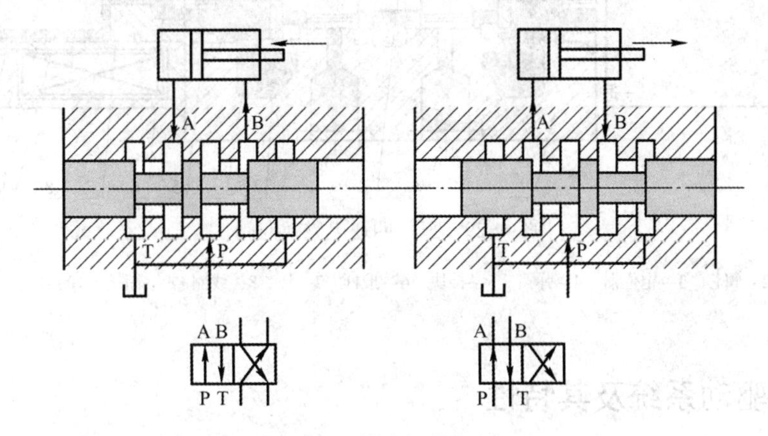

图 4-27　换向阀换向原理

机动换向阀用于机械运动中，作为限位装置限位换向，如图 4-28 所示。

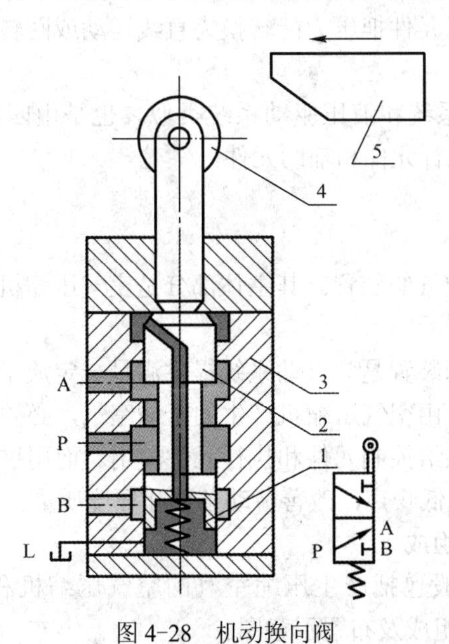

图 4-28　机动换向阀

1—弹簧　2—阀芯　3—阀体　4—滚轮　5—行程挡块

电磁换向阀用于在电气装置或控制装置发出换向命令时，改变流体方向，从而改变机械运动状态，如图 4-29 所示。

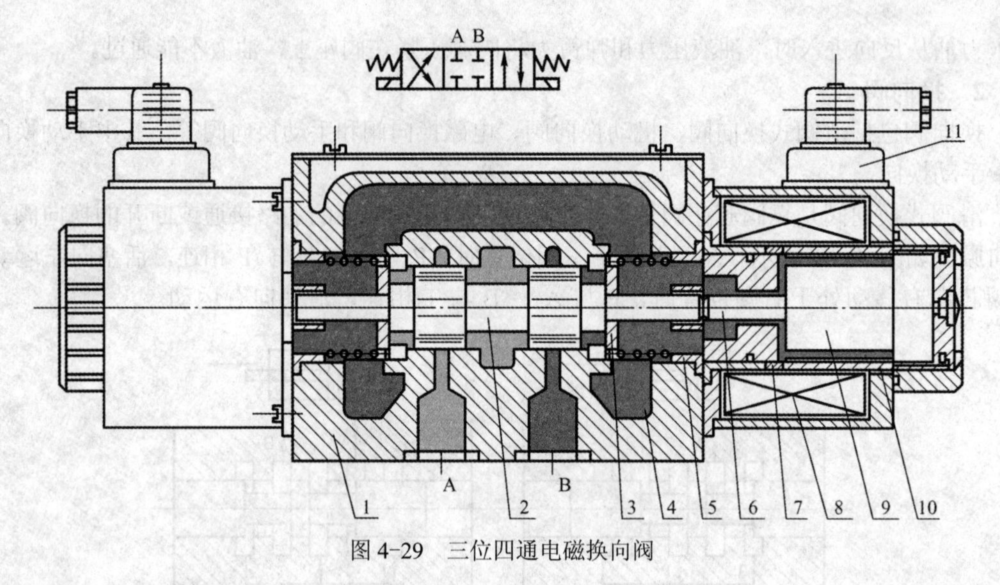

图 4-29　三位四通电磁换向阀

1—阀体　2—阀芯　3—定位器　4—弹簧　5—挡块　6—推杆　7—环　8—线圈　9—衔铁　10—导套　11—插头

4.4　气压驱动系统及其特性

气压驱动系统，是以压缩空气为工作介质进行能量和信号传递的一项技术。气压系统的工作原理是利用空压机把电动机或其他原动机输出的机械能转换为空气的压力能，然后在控制元件的作用下，通过执行元件把压力能转换为直线运动或回转运动形式的机械能，从而完成各种动作，并对外做功。

由此可知，气压驱动系统和液压驱动系统类似，也是由四部分组成的，分别为气源装置、气动控制元件、气动执行元件和辅助元件。

4.4.1　气源装置

气源装置是获得压缩空气的装置。其主体部分是空气压缩机，它将原动机供给的机械能转变为气体的压力能。

气压驱动系统中的气源装置是为气动系统提供满足一定质量要求的压缩空气，它是气压传动系统的重要组成部分。由空气压缩机产生的压缩空气，必须经过降温、净化、减压、稳压等一系列处理后，才能供给控制元件和执行元件使用。而用过的压缩空气排向大气时，会产生噪声，应采取措施，降低噪声，改善劳动条件和环境质量。

1．压缩空气站的设备组成

压缩空气站的设备一般包括产生压缩空气的空气压缩机和使气源净化的辅助设备。图 4-30 是压缩空气站设备组成及布置示意图。

在图 4-30 中，空气压缩机用以产生压缩空气，一般由电动机带动。其吸气口装有空气过滤器以减少进入空气压缩机的杂质量。后冷却器用以降温冷却压缩空气，使净化的水凝结出来。油水分离器用以分离并排出降温冷却的水滴、油滴、杂质等。贮气罐用以储存压缩空气，稳定压缩空气的压力并除去部分油分和水分。干燥器用以进一步吸收或排除压缩空气中的水分和油分，使之成为干燥空气。过滤器用以进一步过滤压缩空气中的灰尘、杂质颗粒。贮气罐 4 输出的压缩空气可用于一般要求的气压传动系统，贮气罐 7 输出的压缩空气可用于要求较高的气动系统（如气动仪表及射流元件组成的控制回路等）。

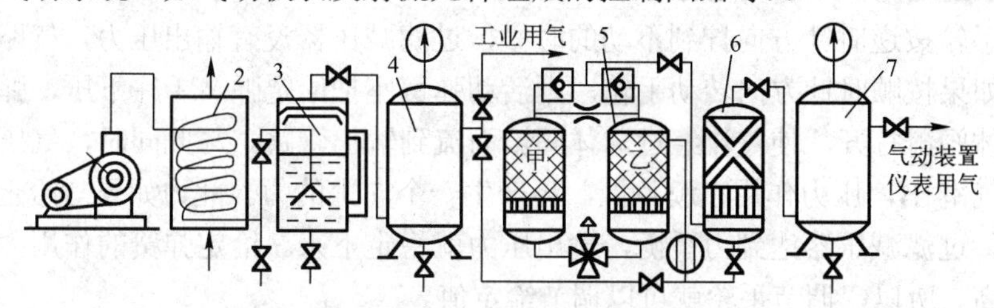

图 4-30　压缩空气站设备组成及布置示意图

1—空气压缩机　2—后冷却器　3—油水分离器　4、7—贮气罐　5—干燥器　6—过滤器

2．空气过滤减压器

空气过滤减压器也叫做调压阀，由空气过滤器、减压阀和油雾器组成，称为气动三大件，减压阀是其中不可缺少的一部分。它是将较高的进口压力调节并降低到要求的出口压力，并能保证出口压力稳定，即起到减压和稳压作用。气动减压阀按压力调节方式，有直动式减压阀和先导式减压阀，后者适用于较大通径的场合，直动式减压阀用得最多。

空气过滤减压器是最典型的附件。它用于净化来自空气压缩机的气源，并能把压力调整到所需的压力值，具有自动稳压的功能。 如图 4-31 所示为空气过滤减压器的结构。它是以

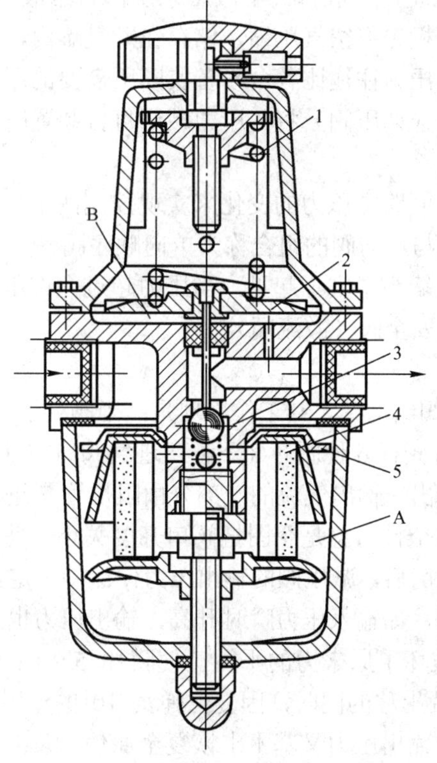

图 4-31　空气过滤减压器结构图

1—给定弹簧　2—膜片　3—球体阀瓣　4—过滤件　5—旋风盘　A、B—气室

力平衡原理动作的。当来自空气压缩机的空气输入到过滤减压器的输入端后，进入过滤器室A。由于旋风盘 5 的作用，使气流旋转并将空气中的水分分离出一部分，在壳体底部沉降下来。当气流经过过滤件 4 时，进行除水、除油、除尘，空气得到净化后输出。

当调节手轮按逆时针方向拧到不动的时候，过滤减压器没有输出压力，气路被球体阀瓣 3 所切断。如果按顺时针方向转动手轮，则活动弹簧座把给定弹簧 1 往下压，弹簧力通过膜片 2，把球体阀瓣打开，使气流经过球体阀瓣而流到输出管路。与此同时，气压通过反馈小孔进入反馈气室 B，压力作用在膜片上，将产生一个向上的力。此力如果与给定弹簧所产生的力相等时，过滤减压器达到力平衡，输出压力就稳定下来。给定弹簧的作用力越大，输出的压力就越高。所以，调节手轮就可以调节给定值。

在安装过滤减压器时，必须按箭头方向或“输入”“输出”方向，分别与管道连接。减压器正常工作时，一般不需特殊维护。使用半年之后检修一次。当过滤元件阻塞时，可将其拆下，放在 10%的稀盐酸中煮沸，用清水漂净，烘干之后继续使用。

4.4.2 气动控制元件

气动控制元件是用来控制压缩空气的压力、流量和流动方向的，以便使执行机构完成预定的工作循环，它包括各种压力控制阀、流量控制阀和方向控制阀等。

1．压力控制阀

（1）压力控制阀的作用及分类

气压系统不同于液压系统，一般每一个液压系统都自带液压源（液压泵）；而在气压系统中，一般来说由空气压缩机先将空气压缩，储存在贮气罐内，然后经管路输送给各个气动装置使用。而贮气罐的空气压力往往比各台设备实际所需要的压力高些，同时其压力波动值也较大。因此需要用减压阀（调压阀）将其压力减到每台装置所需的压力，并使减压后的压力稳定在所需压力值上。

有些气动回路需要依靠回路中压力的变化来实现控制两个执行元件的顺序动作，所用的这种阀就是顺序阀。顺序阀与单向阀的组合称为单向顺序阀。

所有的气动回路或贮气罐为了安全起见，当压力超过允许压力值时，需要实现自动向外排气，这种压力控制阀叫做安全阀（溢流阀）。

（2）减压阀

图 4-32 是直动式减压阀结构图。其工作原理是：当阀处于工作状态时，调节手柄 1、调压弹簧 2、3 及膜片 5，通过阀杆 6 使阀芯 8 下移，进气阀口被打开，有压气流从左端输入，经阀口节流减压后从右端输出。输出气流的一部分由阻尼管 7 进入膜片气室，在膜片 5 的下方产生一个向上的推力，这个推力总是企图把阀口开度关小，使其输出压力下降。当作用于膜片上的推力与弹簧力相平衡后，减压阀的输出压力便保持一定。

当输入压力发生波动时，如输入压力瞬时升高，输出压力也随之升高，作用于膜片 5 上的气体推力也随之增大，破坏了原来力的平衡，使膜片 5 向上移动，有少量气体经溢流口 4、排气孔 11 排出。在膜片上移的同时，因复位弹簧 10 的作用，使输出压力下降，直到新的平衡为止。重新平衡后的输出压力又基本上恢复至原值。反之，输出压力瞬时下降，膜片下移，进气口开度增大，节流作用减小，输出压力又基本上回升至原值。

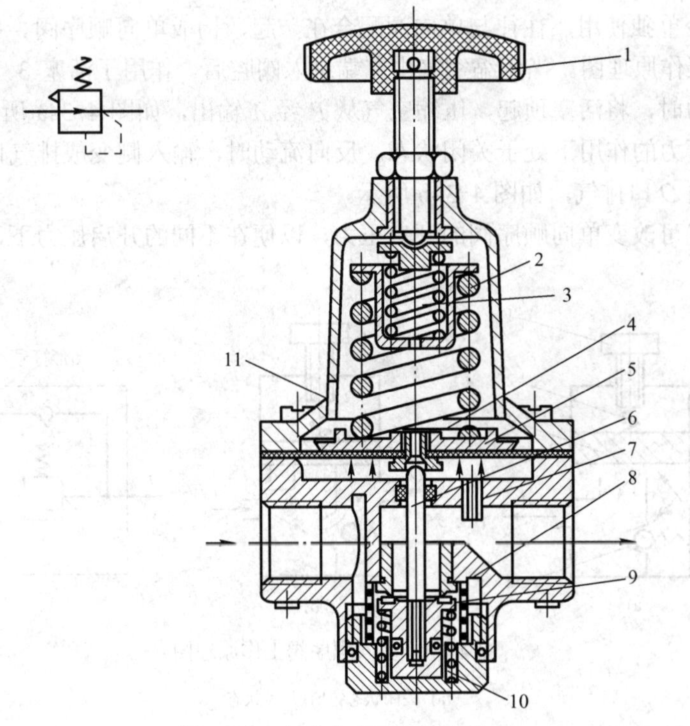

图 4-32　直动式减压阀结构图

1—手柄　2、3—调压弹簧　4—溢流口　5—膜片　6—阀杆　7—阻尼管

8—阀芯　9—阀座　10—复位弹簧　11—排气孔

调节手柄 1 使调压弹簧 2、3 恢复自由状态，输出压力降至零，阀芯 8 在复位弹簧 10 的作用下，关闭进气阀口，这样，减压阀便处于截止状态，无气流输出。

安装减压阀时，要按气流的方向和减压阀上所示的箭头方向，依照空气过滤器—减压阀—油雾器的次序进行安装。调压时应由低向高调，直至规定的调压值为止。阀不用时应把手柄放松，以免膜片经常受压变形。

（3）顺序阀

顺序阀是依靠气路中压力的作用而控制执行元件按顺序动作的压力控制阀，如图 4-33 所示，它根据弹簧的预压缩量来控制其开启压力。当输入压力达到或超过开启压力时，顶开弹簧，于是 P 到 A 才有输出；反之 A 无输出。

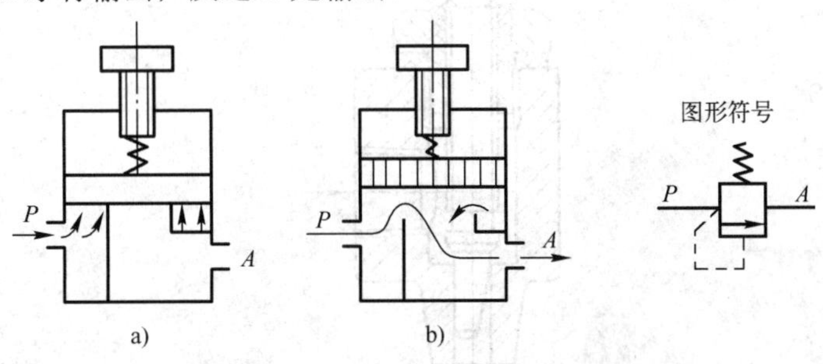

图 4-33　顺序阀工作原理图

a) 关闭状态　b) 开启状态

顺序阀很少单独使用，往往与单向阀配合在一起，构成单向顺序阀。如图 4-34 所示为单向顺序阀的工作原理图。当压缩空气由左端进入阀腔后，作用于活塞 3 上的气压力超过压缩弹簧 2 上的力时，将活塞顶起，压缩空气从 P 经 A 输出，如图 4-34a 所示，此时单向阀 4 在压差力及弹簧力的作用下处于关闭状态。反向流动时，输入侧变成排气口，输出侧压力将顶开单向阀 4 由 O 口排气，如图 4-34b 所示。

调节旋钮就可改变单向顺序阀的开启压力，以便在不同的开启压力下，控制执行元件的顺序动作。

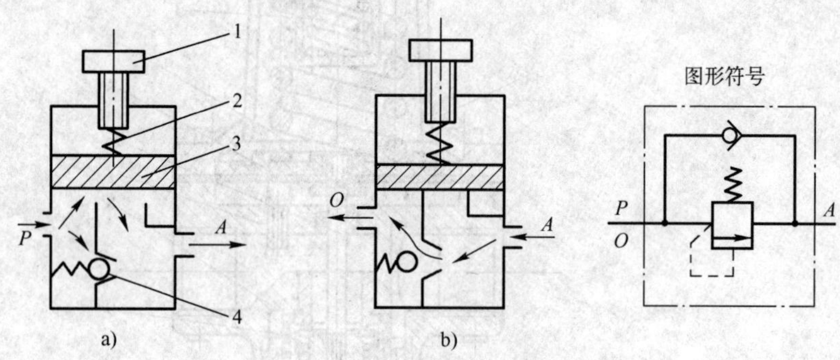

图 4-34 单向顺序阀工作原理图

a) 关闭状态 b) 开启状态

1—调节手柄 2—压缩弹簧 3—活塞 4—单向阀

2．流量控制阀

在气压传动系统中，有时需要控制气缸的运动速度，有时需要控制换向阀的切换时间和气动信号的传递速度，这些都需要调节压缩空气的流量来实现。流量控制阀就是通过改变阀的通流截面积来实现流量控制的元件。流量控制阀包括节流阀、单向节流阀、排气节流阀和快速排气阀等。

（1）节流阀

如图 4-35 所示为圆柱斜切型节流阀的工作原理图。压缩空气由 P 口进入，经过节流后，由 A 口流出。旋转阀芯螺杆，就可改变节流口的开度，这样就调节了压缩空气的流量。由于这种节流阀的结构简单、体积小，故应用范围较广。

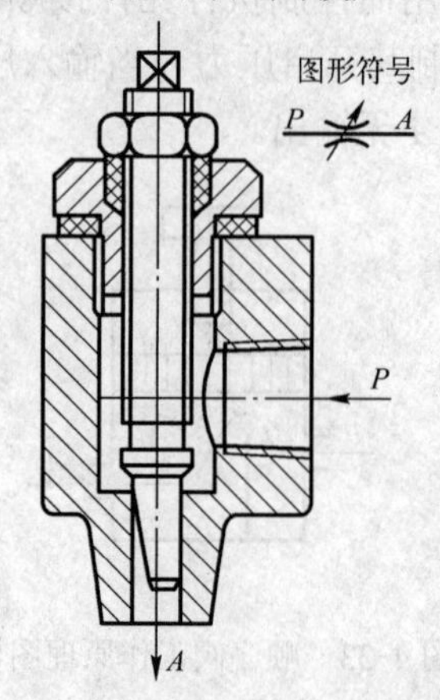

图 4-35 节流阀工作原理图

（2）单向节流阀

单向节流阀是由单向阀和节流阀并联而成的组合式流量控制阀，如图 4-36 所示。当气流沿着一个方向，例如 *P–A* 方向流动时，如图 4-36a 所示，经过节流阀节流；如图 4-36b 所示，气流反方向沿 *A–P* 方向流动时，单向阀打开，不节流，单向节流阀常用于气缸的调速和延时回路。

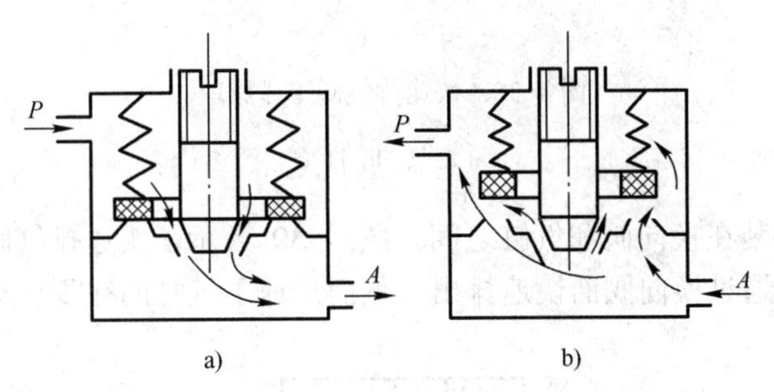

图 4-36　单向节流阀的工作原理图

a) *P–A* 状态　b) *A–P* 状态

（3）排气节流阀

排气节流阀是装在执行元件的排气口处，调节进入大气中气体流量的一种控制阀。它不仅能调节执行元件的运动速度，还常带有消声器件，所以也能起降低排气噪声的作用。图 4-37 为排气节流阀工作原理图。其工作原理和节流阀类似，靠调节节流口 1 处的通流面积来调节排气流量，由消声套 2 来减小排气噪声。

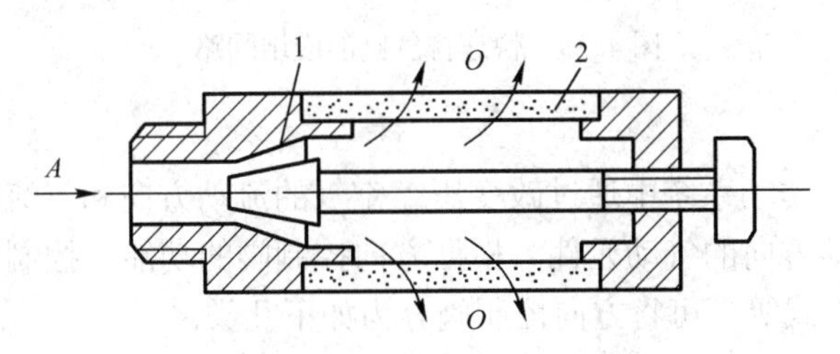

图 4-37　排气节流阀工作原理图

1—节流口　2—消声套

应当指出，用流量控制的方法控制气缸内活塞的运动速度时，采用气压控制比采用液压困难。特别是在极低速控制中，要按照预定行程变化来控制速度，只用气动很难实现。在外部负载变化很大时，仅用气动流量阀也不会得到满意的调速效果。为提高其运动平稳性，建议采用气液联动。

（4）快速排气阀

图 4-38 为快速排气阀工作原理图。图 4-38a 是进气口 *P* 进入压缩空气，并将密封活塞迅速上推，开启阀口 2，同时关闭排气口 *O*，使进气口 *P* 和工作口 *A* 相通。图 4-38b 是 *P* 口没有压缩空气进入时，在 *A* 口和 *P* 口压差作用下，密封活塞迅速下降，关闭 *P* 口，使 *A* 口通过 *O* 口快速排气。

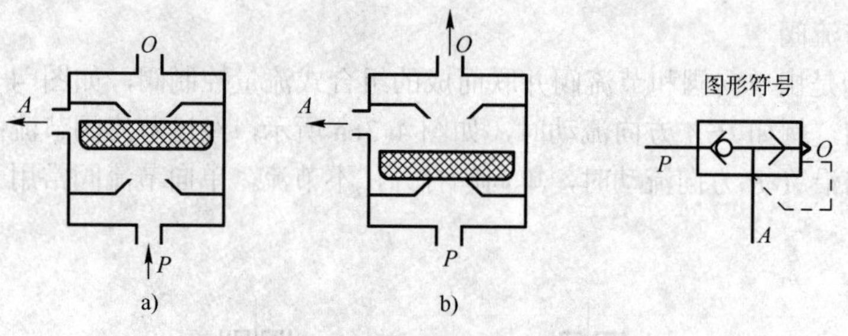

图 4-38　快速排气阀工作原理

a) 进气　b) 排气

快速排气阀常安装在换向阀和气缸之间。图 4-39 表示了快速排气阀在回路中的应用。它使气缸的排气不用通过换向阀而快速排出，从而加速了气缸的往复运动速度，缩短了工作周期。

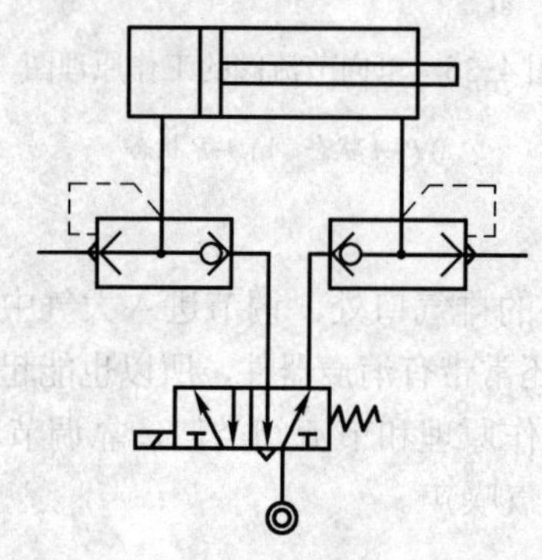

图 4-39　快速排气阀的应用回路

3．方向控制阀

方向控制阀是气压传动系统中通过改变压缩空气的流动方向和气流的通断，来控制执行元件启动、停止及运动方向的气动元件。根据方向控制阀的功能、控制方式、结构方式、阀内气流的方向及密封形式等，可将方向控制阀分为如下几类。

（1）气压控制换向阀

气压控制换向阀是以压缩空气为动力切换气阀，使气路换向或通断的阀类。气压控制换向阀的用途很广，多用于组成全气阀控制的气压传动系统或易燃、易爆以及高净化等场合。

1）单气控加压式换向阀。

图 4-40 为单气控加压截止式换向阀的工作原理。图 4-40a 是无气控信号 K 时的状态（即常态），此时，阀芯 1 在弹簧 2 的作用下处于上端位置，使阀口 A 与 O 相通，A 口排气。图 4-40b 是在有气控信号 K 时阀的状态（即动力阀状态）。由于气压力的作用，阀芯 1 压缩弹簧 2 下移，使阀口 A 与 O 断开，P 与 A 接通，A 口有气体输出。

图 4-41 为二位三通单气控截止式换向阀的结构图。这种结构简单、紧凑、密封可靠、换向行程短，但换向力大。若将气控接头换成电磁头（即电磁先导阀），可变气控阀为先导式电磁换向阀。

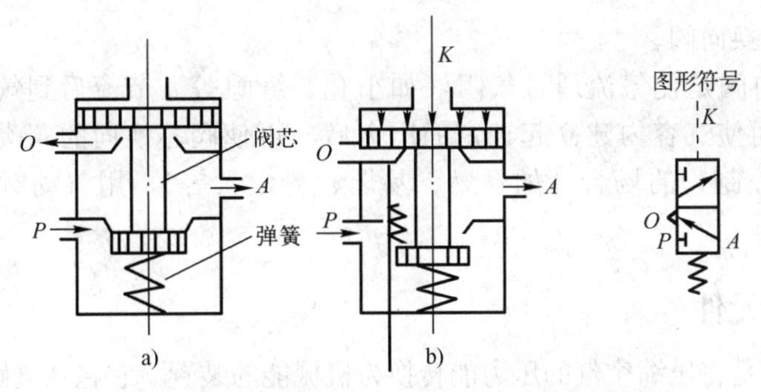

图 4-40　单气控加压截止式换向阀的工作原理图

a) 无控制信号状态　b) 有控制信号状态

2）双气控加压式换向阀。

图 4-42 为双气控滑阀式换向阀的工作原理图。图 4-42a 为有气控信号 K_2 时阀的状态，此时阀停在左边，其通路状态是 P 与 A、B 与 O 相通。图 4 42b 为有气控信号 K_1 时阀的状态（此时信号 K_2 已不存在），阀芯换位，其通路状态变为 P 与 B、A 与 O 相通。双气控滑阀具有记忆功能，即气控信号消失后，阀仍能保持在有信号时的工作状态。

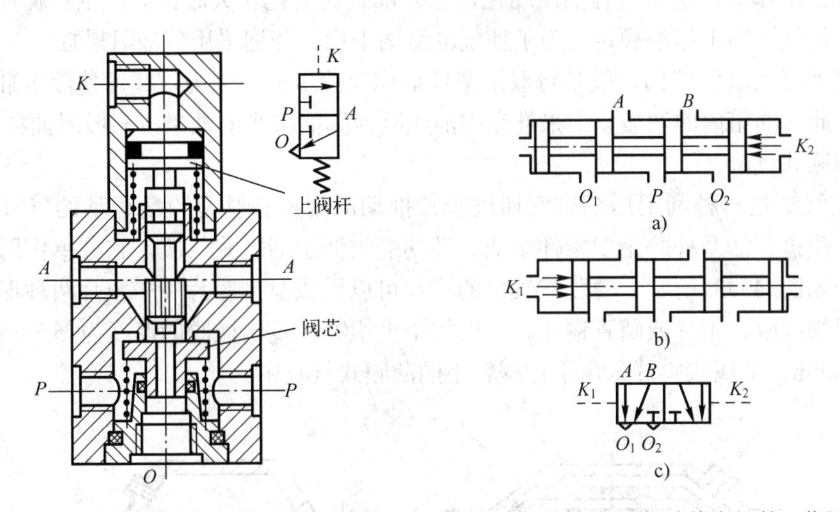

图 4-41　二位三通单气控截止式换向阀的结构图　　图 4-42　双气控滑阀式换向阀的工作原理图

（2）电磁控制换向阀

电磁换向阀是利用电磁力的作用来实现阀的切换以控制气流的流动方向。常用的电磁换向阀有直动式和先导式两种。

（3）机械控制换向阀

机械控制换向阀又称为行程阀，多用于行程程序控制，作为信号阀使用。常依靠凸轮、挡块或其他机械外力推动阀芯，使阀换向。

（4）人力控制换向阀

这类阀有手动及脚踏两种操纵方式。手动阀的主体部分与气控阀类似，其操纵方式有多种形式，如按钮式、旋钮式、锁式及推拉式等。

（5）时间控制换向阀

时间控制换向阀是使气流通过气阻（如小孔、缝隙等）节流后到气容（储气空间）中，经一定的时间使气容内建立起一定的压力后，再使阀芯换向的阀类。在不允许使用时间继电器（电控制）的场合（如易燃、易爆、粉尘大等），用气动时间控制就显出其优越性。

4.4.3 气动执行元件

气动执行元件是将压缩空气的压力能转换为机械能的装置。它包括气缸和气马达。气缸用于直线往复运动或摆动，气马达用于实现连续回转运动。

1．气缸

气缸是气动系统的执行元件之一。除几种特殊气缸外，普通气缸种类及结构形式与液压缸基本相同。目前最常选用的是标准气缸，其结构和参数都已系列化、标准化、通用化。通常有无缓冲普通气缸，有缓冲普通气缸等。其他几种较为典型的特殊气缸有气液阻尼缸、薄膜式气缸和冲击式气缸等。

（1）气液阻尼缸

普通气缸工作时，由于气体的压缩性，当外部载荷变化较大时，会产生“爬行”或“自走”现象，使气缸的工作不稳定。为了使气缸运动平稳，普遍采用气液阻尼缸。

这种气液阻尼缸的结构一般是将双活塞杆缸作为液压缸。因为这样可使液压缸两腔的排油量相等，此时油箱内的油液只用来补充因液压缸泄漏而减少的油量，一般用油杯就行了。

（2）薄膜式气缸

薄膜式气缸是一种利用压缩空气通过膜片推动活塞杆作往复直线运动的气缸。它由缸体、膜片、膜盘和活塞杆等主要零件组成。其功能类似于活塞式气缸，它分单作用式和双作用式两种，如图 4-43 所示。薄膜式气缸的膜片可以做成盘形膜片和平膜片两种形式。膜片材料为夹织物橡胶、钢片或磷青铜片。常用的是夹织物橡胶，橡胶的厚度为 5～6mm，有时也可用 1～3mm。金属式膜片只用于行程较小的薄膜式气缸中。

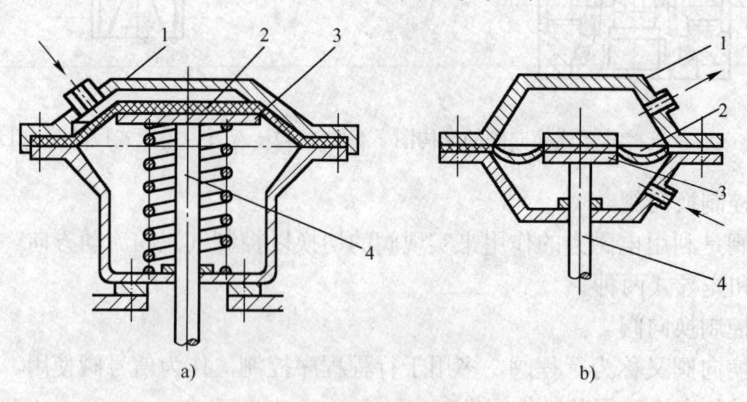

图 4-43　薄膜式气缸结构简图

a) 单作用式　b) 双作用式

1—缸体　2—膜片　3—膜盘　4—活塞杆

薄膜式气缸和活塞式气缸相比较，具有结构简单、紧凑、制造容易、成本低、维修方便、寿命长、泄漏小、效率高等优点。但是膜片的变形量有限，故其行程短（一般不超过40～50mm），且气缸活塞杆上的输出力随着行程的加大而减小。

（3）冲击式气缸

冲击式气缸是一种体积小、结构简单、易于制造、耗气功率小但能产生相当大的冲击力的特殊气缸。与普通气缸相比，冲击气缸的结构特点是增加了一个具有一定容积的蓄能腔和喷嘴。它的工作原理如图 4-44 所示。

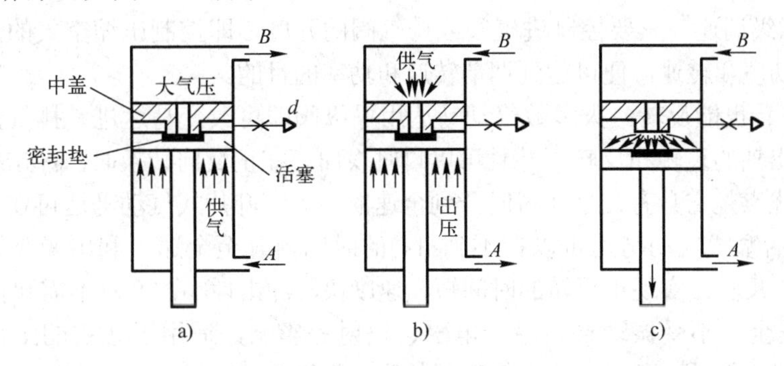

图 4-44　冲击式气缸工作原理图

冲击式气缸的整个工作过程可简单地分为如下三个阶段。

第一个阶段（图 4-44a），压缩空气由孔 *A* 输入冲击缸的下腔，蓄气缸经孔 *B* 排气，活塞上升并用密封垫封住喷嘴，中盖和活塞间的环形空间经排气孔与大气相通。

第二阶段（图 4-44b），压缩空气改由孔 *B* 进气，输入蓄气缸中，冲击缸下腔经孔 *A* 排气。由于活塞上端气压作用在面积较小的喷嘴上，而活塞下端受力面积较大，一般设计成喷嘴面积的 9 倍，冲击缸下腔的压力虽因排气而下降，但此时活塞下端向上的作用力仍然大于活塞上端向下的作用力。

第三阶段（图 4-44c），蓄气缸的压力继续增大，冲击缸下腔的压力继续降低，当蓄气缸内压力高于冲击缸下腔压力 9 倍时，活塞开始向下移动，活塞一旦离开喷嘴，蓄气缸内的高压气体迅速充入到活塞与中间盖间的空间，使活塞上端受力面积突然增加 9 倍，于是活塞将以极大的加速度向下运动，气体的压力能转换成活塞的动能。在冲程达到一定时，获得最大冲击速度和能量，利用这个能量对工件进行冲击做功，产生很大的冲击力。

2．气动马达

气动马达也是气动执行元件的一种。它的作用相当于电动机或液压马达，即输出转矩，拖动机构作旋转运动。气动马达是以压缩空气为工作介质的原动机。如图 4-45 所示。

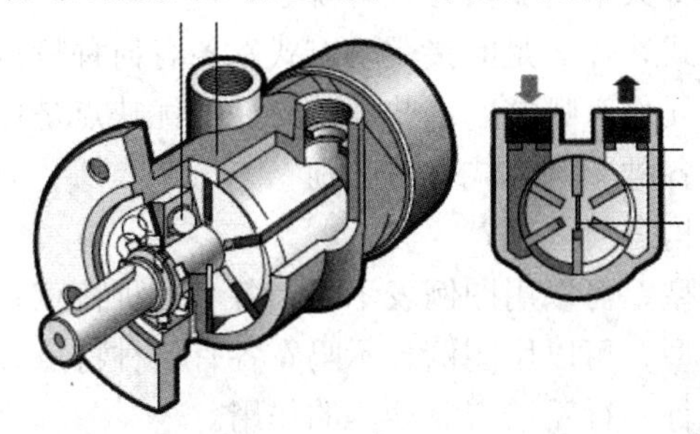

图 4-45　气动马达

气动马达按结构形式可分为：叶片式气动马达、活塞式气动马达和齿轮式气动马达等。最为常见的是活塞式气动马达和叶片式气动马达。叶片式气动马达制造简单，结构紧凑，但低速运动转矩小，低速性能不好，适用于中、低功率的机械。活塞式气动马达在低速情况下有较大的输出功率，它的低速性能好，适用于载荷较大和要求低速转矩的机械，如起重机、绞车、绞盘、拉管机等。各类形式的气动马达尽管结构不同，工作原理有区别，但大多数气动马达具有以下特点。

1）可以无级调速。只要控制进气阀或排气阀的开度，即控制压缩空气的流量，就能调节马达的输出功率和转速，便可达到调节转速和功率的目的。

2）既能正转也能反转。大多数气动马达用操纵阀即可改变马达进、排气方向，即能实现气动马达输出轴的正转和反转，并且可以瞬时换向。在正反向转换时，冲击很小。气动马达的一个主要优点是它具有几乎在瞬时升到全速的能力。叶片式气动马达可在一转半的时间内升至全速；活塞式气动马达可以在不到 1s 的时间内升至全速。利用操纵阀改变进气方向，便可实现正反转。实现正反转的时间短，速度快，冲击性小，而且不需卸负载。

3）工作安全，不受振动、高温、电磁、辐射等影响，适用于恶劣的工作环境，在易燃、易爆、高温、振动、潮湿、粉尘等不利条件下均能正常工作。

4）有过载保护作用，不会因过载而发生故障。过载时，马达只是转速降低或停止，当过载解除，立即可以重新正常运转，并不产生机件损坏等故障。可以长时间满载连续运转，温升较小。

5）具有较高的起动转矩，可以直接带载荷起动。起动、停止均迅速。

6）功率范围及转速范围较宽。功率小至几百瓦，大至几万瓦；转速可从零一直到每分钟几万转。

7）操纵方便，维护检修较容易。气动马达具有结构简单，体积小，重量轻，功率大，操纵容易，维护方便。

8）使用空气作为介质，无供应上的困难，用过的空气不需处理，释放到大气中无污染。压缩空气可以集中供应，远距离输送。

9）输出功率相对较小，最大只有 20kW 左右。

10）耗气量大，效率低，噪声大。

作业与思考题

1. 关节有哪两种？各种关节的驱动方式有哪些？
2. 什么是直接驱动方式？什么是间接驱动方式？各有何种特点？
3. 机器人关节的驱动元件有哪些？这些驱动元件的优缺点是什么？
4. 从控制性能上看，各种驱动方式有何区别？
5. 驱动机构与传动机构有何区别？
6. 驱动机构有哪些类型？可以用图例表示吗？各有何种特点？
7. 传动机构有哪些类型？可以用图例表示吗？各有何种特点？
8. 机器人没有制动器行不行？谈谈制动器的作用。
9. 电动驱动种类有哪些？

10．谈谈异步电动机驱动优缺点。
11．谈谈伺服电动机驱动优缺点。
12．什么是伺服系统？什么是伺服电动机？
13．直流电动机的结构与参数有哪些？
14．直流伺服电动机的原理与种类有哪些？
15．直流伺服电动机的控制特性有哪些？如何调速？
16．谈谈交流电动机的特点。
17．交流伺服电动机的原理与种类有哪些？
18．谈谈步进电动机的种类和原理。
19．谈谈步进电动机的优缺点。
20．步进电动机的系统由什么组成？如何选择步进电动机？
21．什么是直线步进电动机？
22．液压驱动系统由哪些设备组成？谈谈其工作原理。
23．液压缸有哪些种类？各有何种作用？
24．液压阀门组件有哪些种类？各有何种作用？
25．气压驱动系统由哪些设备组成的？谈谈其工作原理。
26．气源设备有哪些？各有何种作用？
27．气压阀门组件有哪些种类？各有何种作用？
28．气缸有哪些种类？各有何种作用？

第5章　机器人的控制系统

【内容提要】

本章主要介绍了机器人的控制系统。内容包括机器人控制系统的特点与方式，机器人的控制功能与基本单元；控制系统的种类、PID 控制，伺服控制系统的组成、分类、动态参数；交流伺服电动机的调速原理、方法；机器人控制系统的基本结构、分层结构；机器人控制的示教方式，关节运动的指令生成、伺服控制，控制软件与机器人示教实例；机器人运动控制器及芯片，MOTOMAN UP6 机器人控制系统。

【教学提示】

学习完本章的内容后，学生应能够：了解机器人控制系统的特点与方式，掌握控制功能与基本单元；能够熟练地分析各种结构机器人控制系统的特点与性能。掌握控制系统的种类，伺服控制系统的组成、分类，熟悉 PID 控制的含义、伺服控制系统的动态参数；能够运用这些知识解释机器人的控制系统技术内容，能够解读机器人的控制框图。熟悉伺服电动机的调速原理，了解机器人控制系统的结构；能够运用这些调速方法、结构概念于课程学习中。熟悉机器人控制的示教方式，了解关节运动的伺服控制；能够读懂控制机器人示教实例；了解机器人运动控制器及芯片；具有实际操作 MOTOMAN UP6 机器人示教控制系统的能力。

5.1　机器人的控制系统概述

机器人的控制系统主要对机器人工作过程中的动作顺序、应到达的位置及姿态、路径轨迹及规划、动作时间间隔以及末端执行器施加在被作用物上的力和转矩等进行控制。

目前广泛使用的工业机器人中，控制机多为微型计算机，外部有控制柜封装。如瑞典 ABB 公司的 IRB 系列机器人、德国库卡公司的 KB 系列机器人、日本安川公司的 MOTOMAN 机器人、日本发那科公司的 Mate 系列机器人等。这类机器人一般采用示教-再现的工作方式，机器人的作业路径、运动参数由操作者手把手示教或通过程序设定，机器人重复再现示教的内容；机器人配有简单的内部传感器，用来感知运行速度、位置和姿态等，还可以配备简易的视觉、力传感器感知外部环境。

近年来，智能机器人的研究如火如荼。这类机器人的控制机多为计算机，处理的信息量大，控制算法复杂。同时配备了多种内部、外部传感器，不但能感知内部关节运行速度及力的大小，还能对外部的环境信息进行感知、反馈和处理。

5.1.1　机器人控制系统及控制方式

1．机器人控制系统的特点

和一般的伺服系统或过程控制系统相比，机器人控制系统有如下特点。

（1）与机构运动学及动力学密切相关的控制系统

机器人的控制与机构运动学及动力学密切相关。机器人手足的状态可以在各种坐标下进行描述，应当根据需要，选择不同的参考坐标系，并做适当的坐标变换。经常要求解运动学正问题和逆问题，除此之外还要考虑惯性力、外力（包括重力）及哥氏力、向心力的影响。

（2）多变量控制系统

一个机器人至少有 3～5 个自由度，比较复杂的机器人有十几个、甚至几十个自由度。每个自由度一般包含一个伺服机构，它们必须协调起来，组成一个多变量控制系统。

（3）计算机控制系统

把多个独立的伺服系统有机地协调起来，使其按照人的意志行动，赋予机器人一定的"智能"，这个任务只能由计算机来完成。因此，机器人控制系统必须是一个计算机控制系统。同时，计算机软件担负着艰巨的任务。

（4）耦合非线性控制系统

描述机器人状态和运动的数学模型是一个非线性模型，随着状态的不同和外界环境的变化，其参数也在变化，各变量之间还存在耦合。因此，仅仅利用位置闭环是不够的，还要利用速度闭环甚至加速度闭环。系统中经常使用重力补偿、前馈、解耦或自适应控制等方法。

（5）寻优控制系统

机器人的动作往往可以通过不同的方式和路径来完成，因此存在一个"最优"的问题。较高级的机器人可以用人工智能的方法，用计算机建立起庞大的信息库，借助信息库进行控制、决策、管理和操作。根据传感器和模式识别的方法获得对象及环境的工况，按照给定的指标要求，自动地选择最佳的控制规律。

总而言之，机器人控制系统是一个与运动学和动力学原理密切相关的、有耦合的、非线性的多变量控制系统。由于它的特殊性，经典控制理论和现代控制理论都不能照搬使用。到目前为止，机器人控制理论还是不完整、不系统的。相信随着机器人事业的发展，机器人控制理论必将日趋成熟。

2．机器人的控制方式

在第 2 章中讲过，按照控制反馈方式分，机器人的控制方式可分为非伺服型控制方式和伺服型控制方式。按照机器人手部在空间的运动方式分，机器人的控制方式可分为点位伺服控制和连续轨迹伺服控制。不同的工艺要求，就有不同的控制方式相匹配。

（1）控制作用输出方式

按照机器人的控制作用输出方式，机器人的控制方式可分为力控制方式、速度控制方式等类型。

1）力控制方式：在完成装配、抓放物体等工作时，除要准确定位之外，还要求使用适度的力或转矩进行工作，这时就要利用力（转矩）伺服方式。这种方式的控制原理与位置伺服控制原理基本相同，只不过输入量和反馈量不是位置信号，而是力（转矩）信号，因此系统中必须有力（转矩）传感器。有时也利用接近、滑动等传感功能进行自适应式控制。

2）速度控制方式：机器人运动的控制实际上是通过各轴伺服系统分别控制来实现的，分解运动的速度控制要求各伺服系统的驱动器以不同的分速度同时联合运行，能保证机器人末端执行器沿笛卡尔坐标轴稳定地运行。控制时先把末端执行器期望的笛卡尔位姿分解为各关节的期望速度，然后再对各关节进行伺服控制。

（2）控制命令来源

按照机器人的控制命令来源不同，机器人的控制方式分为程序控制方式、自适应控制方式、智能控制方式和其他控制方式。

1）程序控制方式：给每一个自由度施加一定规律的控制作用，机器人就可实现要求的空间轨迹。

2）自适应控制方式：当外界条件变化时，为保证所要求的品质或为了随着经验的积累而自行改善控制品质，其过程是基于操作机的状态和伺服误差的观察，再调整非线性模型的参数，一直到误差消失为止。这种系统的结构和参数能随时间和条件自动改变。

3）智能控制方式：事先无法编制运动程序，而是要求在运动过程中根据所获得的周围状态信息，实时确定控制作用。它能以一定方式理解人的命令，感知周围的环境、识别操作的对象，并自行规划操作顺序以完成赋予的任务，这种机器人更接近人的某些智能行为。

4）其他控制方式：基于传感器的控制、非线性控制、分解加速度控制、滑模控制、最优控制、自适应控制、递阶控制等方式。

3．机器人的控制功能

机器人的控制功能就是对机器人工作过程中的动作顺序、位置、姿态、路径、动作时间，末端执行器施加的力和转矩等如何进行控制。

（1）示教再现功能

示教再现功能是指示教人员预先将机器人作业的各项运动参数预先教给机器人，在示教的过程中，机器人控制系统的记忆装置就将所教的操作过程自动地记录在存储器中。当需要机器人工作时，机器人的控制系统就调用存储器中存储的各项数据，使机器人再现示教过的操作过程，由此机器人即可完成要求的作业任务。

机器人的示教再现功能易于实现，编程方便，在机器人初期得到了较多的应用。

（2）运动控制功能

运动控制功能是指通过对机器人手部在空间的位姿、速度、加速度等项的控制，使机器人的手部按照作业的要求进行动作，最终完成给定的作业任务。

运动控制与示教再现功能的区别：在示教再现控制中，机器人手部的各项运动参数是由示教人员教给它的，其精度取决于示教人员的熟练程度；而在运动控制中，机器人手部的各项运动参数是由机器人的控制系统经过运算得来的，且在工作人员不能示教的情况下，通过编程指令仍然可以控制机器人完成给定的作业任务。

5.1.2 机器人控制系统的基本单元

构成机器人控制系统的基本要素包括驱动装置、传动装置、运动特性检测传感器、控制器硬件和控制系统软件。

（1）驱动装置

作为驱动机器人运动的驱动力，常见的有液压驱动、气压驱动、直流伺服电动机驱动、交流伺服电动机驱动和步进电动机驱动。随着驱动电路元件的性能提高，当前应用最多的是直流伺服电动机驱动和交流伺服电动机驱动。

由于直流伺服电动机或交流伺服电动机的流经电流较大，一般从几安培到几十安培，机器人电动机的驱动需要使用大功率的驱动电路，为了实现对电动机运动特性的控制，机器人常采用脉冲宽度调制（PWM）方式进行驱动。

（2）传动装置

传动装置是为了增加驱动转矩、降低运动速度，机器人常用的传动装置在本书的第 4 章已经进行了详细的讨论。

（3）运动特性检测传感器

机器人运动特性检测传感器用于检测机器人运动的位置、速度和加速度等参数。机器人常用的传感器将在本书的第 6 章进行详细的讨论。

（4）控制器的硬件

机器人的控制器是以计算机为基础的，机器人控制器的硬件系统采用的是二级结构，第一级为协调级，第二级为执行级。协调级实现对机器人各个关节的运动，实现机器人和外界环境的信息交换等功能，执行级实现机器人的各个关节的伺服控制，获得机器人内部的运动状态参数等功能。

（5）控制系统的软件

机器人的控制系统软件实现对机器人运动特性的计算、机器人的智能控制和机器人与人的信息交换等功能。

5.2 伺服控制系统及其参数

伺服控制系统是用来精确地跟随或复现某个过程的反馈控制系统，又称为随动系统。在很多情况下，伺服控制系统专指被控制量（系统的输出量）是机械位移或位移速度、加速度的反馈控制系统，其作用是使输出的机械位移（或转角）准确地跟踪输入的位移（或转角）。伺服控制系统的结构组成和其他形式的反馈控制系统没有原则上的区别。

5.2.1 自动控制系统

自动控制系统（Automatic control systems）是在无人直接参与下可使生产过程或其他过程按期望规律或预定程序进行的控制系统。自动控制系统是实现自动化的主要手段，简称自控系统。

自动控制系统主要由控制器、被控对象、执行机构和变送器四个环节组成。按控制原理的不同，自动控制系统分为开环控制系统和闭环控制系统。

1．开环和闭环控制系统

按控制原理的不同，自动控制系统分为开环控制系统和闭环控制系统。

（1）开环控制系统

开环控制系统是最基本的控制系统，它是在手动控制基础上发展起来的控制系统。如图 5-1 所示为电动机控制系统的开环控制系统的框图。

开环控制调速系统的输入量 v_i 由手动调节，也可由上一级控制装置给出。系统的输出量是电动机的转动角度 θ。如图 5-1 所示，系统只有输入量的前向给定控制作用，输出量（或者被控量）没有反馈影响输入量，即输出量没有反馈到输入端参与控制作用，且输入量到输出量控制作用是单方向传递，所以称为开环控制系统。

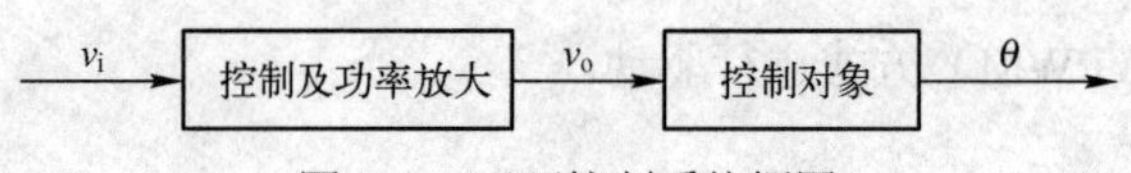

图 5-1　开环控制系统框图

在开环控制系统中，系统输出只受输入的控制，控制精度和抑制干扰的特性都比较差。开环控制系统中，基于按时序进行逻辑控制的称为顺序控制系统，由顺序控制装置、检测元件、执行机构和被控工业对象所组成，主要应用于机械、化工、物料装卸运输等过程的控制以及机械手和自动生产线。

（2）闭环控制系统

将系统的输出量反馈到输入端参与控制，输出量通过检测装置与输入量联系在一起形成一个闭合回路的控制系统，称为闭环控制系统（也称为反馈控制系统）。如图 5-2 所示，转动角度 θ 通过位置检测装置和反馈电路得到检测信号，经放大转换后作为反馈信号 v_n，反馈到输入端，与给定信号 v_i 相比较，产生偏差信号 $\Delta v_i = v_i - v_n$，将 Δv_i 放大后作为控制信号，经功率放大后对电动机实现控制。

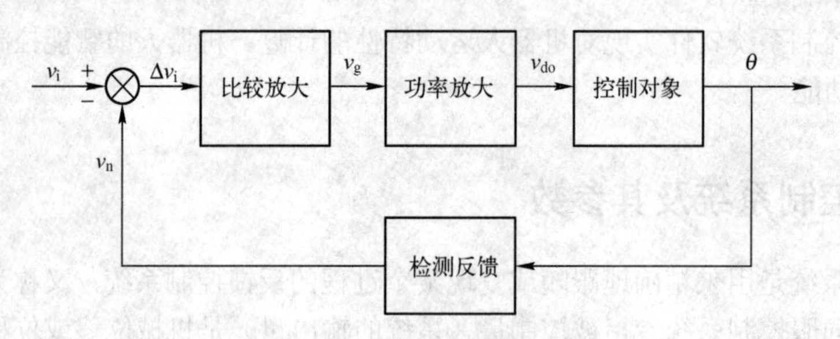

图 5-2　闭环控制系统框图

闭环控制系统是建立在反馈原理基础之上的，利用输出量同期望值的偏差对系统进行控制，可获得比较好的控制性能。闭环控制系统又称为反馈控制系统。对于反馈控制系统，按照给定信号的不同，控制系统可分为恒值控制系统、随动控制系统和程序控制系统。

恒值控制系统：给定值不变，要求系统输出量以一定的精度接近给定希望值的系统。生产过程中的温度、压力、流量、液位高度、电动机转速等自动控制系统属于恒值系统。

随动控制系统：给定值按未知时间函数变化，要求输出跟随给定值的变化，如跟随卫星的雷达天线系统。

程序控制系统：给定值按一定时间函数变化，如数控机床。

2．模拟和数字控制系统

（1）模拟控制系统

模拟控制是指控制系统中传递的信号是时间的连续信号。模拟控制是最早发展起来的控制系统，但当被控对象具有明显滞后特性时，这种控制就不适用，因为它容易引起系统的不稳定，又难以选择时间常数很大的校正装置来解决系统的不稳定问题。

（2）数字控制系统

与模拟控制相对应的是数字控制，在这种系统中，除某些环节传递的仍是连续信号外，另一些环节传递的信号则是时间的断续信号，即离散的脉冲序列或数字编码。这类系统又称为采样系统或计算机控制系统。采用数字控制，效果将会好得多。图 5-3 是采样控制的原理图，采样开关周期性地接通和断开。S 接通时系统放大系数可以很大，进行调节和控制；S 断开时等待被控对象自身去运行，指导下一次接通采样开关时，才检测误差，并根据它来继续对被控对象进行控制。

这样从控制过程的总体看，系统的平均放大系数小，容易保证系统的稳定，但从开关接通的调节看，系统的放大系数很大，可以保证稳态时的精度。

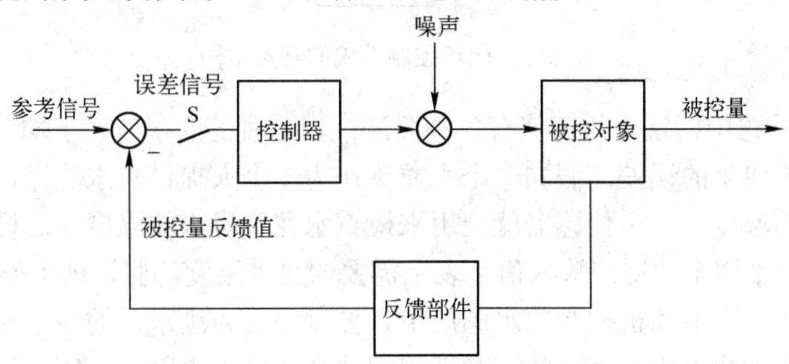

图 5-3　采样控制原理图

采样开关将连续信号离散化后，便于用计算机控制，如图 5-4 所示，图中 A-D 为模数转换器，它具有采样开关可将模拟信号转换成离散信号；D-A 为数模转换器，将数字信号转换成模拟信号，计算机用来存储信息并进行信息处理，使系统达到预期性能。机器人的电动机控制系统均采用计算机控制方式。

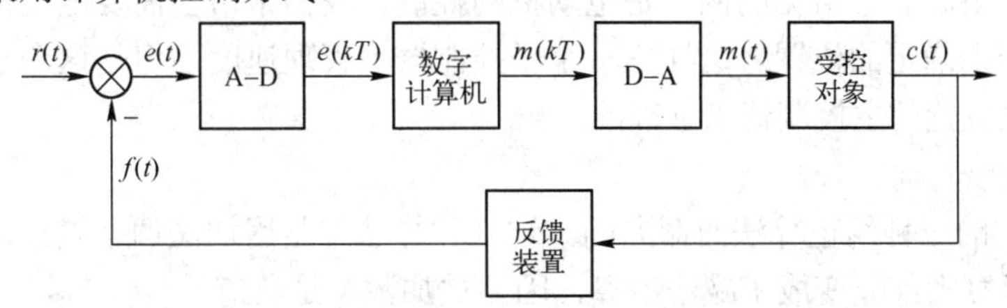

图 5-4　计算机控制原理图

5.2.2　PID 控制

PID 控制是一个在工业控制应用中常见的反馈回路控制。这个控制把收集到的数据和一个参考值进行比较，然后把这个差别用于计算新的输入值，这个新的输入值的目的是可以让系统的数据达到或者保持在参考值。和其他简单的控制运算不同，PID 控制器可以根据和历史数据差别的出现率来调整输入值，这样可以使系统更加准确，更加稳定。可以通过数学的方法证明，在其他控制方法导致系统有稳定误差或过程反复的情况下，一个 PID 反馈回路却可以保持系统的稳定。

1．闭环控制系统的常见结构

一个控制回路包括三个部分：控制器、执行机构和检测装置，如图 5-5 所示。系统的检测装置得到测量结果；控制器作出决定；通过一个执行机构来作出反应。

控制器从检测装置得到测量结果，然后用给定输入这一需求结果减去测量结果来得到误差。然后用误差来计算出一个对系统的纠正值来作为控制器输入结果，这样系统就可以从它的输出结果中消除误差。

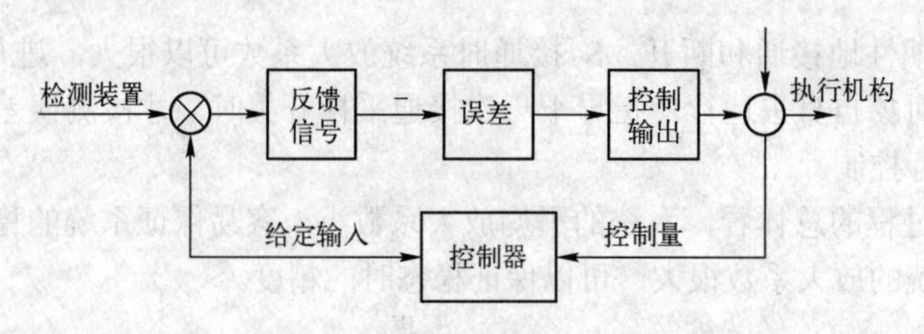

图 5-5　闭环控制系统的常见结构

在一个 PID 回路中，这个纠正值有三种算法：消除目前的误差、平均过去的误差和透过误差的改变来预测将来的误差。假如一个水龙头在为一个人提供热水洗澡，这个水龙头的水需要保持在一定的温度。一个传感器就会用来检查水龙头里水的温度，这样就得到了测量结果。控制器会有一个固定的用户输入值来表示需要的热水温度，假设这个值是 40℃。控制器的输出设备会连在一个电动机控制的水阀门上。控制输出为进水口的热水流量与冷水流量之比，开上阀门就会让热水进入多一些，开下阀门就会让冷水进入多一些。这个阀门的控制信号就是我们控制的变量，它也是这个系统的输入用来保持水温的固定。

PID 控制器可以用来控制任何可以被测量的并且可以被控制的变量。比如，它可以用来控制温度、压强、流量、化学成分、速度等。汽车上的巡航定速功能就是一个典型例子。一些控制系统把数个 PID 控制器串联起来，或是联成网络。这样的话，一个主控制器可能会为其他控制输出结果。一个常见的例子是电动机的控制。我们常常会需要电动机有一个可控的速度并且停在一个确定的位置。这样，一个子控制器来管理速度，但是这个子控制器的速度是由控制电动机位置的主控制器来管理的。

2．PID 算法

PID 是以它的三种纠正算法而命名的。这三种算法都是用加法调整被控制的数值。而实际上这些加法运算大部分变成了减法运算，因为被加数总是负值。

我们用如图 5-6 所示的水温调节系统为例来讲解 PID 算法。控制输出为进水口的热水流量与冷水流量之比；被控变量为出水口的水温；执行装置调节阀是连续开关的 0～180° 可调型；控制目标为保持出水温度基本恒定；各种扰动包括进水口水温和水压的波动、环境温度变化、用户的用水量变化等。

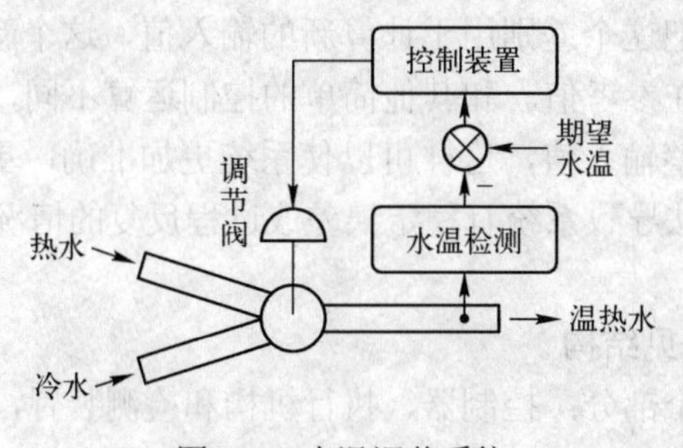

图 5-6　水温调节系统

总的控制思路：要把水温控制在 40℃，若水温偏低，则增大控制输出，即增大热 / 冷水流量的比值；若水温偏高，则减小控制输出，即减小热 / 冷水流量的比值。

（1）比例（P）控制

比例控制用来控制当前。误差值和一个负常数 K_P（表示比例）相乘，然后和预定值相加。这种控制器输出的变化与输入控制器的偏差成比例关系。如式（5-1）所示。

$$u(t)=u(0)+K_Pe(t) \tag{5-1}$$

在水温调节系统中，比例控制能达到的是：若水温偏低，则水温低得越多，就使控制输出增大得越多；若水温偏高，则水温高得越多，就使控制输出减小得越多。即控制量的大小大致与偏差成比例。

设在正常情况下，温度为 40℃时，水阀开度为 90°。如果受到扰动，使温度低于 40℃，则每降低 2℃，手柄就向热水方向转 5°；如果受到扰动，使温度高于 40℃，则每升高 2℃，手柄就向冷水方向转 5°。可见阀门的开度与温度的偏差成比例关系，即：

$$\beta=90-\frac{T-40}{2}\times 5 \tag{5-2}$$

比例控制的特点如下。

1）比例控制的结构最简单，只有一个比例系数，可以使输出在有扰动的情况下基本恒定。

2）比例系数的设置应适当，过小会导致调节作用太弱，系统变化过于缓慢，并产生较大误差；过大就会导致调节过头，偏差的一点点变化会相应产生很大的控制作用，容易引起系统输出上下波动，发生振荡。比例系数的确定是在响应的快速性与平稳性之间进行折中。

3）比例控制基于偏差，没有偏差就不能有控制，因此，不可能完全消除偏差。

（2）积分（I）

积分控制用来控制过去。误差值是过去一段时间的误差和，乘以一个负常数 K_I，然后和预定值相加。它是从过去的平均误差值来找到系统的输出结果和预定值的平均误差。如下式所示。

$$\frac{\mathrm{d}u(t)}{\mathrm{d}t}=K_I\cdot e(t) \tag{5-3}$$

或：

$$u(t)=u(0)+K_I\int_0^t e(t)\,\mathrm{d}t \tag{5-4}$$

一个简单的比例控制系统会振荡，会在预定值的附近来回变化，因为系统无法消除多余的误差。通过加上一个负的平均误差比例值，平均的系统误差值就会减少。所以，最终这个积分控制系统会在预定值定下来。

在水温调节系统中，积分控制能达到的是：若水温低于期望值，则将输入增大一些，如果还没有达到，就再增大一些，这样一点一点地调节，直到水温合适为止。控制输出包含偏差在时间上的累积，即对偏差的积分，可最终消除偏差。

设在正常情况下，温度为 40℃时，阀门开度为 90°。如果受到扰动，使温度低于 40℃，每低 2℃，手柄每秒钟向热水方向转 5°；如果受到扰动，使温度高于 40℃，每高 2℃，手柄每秒钟向冷水方向转 5°。可见阀门的开关的速度与温度的偏差成比例关系，即：

$$\frac{\Delta\beta}{\Delta t}=\frac{T-40}{2}\times 5 \tag{5-5}$$

积分控制的特点如下。

1）只要偏差不为零，偏差就不断累积，从而使控制量不断增大或减小，直到偏差为零为止。

2）积分控制一般和比例控制配合组成 PI 调节器，并不单独使用，原因是积分控制作用比较缓慢。例如，水温很低，也就是偏差很大，本应该大幅度增大输入量，使水温尽快上升，但若只有积分控制，则输入量只能逐渐增大，水温上升缓慢；而比例作用则是误差越大，控制作用越强。

3）比例控制是最基本的、不可缺少的控制作用，积分控制只是配合比例控制起作用。

（3）微分（D）

微分控制用来控制将来。是计算误差的一阶导数，并和一个负常数 K_D 相乘，最后和预定值相加。这个导数的控制会对系统的改变作出反应。导数的结果越大，控制系统就会对输出结果作出越快速的反应。这个 K_D 参数也是 PID 控制被称为可预测的控制器的原因。如下式所示。

$$u(t)=K_D\cdot\frac{de(t)}{dt} \tag{5-6}$$

K_D 参数对减少控制器短期的改变很有帮助。一些实际中的速度缓慢的系统可以不用 K_D 参数。用更专业的话来讲，PID 控制器可以被称作在频域系统的滤波器。这一点在计算它是否会最终达到稳定结果时很有用。如果数值挑选不当，控制系统的输入值会反复振荡，导致系统可能永远无法达到预设值。

在水温调节系统中，微分控制能达到的是：若扰动使水温升高，则应降低热 / 冷水比值，且升温速度越快，降低越多；反之若扰动使水温降低，则应增大热 / 冷水比值，且降低速度越快，增大越多；即控制作用与水温的变化率成正比。

设在正常情况下，温度为 40℃时，阀门开度为 90°。如果受到扰动，使温度低于 40℃，若每秒降 2℃，手柄就向热水方向转 5°；如果受到扰动，使温度高于 40℃，若每秒高 2℃，手柄就向冷水方向转 5°。可见阀门的开度与温度的偏差变化速度成比例关系，即：

$$\beta=\frac{T-40}{2t}\times 5 \tag{5-7}$$

微分控制的特点如下。

1）微分控制是基于偏差的变化率，在水温刚有变化趋势时，调节作用就开始了，所以微分控制具有“超前”或“预测”的性质，可以及时地抑制水温的变化。

2）微分控制只在系统的动态过程中起作用，系统达到稳态后微分作用对控制量没有影响，所以不能单独使用，一般是和比例、积分作用一起构成 PD 或 PID 调节器。

（4）PID 控制

PID（Proportion-Integration-Differentiation）是将比例、积分、微分控制加在一起的控制形式，PID 控制的原理及结构简单，使用方便。PID 控制的历史悠久，产生于 20 世纪初，先后有机械式、液动式、气动式、电子式等。PID 控制的适应面广，生命力强，至今仍为工程应用的主流，超过 80%的控制系统采用的是 PID 控制。

PID 控制的结构如图 5-7 所示。理想 PID 控制的表达式为：

$$u(t)=K_{\mathrm{P}}e(t)+K_{\mathrm{I}}\int e(t)\mathrm{d}t+K_{\mathrm{D}}\frac{\mathrm{d}e(t)}{\mathrm{d}t} \tag{5-8}$$

$$u(t)=K_{\mathrm{P}}\left(e(t)+\frac{1}{T_{\mathrm{i}}}\int e(t)\mathrm{d}t+T_{\mathrm{d}}\frac{\mathrm{d}e(t)}{\mathrm{d}t}\right) \tag{5-9}$$

式中，K_{P} 为比例增益；K_{I} 为积分增益；K_{D} 为微分增益；T_{i} 为积分时间；T_{d} 为微分时间；u 为操作量；e 为控制输出量 y 和给定值之间的偏差。

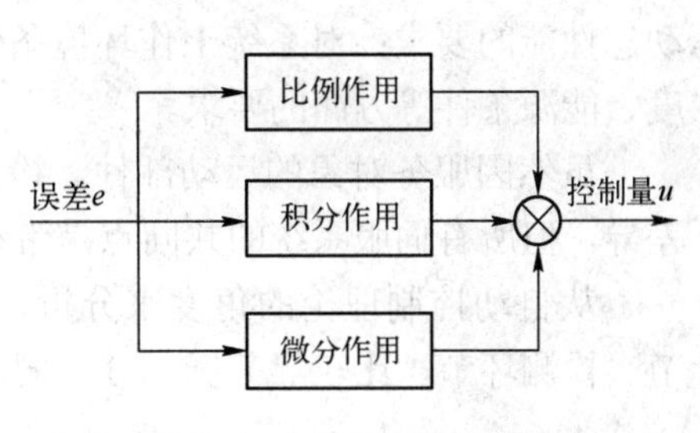

图 5-7 PID 控制的结构图

PID 控制的优缺点如下。

PID 控制到目前仍是机器人控制的一种基本的控制算法。

1）比例、积分、微分作用可根据需要进行不同组合，如 P 控制、PI 控制、PD 控制、PID 控制。PID 控制简单实用，工作原理简单，物理意义清楚，一线的工程师很容易理解和接受。

2）PID 控制的设计和调节参数少，且调整方针明确。

3）PID 控制是以简单的控制结构来获得相对满意的控制性能，控制效果有限，且对时变、大时滞、多变量系统等常常无能为力。

4）PID 控制是一种通用控制方式，广泛应用于各种场合，且不断改进和完善。

5.2.3 伺服控制系统

早期的工业机器人都用液压、气压方式来进行伺服驱动。随着大功率交流伺服驱动技术的发展，目前大部分被电气驱动方式所代替，只有在少数要求超大的输出功率、防爆、低运动精度的场合才考虑使用液压和气压驱动。电气驱动无环境污染，响应快，精度高，成本低，控制方便。

电气驱动按照驱动执行元件的不同又分为步进电动机驱动、直流伺服电动机驱动和交流伺服电动机驱动三种不同形式；按照伺服控制方式分可分为开环、闭环和半闭环伺服控制系统。

步进电动机驱动一般用在开环伺服系统中，这种系统没有位置反馈装置，控制精度相对较低，适用于位置精度要求不高的机器人中；交、直流伺服电动机用于闭环和半闭环伺服系统中，这类系统可以精确测量机器人关节和末端执行器的实际位置信息，并与理论值进行比较，把比较后的差值反馈输入，修改指令进给值，所以这类系统具有很高的控制精度。

1. 伺服系统的组成

伺服控制系统是用来精确地跟随或复现某个过程的反馈控制系统，又称为随动系统。在很多情况下，伺服系统专指被控制量（系统的输出量）是机械位移或位移速度、加速度的反馈控制系统，其作用是使输出的机械位移（或转角）准确地跟踪输入的位移（或转角）。伺服系统的结构组成和其他形式的反馈控制系统没有原则上的区别。

由于伺服系统服务对象很多，如机器人臂部位置控制、手部末端轨迹控制、计算机光盘驱动控制、雷达跟踪系统、进给跟踪系统等，因而对伺服系统的要求也有差别。工程上对伺服系统的技术要求很具体，可以归纳为以下几个方面：对系统稳态性能的要求；对伺服系统动态性能的要求；对系统工作环境条件的要求；对系统制造成本、运行的经济性、标准化程度、能源条件等方面的要求。

虽然因服务对象的运动部件、检测部件以及机械结构等的不同而对伺服系统的要求存在差异，但所有伺服系统的共同点是带动控制对象按照指定规律作机械运动。

从自动控制理论的角度来分析，伺服控制系统一般包括调节环节、被控对象、执行环节、检测环节、比较环节五部分。伺服系统组成原理框图如图 5-8 所示。

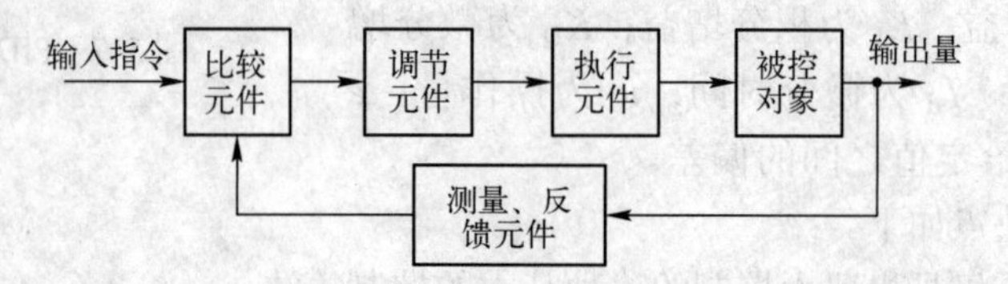

图 5-8 伺服系统组成原理框图

（1）比较环节

比较环节是将输入的指令信号与系统的反馈信号进行比较，以获得输出与输入间偏差信号的环节，通常由专门的电路或计算机来实现。

（2）调节环节

调节环节即控制器，通常是计算机或 PID 控制电路，其主要任务是对比较元件输出的偏差信号进行变换处理，以控制执行元件按要求动作。

（3）执行环节

执行环节的作用是按控制信号的要求，将输入的各种形式的能量转换成机械能，驱动被控对象工作。

（4）被控对象

被控对象是指被控制的机构或装置，是直接完成系统目的的主体。被控对象一般包括传动系统、执行装置和负载。

（5）检测环节

检测环节是指能够对输出进行测量并转换成比较环节所需要的量纲的装置，一般包括传感器和转换电路。

在实际的伺服控制系统中，上述每个环节在硬件特征上并不成立，可能几个环节在一个硬件中，如测速直流电动机既是执行元件又是检测元件。

2．伺服系统的结构

（1）开环伺服系统（Open loop）

若控制系统没有检测反馈装置则称为开环伺服系统。它主要由驱动电路、执行元件和被控对象三部分组成。常用的执行元件是步进电动机，通常以步进电动机作为执行元件的开环系统称为步进式伺服系统。驱动电路的主要任务是将指令脉冲转化为驱动执行元件所需的信号。开环伺服系统结构简单，但精度不是很高。

目前，大多数经济型数控机床采用开环控制结构。近年来，老式机床在数控化改造时，工作台的进给系统广泛采用开环控制，这种控制的结构简图如图 5-9 所示。数控装置发出脉冲指令，经过脉冲分配和功率放大后，驱动步进电动机和传动件累积误差。因此，开环伺服系统的精度低，一般可达到 0.01mm 左右，且速度也有一定的限制。

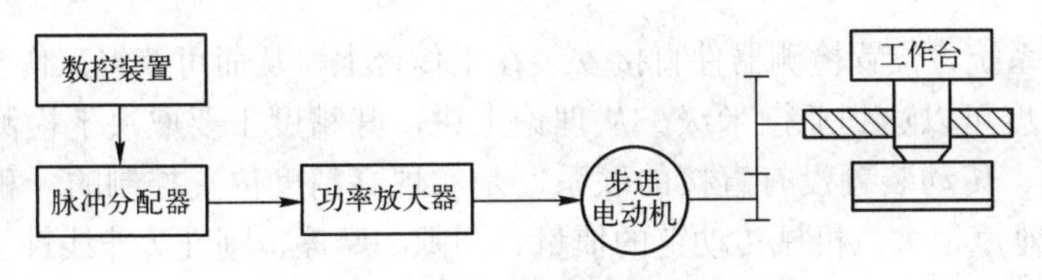

图 5-9　开环伺服系统结构简图

虽然开环控制在精度方面有不足，但其结构简单、成本低、调整和维修都比较方便。另外，由于被控量不以任何形式反馈到输入端，所以其工作稳定、可靠。因此，在一些精度、速度要求不是很高的场合，如线切割机、办公自动化设备中还是获得了广泛应用。

（2）半闭环伺服系统（Semi-closed loop）

通常把安装在电动机轴端的检测元件组成的伺服系统称为半闭环伺服系统，由于电动机轴端和被控对象之间存在传动误差，半闭环伺服系统的精度要比闭环伺服系统的精度低一些。如图 5-10 所示是一个半闭环伺服系统的结构简图。

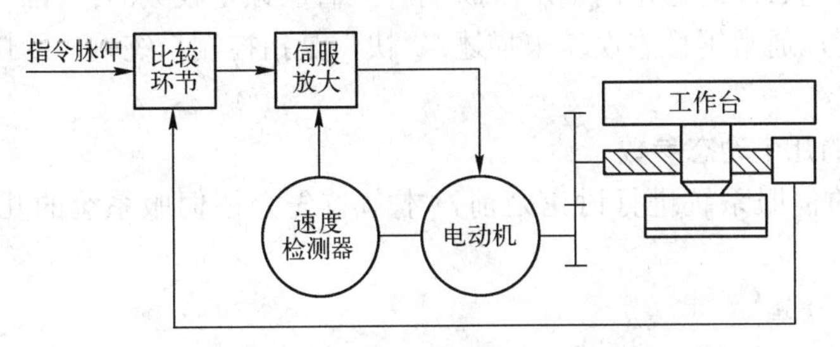

图 5-10　半闭环伺服系统结构简图

工作台的位置通过电动机上的传感器或是安装在丝杆轴端的编码器间接获得，它与全闭环伺服系统的区别在于其检测元件位于系统传动链的中间，故称为半闭环伺服系统。显然，由于有部分传动链在系统闭环之外，故其定位精度比全闭环的稍差。但由于测量角位移比测量线位移容易，并可在传动链的任何转动部位进行角位移的测量和反馈，故结构比较简单，调整、维护也比较方便。

由于将惯性质量很大的工作台排除在闭环之外，这种系统调试较容易、稳定性好，具有较高的性价比，被广泛应用于各种机电一体化设备。

（3）全闭环伺服系统（Full-closed loop）

如图 5-11 所示是一个全闭环伺服系统，安装在工作台上的位置检测器可以是直线感应同步器或长光栅，它可将工作台的直线位移转换成电信号，并在比较环节与指令脉冲相比较，所得到的偏差值经过放大，控制伺服电动机驱动工作台向偏差减小的方向移动。若数控装置中的脉冲指令不断地产生，工作台就不断随之移动，直到偏差等于零为止。

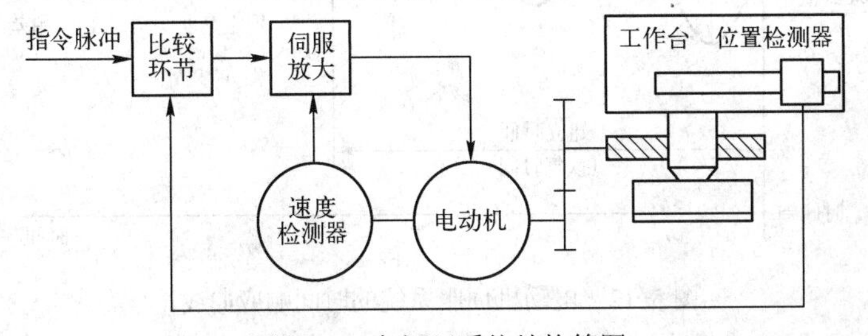

图 5-11　全闭环系统结构简图

全闭环伺服系统将位置检测器件直接安装在工作台上，从而可获得工作台实际位置的精确信息，定位精度可以达到亚微米级。从理论上讲，其精度主要取决于检测反馈部件的误差，而与放大器、传动装置没有直接的联系，是实现高精度位置控制的一种理想的控制方案。但实现起来难度很大，机械传动链的惯量、间隙、摩擦、刚性等非线性因素都会给伺服系统造成影响，从而使系统的控制和调试变得异常复杂，制造成本也会急速攀升。因此，全闭环伺服系统主要用于高精密和大型的机电一体化设备。

5.2.4 伺服系统的动态参数

1．阶跃响应

阶跃响应是指将一个阶跃输入加到系统上时，系统的输出随时间的变化而变化的响应曲线。稳态误差是指系统的响应度过暂态进入稳态后，对系统的期望输出与系统的实际输出之差。

控制系统的性能可以用稳、准、快三个字来描述。“稳”是指系统的稳定性，一个系统要能正常工作，首先必须是稳定的，从阶跃响应上看应该是收敛的；“准”是指控制系统的准确性、控制精度，通常用稳态误差来描述；“快”是指控制系统响应的快速性，通常用上升时间来定量描述。

2．伺服系统的几个动态参数

在对机器人的伺服系统进行讨论之前，本节首先介绍伺服系统的几个动态参数。如图 5-12 所示。

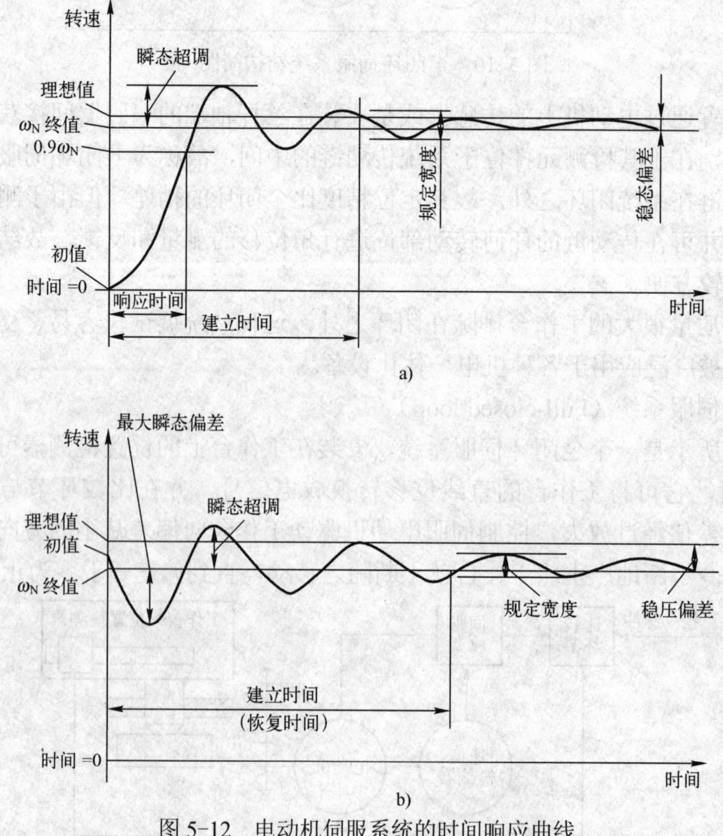

图 5-12　电动机伺服系统的时间响应曲线

a) 转速初值为零　b) 转速初值不为零

（1）超调量

伺服系统输入一个单位阶跃输入信号时，时间响应曲线上超出稳态转速的最大转速值（瞬态超调）对稳态转速（终值）的百分比叫做转速上升时的超调量。伺服系统运行在稳态转速，阶跃输入信号至零，时间响应曲线上超出零转速的反向转速的最大转速值（瞬态超调）对稳态转速的百分比叫做速度下降时的超调量。超调量应当尽量减小。

（2）转矩变化的时间响应

伺服系统正常运行时，对电动机突然施加转矩负载或突然卸载转矩负载，电动机转速随时间变化的曲线叫做伺服系统对转矩变化的时间响应。

（3）阶跃输入的转速响应时间

伺服系统输入由零到对应 ω_N 的阶跃信号，从阶跃信号开始至转速第一次达到 $0.9\omega_N$ 的时间称为阶跃输入的转速响应时间。

（4）建立时间

伺服系统输入由零到对应 ω_N 的阶跃信号，从输入信号开始至转速达到稳态转速（终值），并不再超过稳态转速（终值）±5%的规定宽度，所经历的时间叫做系统建立时间。

（5）频带宽度

伺服系统输入量为正弦波，随着正弦波信号频率逐渐升高，对应输出量相位滞后逐渐加大同时幅值逐渐减小，相位滞后增大到 90° 时或幅值减小至低频段幅值 0.707 时的频率叫做伺服系统的频带宽度。

（6）堵转电流

堵转电流也称为瞬时最大电流，它表示伺服电动机所允许承受的最大冲击负载和系统的最大加减速转矩。

5.3 交流伺服电动机的调速

5.3.1 交流伺服电动机的调速原理

调速即速度调节或速度控制，是指通过改变电动机的参数、结构或外加电信号（如供电电压、电流的大小或者频率）来改变电动机的速度，以满足工作机械的要求。

1. 电动机机械特性

调速要靠改变电动机的特性曲线来实现。如图 5-13a 中工作机械即负载的特性曲线为 M_L，通过调整装置改变的电动机特性曲线为 M_1、M_2 和 M_3，与直线 M_L 的交点分别为点 1、2 和 3。与其相对应的角速度为 Ω_1、Ω_2 和 Ω_3，即电动机产生不同的角速度，从而实现了调速。

相反，如果不改变电动机的特性，而靠改变负载转矩虽然也可以使速度变化，如图 5-13b 所示，负载转矩由 M_{L1} 增加到 M_{L2} 或 M_{L3}，虽然也可以使电动机速度降低，但这不是调速，而是负载扰动，在实际使用中不希望出现这种情况，这是稳速控制的主要问题。

电动机外加电压不变，转速随负载改变而变化的相互关系叫做机械特性，如果负载变化时，转速变化很小的叫做硬特性，转速变化大的叫做软特性。机械特性硬度为：

$$\beta = \frac{\mathrm{d}M}{\mathrm{d}\Omega} = \frac{M_N}{\Delta\Omega} \tag{5-10}$$

式中　β——机械特性硬度；

M_N——额定负载转矩；

$\Delta\Omega$——转速差。

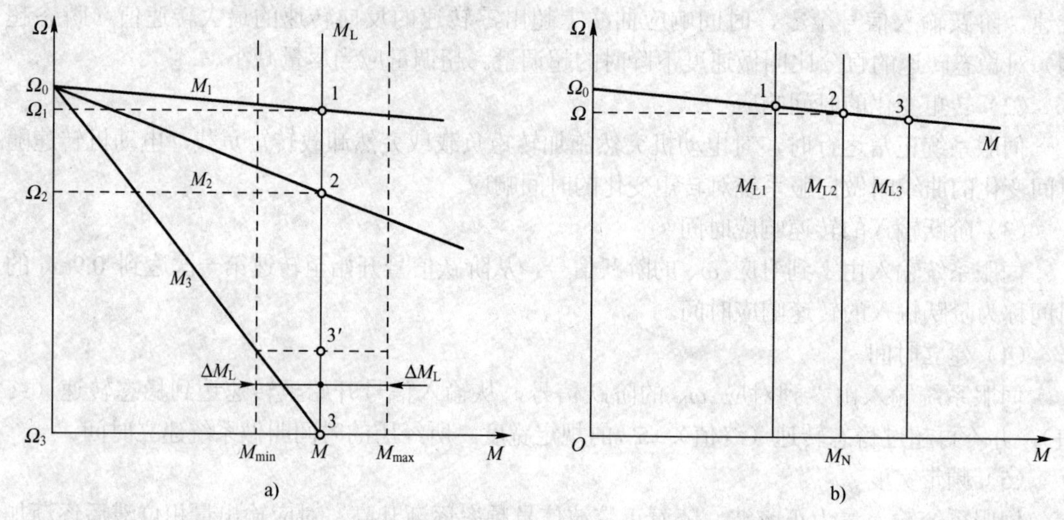

图 5-13　电动机速度变化的曲线

a) 调速时的特性曲线　b) 负载变化时的特性曲线

2．稳态精度

（1）转速变化率 s

转速变化率是指在电动机的某一条机械特性上（一般指额定状态）从理想空载到额定负载时的角速度降（Ω_1-Ω）与理想空载的角速度（Ω_0）之比。即：

$$s(\%)=\frac{\Omega_0-\Omega}{\Omega_0}\times 100\%=\frac{\Delta\Omega}{\Omega_0}\times 100\% \tag{5-11}$$

由于实际中无法做到理想空载，故可以认为小于额定负载 10%的负载即为空载。

转速变化率通常又称为静差率，在异步电动机中又相当于转差率。显然，它与机械特性硬度有关，如果机械特性是直线，则有：

$$s=\frac{\Delta\Omega}{\Omega_0}=\frac{\Delta\Omega}{M_N}\frac{M_N}{\Omega_0}=\frac{1}{\beta}\frac{M_N}{\Omega_0} \tag{5-12}$$

（2）调速精度 ε

调速装置或系统的给定角速度 Ω_g 与带额定负载时的实际角速度 Ω 之差与给定角速度 Ω_g 之比称为调速精度，即：

$$\varepsilon(\%)=\frac{\Omega_g-\Omega}{\Omega_g} \tag{5-13}$$

它标志着调速相对误差的大小，一般取可能出现的最大值作为指标。

（3）稳速精度 ε

在规定的运行时间 T 内，以一定的间隔时间 ΔT 测量 1s 内的平均角速度，取出最大值 Ω_{max} 和最小值 Ω_{min}，则稳速精度定义为最大角速度波动 $\Delta\Omega$ 与平均转速 Ω_d 之比。

如图 5-14 所示，有：

$$\delta(\%)=\frac{\Delta\Omega}{\Omega_{d}}\times100\%=\frac{\Omega_{max}-\Omega_{min}}{\Omega_{max}+\Omega_{min}}\times100\% \tag{5-14}$$

式中，$\Delta\Omega=(\Omega_{max}-\Omega_{min})/2$；$\Omega_{d}=(\Omega_{max}+\Omega_{min})/2$。

如果机械特性为直线，且 $\Omega_{max}=\Omega_{0}$，$\Omega_{min}=\Omega_{N}$，则有：

$$\delta=\frac{\Omega_{max}-\Omega_{min}}{\Omega_{max}+\Omega_{min}}-\frac{\Delta\Omega_{N}}{\Omega_{0}+\Omega_{0}-\Delta\Omega_{N}}=\frac{\Delta\Omega_{N}\beta}{(2\Omega_{0}-\Delta\Omega_{N})\beta}=\frac{M_{N}}{2\Omega_{0}\beta-M_{N}}$$

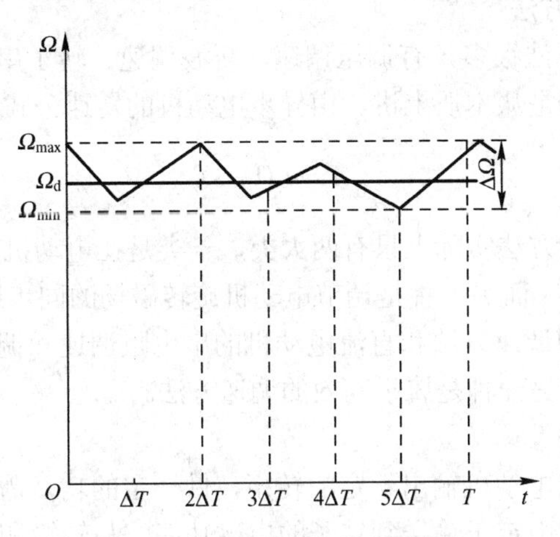

图 5-14　电动机的稳速精度

因此，机械特性曲线越平直即机械特性硬度越大，其稳速精度就越高。

调速精度与稳速精度是从不同的侧面提出的稳态精度要求，由于它们都与负载及内外扰动因素有关，因此有时不管是调速或稳速，都可取式（5-11）和式（5-14）中的任意一式作为稳态精度指标。

3．调速范围

在满足稳态精度的要求下，电动机可能达到的最高角速度 Ω_{max} 和最低角速度 Ω_{min} 的比值定义为调速范围，即：

$$D=\frac{\Omega_{max}}{\Omega_{min}} \tag{5-15}$$

在此，满足一定精度要求是不可缺少的条件，因为由图 5-13a 可知，调速上限点（点 1）受电动机固有特性的限制，而下限点（点 3）理论上为零，即 $D=\infty$。但是实际上这是不可能达到的，实际中总存在扰动和负载波动。如设负载波动范围为 ΔM_{L}，则转速最低能调至点 3'。如再往下调，则电动机将时转时停，或者根本不动。

由此可见，对稳态精度要求越高，则可能达到的调速范围越小；反之越大。换句话说，如果要求调速范围越大，则稳态精度应越低；反之越高。其机械特性为一组平行直线时，调速范围与稳态精度（即静差率）之间存在一定的制约关系。

设 $\Omega_{N}=\Omega_{max}$，即额定转速为最高转速；Ω_{0min} 为最低理想空载转速；$\Delta\Omega_{N}=\Omega_{0min}-\Omega_{max}$

为额定负载时最低转速下的转速降；$\Omega_{0\min}$ 为最低转速，则有：

$$D=\frac{\Omega_{\mathrm{N}}}{\Omega_{\min}}=\frac{\Omega_{\mathrm{N}}}{\Omega_{0\min}-\Delta\Omega_{\mathrm{N}}}=\frac{\Omega_{\mathrm{N}}}{\eta_{0\min}(1-\Delta_{\mathrm{N}}/\Omega_{0\min})}=\frac{\Omega_{\mathrm{N}}s}{\Delta\Omega_{\mathrm{N}}(1-s)}\approx\frac{\Omega_{\mathrm{N}}s}{\Delta\Omega_{\mathrm{N}}} \tag{5-16}$$

式中，$s=\dfrac{\Delta\Omega_{\mathrm{N}}}{\Omega_{\min}}$。由式（5-16）可知，调速范围受允许的静差率 s 和转速降 $\Delta\Omega_{\mathrm{N}}$ 的限制。

5.3.2 交流伺服电动机的调速方法

1．交流电动机调速方法

交流电动机的调速方法很多，有调压调速、斩波调速、转子串电阻调速、串级调速、滑差调速、变频调速等。但是从本质上讲，由异步电动机的转速公式：

$$n=n_{\mathrm{s}}(1-s) \tag{5-17}$$

可知，交流电动机的调速方法实际上只有两大类，一类是在电动机旋转磁场的同步速度 n_{s} 恒定的情况下调节转差率 s；而另一种是调节电动机旋转磁场的同步速度 n_{s}。

交流电动机的这两种调速方法和直流电动机的串电阻调速和调压调速类似，一种是属于耗能的低效调速方法，而另一种是属于高效的调速方法。

（1）高效的调速方法

在交流电动机中要让电动机输出一定的转矩，做一定的功，需要从定子侧通过旋转磁场输送一定的功率到转子。由定子输送到转子的电磁功率，与转矩和旋转磁场的速度乘积成正比。即：

$$P_{\mathrm{m}}=M\omega_{\mathrm{s}} \tag{5-18}$$

在一定转矩下调速的时候，如 ω_{s} 不变，则从定子侧输送到转子的电磁功率是不变的，要使电动机的转速提高只有增加转差率 s，即需要增加转子回路中的电阻，使它产生损耗，而异步电动机的输出公式为：

$$P_2=M\omega=M\omega_{\mathrm{s}}(1-s)=P_{\mathrm{m}}(1-s) \tag{5-19}$$

因此随着转速的降低，转差率 s 的增大，sP_{m} 增加，即在转子电阻上的损耗增加。如果采用改变旋转磁场的同步速度 ω_{s} 的办法进行调速，在一定的转矩下，s 基本不变，随着 ω_{s} 的降低，电动机的输入电磁功率 P_{m} 和输出功率 P_2 成比例下降，损耗没有增加，所以是一种高效的调速方法。

（2）低效的调速方法

异步电动机的调压调速、转子串电阻调速、滑差离合器调速、斩波调速等均是在旋转磁场不变的情况下调转差的调速方法，都是属于低效调速之列；至于串级调速，由于电动机旋转磁场的转速不变，所以它本质上也是一种调转差的调速方法，应属于低效调速方法。

2．变频调速方法

交流电动机高效调速方法的典型是变频调速，它既适用于异步电动机，也适用于同步电动机。交流电动机采用变频调速不但能无级调速，而且根据负载的特性不同，通过适当调节电压与频率之间的关系，可使电动机始终运行在高效的区域，并保证良好的动态性能，大幅降低电动机的起动电流，增加起动转矩。所以变频调速是交流电动机的理想调速方法。机器人使用的交流电动机调速方法主要是变频调速方式。

变频调速需要使用变频电源，按其特性分，变频电源分为电流源和电压源两大类。

（1）电压源逆变器

电压源逆变器的直流用电容滤波，其内阻抗比较小，输出电压比较稳定，其特性和普通市电相类似，能适用于多台电动机的开环并联运行和协同调速，电压源逆变器的输出电流可以突变，比较容易出现过电流，所以要有快速的保护系统。

电压源逆变器主要问题是它不能适应电动机四象限运行的要求，不能实现再生制动。

（2）电流源逆变器

电流源逆变器正好与电压源逆变器相反，在它的直流回路中接有较大的平波电抗器，用电感滤波，它的内阻抗比较大，输出电流比较稳定，出现过电流的可能性较小，对过载能力比较低的半导体器件来说比较安全。

但是异步电动机在电流源逆变器供电下，它的运行稳定性比较差，通常需要采用闭环控制和动态校正，才能保证电动机的稳定运行。它通常用于单台电动机的调速。

5.4 机器人控制系统结构

一般的伺服控制系统包括伺服执行元件（伺服电动机）、伺服运动控制器、功率放大器（又称为伺服驱动器）、位置检测元件等。伺服运动控制器的功能是实现对伺服电动机的运动控制，包括力、位置、速度等的控制。

某些机器人系统把各个轴的伺服运动控制器和功率放大器集成组装在控制柜内，如MOTOMAN机器人，这样实际上相当于由一台专用计算机控制。

5.4.1 机器人控制系统的基本组成

1．机器人控制系统的基本功能

机器人控制系统是机器人的重要组成部分，用于对操作机的控制，以完成特定的工作任务，其基本功能如下。

记忆功能：存储作业顺序、运动路径、运动方式、运动速度和与生产工艺有关的信息。

示教功能：离线编程，在线示教，间接示教。在线示教包括示教盒和导引示教两种。

与外围设备联系功能：输入／输出接口、通信接口、网络接口、同步接口。

坐标设置功能：有关节、绝对、工具、用户自定义四种坐标系。

人机接口：示教盒、操作面板、显示屏。

传感器接口：位置检测、视觉、触觉、力觉等。

位置伺服功能：机器人多轴联动、运动控制、速度和加速度控制、动态补偿等。

故障诊断安全保护功能：运行时系统状态监视、故障状态下的安全保护和故障自诊断。

2．机器人控制系统的基本组成

机器人控制系统的组成，如图5-15所示。

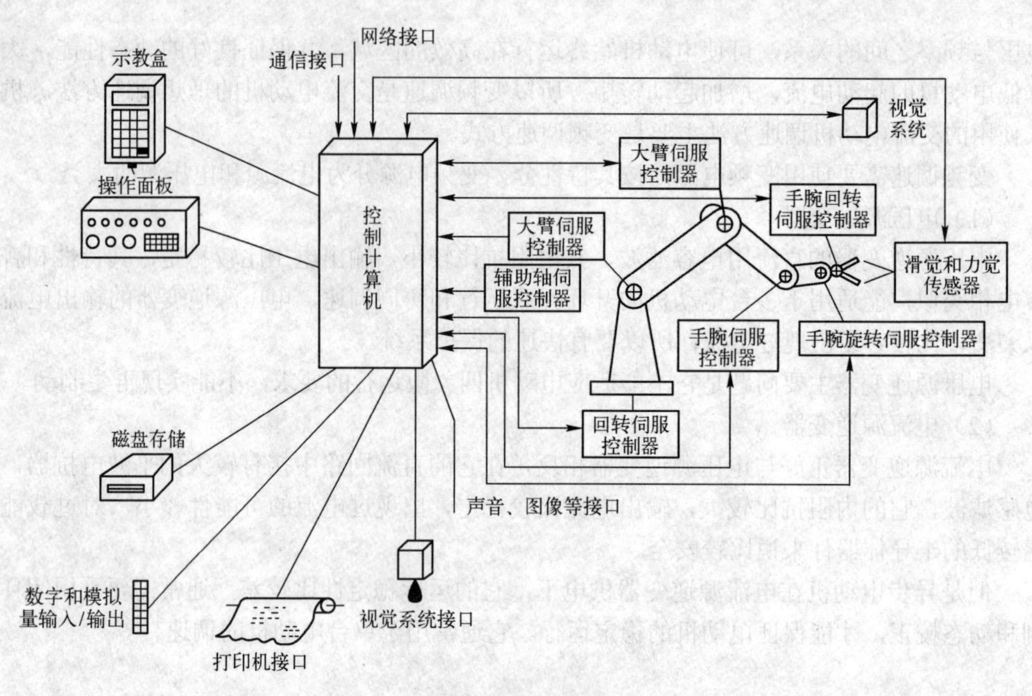

图 5-15　机器人控制系统的组成

1）控制计算机：控制系统的调度指挥机构。一般为微型机，微处理器有 32 位、64 位等，如奔腾系列 CPU 以及其他类型 CPU。

2）示教盒：示教机器人的工作轨迹和参数设定，以及所有人机交互操作，拥有自己独立的 CPU 以及存储单元，与主计算机之间以串行通信方式实现信息交互。

3）操作面板：由各种操作按键、状态指示灯构成，只完成基本功能操作。

4）磁盘存储：存储机器人工作程序的外围存储器。

5）数字和模拟量输入/输出：各种状态和控制命令的输入或输出。

6）打印机接口：记录需要输出的各种信息。

7）传感器接口：用于信息的自动检测，实现机器人柔顺控制，一般为力觉、触觉和视觉传感器。

8）伺服控制器：完成机器人各关节位置、速度和加速度控制。

9）辅助设备控制：用于和机器人配合的辅助设备控制，如手爪变位器等。

10）通信接口：实现机器人和其他设备的信息交换，一般有串行接口、并行接口等。

11）网络接口：与其他机器人以及上位管理计算机连接的 Ethernet 接口，可通过以太网实现数台或单台机器人的直接 PC 通信，数据传输速率高达 10Mbit/s，可直接在 PC 上用 Windows 库函数进行应用程序编程之后，支持 TCP/IP 通信协议，通过 Ethernet 接口将数据及程序装入各个机器人控制器中。与其他设备连接的多种现场总线接口有 Device net、Profibus-DP、CAN、Remote I/O、Interbus-s、M-NET 等。

5.4.2　机器人控制系统的基本结构

一个典型的机器人运动控制系统，主要由上位计算机、运动控制器、驱动器、电动机、执行机构和反馈装置构成，如图 5-16 所示。

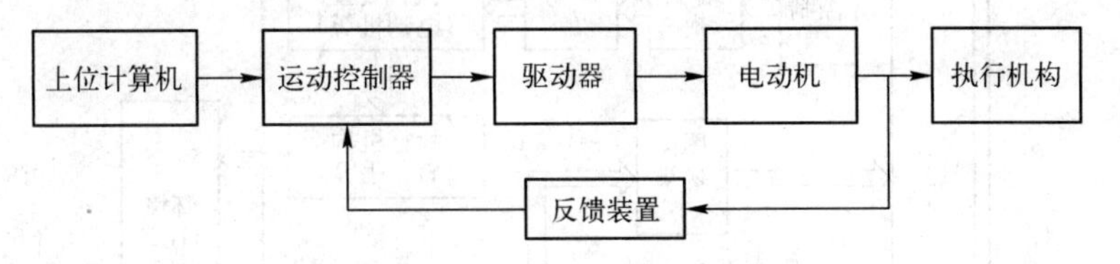

图 5-16 机器人控制系统的基本结构

一般地，工业机器人控制系统基本结构的构成方案有三种：基于 PLC 的运动控制、基于 PC 和运动控制卡的运动控制、纯 PC 控制。

1. 基于 PLC 的运动控制

PLC 进行运动控制有两种，如图 5-17 所示。

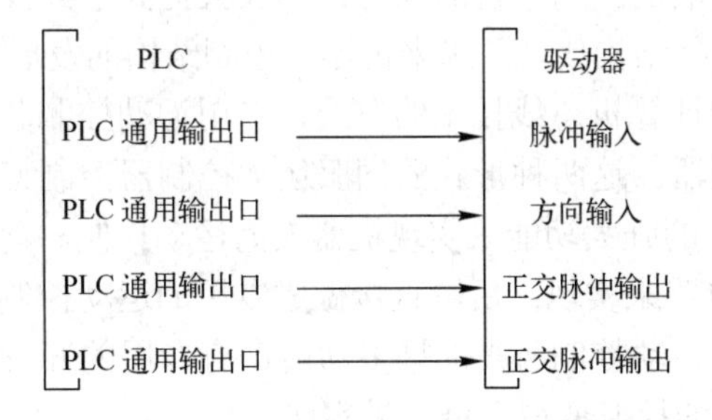

图 5-17 基于 PLC 的运动控制

1）利用 PLC 的某些输出端口使用脉冲输出指令来产生脉冲驱动电动机，同时使用通用 I/O 或者计数部件来实现电动机的闭环位置控制。

2）使用 PLC 外部扩展的位置模块来进行电动机的闭环位置控制。

2. 基于 PC 和运动控制卡的运动控制

运动控制器以运动控制卡为主，工控 PC 只提供插补运算和运动指令。运动控制卡完成速度控制和位置控制。如图 5-18 所示。

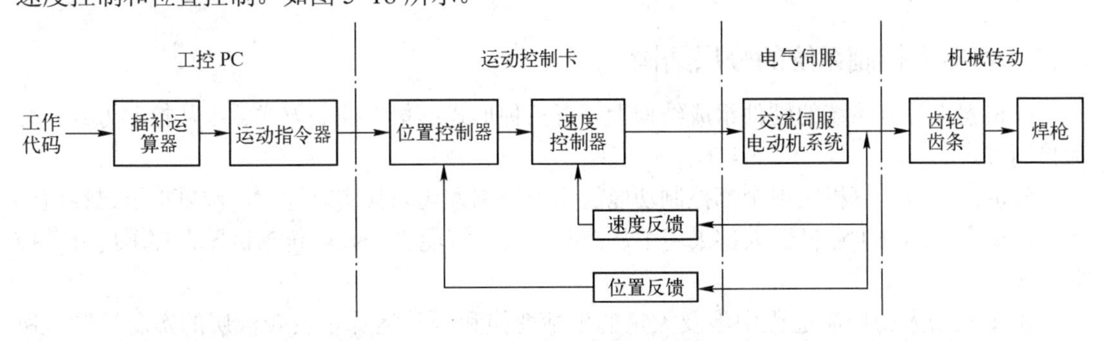

图 5-18 基于 PC 和运动控制卡的运动控制

3. 纯 PC 控制

图 5-19 为完全采用 PC 的全软件形式的机器人系统。在高性能工业 PC 和嵌入式 PC（配备专为工业应用而开发的主板）的硬件平台上，可通过软件程序实现 PLC 和运动控制等功能，实现机器人需要的逻辑控制和运动控制。

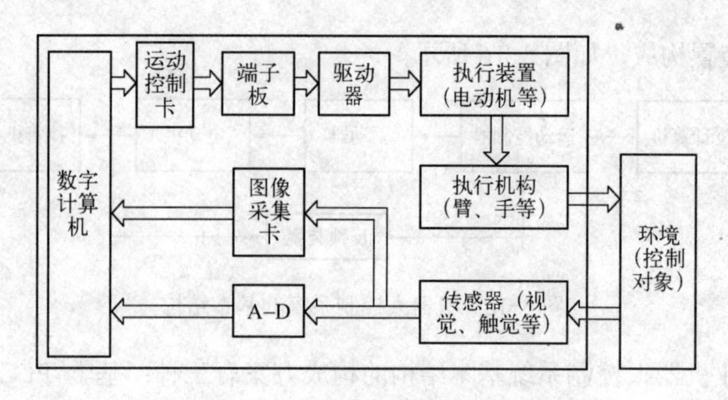

图 5-19　完全 PC 结构的机器人控制系统

通过高速的工业总线进行 PC 与驱动器的实时通信，能显著地提高机器人的生产效率和灵活性。不过，在提供灵活的应用平台的同时，也大大提高了开发难度和延长了开发周期。由于其结构的先进性，这种结构代表了未来机器人控制结构的发展方向。

随着芯片集成技术和计算机总线技术的发展，专用运动控制芯片和运动控制卡越来越多地作为机器人的运动控制器。这两种形式的伺服运动控制器控制方便灵活，成本低，都以通用 PC 为平台，借助 PC 的强大功能来实现机器人的运动控制。前者利用专用运动控制芯片与 PC 总线组成简单的电路来实现；后者直接做成专用的运动控制卡。这两种形式的运动控制器内部都集成了机器人运动控制所需的许多功能，有专用的开发指令，所有的控制参数都可由程序设定，使机器人的控制变得简单，易实现。

运动控制器都从主机（PC）接受控制命令，从位置传感器接受位置信息，向伺服电动机功率驱动电路输出运动命令。对于伺服电动机位置闭环系统来说，运动控制器主要完成了位置环的作用，可称为数字伺服运动控制器，适用于包括机器人和数控机床在内的一切交、直流和步进电动机伺服控制系统。

专用运动控制器的使用使得原来由主机完成的大部分计算工作由运动控制器内的芯片来完成，使控制系统硬件设计简单，与主机之间的数据通信量减少，解决了通信中的瓶颈问题，提高了系统效率。

5.4.3　机器人控制系统的分层结构

在机器人控制系统的硬件组成结构上，有三种形式：集中控制方式、主从控制方式和分散控制方式。

目前用一台计算机实现全部控制功能的集中控制方式因其实时性差、难以扩展已经遭到淘汰。现在大部分工业机器人都采用主从控制方式，智能机器人或传感机器人都采用分散控制方式。

由于机器人的控制过程中涉及大量的坐标变换和插补运算以及较低层的实时控制，所以，目前的机器人控制系统在结构上大多数采用分层结构的微型计算机控制系统，通常采用的是两级计算机伺服控制系统。

1．机器人控制系统工作过程

机器人控制系统具体的工作过程是：主控计算机接到工作人员输入的作业指令后，首先分析解释指令，确定手的运动参数，然后进行运动学、动力学和插补运算，最后得出机器人各个关节的协调运动参数。如图5-20所示。

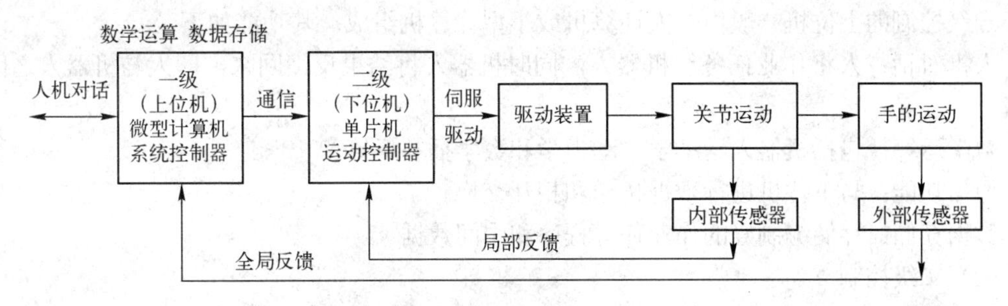

图5-20 机器人控制系统工作过程

这些参数经过通信线路输出到伺服控制级作为各个关节伺服控制系统的给定信号。

关节驱动器将此信号经D-A转换后驱动各个关节产生协调运动，并通过传感器将各个关节的运动输出信号反馈回伺服控制级计算机，形成局部闭环控制，从而更加精确地控制机器人手部按作业任务要求在空间运动。

在控制过程中，工作人员可直接监视机器人的运动状态，也可从显示器等输出装置上得到有关机器人运动的信息。此时，作为控制器部分的上位机中的PC或小型机完成人机对话、数学运算、通信和数据存储，下位机中的单片机或运动控制器，完成伺服控制。作为传感器部分的内部传感器完成自身关节运动状态的检测；外部传感器完成外部环境参数变化的检测。

2．机器人控制系统的硬件组成

在机器人控制系统的硬件组成结构上，现在大部分工业机器人都采用二级计算机控制。

第一级担负系统监控、作业管理和实时插补任务，由于运算工作量大，数据多，所以大都采用16位以上微型计算机或小型机。第一级运算结果作为伺服位置信号，控制第二级。

第二级为各关节的伺服系统，有两种可能方案：采用一台微型计算机控制高速脉冲发生器；使用几个单片机分别控制几个关节运动，如图5-21所示。

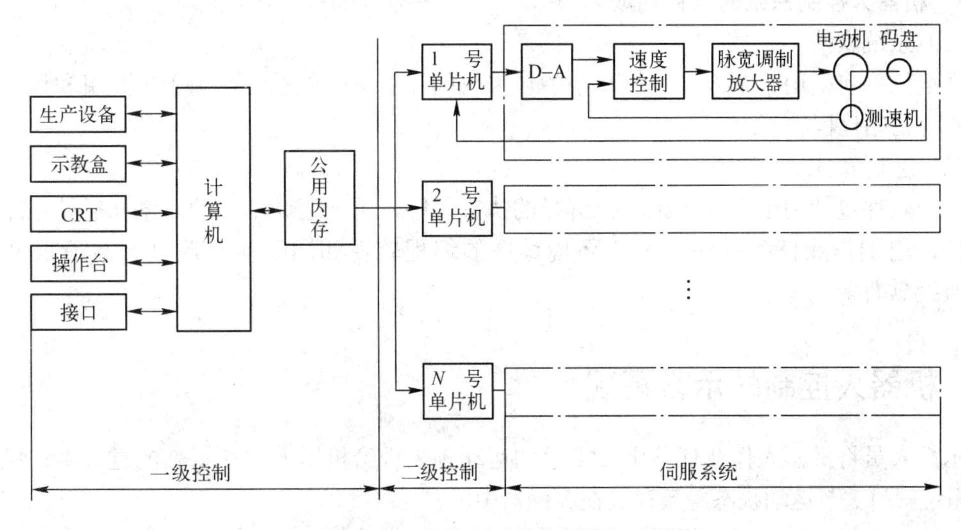

图5-21 机器人控制系统的硬件组成结构

（1）一级控制

一级控制的上位机一般由个人计算机或小型计算机组成，其功能如下。

人机对话：人将作业任务给机器人，同时机器人将结果反馈回来，即人与机器人之间的交流。

数学运算：包括机器人运动学、动力学和数学插补运算。

通信功能：与下位机进行数据传送和相互交换。

数据存储：存储编制好的作业任务程序和中间数据。

（2）二级控制

二级控制的下位机一般由单片机或运动控制器组成，其功能为：接收上位机的关节运动参数信号和传感器的反馈信号，并对其进行比较，然后经过误差放大和各种补偿，最终输出关节运动所需的控制信号。

（3）伺服系统

伺服系统的核心是运动控制器，一般由数字信号处理器及其外围部件组成，可以实现高性能的控制计算，同步控制多个运动轴，实现多轴协调运动。应用领域包括机器人、数控机床等。

（4）内部传感器

内部传感器的主要目的是对自身的运动状态进行检测，即检测机器人各个关节的位移、速度和加速度等运动参数，为机器人的控制提供反馈信号。机器人使用的内部传感器主要包括位置、位移、速度和加速度等传感器。

（5）外部传感器

机器人要能在变化的作业环境中完成作业任务，就必须具备类似于人类对环境的感觉功能。将机器人用于对工作环境变化检测的传感器称为外部传感器，有时也拟人地称为环境感觉传感器或环境感觉器官。目前，机器人常用的环境感觉技术主要有视觉、听觉、触觉、力觉等。

3．机器人控制系统的软件组成

（1）系统软件

系统软件包括用于个人计算机和小型计算机的计算机操作系统，用于单片机和运动控制器的系统初始化程序等。

（2）应用软件

应用软件包括用于完成实施动作解释的执行程序，用于运动学、动力学和插补程序的运算软件，用于作业任务程序、编制环境程序的编程软件和用于实时监视、故障报警等程序的监控软件等。

5.5　机器人控制的示教再现

示教人员将机器人作业任务中要求手的运动预先教给机器人，在示教的过程中，机器人控制系统就将关节运动状态参数存储在存储器中。

当需要机器人工作时，机器人的控制系统就调用存储器中存储的各项数据，驱动关节运动，使机器人再现示教过的手的运动，由此完成要求的作业任务。如图 5-22 所示。

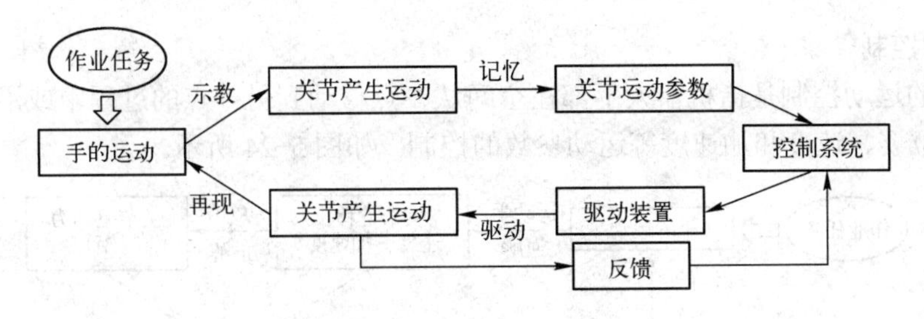

图 5-22　机器人控制的示教再现

5.5.1　机器人的示教方式

1．示教方式

机器人示教的方式种类繁多，总的可以分为集中示教方式和分离示教方式。

（1）集中示教方式

将机器人手部在空间的位姿、速度、动作顺序等参数同时进行示教的方式称为集中示教方式，示教一次即可生成关节运动的伺服指令。

（2）分离示教方式

将机器人手部在空间的位姿、速度、动作顺序等参数分开单独进行示教的方式称为分离示教方式，一般需要示教多次才可生成关节运动的伺服指令，但其效果要好于集中示教方式。

（3）点对点控制

当对用点位（PTP）控制的点焊、搬运机器人进行示教时，可以分开编制程序，且能进行编辑、修改等工作，但是机器人手部在作曲线运动而且位置精度要求较高时，示教点数就会较多，示教时间就会拉长，且在每一个示教点处都要停止和启动，因此很难进行速度的控制。

（4）连续轨迹控制

当对用连续轨迹（CP）控制的弧焊、喷漆机器人进行示教时，示教操作一旦开始就不能中途停止，必须不间断地进行到底，且在示教途中很难进行局部的修改。示教时，可以是手把手示教，也可通过示教盒示教。

2．记忆过程

在示教的过程中，机器人关节运动状态的变化被传感器检测到，经过转换，再通过变换装置送入控制系统，控制系统就将这些数据保存在存储器中，作为再现示教过的手的运动时所需要的关节运动参数数据。如图 5-23 所示。

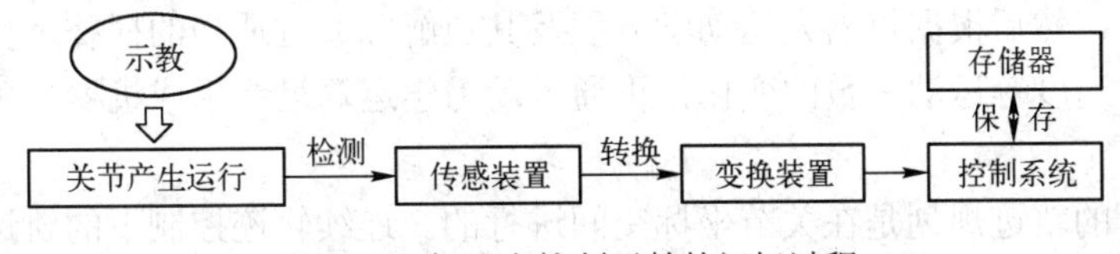

图 5-23　机器人控制示教的记忆过程

1）记忆速度：取决于传感器的检测速度、变换装置的转换速度和控制系统存储器的存储速度。

2）记忆容量：取决于控制系统存储器的容量。

3. 运动控制

机器人的运动控制是指机器人手部在空间从一点移动到另一点的过程中或沿某一轨迹运动时，对其位姿、速度和加速度等运动参数的控制。如图 5-24 所示。

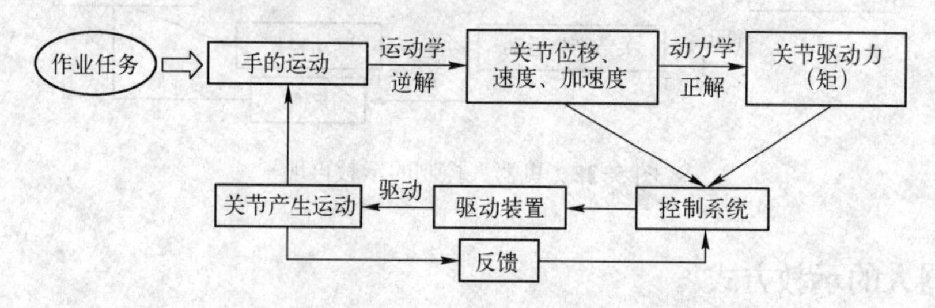

图 5-24 机器人控制示教的运动控制

由机器人运动学可知，机器人手部的运动是由各个关节的运动引起的，所以控制机器人手部的运动实际上是通过控制机器人各个关节的运动实现的。

（1）控制过程

根据机器人作业任务中要求的手部运动，通过运动学逆解和数学插补运算得到机器人各个关节运动的位移、速度和加速度，再根据动力学正解得到各个关节的驱动力（矩）。机器人控制系统根据运算得到的关节运动状态参数控制驱动装置，驱动各个关节产生运动，从而合成手在空间的运动，由此完成要求的作业任务。

（2）控制步骤

第一步：关节运动伺服指令的生成，即将机器人手部在空间的位姿变化转换为关节变量随时间按某一规律变化的函数。这一步一般可离线完成。

第二步：关节运动的伺服控制，即采用一定的控制算法跟踪执行第一步所生成的关节运动伺服指令，这是在线完成的。

5.5.2 关节运动的伺服指令生成

1. 轨迹规划

机器人关节运动伺服指令的轨迹规划生成方法是指根据作业任务要求的机器人手部在空间的位姿、速度等运动参数的变化，通过机器人运动学方程的求解和各种插补运算等数学方法最终生成相应的关节运动伺服指令。

2. 轨迹规划的实现过程

在对机器人进行轨迹规划时，首先要对机器人的作业任务进行描述，得到机器人手部在空间的位姿变化，然后根据机器人运动学方程及其逆解并通过适当的插补运算求出机器人各个关节的位移、速度等运动参数的变化，再通过动力学运算最终生成机器人关节运动所需的伺服指令。

点位控制下的轨迹规划是在关节坐标空间进行的。连续轨迹控制下的轨迹规划是在直角坐标空间进行的。

（1）点位控制下的轨迹规划

步骤：第一步，由手的位姿得到对应关节的位移（已知机器人起点和终点的位姿）；第二步，不同点对应关节位移之间的运动规划（已知机器人起点和终点的关节变量取值）；第三步，由关节运动变化计算关节驱动力（矩）（已知机器人关节的运动速度和加速度）。

在关节坐标空间进行轨迹规划时，要注意关节运动时加速度的突变引起的刚性冲击，严重时可使机器人产生较大的振动，而且在关节坐标空间内规划的直线只表示它是某个关节变量的线性函数，当所有关节变量都规划为直线时，并不代表机器人手部在直角坐标空间中的路径就是直线。关节坐标空间的轨迹规划是直角坐标空间轨迹规划的基础。

（2）连续轨迹控制下的轨迹规划

步骤：第一步，连续轨迹离散化；第二步。点位控制下的轨迹规划。

有了各个离散点处的位姿，就可以用点位控制下的轨迹规划实现方法，从而完成连续轨迹控制下的轨迹规划。至此，在直角坐标空间中两点之间连续路径的轨迹规划就全部完成了。

5.5.3 控制软件与机器人示教实例

1．控制软件的一般界面

一般一个定型的机器人的实用软件，能够完成诸如参数设置、状态监控、示教、运动学分析、文件管理、程序控制与管理、错误提示等任务。

（1）参数设置

参数设置主要包括各关节的起点、终点位置设置、速度设置以及加减速度设置。如图 5-25 所示。

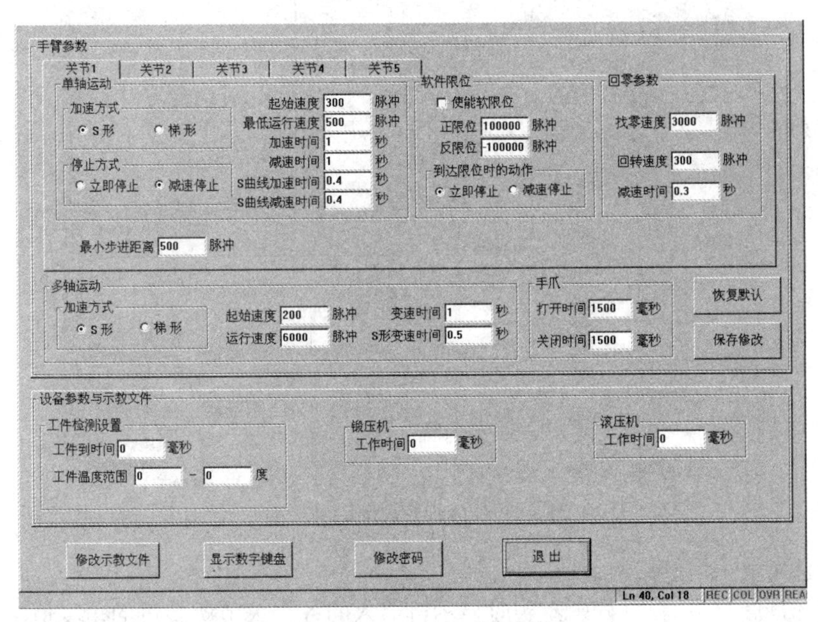

图 5-25　控制软件的参数设置界面

（2）状态显示

各关节运行、停止、报警、左右限位以及系统总的运行模式显示。

（3）控制运动

选择运动控制功能时，会出现如图 5-26 所示界面，它可以控制各个模块或关节进行运动。

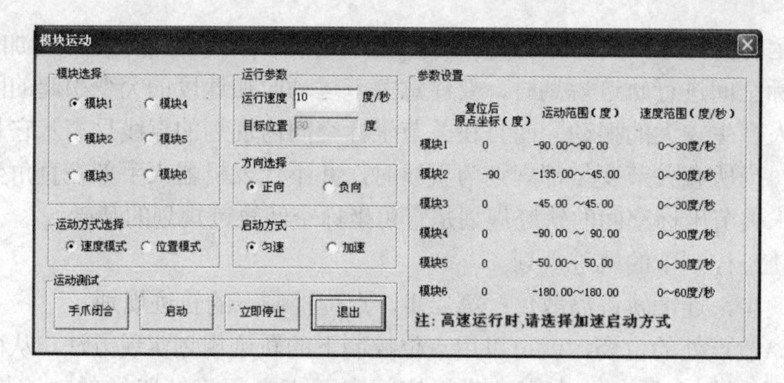

图 5-26 控制软件的运动控制界面

首先选定要运动的模块（关节），选择运动方式和启动方式，填写运动参数，包括运动速度，目标位置，选择模块方向，然后单击“启动”按钮，模块开始运动。在运动期间，单击“立即停止”按钮，会立即停止模块的运动。单击“手爪张开”按钮，会控制机器人的手爪张开，同时该按钮会变为“手爪闭合”，再次单击会使机器人的手爪闭合。

2．控制软件的示教过程

示教主要是记录运行的数据，存入文件，以备调用。如图 5-27 所示。

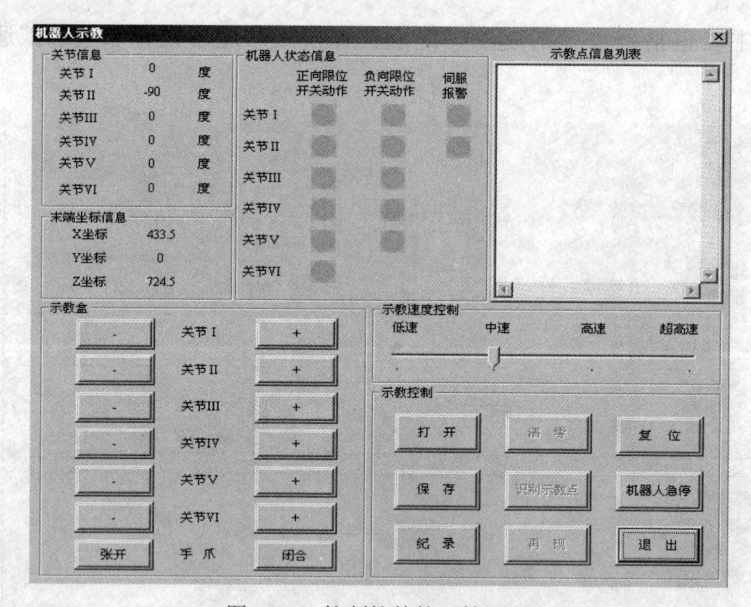

图 5-27 控制软件的示教界面

（1）信息显示

1）关节信息：在示教过程中，实时显示机器人的各个关节所转过的角度值。

2）状态信息：在示教过程中，显示各个关节信号状态，无效时软件中图标为绿色，有效时图标变为红色。

3）坐标信息：在示教过程中，实时显示机器人末端的坐标位置。

4）速度控制：通过拖拉水平滚动条来调整示教的速度，由低到高共分为 4 档。

（2）示教盒

每个关节都有两个按钮，“+”是正向运动按钮，“-”是负向运动按钮。

持续按下机器人某一模块的正向运动按钮或负向运动按钮时，机器人的这个模块就会一直作正向或负向运动，松开按钮时，机器人的该模块运动停止。

使用手爪：单击“手爪闭合”按钮时，手爪会闭合。单击“手爪张开”按钮时，手爪会张开。

（3）示教控制

1）启动控制软件后，观察机器人的各个模块是否在零位，如果不在零位须先操作复位机器人。

2）利用模块运动的示教按钮对机器人的各个模块进行控制，当控制模块运动到指定位置后，单击“记录”按钮，记录下这个示教点，同时示教列表中也会相应地多出一条示教记录。

3）当所有的示教完毕之后，就可以将其作为一个示教文件进行永久保存，单击“保存”按钮，把示教数据保存起来。

4）需要时单击“打开”按钮，可以加载以前保存的示教文件，加载后示教列表中会显示示教数据的内容，如图 5-28 所示。

5）加载后，选择再现方式，如果选择“单次”，只示教一次，如果选择“连续”，机器人会不断地重复再现示教列表中的动作。

6）对于示教和加载的示教数据可以通过单击“清零”按钮将其清除。

7）在机器人运动过程中，单击“急停”按钮就会停止机器人的运动。

（4）示教列表

在示教过程中，每保存一步，就在示教列表中记录各个关节的坐标值。如图 5-28 所示。

示教列表

```
X:-27.481, Y:-90.000, Z:0.000, U:0.000, V:0.000, W:0.000, S:12.000000, H:1
X:-27.481, Y:-62.482, Z:4.471, U:0.000, V:-37.450, W:0.000, S:12.000000, H:1
X:-27.473, Y:-48.147, Z:-14.923, U:0.000, V:-32.378, W:0.000, S:12.000000, H:1
X:-27.466, Y:-45.022, Z:-26.456, U:0.000, V:-23.956, W:0.000, S:12.000000, H:1
X:-27.466, Y:-57.228, Z:-36.643, U:0.000, V:-2.684, W:0.000, S:12.000000, H:1
X:34.774, Y:-57.228, Z:-36.643, U:0.000, V:-2.684, W:0.000, S:12.000000, H:1
X:34.774, Y:-49.372, Z:-30.136, U:0.000, V:-19.819, W:0.000, S:12.000000, H:1
X:24.770, Y:-52.647, Z:-25.488, U:0.000, V:-21.185, W:0.000, S:12.000000, H:1
X:24.765, Y:-46.740, Z:-39.056, U:0.000, V:-13.514, W:0.000, S:12.000000, H:1
X:24.760, Y:-59.520, Z:-21.007, U:0.000, V:-18.772, W:0.000, S:12.000000, H:1
```

图 5-28　示教列表

（5）形成程序

对于一些机器人及其软件系统，在完成示教之后，除了形成坐标与速度序列数据之外，还会生成按照其语言编制的程序。如图 5-29 所示。

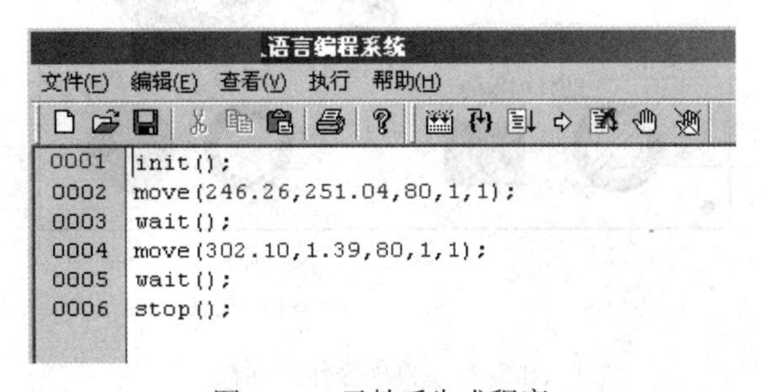

图 5-29　示教后生成程序

5.6 机器人控制系统举例

5.6.1 MOTOMAN UP6 概述

MOTOMAN UP6 是日本安川公司 MOTOMAN 系列工业机器人中的一种，其运动控制系统采用专用的计算机控制系统。该计算机控制系统能完成系统伺服控制、操作台和示教盒控制、显示服务、自诊断、I/O 通信控制、坐标变换、插补计算、自动加速和减速计算、位置控制、轨迹修正、多轴等脉冲分配、平滑控制原点减速点开关位置检测、反馈信号同步以及倍频、分频、分向控制等众多功能。

和目前大部分工业机器人一样，MOTOMAN UP6 采用示教-再现的工作方式。在示教和再现过程中，计算机控制系统均处于边计算边工作的状态，且系统具有实时中断控制和多任务处理功能。工作过程中数据的传输、方式的切换、过冲报警、升温报警等多种动作的处理都能随机发生。

控制系统封装成控制柜的形式，控制柜名称为 YASNAC XRC（以下简称 XRC），控制柜外形如图 5-30 所示。其正面有主电源开关、再现操作盒，示教编程器通过电缆连接于其上。再现操作盒上主要设有再现时所必需的操作键和按钮，其外形和操作按钮如图 5-31 所示。示教编程器上设有对机器人进行示教和编程所需的操作键，其结构如图 5-32 所示。

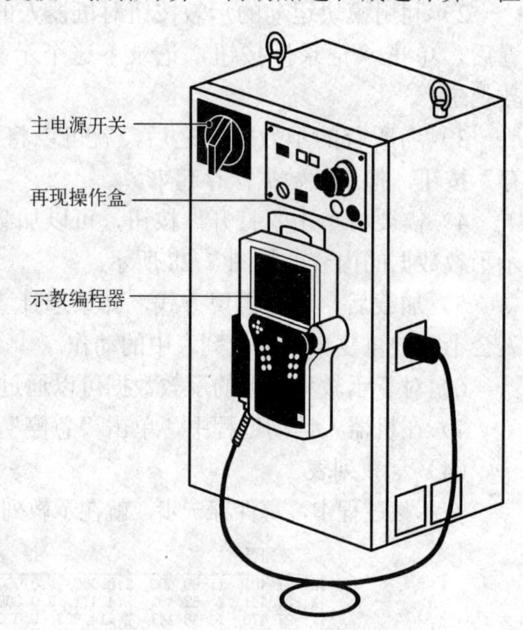

图 5-30 MOTOMAN UP6 控制柜（YASNAC XRC）外形

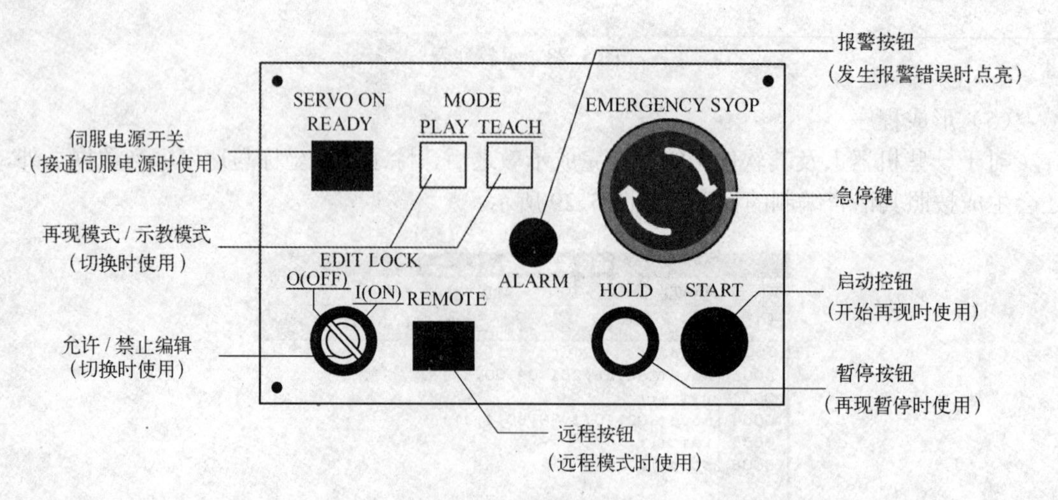

图 5-31 再现操作盒面板

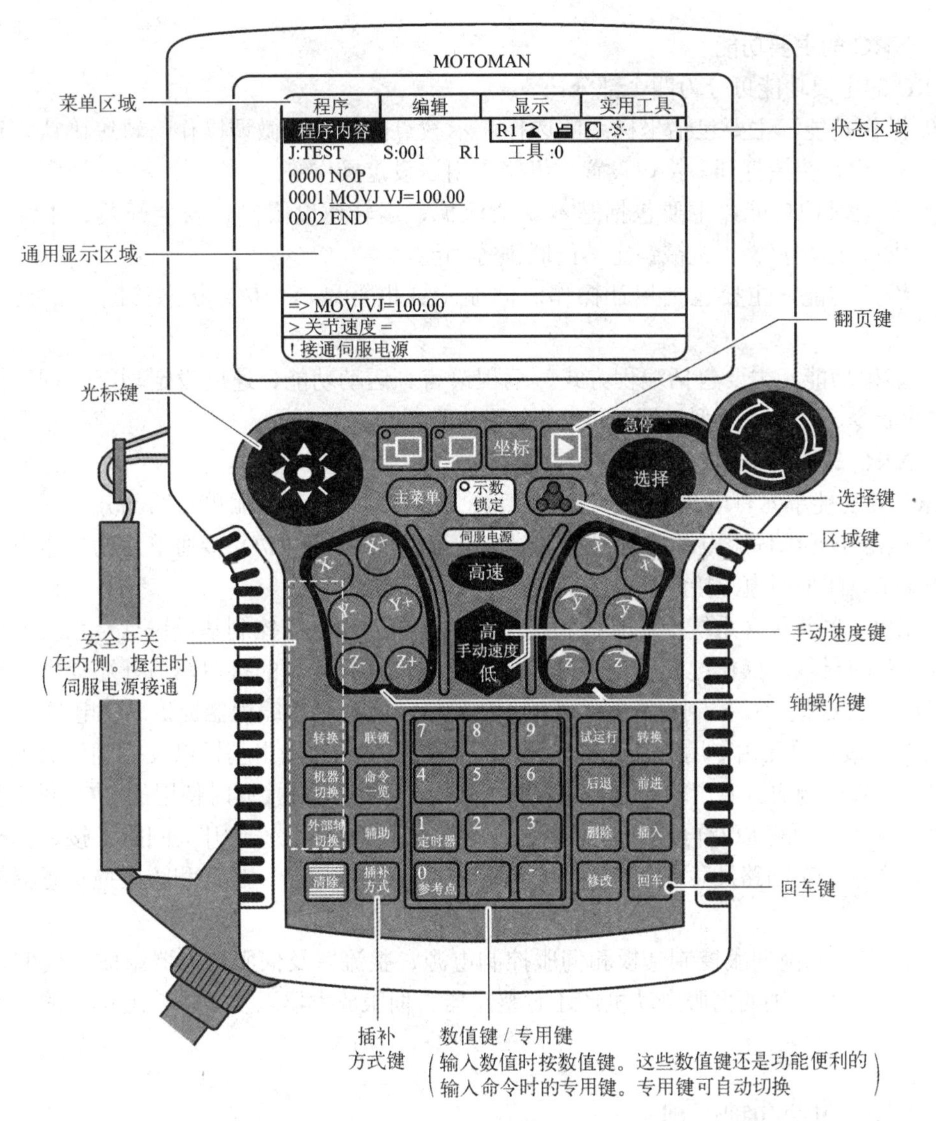

图 5-32 示教编程器

示教编程器上部的液晶显示屏为通用显示区域，用来显示菜单、机器人工作状态和机器人工作程序；下部为按键区域，有轴操作键、数值键/专用键、手动速度键、插补方式键、光标键、区域键、选择键、翻页键及回车键等。轴操作键对机器人的 6 个轴进行正、反两个方向的操作，这 6 个轴分别为关节坐标系下的基本轴（S 轴、L 轴和 U 轴）及腕部轴（R 轴、B 轴和 T 轴），或者操作直角坐标系下随 X、Y、Z 的移动和绕腕部三个方向的转动。

5.6.2 MOTOMAN UP6 的 XRC 的功能

MOTOMAN UP6 的 XRC 采用单元或模块方式，各功能板采用立体安装。其位置控制方式采用绝对式编码器的串行通信方式，伺服系统驱动方式为 AC 伺服驱动，速度控制采用软件伺服控制方式，内存容量为可以容纳 5000 个程序点、3000 条命令。

1．XRC 的主要功能

XRC 的主要功能可分为四个部分。

1）操作功能，主要包括坐标系的选择、示教点的修正、微调操作、轨迹确认、速度调整、时间设定、快捷打开、接口设置、机器人用途设定操作等。

2）安全保护功能，主要包括基本安全保护、运转速度限制、安全开关、干涉区域监视、自诊断、用户报警、机械锁定、门联锁等功能。

3）维护功能，主要包括累计操作时间显示、报警显示、I/O 状态诊断、工具常数检验等。

4）编程功能，主要包括编程方式、编程语言、运动功能、速度设定功能、程序控制功能、作业命令、变量及类型设置、I/O 命令等功能。

2．XRC 的主要单元

XRC 的功能单元有电源单元、CPU 单元、I/O 接通单元和伺服单元四部分。

1）电源单元由伺服电源接触器和电路滤波器构成。来自 I/O 接通单元的伺服电源控制信号打开或关闭伺服电源接触器，从而给伺服单元提供电源。

2）CPU 单元包含系统控制基板和控制电源的单元，系统控制基板进行全系统的控制、示教编程器的显示、操作键的管理，操作控制，提供插补运算的接口，另外还提供计算机卡接口和 RS-232C 接口；控制电源的单元给 I/O 接通单元和示教编程器提供 DC 电源。

3）I/O 接通单元由专用的输入、输出基板和通用输入、输出基板以及控制伺服电源接通程序的接通基板构成。专用输入、输出基板主要包含伺服电源接通时使用的 I/O 回路及急停回路等专用 I/O 回路以及再现操作盒专用的 I/O、直接输入及安全开关回路。接通基板提供伺服电源接通 I/O 回路及急停 I/O 回路、制动电源回路及输出、超程和防碰撞传感器的电源输出。

4）伺服单元由伺服控制基板和伺服控制电源、整流器及伺服放大器组成。伺服控制基板控制机器人 6 个轴的伺服电动机，还对整流器、伺服放大器以及 I/O 接通单元的接通基板进行控制。

5.6.3　XRC 的外部轴控制

一台 MOTOMAN UP6 机器人的控制系统除了控制本体的 6 个关节轴外，还可以有另外 15 个含有伺服驱动器和伺服电动机的伺服单元，这 15 个伺服系统称为外部轴。

增加的外部轴必须为安川公司提供的产品才能与本体协调工作。外部轴的作用是与机器人机械本体相配合，使工件变位或移位，达到机器人的最佳作业位置。例如，在焊接应用中可以增加 2 个自由度的变位机使工件多个侧面处于最佳焊接位置，增加 X-Y 工作台使机器人手部的行程范围加大等。如果增加 6 个外部轴驱动另一台机器人的本体，还可实现两台机器人的双机协调控制。

作业与思考题

1．机器人控制系统的特点有哪些？

2．机器人有哪些控制方式？

3．机器人的控制功能有哪些？
4．说说机器人控制系统的基本单元。
5．什么是开环控制系统？什么是闭环控制系统？有什么区别？
6．什么是模拟控制系统？什么是数字控制系统？有哪些异同？
7．画出闭环控制系统的框图，如果是数字闭环控制系统呢？
8．什么是比例控制？比例控制的特点是什么？
9．什么是积分控制？积分控制的特点是什么？
10．什么是微分控制？微分控制的特点是什么？
11．什么是伺服控制系统？有哪些环节？与闭环控制系统有哪些异同？
12．说说全闭环与半闭环伺服控制系统的含义，二者有何不同？通常用在何处？
13．说说三个典型液压伺服控制系统的原理，分别适用于何种场合？
14．伺服控制系统的动态参数有哪些？分别表示何种含义？
15．什么是转速变化率？
16．什么是调速精度？什么是稳速精度？有什么区别？
17．什么是调速范围？受何种参数限制？有何种含义？
18．交流电动机的调速方法有哪些？分别用于何种场合？
19．说说机器人控制系统的基本结构。它们有什么区别与联系？
20．画出机器人控制系统的硬件组成，各部分有什么功能？
21．机器人控制的示教方式有哪些种类？记忆过程和控制过程的用途和原理有哪些？
22．关节运动的伺服控制有哪些方法？
23．书中机器人示教控制软件的界面包含哪些因素？请叙述这种控制软件的示教过程。
24．示教过程与形成的示教列表和程序之间是什么关系？
25．运动控制器芯片与运动控制器是什么关系？运动控制器用来做什么？
26．MOTOMAN UP6 机器人由哪些设备组成，能完成什么功能？
27．控制柜能完成什么功能？其上有何种操作设备，每种设备能完成什么操作？

第6章　机器人的感觉系统

【内容提要】

本章主要介绍了机器人的感觉系统。内容包括机器人与人的感官能力，机器人传感器的分类；机器人的位置传感器、角度传感器、速度传感器、姿态传感器等内部传感器；机器人的触觉传感器、力觉传感器、距离传感器、听觉传感器等外部传感器；机器人的视觉系统组成、原理；机器人传感器的要求、评价与选择。

【教学提示】

学习完本章的内容后，学生应能够：了解机器人的感官能力，熟悉机器人传感器的分类；能熟练地分析机器人的感觉和传感器的类别；熟练掌握机器人的位置传感器、角度传感器、速度传感器、姿态传感器等内部传感器的原理、结构；能够解释机器人结构中常见的内部传感器及其作用；熟练掌握机器人的触觉传感器、力觉传感器、距离传感器、听觉传感器、视觉传感器等外部传感器的组成、原理、结构、特性；能够运用这些传感器解决机器人与外部环境的沟通问题；熟练掌握机器人对传感器的各种要求；能够正确评价和选择各类传感器。

6.1　机器人的传感技术

如果说机器人可以被定义为计算机控制的能模拟人的感觉、手工操纵和具有自动行走能力的而又足以完成有效工作的装置。那么，机器人传感器可以被定义为一种能把机器人目标物特性（或参量）变换为电量输出的过程。而机器人，则通过传感器实现类似于人类的知觉作用。

机器人感觉系统通常由多种机器人传感器或视觉系统组成，第一代具有计算机视觉和触觉能力的工业机器人是由美国斯坦福研究所研制成功的。目前，使用较多的机器人传感器有位移传感器、力觉传感器、触觉传感器、压觉传感器、接近觉传感器等。

本章主要介绍机器人常用的传感器及其工作原理，并对其使用要求以及各种传感器的选择方法和评价方法加以介绍。

6.1.1　机器人与传感器

1．人与机器人的感官

研究机器人，首先从模仿人开始。通过考察人的劳动发现，人类是通过5种熟知的感官（视觉、听觉、嗅觉、味觉、触觉）接收外界信息的，这些信息通过神经传递给大脑，大脑对这些分散的信息进行加工、综合后发出行为指令，调动肌体（如手足等）执行某些动作。

如果希望机器人代替人类劳动，可以将当今的计算机看做与大脑相当，机器人的机构本体（执行机构）可与肌体相当，机器人的各种外部传感器可与五官相当。也就是说，计算机是人类大脑或智力的外延，执行机构是人类四肢的外延，传感器是人类五官的外延。机器人要获得环境信息，同人类一样需要通过感觉器官。

2．机器人的感觉

要使机器人拥有智能，对环境变化作出反应，首先，必须使机器人具有感知环境的能力，用传感器采集信息是机器人智能化的第一步；其次，如何采取适当的方法，将多个传感器获取的环境信息加以综合处理，控制机器人进行智能作业，则是提高机器人智能程度的重要体现。因此，传感器及其信息处理系统，是构成机器人智能的重要部分，它为机器人智能作业提供决策依据。

触觉：作为视觉的补充，触觉能感知目标物体的表面性能和物理特性，包括柔软性、硬度、弹性、粗糙度和导热性等。

力觉：机器人力传感器就安装部位来讲，可以分为关节力传感器、腕力传感器和指力传感器。

接近觉：研究它的目的是使机器人在移动或操作过程中获知目标（障碍）物的接近程度，移动机器人可以实现避障，操作机器人可避免手爪对目标物由于接近速度过快造成的冲击。

嗅觉：用于检测空气中的化学成分、浓度等，主要采用气体传感器及射线传感器等。

味觉：对液体化学成分进行分析。实现的味觉的传感器有 PH 计、化学分析器等。

听觉：与具有接近人耳的功能还相差很远。

视觉：是机器人中最重要的传感器之一，发展十分迅速。机器视觉首先处理积木世界，后来发展到处理室外的现实世界，之后实用性的视觉系统出现。视觉一般包括三个过程：图像获取、图像处理和图像理解。相对而言，图像理解技术还有待提高。

其他传感器：如磁传感器、安全用传感器和电波传感器等。

6.1.2 机器人传感器的分类

传感器是一种以一定精度将被测量（如位移、力、加速度、温度等）转换为与之有确定对应关系、易于精确处理和测量的某种物理量（如电信号）的检测部件或装置。

根据一般传感器在系统中所发挥的作用，完整的传感器应包括敏感元件、转换元件、信号调理电路三部分。敏感元件能直接感受或响应测量，功能是将某种不便测量的物理量转换为易于测量的物理量；转换元件能将敏感元件感受或响应的测量转换成适于传输或测量的电信号；敏感元件与转换元件一起构成传感器的结构部分；而信号调理电路是将转换元件输出的易测量的小信号进行处理变换，使传感器的信号输出符合具体系统的要求（如 4～20mA、1～5V）。

1．内部传感器与外部传感器

从机器人的结构组成上看，机器人的传感器分属机器人感受系统、机器人—环境交互系统。机器人感受系统，用以获取机器人内部状态和外部环境状态中有意义的信息；机器人—环境交互系统，用来实现机器人与外部环境中的设备相互联系和协调。

从检测对象上看，机器人的传感器分属内部状态传感器和外部状态传感器。机器人要感知它自己的内部状态，用以调整并控制其行动，就要检测其本身的坐标轴来确定其位置，通常由位置、加速度、速度及压力传感器组成内部传感器。机器人还要感知周围环境、目标构成等状态信息，从而对环境有自校正和自适应能力，这些外部传感器通常包括触觉、接近觉、视觉、听觉、嗅觉、味觉等。

从安装上看，机器人的传感器可分为内部安装和外部安装，其中外部件安装传感器检测的是机器人对外界的感应，如视觉或触觉等，并不包括在机器人控制器的固有部件中；而内部安装传感器如旋转编码器，则装入机器人内部，属于机器人控制器的一部分。

可见，无论从机器人的结构组成上看，从检测对象上看，还是从安装上看，机器人传感都可以划分成两大类：内部传感器和外部传感器。

内部传感器是用来确定机器人在其自身坐标系内的姿态位置，如用来测量位移、速度、加速度和应力的通用型传感器，几乎所有的机器人都使用内部传感器，如为测量回转关节位置的编码器和测量速度以控制其运动的测速计。

外部传感器则用于机器人本身相对其周围环境的定位。外部传感机构的使用使机器人能以柔性方式与其环境互相作用，负责检验诸如距离、接近程度和接触程度之类的变量，便于机器人的引导及物体的识别和处理。大多数控制器都具备接口能力，故来自输送装置、机床以及机器人本身的信号，被综合利用以完成一项任务。机器人的感觉系统通常指机器人的外部传感器，如接触式传感器、视觉传感器，这些传感器使机器人能获取外部环境的有用信息，可为更高层次的机器人控制提供更好的适应能力，也就是使机器人增加了自动检测能力，提高机器人的智能。

2．接触式传感器与非接触式传感器

接触式与非接触式传感器是根据传感器完成的功能来分类的。尽管还有许多传感器有待发明，但现有的已形成通用种类，如在机器人采集信息时不允许与零件接触的场合，它的采样环节就需使用非接触式传感器。对于非接触式传感器的不同类型，可以划分为只测量一个点的响应和给出一个空间阵列或若干相邻点的测量信息这两种。例如，利用超声测距装置测量一个点的响应，它是在一个锥形信息收集空间内测量靠近物体的距离。照相机则是测量空间阵列信息最普通的装置。

接触式传感器可以测定是否接触，也可测量力或转矩。最普通的触觉传感器就是一个简单的开关，当它接触零部件时，开关闭合。一个简单的力传感器，可用一个加速度仪来测量其加速度，进而得到被测力。这些传感器也可按用直接方法还是间接方法测量来分类。例如，力可以从机器人手上直接测量，也可从机器人对工件表面的作用间接测量。力和触觉传感器还可进一步细分为数字式或模拟式，以及其他类别。

6.2 机器人的内部传感器

机器人内部传感器的功能是检测机器人本身状态是测量运动学和动力学参数的，能使机器人感知自己的状态并加以调整和控制，能够按照规定的位置、轨迹和速度等参数进行工作。

内部传感器通常由位置传感器、角度传感器、速度传感器、加速度传感器等组成。

6.2.1 机器人的位置传感器

位置感觉是机器人最基本的感觉要求，它可以通过多种传感器来实现，常用的机器人位置传感器有电阻式位移传感器、电容式位移传感器、电感式位移传感器、光电式位移传感器、霍尔元件位移传感器、磁栅式位移传感器以及机械式位移传感器等。

机器人各关节和连杆的运动定位精度要求、重复精度要求以及运动范围要求是选择机器人位置传感器的基本依据。

1．电位计式传感器

典型的位置传感器是电位计（又称为电位差计或分压计），它由一个线绕电阻（或薄膜电阻）和一个滑动触点组成。其中滑动触点通过机械装置受被检测量的控制。当被检测的位置量发生变化时，滑动触点也发生位移，改变了滑动触点与电位器各端之间的电阻值和输出电压值，根据这种输出电压值的变化，可以检测出机器人各关节的位置和位移量。

（1）电位计式位置传感器

如图 6-1 所示，这是一个电位计式位置传感器的实例。在载有物体的工作台或者是机器人的另外一个关节的下面有同电阻接触的触点，当工作台或关节左右移动时，接触触点也随之左右移动，从而改变了与电阻接触的位置。它检测的是以电阻中心为基准位置的移动距离。

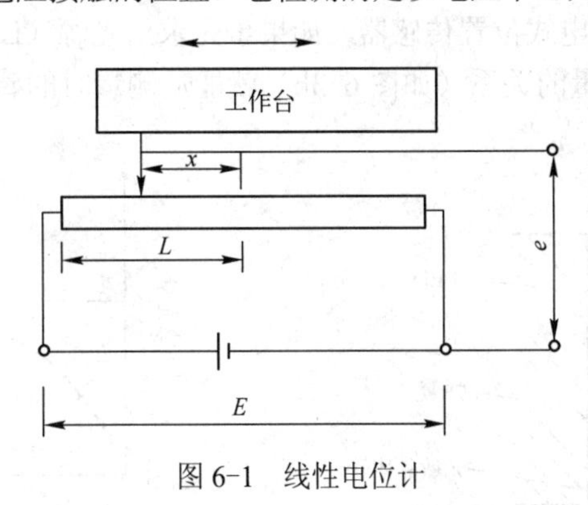

图 6-1　线性电位计

假定输入电压为 E，最大移动距离（从电阻中心到一端的长度）为 L，在可动触点从中心向左端只移动 x 的状态，假定电阻右侧的输出电压为 e。若在图 6-1 的电路中流过一定的电流，由于电压与电阻的长度成比例（全部电压按电阻长度进行分压），所以左、右的电压比等于电阻长度比，也就是：

$$\frac{E-e}{e}=\frac{L-x}{L+x}$$

因此，可得移动距离 x 为：

$$x=\frac{L(2e-E)}{E}=2\frac{L}{E}e-L \tag{6-1}$$

（2）电位计式角度传感器

把图 6-1 中的电阻元件弯成圆弧形，可动触点的另一端固定在圆的中心，并像时针那样回转时，由于电阻长随相应的回转角变化，因此基于上述理论可构成角度传感器。

如图 6-2 所示，这种电位计由环状电阻器和与其一边电气接触一边旋转的电刷共同组成。当电流沿电阻器流动时，形成电压分布。如果这个电压分布制作成与角度成比例的形式，则从电刷上提取出的电压值，也与角度成比例。作为电阻器，可以采用两种类型，一种是用导电塑料经成形处理做成的导电塑料型，如图 6-2a 所示；另一种是在绝缘环上绕上电阻线做成的线圈型，如图 6-2b 所示。

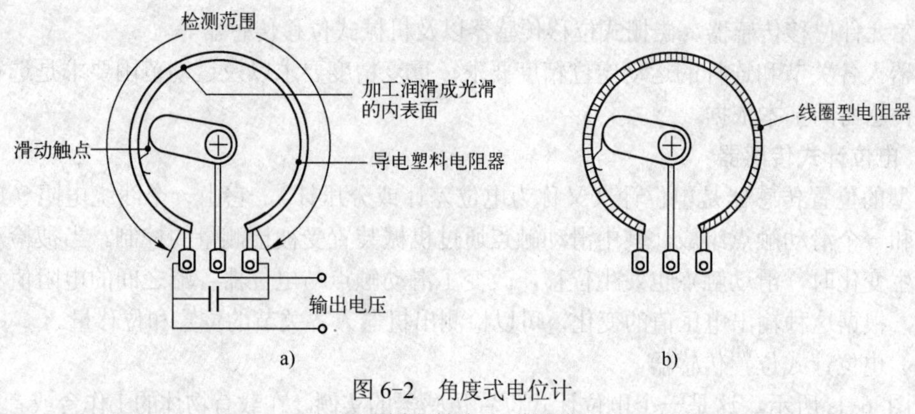

图 6-2　角度式电位计
a) 导电塑料型　b) 线圈型

2．光电式位置传感器

如图 6-3 所示的是光电式位置传感器，如果事先求出光源（LED）和感光部分（光敏晶体管）之间的距离同感光量的关系（如图 6-3b）就能从测量时的感光量，检测出位移 x。

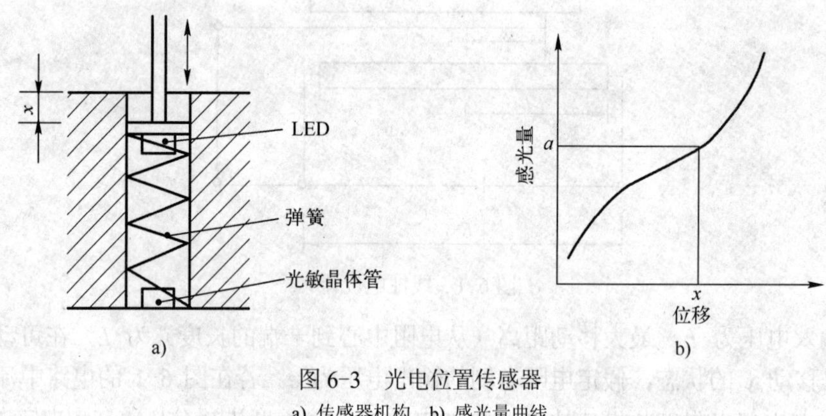

图 6-3　光电位置传感器
a) 传感器机构　b) 感光量曲线

6.2.2　机器人的角度传感器

1．编码器的分类

目前机器人中应用最多的测量旋转角度的传感器是旋转编码器，又称为转轴编码器、回转编码器等，一般把传感器装在机器人各关节的转轴上，用来测量各关节转轴转过的角度。它把连续输入的轴的旋转角度同时进行离散化（样本化）和量化处理后予以输出。

（1）绝对式编码器和增量式编码器

编码器按照测出的信号是绝对信号还是增量信号，可分为绝对式编码器和增量式编码器。

把旋转角度的现有值，用 $n$bit 的二进制码表示进行输出，这种形式的编码器称为绝对式（绝对值型）。每旋转一定角度，就有 1bit 的脉冲（1 和 0 交替取值）被输出，这种形式的编码器称为增量式（相对值型）。增量式编码器用计数器对脉冲进行累积计算，从而可以得知初始角旋转的角度。

目前已出现包含绝对式和增量式两种类型的混合式编码器。使用这种编码器时，在确定初始位置时，用绝对式；在确定由初始位置开始的变动角的精确位置时，则用增量式。

（2）光电式、接触式、电磁式编码器

编码器按照检测方法、结构及信号转换方式的不同，又可分为光电式、接触式和电磁式等。目前较为常用的是光电式编码器。

（3）直线编码器和旋转编码器

如果不用圆形转盘而是采用一个轴向移动的板状编码器，则称为直线编码器。它是检测单位时间的位移距离，即速度传感器。直线编码器与旋转编码器一样，也可作为位置传感器和加速度传感器。直线编码器是根据线性移动的距离和位置输出量值的传感器；旋转编码器是根据旋转移动的角度和位置输出量值的传感器。

直线或旋转编码器都有绝对式和增量式两类。旋转型器件在机器人中的应用特别多，因为机器人的旋转关节远远多于棱柱形关节；直线编码器成本高，甚至以线性方式移动的关节，如球坐标机器人都用旋转编码器。

2．绝对式光电编码器

绝对式编码器是一种直接编码式的测量元件，它可以直接把被测转角或位移转化成相应的代码，指示的是绝对位置而无绝对误差，在电源切断时不会失去位置信息。

使用绝对式旋转编码器，可以用一个传感器检测角度和角速度。因为这种编码器的输出，表示的是旋转角度的现时值，所以若对单位时间前的值进行记忆，并取它与现时值之间的差值，就可以求得角速度。绝对式编码器结构复杂，价格昂贵，且不易做到高精度和高分辨率。

编码盘以一定的编码形式（如二进制编码等）将圆盘分成若干等分，利用光电原理把代表被测位置的各等分上的数码转化成电信号输出以用于检测。

如图 6-4 所示为一绝对式光电编码器的码盘。在输入轴上的旋转透明圆盘上，设置 n 条同心圆环带，对环带（或称为码道）上的角度实施二进制编码，并将不透明条纹印刷到环带上。

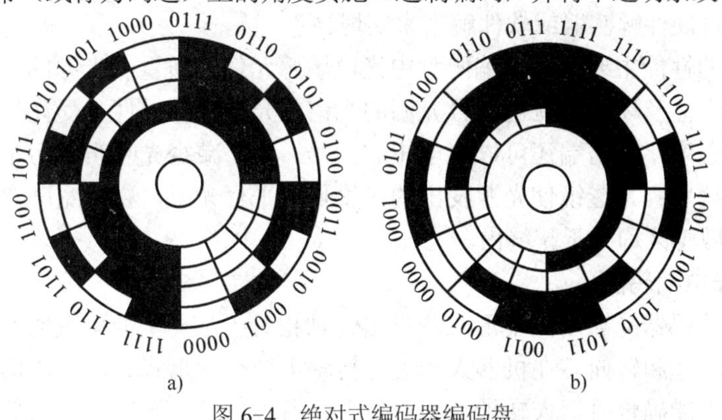

图 6-4　绝对式编码器编码盘

a) 二进制码编码盘　b) 格雷码编码盘

将圆盘置于光线的照射下，当透过圆盘的光由 n 个光传感器进行判读时，判读出的数据变成为 $n$bit 的二进制码。编码器的分辨率由比特数（环带数）决定，例如，12bit 编码器的分辨率为 $2^{-12}=4096$，所以可以有 1/4096 的分辨率，并对 1 转 360° 进行检测。BCD 编码器，设定以十进制作为基数，所以其分辨率变为（360/4000）°。

绝对式编码器对于转轴的每一个位置均产生唯一的二进制编码，因此可用于确定绝对位置。绝对位置的分辨率取决于二进制编码的位数，即码道的个数。目前光电编码器单个编码盘可以做到 18 个码道。

使用二进制码编码盘时，当编码盘在其两个相邻位置的边缘交替或来回摆动时，由于制造精度和安装质量误差或光电器件的排列误差将产生编码数据的大幅跳动，导致位置显示和控制失常。例如，从位置 0011 到 0100，若位置失常，就可能得到 0000、0001、0010、0101、0110、0111 等多个码值。所以，普通二进制码编码盘现在已较少使用，而改为采用图 6-4b 所示的格雷码编码盘。

格雷码为循环码，真值与其码值及二进制码值的对照如表 6-1 所示。格雷码是非加权码，其特点是相邻两个代码间只有一位数变化，即 0 变 1，或 1 变 0。如果在连续的两个数码中发现数码变化超过一位，就认为是非法的数码，因而格雷码具有一定的纠错能力。

表 6-1　格雷码与二进制码及真值对照表

真　值	格雷码	二进制码	真值	格雷码	二进制码
0	0000	0000	8	1100	1000
1	0001	0001	9	1101	1001
2	0011	0010	10	1111	1010
3	0010	0011	11	1110	1011
4	0110	0100	12	1010	1100
5	0111	0101	13	1011	1101
6	0101	0110	14	1001	1110
7	0100	0111	15	1000	1111

格雷码实质上是二进制码的另一种数值形式，是对二进制码的一种加密处理。格雷码经过解密就可转化为二进制码，实际上也只有解密成二进制码才能得到真正的位置信息。格雷码的解密可以通过硬件解密器或软件解密来实现。

光电编码器的性能主要取决于编码盘中光电敏感元件的质量及光源的性能。一般要求光源具有较好的可靠性及环境适应性，且光源的光谱与光电敏感元件（受光体）相匹配。如需提高信号的输出强度，输出端还可以接电压放大器。为了减少光噪声的污染，在光通路中还应加上透镜和狭缝装置。透镜使光源发出的光聚焦成平行光束，狭缝宽度要保证所有轨道的光电敏感元件的敏感区均处于狭缝内。

3．增量式光电编码器

增量式光电编码器能够以数字形式测量出转轴相对于某一基准位置的瞬间角位置，另外还能测出转轴的转速和转向。在机器人的关节转轴上装有增量式光电编码器，可测量出转轴的相对位置，但不能确定机器人转轴的绝对位置，所以这种光电编码器一般用于定位精度要求不高的机器人，如喷涂、搬运及码垛机器人等。

增量式旋转编码器也可以用一个传感器检测角度和角速度。这种编码器单位时间内输出脉冲的数目与角速度成正比。

增量式光电编码器没有接触磨损，允许高转速，精度及可靠性好，但结构复杂，安装困难。图 6-5a 所示为编码盘的结构图，编码器的编码盘有三个同心光栅，分别称为 A 相、B 相和 C 相光栅。A 相光栅与 B 相光栅上分别间隔有相等的透明和不透明区域用于透光和遮光，A 相和 B 相在编码盘上互相错开半个区域。当编码盘以图示顺时针方向旋转时，A

相光栅先于 B 相透光导通，A 相和 B 相光电元件接受时断时续的光。A 相超前 B 相 90° 的相位角（1/4 周期），产生了近似正弦的信号，如图 6-5b 所示。这些信号放大整形后成为图 6-5c 所示的脉冲数字信号。

根据 A、B 相任何一光栅输出脉冲数的大小就可以确定编码盘的相对转角；根据输出脉冲的频率可以确定编码盘的转速；采用适当的逻辑电路，根据 A、B 相输出脉冲的相序就可以确定编码盘的旋转方向。A、B 两相光栅为工作信号，C 相为标志信号，编码盘每旋转一周，标志信号发出一个脉冲，它用来作为同步信号。

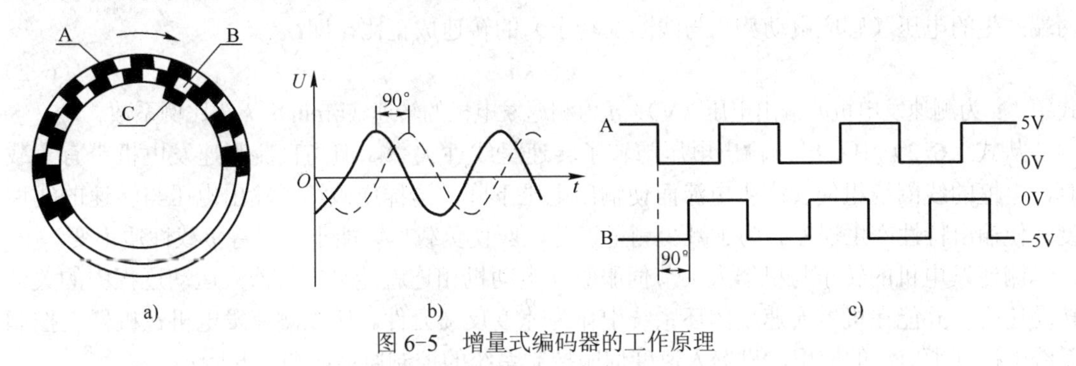

图 6-5　增量式编码器的工作原理

a) 编码盘结构图　b) A 相、B 相的正弦波　c) A 相、B 相的脉冲数字信号

在采用增量式旋转编码器时，得到的是从角度的初始值开始检测到的角度变化，问题变为要知道现在的角度，就必须利用其他方法来确定初始角度。

角度的分辨率由环带上缝隙条纹的个数决定。例如，在一转（360°）内能形成 600 个缝隙条纹，就称其为 600p/r（脉冲/转）。此外，分辨率以 2 的幂乘作为基准，例如 2^{11} = 2048p/r 等这类分辨率的产品，已经在市场上销售。

6.2.3　机器人的速度传感器

速度传感器是机器人中较重要的内部传感器之一。由于在机器人中主要测量机器人关节的运行速度，故这里仅介绍角速度传感器。

目前广泛使用的角速度传感器有测速发电机和增量式光电编码器两种。测速发电机是应用最广泛、能直接得到代表转速的电压且具有良好实时性的一种速度测量传感器。增量式编码器既可以用来测量增量角位移又可以测量瞬时角速度。速度的输出有模拟式和数字式两种。

1．测速发电机

测速发电机是利用发电机原理的速度传感器或角速度传感器。按其构造分为直流测速发电机和交流测速发电机。

直流测速发电机实际就是一种微型直流发电机，按定子磁极的励磁方式分为电磁式和永磁式。直流测速发电机的输出电压与转速要严格保持正比关系，这在实际中是难以做到的，直流测速发电机输出的是一个脉动电压，其交变分量对速度反馈控制系统、高精度的解算装置有较明显的影响。

交流异步测速发电机与交流伺服电动机的结构相似，其转子结构有笼型的，也有杯型的，在自动控制系统中多用空心杯转子异步测速发电机。交流同步测速发电机因感应电势频率随转速而变，致使电动机本身的阻抗及负载阻抗均随转速而变化，因此，输出电压不再与转速成正比关系。故同步测速发电机应用较少。

测速发电机的作用是将机械速度转换为电气信号，常用做测速元件、校正元件、解算元件，与伺服电动机配合，广泛使用于许多速度控制或位置控制系统中。如在稳速控制系统中，测速发电机将速度转换为电压信号作为速度反馈信号，可达到较高的稳定性和较高的精度，在计算解答装置中，常作为微分、积分元件。

测速发电机是一种模拟式速度传感器。它实际上是一台小型永磁式直流发电机。其工作原理基于法拉第电磁感应定律，当通过线圈的磁通量恒定时，位于磁场中的线圈旋转使线圈两端产生的电压（感应电动势）与线圈（转子）的转速成正比，即：

$$u = kn \tag{6-2}$$

式中，u 为测速发电机的输出电压（V）；n 为测速发电机的转速（r/min）；k 为比例系数。

从式（6-2）中看出，输出电压与转子转速呈线性关系。但当直流测速发电机带有负载时，电枢的线圈绕组便会产生电流而使输出电压下降，这样便破坏了输出电压与转速的线性度，使输出特性产生误差。为了减少测量误差，应使负载尽可能小且保持负载性质不变。

测速发电机的转子与机器人关节伺服驱动电动机相连就能测出机器人运动过程中的关节转动速度，并能在机器人速度闭环系统中作为速度反馈元件。所以测速发电机在机器人控制系统中得到了广泛的应用。机器人速度伺服控制系统的控制原理如图 6-6 所示。

测速发电机线性度好、灵敏度高、输出信号强，目前检测范围一般为 20～40r/min，精度为 0.2%～0.5%。

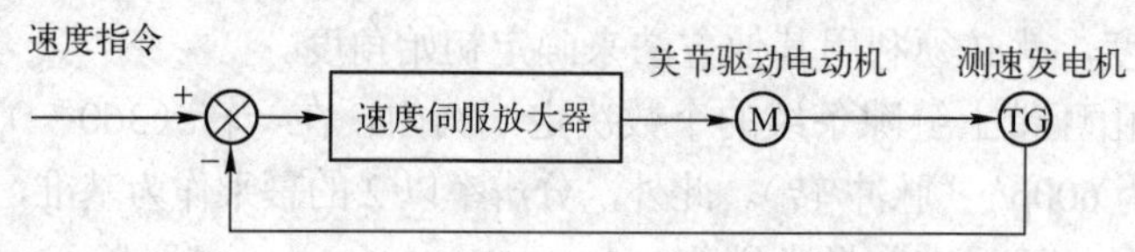

图 6-6　机器人速度伺服控制系统

2．增量式光电编码器

如前所述，增量式光电编码器在机器人中既可以作为位置传感器测量关节相对位置，又可以作为速度传感器测量关节速度。作为速度传感器时既可以在模拟方式下使用，又可以在数字方式下使用。

（1）模拟方式

在这种方式下，必须有一个频率-电压（F-V）变换器，用来把编码器测得的脉冲频率转换成与速度成正比的模拟电压。其原理如图 6-7 所示。F-V 变换器必须有良好的零输入、零输出特性和较小的温度漂移才能满足测试要求。

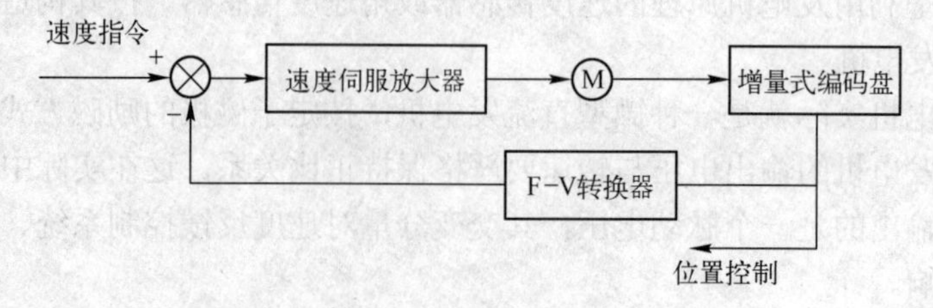

图 6-7　模拟方式的增量式编码盘测速

（2）数字方式

数字方式测速是利用数学方式用计算机软件计算出速度。由于角速度是转角对时间的一阶导数，如果能测得单位时间 Δt 内编码器转过的角度 $\Delta\theta$，则编码器在该时间内的平均转速为：

$$\overline{\omega}=\frac{\Delta\theta}{\Delta t} \tag{6-3}$$

单位时间取得越小，则所求得的转速越接近瞬时转速。然而时间太短，编码器通过的脉冲数太少，会导致所得到的速度分辨率下降，需要使用一些计算方法得以解决。

6.2.4 机器人的姿态传感器

姿态传感器是用来检测机器人与地面相对关系的传感器。当机器人被限制在工厂的地面时，没有必要安装这种传感器，如大部分工业机器人。但是当机器人脱离了这个限制，并且能够进行自由的移动时，如移动机器人，安装姿态传感器就成为必要的了。

典型的姿态传感器是陀螺仪，它利用的是高速旋转物体（转子）经常保持其一定姿态的性质。转子通过一个支撑它的，被称为万向接头的自由支持机构，安装在机器人上。如图 6-8 所示为一个速率陀螺仪，当机器人围绕着输入轴以角速度 ω 转动时，与输入轴正交的输出轴仅转过角度 θ。在速率陀螺仪中，加装了弹簧。卸掉这个弹簧后的陀螺仪，称为速率积分陀螺仪，此时输出轴以角速度旋转，且此角速度与围绕输入轴的旋转角速度 ω 成正比。

姿态传感器设置在机器人的躯干部分，它用来检测移动中的姿态和方位变化，保持机器人的正确姿态，并且实现指令要求的方位。除此以外，还有气体速率陀螺仪、光陀螺仪，前者利用了姿态变化时气流也发生变化这一现象；后者则利用了当环路状光相对于惯性空间旋转时沿这种光径传播的光会因向右旋转而呈现速度变化的现象。另一种形式的压电振动式陀螺传感器的结构如图 6-9 所示。

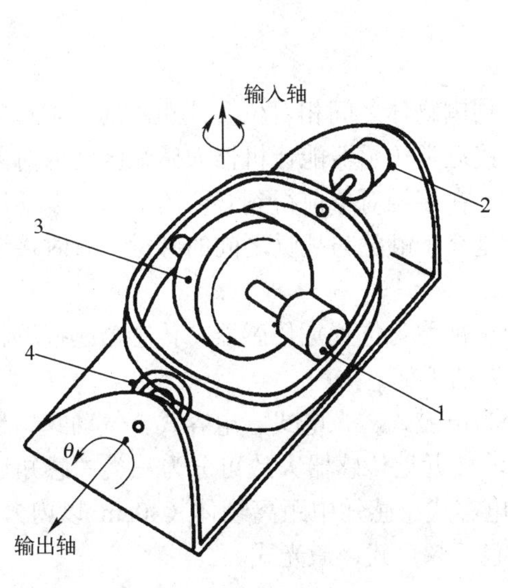

图 6-8 速率陀螺仪原理

1-电动机 2-角度传感器 3-转子 4-弹簧

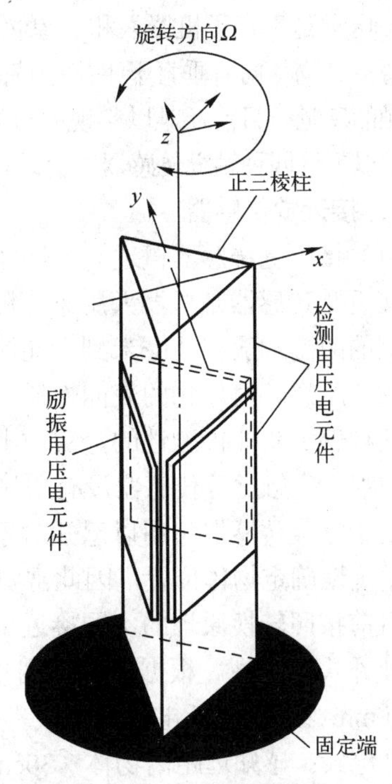

图 6-9 压电振动式陀螺传感器的结构

6.3 机器人的外部传感器

外部传感器主要用来检测机器人所处环境及目标状况，如是什么物体、离物体的距离有多远、抓取的物体是否滑落等，从而使得机器人能够与环境发生交互作用并对环境具有自我校正和适应能力。

广义来看，机器人外部传感器就是具有人类五官的感知能力的传感器，用来检测机器人所处环境（如是什么物体，离物体的距离有多远等）及状况（如抓取的物体是否滑落）的传感器。具体有物体识别传感器、物体探伤传感器、接近觉传感器、距离传感器、力觉传感器、听觉传感器等。

6.3.1 机器人的触觉传感器

人的触觉是人类感觉的一种。它通常包括热觉、冷觉、痛觉、触压觉和力觉等。

机器人触觉的原型是模仿人的触觉功能，它是有关机器人和对象物之间直接接触的感觉。通过触觉传感器与被识别物体相接触或相互作用来完成对物体表面特征和物理性能的感知。若没有触觉，就不能完好平稳地抓住纸做的杯子，也不能握住工具。

机器人触觉的主要功能有以下两个方面。

1）检测功能：对操作物进行物理性质检测。如粗糙度、硬度等。其目的是：感知危险状态，实施自身保护；灵活地控制手爪及关节以操作对象物；使操作具有适应性和顺从性。

2）识别功能：识别对象物的形状（如识别接触到的表面形状）。

触觉有接触觉、压觉、力觉和滑觉四种。接触觉是指手指与被测物是否接触，是接触图形的检测。压觉是垂直于机器人和对象物接触面上的力感觉。力觉是机器人动作时各自由度的力感觉。滑觉是物体向着垂直于手指把持面的方向滑动或变形。狭义的触觉照字面来看是指前三种感知接触的感觉。目前还难以实现的材质感觉，如丝绸、皮肤触感，也会包含在触觉中。下面就分别介绍以下这四种触觉传感器。另外还有接触觉、滑觉和接近觉三种感觉组合为一体的传感器。

1．接近觉传感器

（1）接近觉传感器概述

接近觉传感器是机器人用来探测其自身与周围物体之间相对位置或距离的一种传感器，它探测的距离一般在几毫米到十几厘米之间。接近觉传感器能让机器人感知区间内对象物或障碍物的距离、对象物的表面性质等，其目的是在接触对象前得到必要的信息，以便后续动作。这种感觉是非接触性的，实质上可以认为是介于触觉与视觉之间的感觉。有时接近觉传感器与视觉、触觉等传感器没有明显的区别。

由于这类传感器可用以感知对象位置，故也被称为位置觉传感器。传感器越接近物体，越能精确地确定物体位置，因此常安装于机器人的手部。

目前按照转换原理的不同接近觉传感器分为电磁式、光电式、电容式、气动式、超声波式、红外式等类型。根据感知范围（或距离），接近觉传感器大致可分为三类：感知近距离物体（mm 级），包括电磁感应式、气压式、电容式；感知中距离物体（30cm 以内），包括红外光电式；感知远距离物体（30cm 以外），包括超声式、激光式。

（2）电涡流式接近觉传感器

导体在一个不均匀的磁场中运动或处于一个交变磁场中时，其内部就会产生感应电流。

这种感应电流称为电涡流，这一现象称为电涡流现象，利用这一原理可以制作电涡流传感器。电涡流传感器的工作原理如图 6-10 所示。电涡流传感器通过通有交变电流的线圈向外发射高频变化的电磁场，处在磁场周围的被测导电物体就产生了电涡流。由于传感器的电磁场方向与产生的电涡流方向相反，两个磁场相互叠加削弱了传感器的电感和阻抗。

用电路把传感器电感和阻抗的变化转换成转换电压，则能计算出目标物与传感器之间的距离。该距离正比于转换电压，但存在一定的线性误差。对于钢或铝等材料的目标物，线性度误差为±0.5%。

电涡流传感器外形尺寸小，价格低廉，可靠性高，抗干扰能力强，而且检测精度也高，能够检测到 0.02mm 的微量位移。但是该传感器检测距离短，一般只能测到 13mm 以内，且只能对固态导体进行检测，这是其不足之处。

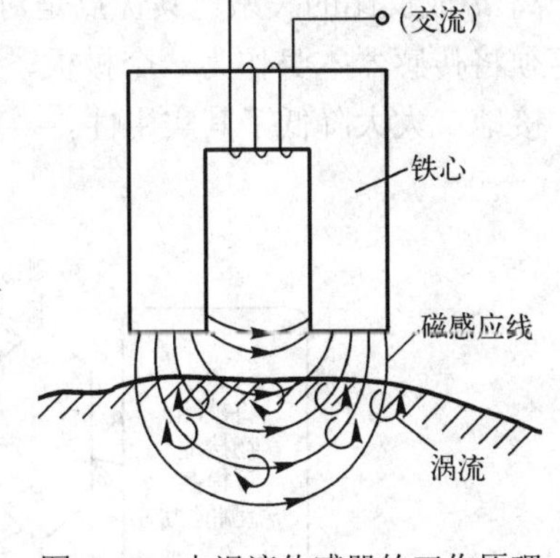

图 6-10　电涡流传感器的工作原理

（3）光纤式接近觉传感器

光纤是一种新型的光电材料，在远距离通信和遥测方面应用广泛。用光纤制作接近觉传感器可以用来检测机器人与目标物间较远的距离。这种传感器具有抗电磁干扰能力强，灵敏度高，响应快的特点。

光纤式传感器有三种不同的形式。

第一种为射束中断型，如图 6-11a 所示。这种光纤传感器中，如果光发射器和接收器通路中的光被遮断，则说明通路中有物体存在，传感器便能检测出该物体。这种传感器只能检测出不透明物体，对透明或半透明的物体无法检测。

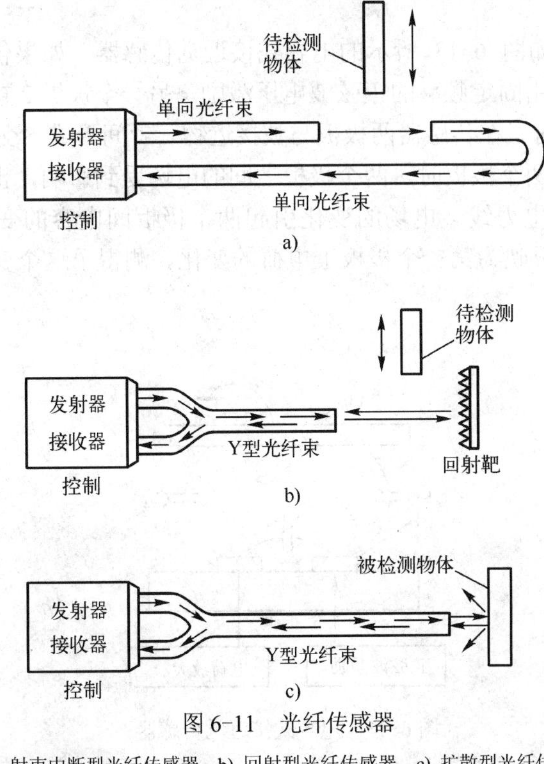

图 6-11　光纤传感器

a) 射束中断型光纤传感器　b) 回射型光纤传感器　c) 扩散型光纤传感器

第二种为回射型，如图 6-11b 所示。不透光物体进入 Y 型光纤束末端和靶体之间时，到达接收器的反射光强度大为减弱，故可检测出光通路上是否有物体存在。与第一种类型相比，回射型光纤传感器可以检测出透光材料制成的物体。

第三种为扩散型，如图 6-11c 所示。与第二种相比少了回射靶。因为大部分材料都能反射一定量的光，这种类型可检测透光或半透光物体。

（4）电容式接近觉传感器

如图 6-12 所示为电容式接近觉传感器的检测原理。利用平板电容器的电容 C 与极板距离 d 成反比的关系。其优点是对物体的颜色、构造和表面都不敏感且实时性好；其缺点是必须将传感器本身作为一个极板，被接近物作为另一个极板。这就要求被测物体是导体且必须接地，大大降低了其实用性。

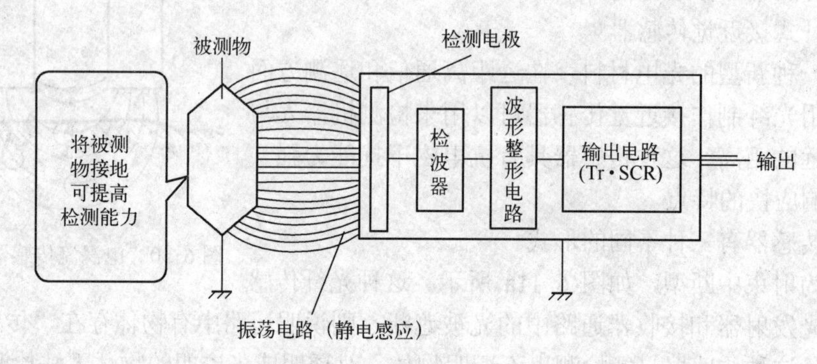

图 6-12　电容式接近觉传感器检测原理

当然，也可以使用如图 6-13 所示的电容式接近觉传感器。如果传感器本体由两个极板 1、2 构成，一个极板 1 由固定频率的正弦波电压激励，另一个极板 2 接电荷放大器，被测物体 0 介于两个极板之间时。在传感器两极板与被接近物三者间形成一交变电场。

当被测物体 0 接近两个极板时，两个极板之间的电场受到影响，也可以认为被测物体阻断了两个极板间的连续电力线。电场的变化引起两个极板间电容的变化。由于电压幅值恒定，所以电容的变化又反映为第二个极板上电荷的变化。测得了这个变化就能测得被测物体的接近程度。

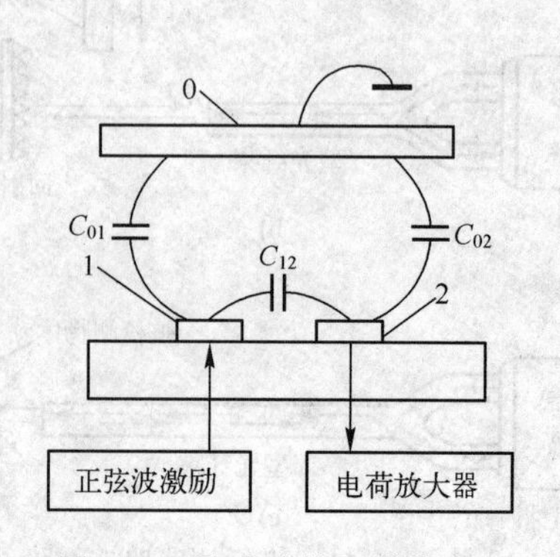

图 6-13　电容式接近觉传感器

（5）霍尔式接近觉传感器

霍尔效应指的是金属或半导体片置于磁场中，当有电流流过时，在垂直于电流和磁场的方向上产生电动势。霍尔传感器单独使用时，只能检测有磁性物体。当与永磁体联合使用时，可以用来检测所有的铁磁物体。如图 6-14 所示。

传感器附近没有铁磁物体时，霍尔传感器感受一个强磁场；若有铁磁物体时，由于磁力线被铁磁物体旁路，传感器感受到的磁场将减弱。

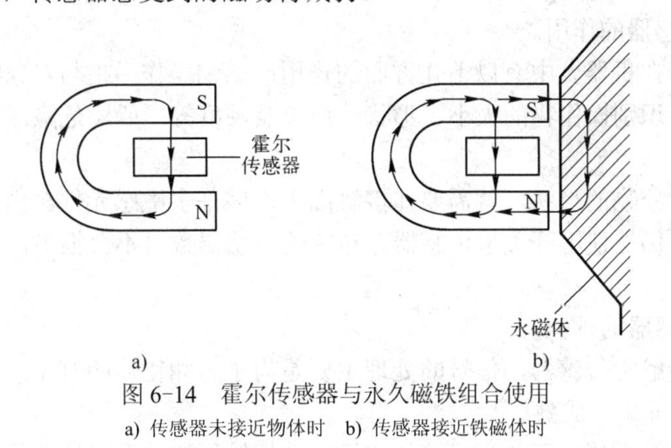

图 6-14　霍尔传感器与永久磁铁组合使用

a) 传感器未接近物体时　b) 传感器接近铁磁体时

（6）喷气式接近觉传感器

一种检测反作用力的方法是检测碰到物体后气体喷流的压力。如图 6-15 所示，在该机构中，气源输送一定压力 p_1 的气流，离物体的距离 x 越小，气流喷出的面积越窄越小，气缸内的压力 p 则增大。如果事先求出距离和压力的关系，即可根据压力 p 测定距离 x。

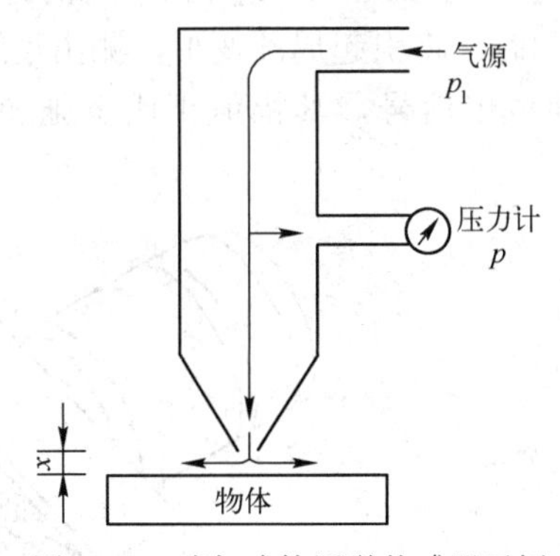

图 6-15　喷气式接近觉传感器示例

接近觉传感器主要感知传感器与物体之间的接近程度。它与精确的测距系统虽然不同，但又有相似之处。可以说接近觉是一种粗略的距离传感器。接近觉传感器在机器人中主要有两个用途，避障和防止冲击，前者如移动的机器人如何绕开障碍物，后者如机械手抓取物体时实现柔性接触。接近觉传感器应用场合不同，感觉的距离范围也不同，远的可达几米至十几米，近的可至几毫米甚至 1mm 以下。

2．接触觉传感器

（1）接触觉传感器概述

人类的触觉能力是相当强的。通过触觉，人们能不用眼睛就识别接触物体的外形，并辨别出它是什么东西。许多小型物体完全可以靠人的触觉辨认出来，如螺钉、开口销、圆销等。如果要求机器人能够进行复杂的装配工作，它也需要具有这种能力。采用多个接触传感器组成的触觉传感器阵列是辨认物体的方法之一。

机器人中最早的接触觉传感器为开关式传感器，只有 0 和 1 两个信号，相当于开关的接通与关闭两个状态，用于表示手指与对象物的接触与不接触。触觉传感器的工作重点集中在阵列式触觉传感器信号的处理上，目的是辨识接触物体的形状。

1）接触觉传感器的作用。

接触觉传感器在机器人中有以下几方面的作用：感知操作手指与对象物之间的作用力，使手指动作适当；识别操作物的大小、形状、质量及硬度等；躲避危险，以防碰撞障碍物引起事故。

如果要检测对象物的形状，就需要在接触面上安装许多敏感元件。由于传感器具有一定的体积，此时如果仍然使用开关型传感器，布置的传感器数目不会很多，对形状的识别也就很粗糙。

2）接触觉传感器的种类。

对于非阵列接触觉传感器，信号的处理主要是为了感知物体的有无。由于信息量较少，处理技术相对比较简单、成熟。

对于阵列式接触觉传感器，其目的是辨识物体接触面的轮廓。这种信号的处理涉及信号处理、图像处理、计算机图形学、人工智能、模式识别等技术，是一门比较复杂、比较困难的技术，还很不成熟，有待于进一步研究和发展。

3）接触觉阵列原理。

电极与柔性导电材料（条形导电橡胶、PVF_2 薄膜）保持电气接触，导电材料的电阻随压力而变化。当物体压在其表面时，将引起局部变形，测出连续的电压变化，就可测量局部变形。电阻的改变很容易转换成电信号，其幅值正比于施加在材料表面上某一点的力。如图 6-16、图 6-17 所示。

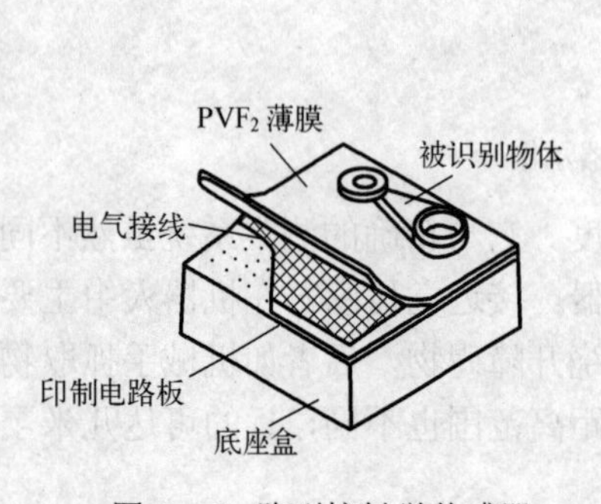

图 6-16 阵列接触觉传感器

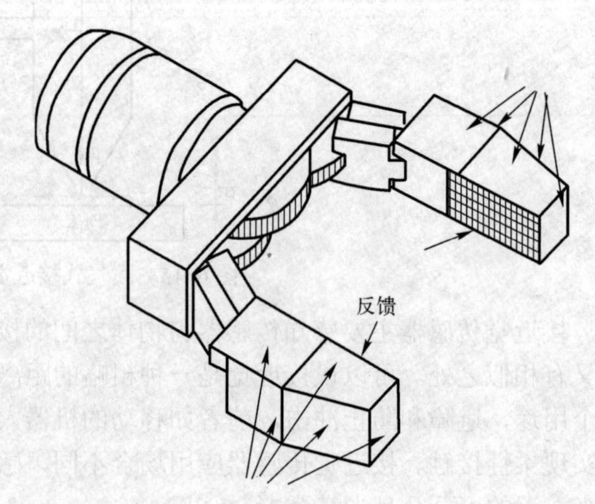

图 6-17 装有触觉传感器阵列的手爪

（2）开关式接触觉传感器

开关式接触觉传感器的特点是外形尺寸十分大，空间分辨率低。机器人在探测是否接触到物体时有时用开关式传感器，传感器接受由于接触产生的柔量（位移等的响应）。机械式的接触传感器有微动开关、限位开关等。微动开关是按下开关就能进入电信号的简单机构。接触觉传感器即使用很小的力也能动作，多采用杠杆原理。限定机器人动作范围的限位开关等也可使用。

平板上安装着多点通、断传感器附着板的装置。平常为通态，当与物体接触时，弹簧收缩，上、下板间电流断开。它的功能相当于一个开关，即输出 0 和 1 两种信号。可用于控制机械手的运动方向和范围、躲避障碍物等。如图 6-18 所示是开关式接触觉传感器的机构和使用示例。

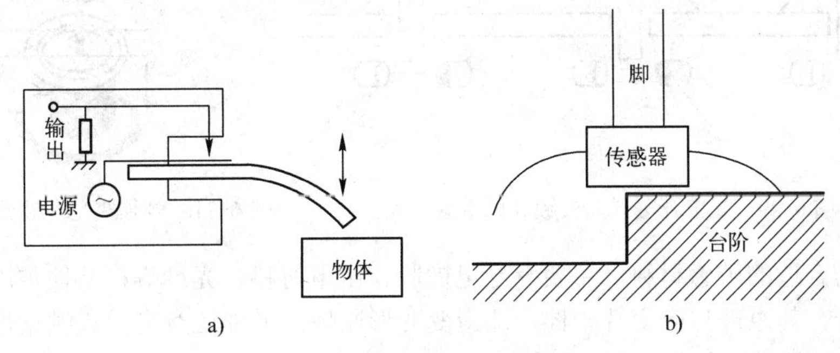

图 6-18 开关式接触觉传感器示例

a) 机构 b) 使用示例

（3）面接触式传感器

将接触觉阵列的电极或光电开关应用于机器人手爪的前端及内外侧面，或在相当于手掌心的部分装置接触式传感器阵列，则通过识别手爪上接触物体的位置，可使手爪接近物体并且准确地完成把持动作。如图 6-19 所示是一种电极反应式面接触觉传感器的使用示例。如图 6-20 所示是一种光电开关式面接触觉传感器的使用示例。

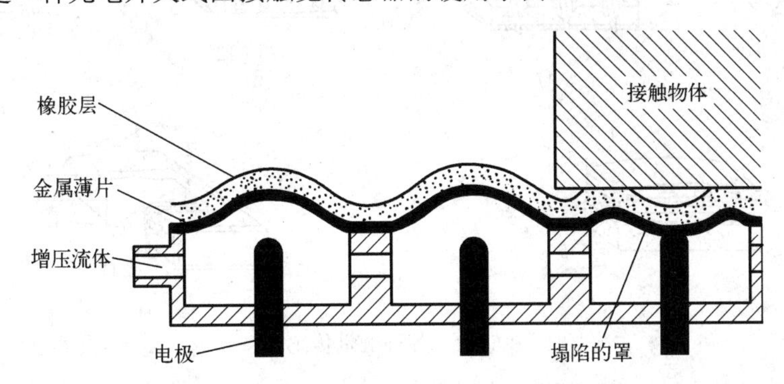

图 6-19 电极反应式面接触觉传感器示例

（4）触须式传感器

触须式传感器由须状触头及其检测部分构成，触头由具有一定长度的柔空软条丝构成，它与物体接触所产生的弯曲由在根部的检测单元检测。与昆虫的触角功能一样，触须式传感器的功能是识别接近的物体，用于确认所设定的动作结束，以及根据接触发出回避动作的指令或搜索对象物的存在。如图 6-21 所示。

（5）其他原理的接触觉传感器

将集成电路工艺应用到传感器的设计和制造中，使传感器和处理电路一体化，得到大规模或超大规模阵列式触觉传感器。

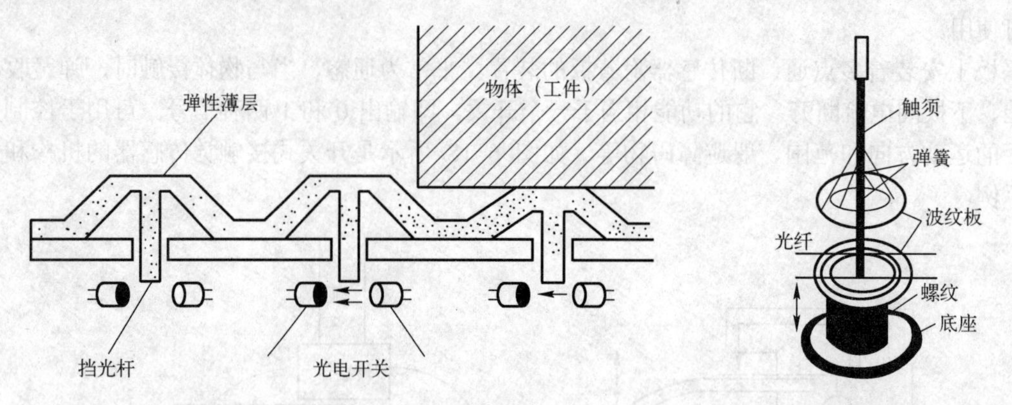

图 6-20　光电开关式面接触觉传感器示例　　图 6-21　触须式光纤触觉传感器装置

选择更为合适的敏感材料，主要有导电橡胶、压电材料、光纤等；其他常用敏感材料有半导体应变计，其原理与应变片一样，即应变变形原理；另外还有光学式触觉传感器、电容式阵列触觉传感器等。如图 6-22 所示。

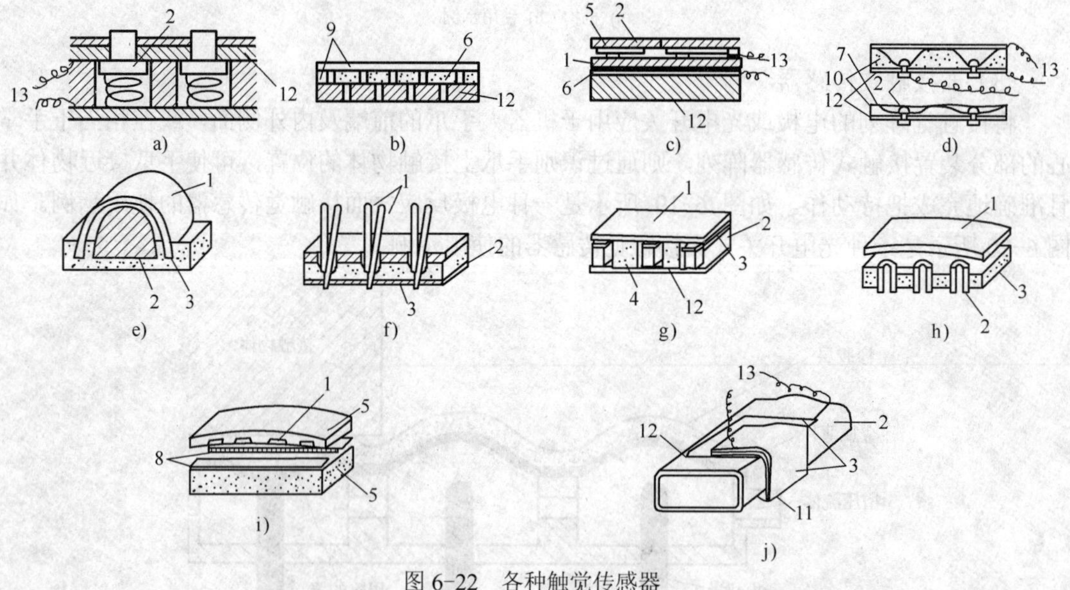

图 6-22　各种触觉传感器

a)、g)、h) 金属弹簧式　b) 金属箔式　c)、f) 导电橡胶式　d) 碳纤维式
e) 金属导电橡胶式　i) 含碳海绵式　j) 铍青铜式
1-导电橡胶　2-金属　3-绝缘体　4、9-海绵状橡胶　5-橡胶　6-金属箔　7-碳纤维
8-含碳海绵　10-泡沫　11-铍青铜　12-衬底　13-引线

一般用导电合成橡胶作为触觉传感器的敏感元件。这种橡胶压变时其体电阻的变化很小，但接触面积和反向接触电阻随外部压力的变化很大。这种敏感元件可以做得很小，一般 $1cm^2$ 的面积内可有 256 个触觉敏感元件。敏感元件在接触表面以一定形式排

列成阵列传感器，排列的传感器越多，检测越精确。目前出现了一种新型的触觉传感器——人工皮肤，它实际上就是一种超高密度排列的阵列传感器，主要用于表面形状和表面特性的检测。

压电材料是另一种有潜力的触觉敏感材料，其原理是利用晶体的压电效应，在晶体上施压时，一定范围内施加的压力与晶体的电阻成比例关系。但是一般晶体的脆性比较大，作敏感材料时很难制作。目前已有一种聚合物材料具有良好的压电性，且柔性好，易制作，有望成为新的触觉敏感材料。

3. 压觉传感器

（1）压觉传感器概述

压觉指的是手指把持被测物体时感受到的感觉，实际是接触觉的延伸。目前的压觉传感器主要是分布式压觉传感器，即通过把分散敏感元件排列成矩阵式格子来设计的。导电橡胶、感应高分子、应变计、光电器件和霍尔元件常被用做敏感元件阵列单元。现有压觉传感器一般有如下几种。

1）利用某些材料的压阻效应制成压阻器件，将它们密集配置成阵列，即可检测压力的分布。

2）利用压电晶体的压电效应检测外界压力。

3）利用半导体压敏器件与信号电路构成集成压敏传感器。

4）利用压磁传感器和扫描电路与针式接触觉传感器构成压觉传感器。

对于人类来说，压觉是指用手指把持物体时感受到的感觉，机器人的压觉传感器就是装在其手爪上面，可以在把持物体时检测到物体同手爪间产生的压力和力以及其分布情况的传感器。检测这些量最有效的方法是使用压电元件组成的压电传感器。

压电元件照字面上看，是指在某种物质上施加压力就会产生电信号，即产生压电现象的元件。对于机械式检测，可以使用弹簧。

（2）压电式压觉传感器

压电现象的机理是在显示压电效果的物质上施力时，由于物质被压缩而产生极化（与压缩量成比例），如在两端接上外部电路，电流就会流过，所以通过检测这个电流就可测得压力。压电元件可用计测力 F 和加速度 a（$= F/m$）的计测仪器上。把加速度输出通过电阻和电容构成的积分电路可求得速度，再进一步把速度输出积分，就可求得移动距离，因此能够比较容易构成振动传感器。

如果把多个压电元件和弹簧排列成平面状，就可识别各处压力的大小以及压力的分布。使用弹簧的平面传感器如图 6-23 所示，由于压力分布可表示物体的形状，所以也可作为物体识别传感器。虽然不是机器人形状，但把手放在一种压电元件的感压导电橡胶板上，通过识别手的形状来鉴别人的系统，也是压觉传感器的一种应用。

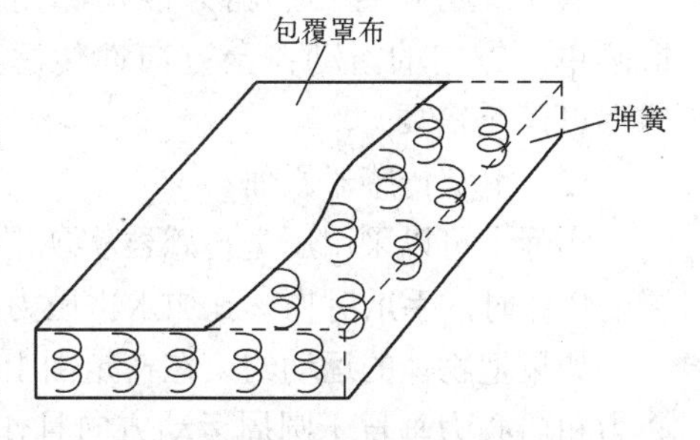

图 6-23　压觉传感器

通过对压觉的巧妙控制，机器人既能抓取豆腐及蛋等软物体，也能抓取易碎的物体。

（3）弹簧式压觉传感器

这种传感器是对小型线性调整器的改进。在调整器的轴上安装了线性弹簧。一个传感器有 10mm 的有效行程。在此范围内，将力的变化转换为遵从胡克定律的长度位移，以便进行检测。在一侧手指上，每个 6mm×8mm 的面积分布一个传感器来计算，共排列了 28 个（四行七排）传感器。左、右两侧总共有 56 个传感器输出。用四路 A-D 转换器，高速多路调制器对这些输出进行转换后进入计算机。如图 6-24 所示。图 6-24a 为手指抓住物体的状态；图 6-24b 为手指从图 6-24a 状态稍微握紧的状态。

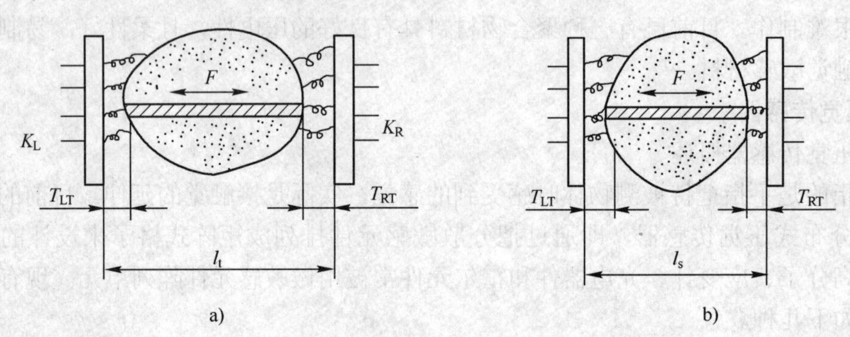

图 6-24　弹簧式压觉传感器

4．滑觉传感器

（1）滑觉传感器概述

滑觉传感器是检测垂直加压方向的力和位移的传感器，可用来监测机器人与抓握对象间滑移的程度。用手爪抓取处于水平位置的物体时，手爪对物体施加水平压力，如果压力较小，垂直方向作用的重力会克服这个压力使物体下滑。能够克服重力的手爪把持力称为最小把持力。

一般可将机械手抓取物体的方式分为两种：硬抓取和软抓取。

硬抓取（无感知时采用）：末端执行器利用最大的夹紧力抓取工件。软抓取（有滑觉传感器时采用）：末端执行器使夹紧力保持在能稳固抓取工件的最小值，以免损伤工件。此时机器人要抓住物体，必须确定最适当的握力大小。因此需检测出握力不够时物体的滑动，利用这一信号，在不损坏物体的情况下牢牢抓住物体。

滑觉传感器按被测物体滑动方向可分为三类：无方向性、单方向性和全方向性传感器。其中无方向性传感器只能检测是否产生滑动，无法判别方向；单方向性传感器只能检测单一方向的滑动；全方向性传感器可检测各方向的滑动情况，这种传感器一般制成球形以满足需要。

（2）滑觉传感器原理

实际上可以采用压觉传感器实现滑觉感知。如图 6-25 所示，当用手爪抓取处于水平位置的物体时，手爪对物体施加水平压力，垂直方向作用的重力会克服这一压力使物体下滑。

如果把物体的运动约束在一定面上的力，即垂直作用在这个面的力称为阻力 R（例如离心力和向心力垂直于圆周运动方向且作用在圆心方向）。考虑面上有摩擦时，还有摩擦力 F 作用在这个面的切线方向阻碍物体运动，其大小与阻力 R 有关。静止物体刚要运动时，假设 μ_0 为静止摩擦系数，则 $F\leqslant\mu_0R$（$F=\mu_0R$ 称为最大摩擦力）；设运动摩擦系数为 μ，则运动时，摩擦力 $F=\mu R$。

假设物体的质量为 m，重力加速度为 g，图 6-25a 中所示的物体看做是处于滑落状态，则手爪的把持力 F 是为了把物体束缚在手爪面上，垂直作用于手爪面的把持力 F 相当于阻力

R。当向下的重力 mg 比最大摩擦力 $\mu_0 F$ 大时，物体会滑落。重力 $mg = \mu_0 F$ 时的把持力 $F_{min}=mg/\mu_0$，称为最小把持力。

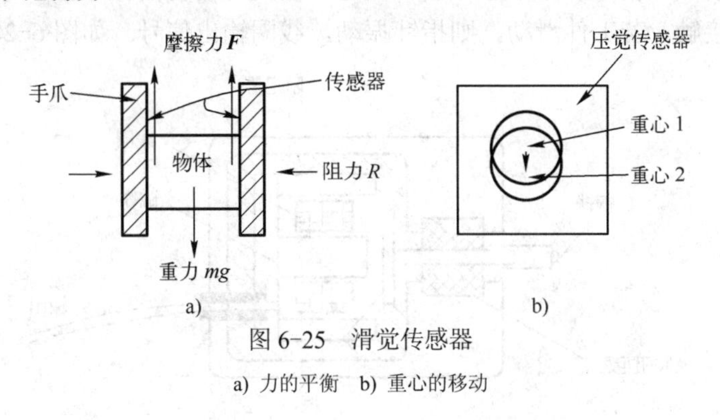

图 6-25　滑觉传感器

a) 力的平衡　b) 重心的移动

作为滑觉传感器的例子，可用贴在手爪上的面状压觉传感器（可参见图 6-25）检测感知的压觉分布重心之类特定点的移动。而在图 6-25 的例子中，若设把持的物体是圆柱体，这时其压觉分布重心移动时的情况如图 6-25b 所示。

（3）滚轮式滑觉传感器

滚轮式滑觉传感器由一个圆柱滚轮测头和弹簧板支承组成，如图 6-26 所示。当工件滑动时，圆柱滚轮测头也随之转动，发出脉冲信号，脉冲信号的频率反映了滑移速度，个数对应滑移的距离。

（4）滚筒式滑觉传感器

滚轮式滑觉传感器只能检测一个方向的滑动。为此，前南斯拉夫贝尔格莱德大学研制了机器人专用的滚筒式滑觉传感器（如图 6-27 所示）。它由一个金属球和触针组成，金属球表面分成许多个相间排列的导电和绝缘小格。触针头很细，每次只能触及一格。当工件滑动时，金属球也随之转动，在触针上输出脉冲信号。脉冲信号的频率反映了滑移速度，脉冲信号的个数对应滑移距离。

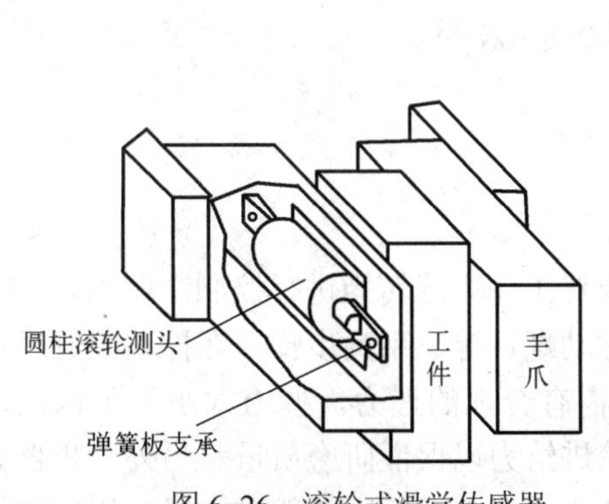

图 6-26　滚轮式滑觉传感器

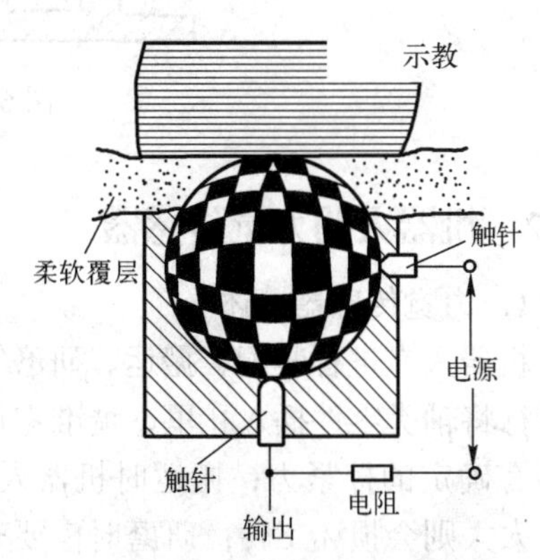

图 6-27　滚筒式滑觉传感器

接触器触针头面积小于球面上露出的导体面积，它不仅可以做得很小，而且提高了检测灵敏度。球与被握物体相接触，无论滑动方向如何，只要球一转动，传感器就会产生脉冲输出。该球体在冲击力作用下不转动，因此抗干扰能力强。

（5）其他滑觉传感器

1）基于振动的机器人专用滑觉传感器，通过检测滑动时的微小振动来检测滑动。钢球指针与被抓物体接触。若工件滑动，则指针振动，线圈输出信号。如图 6-28 所示。

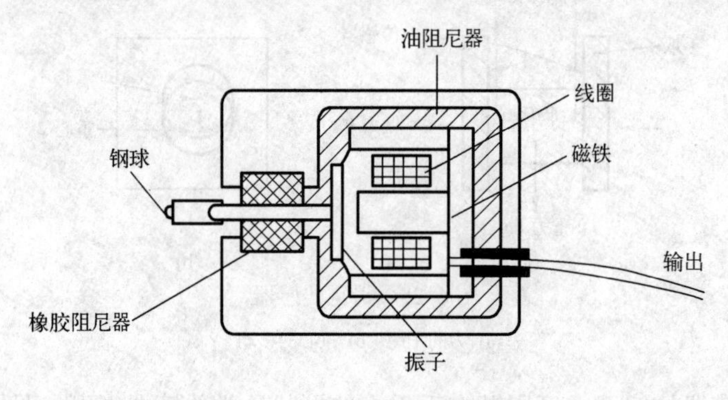

图 6-28 振动滑觉传感器

2）利用光纤传感器检测形变的光纤式滑觉传感器：当有力作用时，通过弹性元件的变形使发射和接收光纤的端面与发射面之间的距离发生变化，接收光纤所接收到的光强也随之变化。如果得出位移和转角的确定关系，便可得出传感器的输入、输出转换关系。如图 6-29 所示。

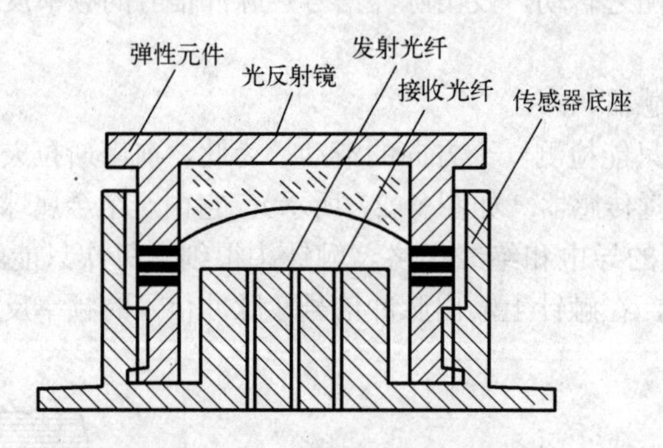

图 6-29 光纤式滑觉传感器

6.3.2 机器人的力觉传感器

1. 力觉传感器概述

机器人在进行装配、搬运、研磨等作业时需要对工作力或转矩进行控制。例如，装配时需进行将轴类零件插入孔里、调准零件的位置、拧动螺钉等一系列步骤，在拧动螺钉过程中需要有确定的拧紧力；搬运时机器人手爪对工件需有合理的握力，握力太小不足以搬动工件，太大则会损坏工件；研磨时需要有合适的砂轮进给力以保证研磨质量。另外，机器人在自我保护时也需要检测关节和连杆之间的内力，防止机器人手臂因承载过大或与周围障碍物碰撞而引起的损坏。所以力和转矩传感器在机器人中的应用较广泛。

（1）力觉传感器的作用

力觉传感器是用来检测机器人自身力与外部环境力之间相互作用力的传感器。感知是否夹起了工件或是否夹持在正确部位；控制装配、打磨、研磨抛光的质量；装配中提供信息、以产生后续的修正补偿运动来保证装配质量和速度；防止碰撞、卡死和损坏机件。

力觉传感器主要的使用元件有压电晶体、力敏电阻和电阻应变片。电阻应变片是最主要的应用元件，它利用了金属丝拉伸时电阻变大的现象，它被贴在加力的方向上。电阻应变片用导线接到外部电路上可测定输出电压，得出电阻值的变化。

（2）力觉传感器的分类

通常将机器人的力觉传感器分为三类：关节力传感器、腕力传感器和指力传感器。

1）装在关节驱动器上的力传感器，称为关节力传感器，它测量驱动器本身的输出力和转矩，用于控制运动中的力反馈。

2）装在末端执行器和机器人最后一个关节之间的力觉传感器，称为腕力传感器。腕力传感器能直接测出作用在末端执行器上的各向力和转矩。

3）装在机器人手指关节上（或指上）的力觉传感器，称为指力传感器。用来测量夹持物体时的受力情况。

（3）力觉传感器的特点

机器人的这三种力觉传感器依其不同的用途有不同的特点。

1）关节力传感器用来测量关节的受力（转矩）情况，信息量单一，传感器结构也较简单，是一种专用的力传感器。

2）指力传感器一般测量范围较小，同时受手爪尺寸和重量的限制，指力传感器在结构上要求小巧，也是一种较专用的力传感器。

3）腕力传感器从结构上来说，是一种相对复杂的传感器，它能获得手爪三个方向的受力（转矩），信息量较多，又由于其安装的部位在末端执行器和机器人手臂之间，比较容易形成通用化的产品系列。

2．力觉传感器的工作原理

力和转矩传感器种类很多，常用的有电阻应变片式、压电式、电容式、电感式以及各种外力传感器。力或转矩传感器都是通过弹性敏感元件将被测力或转矩转换成某种位移量或变形量，然后通过各自的敏感介质把位移量或变形量转换成能够输出的电信号。

当应变片的电阻丝受到拉力 $\boldsymbol{F}$ 作用时，将产生应力 σ，使得电阻丝伸长，横截面积相应减小，因此，引起电阻值相对变化量随之变化：

$$\frac{\Delta R}{R}=(1+2\mu)\varepsilon=\frac{1+2\mu}{E}\sigma \tag{6-4}$$

式中，μ 为电阻丝材料的泊松比；ε 为电阻丝材料的应变；σ 为弹性材料受到的应力；E 为弹性材料的弹性模量。

电阻应变片用导线接到惠斯顿测量电路上，可根据输出电压，算出电阻值的变化，如图 6-30 所示。在不加力的状态下，电桥上的 4 个电阻的电阻值 R 相同；R_L 上的输出 $U_0=0$。在受力的状态下，假设电阻应变片 R_1 被拉伸，电阻应变片的电阻增加 ΔR，此时电桥输出电压 $U_0\neq0$，其值为：

$$U_0=U\left(\frac{R_2}{R_1+\Delta R_1+R_2}-\frac{R_4}{R_3+R_4}\right) \tag{6-5}$$

由于 $\Delta R_1 \ll R_1$，并带入式（6-4）将可得到：

$$U_0=\frac{U}{4}\frac{\Delta R_1}{R_1}=\frac{U}{4}\frac{1+2\mu}{E}\sigma \tag{6-6}$$

可见，测得了电桥的输出电压，就能测得电阻值的微小变化，而其微小变化是与其所受的应力成正比的。

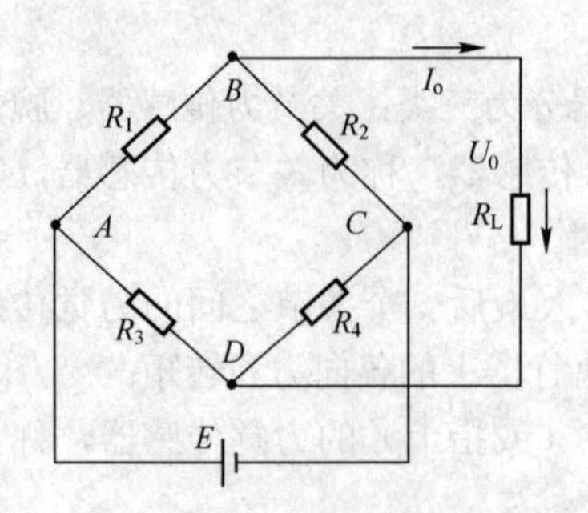

图 6-30　应变片测量电桥

上面所计算的电阻应变片，测定的只是一个轴方向的力。如果力是任意方向时，可以在三个轴方向分别贴上电阻应变片。

3．分布型传感器

对于力控制机器人，当对来自外界的力进行检测时，根据力的作用部位和作用力的情况，传感器的安装位置和构造会有所不同。

例如当希望检测来自所有方向的接触时，需要用传感器覆盖全部表面。这时，要使用分布型传感器，把许多微小的传感器进行排列，用来检测在广阔的面积内发生的物理量变化，这样组成的传感器，称为分布型传感器。如图 6-31 所示。

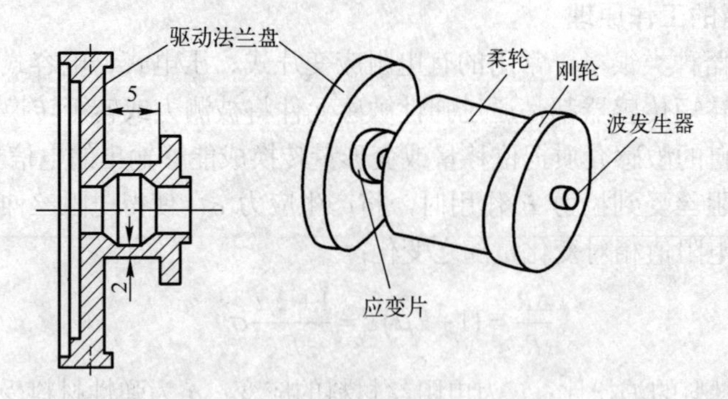

图 6-31　分布型关节力传感器

虽然目前还没有对全部表面进行完全覆盖的分布型传感器，但是已经开发出来能为手指和手掌等重要部位设置的小规模分布型传感器。因为分布型传感器是许多传感器的集合体，所以在输出信号的采集和数据处理中，需要采用特殊信号处理技术。

4．腕力传感器

目前在手腕上安装力传感器技术已获得了广泛应用。其中六轴传感器，就能够在三维空间内，检测所有的作用转矩。转矩是作用在旋转物体上的力，也称为旋转力。在表示三维空间时，采用三个轴互成直角相交的坐标系。在这个三维空间中，力能使物体作直线运动，转矩能使物体作旋转运动。力可以分解为沿三个轴方向的分量，转矩也可以分解为围绕着三个轴的分量，而六轴传感器就是一种能对全部这些力和转矩进行检测的传感器。

机器人腕力传感器测量的是三个方向的力（转矩），由于腕力传感器既是测量的载体又是传递力的环节，所以腕力传感器的结构一般为弹性结构梁，通过测量弹性体的变形得到三个方向的力（转矩）。

（1）SRI 六维腕力传感器

如图 6-32 所示是 SRI（Stanford Research Institute，斯坦福研究院）研制的六维腕力传感器。它由一只直径为 75mm 的铝管铣削而成，具有 8 个窄长的弹性梁，每一个梁的颈部开有小槽以使颈部只传递力，转矩作用很小。

由于机器人各个杆件通过关节连接在一起，运动时各杆件相互联动，所以单个杆件的受力状况非常复杂。但根据刚体力学可知，刚体上任何一点的力都可以表示为笛卡尔坐标系三个坐标轴的分力和绕三个轴的分转矩。只要测出这三个力和转矩，就能计算出该点的合成力。

在图 6-32 所示的力和转矩传感器上，8 个梁中有 4 个水平梁和 4 个垂直梁，每个梁发生的应变集中在梁的一端，把应变片贴在应变最大处就可以测出一个力。梁的另一头两侧贴有应变片，若应变片的阻值分别为 R_1、R_2，则将其连成图 6-30 所示的形式输出，由于 R_1、R_2 所受应变方向相反，U_0 输出比使用单个应变片时大一倍。

（2）Draper 六维腕力传感器

如图 6-33 所示为 Draper 实验室研制的六维腕力传感器的结构。它将一个整体金属环，按 120° 周向分布铣成三根细梁。其上部圆环上有螺孔与手臂相连，下部圆环上的螺孔与手爪连接，传感器的测量电路置于空心的弹性构架体内。该传感器结构比较简单，灵敏度较高，但六维力（转矩）的获得需要解耦运算，传感器的抗过载能力较差，容易受损。

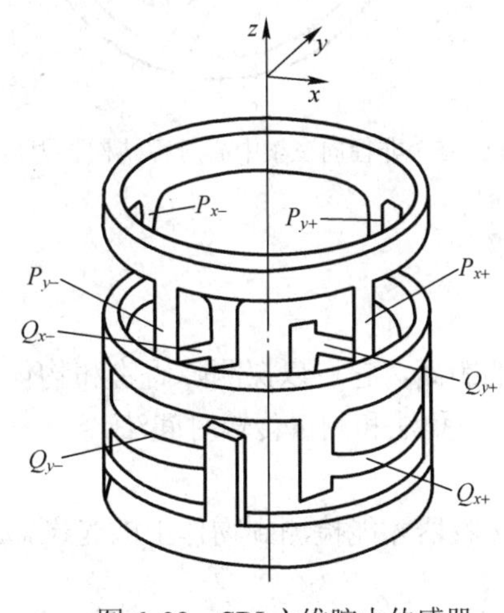

图 6-32　SRI 六维腕力传感器

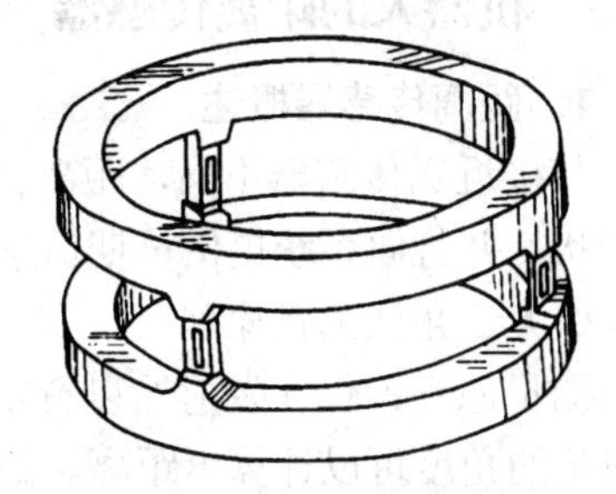
图 6-33　Draper 六维腕力传感器

该传感器为直接输出型力传感器，不需要再做运算，并能进行温度自动补偿。主要缺点是维间有一定耦合，传感器弹性梁的加工难度大，且传感器刚性较差。

（3）JPL 实验室腕力传感器

图 6-34 是日本大和制衡株式会社林纯一 JPL 实验室研制的腕力传感器。它是一种整体轮辐式结构，传感器在十字架与轮缘连接处有一个柔性环节，因而简化了弹性体的受力模型（在受力分析时可简化为悬臂梁）。在 4 根交叉梁上总共贴有 32 个应变片（图中以小方块表

示），组成 8 路全桥输出，六维力的获得须通过解耦计算。这一传感器一般将十字交叉主杆与手臂的连接件设计成弹性体变形限幅的形式，可有效起到过载保护作用，是一种较实用的结构。

（4）非径向三梁中心对称结构腕力传感器

如图 6-35 所示是一种非径向三梁中心对称结构的腕力传感器。传感器的内圈和外圈分别固定于机器人的手臂和手爪，力沿与内圈相切的三根梁进行传递。每根梁的上下、左右各贴一对应变片，这样非径向的三根梁共贴有六对应变片，分别组成六组电桥，对这六组电桥信号进行解耦可得到六维力（转矩）的精确解。这种力觉传感器结构有较好的刚性。

因为传感器的安装位置只有在靠近操作对象时才比较合适，所以不设置在肩部和肘部，而设置在手腕上。其理由是，当在传感器与操作对象之间加进多余的机构时，这个机构的惯性、黏性以及弹性等会出现在控制环路以外，因此在不能进行反馈控制的机器人动态特性中，会造成残存的偏差，所以在手腕的前端只安装了惯性较小的手爪。

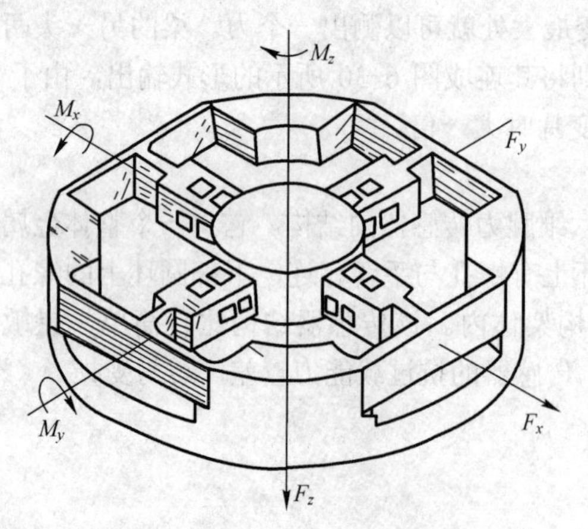

图 6-34　林纯一六维腕力传感器

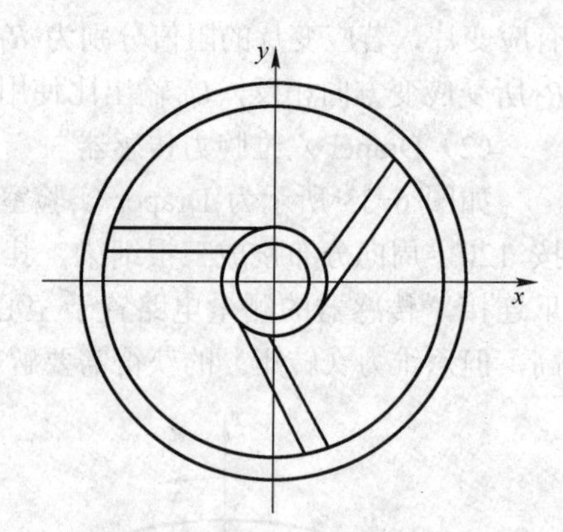

图 6-35　非径向三梁中心对称结构腕力传感器

6.3.3　机器人的距离传感器

1．距离传感器概述

与接近觉传感器不同，距离传感器用于测量较长的距离，它可以探测障碍物和物体表面的形状，并且向系统提供早期信息。常用的测量方法是三角法和测量传输时间法。

（1）三角法测距原理

测量原理：仅在发射器以特定角度发射光线时，接收器才能检测到物体上的光斑，利用发射角的角度可以计算出距离。如图 6-36 所示。

三角测量法（Triangulation-based）就是把发射器和接收器按照一定距离安装，然后与被探测的点形成一个三角形的三个顶点，由于发射器和接收器的距离已知，仅在发射器以特定角度发射光线时，接收器才能检测到物体上的光斑，发射角度已知，反射角度也可以被检测到，因此检测点到发射器的距离就可以求出。假设发射角度是 90°，距离 D 为：

$$D = f\left(\frac{L}{x}\right) \tag{6-7}$$

式中，L 为发射器和接收器的距离；x 为接受波的偏移距离。

由此可见，D 是由 $1/x$ 决定的，所以用这个测量法可以测得距离非常近的物体，目前最精确可以到 1μm 的分辨率。但是由于 D 同时也是 L 的函数，要增加测量距离就必须增大 L 值，所以不能探测远距离物体。但是如果将红外传感器和超声波传感器同时应用于机器人，就能提供全范围的探测，超声波传感器的盲区正好可以由红外传感器来弥补。

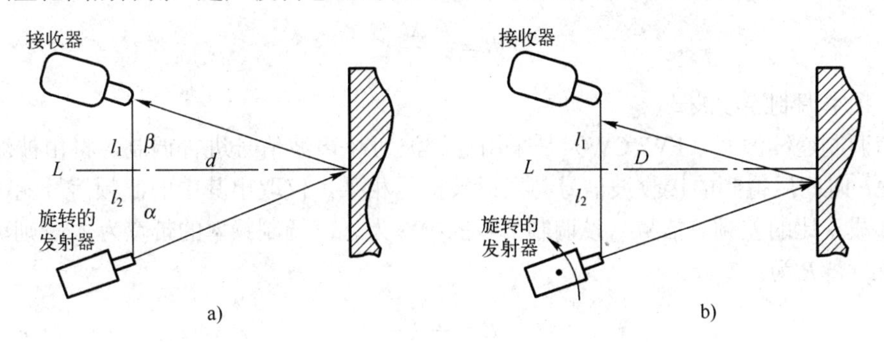

图 6-36　三角测量法测量原理图

（2）测量传输时间法

信号传输的距离包括从发射器到物体和被物体反射到接收器两部分。传感器与物体之间的距离是信号行进距离的一半，知道了传播速度，通过测量信号的往返时间即可计算出距离。

2．超声波距离传感器

由于超声波指向性强，能量消耗缓慢，在介质中传播的距离较远，因而经常用于距离的测量，如测距仪和物位测量仪等都可以通过超声波来实现。利用超声波检测往往比较迅速、方便、计算简单、易于做到实时控制，并且在测量精度方面能达到工业实用的要求，因此在移动机器人研制上也得到了广泛的应用。

超声波距离传感器是由发射器和接收器构成的，几乎所有超声波距离传感器的发射器和接收器都是利用压电效应制成的。其中，发射器是利用给压电晶体加一个外加电场时，晶片将产生应变（压电逆效应）这一原理制成的；接收器的原理是，当给晶片加一个外力使其变形时，在晶体的两面会产生与应变量相当的电荷（压电正效应），若应变方向相反则产生电荷的极性反向。图 6-37 为一个共振频率在 40kHz 附近的发射接收器结构图。

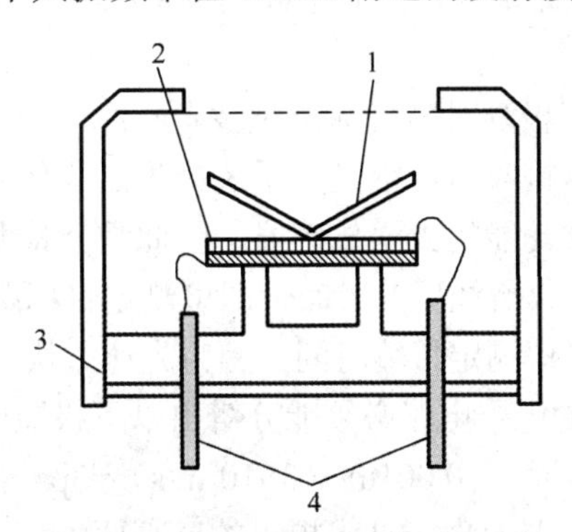

图 6-37　超声波发射接收器结构图

1-锥状体　2-压电元件　3-外壳　4-电极

超声波距离传感器的检测方式有脉冲回波式和频率调制连续波式两种。

（1）脉冲回波式测量

脉冲回波式又叫做时间差测距法。在脉冲回波式测量中，先将超声波用脉冲调制后向某一方向发射，根据经被测物体反射回来的回波延迟时间 Δt，计算出被测物体的距离 R，假设空气中的声速为 v，则被测物与传感器间的距离 R 为：

$$R = v \cdot \frac{\Delta t}{2} \tag{6-8}$$

（2）频率调制连续波式

频率调制连续波式（FW-CW）是采用连续波对超声波信号进行调制，将由被测物体反射延迟 Δt 时间后得到的接收波信号与发射波信号相乘，仅取出其中的低频信号就可以得到与距离 R 成正比的差频 f_r 信号，设调制信号的频率为 f_m，调制频率的带宽为 Δf，则可求得被测物体的距离 R 为：

$$R = \frac{f_x v}{4 f_m \Delta f} \tag{6-9}$$

3．红外距离传感器

红外距离传感器是用红外线为介质的测量系统，按照功能可分成如下五类：

1）辐射计，用于辐射和光谱测量；

2）搜索和跟踪系统，用于搜索和跟踪红外目标，确定其空间位置并对它的运动进行跟踪；

3）热成像系统，可产生整个目标红外辐射的分布图像；

4）红外测距和通信系统；

5）混合系统，是指以上各类系统中的两个或者多个的组合。

按探测机理可分成光子探测器和热探测器。红外传感技术已经在现代科技、国防和工农业等领域获得了广泛的应用。红外距离传感的原理基于红外光，采用直接延迟时间测量法、间接幅值调制法和三角法等方法测量到物体的距离。

红外距离传感器具有一对红外信号发射与接收二极管，利用的红外距离传感器发射出一束红外光，在照射到物体后形成一个反射的过程，反射到传感器后接收信号，然后利用处理发射与接收的时间差数据，经信号处理器处理后计算出物体的距离。它不仅可以用于自然表面，也可用于加反射板，测量距离远，具有很高的频率响应，能适应恶劣的工业环境。

4．激光距离传感器

激光距离传感器由激光二极管对准目标发射激光脉冲，经目标反射后，激光向各方向散射，部分散射光返回到传感器接收器，被光学系统接收后成像到雪崩光敏二极管上。雪崩光敏二极管是一种内部具有放大功能的光学传感器，因此它能检测极其微弱的光信号。记录并处理从光脉冲发出到返回被接收所经历的时间，即可测定目标距离。

激光传感器必须极其精确地测定传输时间，因为光速太快，约为 3×10^8m/s，要想使分辨率达到 1mm，则测距传感器的电子电路必须能分辨出以下极短的时间：

$$0.001\text{m}/(3\times10^8\text{m/s}) = 3\text{ps}$$

要分辨出 3ps 的时间，这是对电子技术提出的过高要求，实现起来造价太高。但是如今的激光传感器巧妙地避开了这一障碍，利用一种简单的统计学原理，即平均法即实现了 1mm 的分辨率，并且能保证响应速度。

远距离激光距离传感器在工作时向目标射出一束很细的激光，由光电元件接收目标反射的激光束，计时器测定激光束从发射到接收的时间，计算出从观测者到目标的距离。

6.3.4 机器人的听觉传感器

人用语言指挥机器人，比用键盘指挥机器人更方便。机器人对人发出的各种声音进行检测，执行向其发出的命令。如果是在危险时发出的声音，机器人还必须对此产生回避的行动。

听觉也是机器人的重要感觉器官之一。机器人听觉系统中的听觉传感器基本形态与麦克风相同，这方面的技术目前已经非常成熟。过去使用基于各种原理的麦克风，现在则已经变成了小型、廉价、且具有高性能的驻极体电容传声器。

1．语音识别技术

由于计算机技术及语音学的发展，现在已经部分实现用机器代替人耳。机器人不仅能通过语音处理及辨识技术识别讲话人，还能正确理解一些简单的语句。

在听觉系统中，最关键问题在于声音识别上，即语音识别技术和语义识别技术。它与图像识别同属于模式识别领域，而模式识别技术是最终实现人工智能的主要手段。语音识别系统实质上与常规模式识别系统一样有特征提取、模式匹配、参考模式库三个基本单元。如图 6-38 所示。

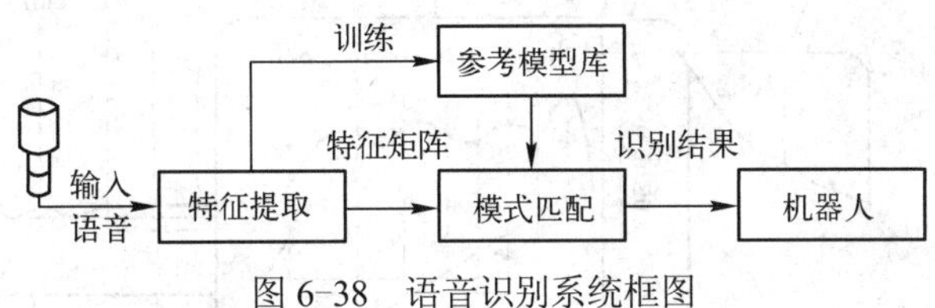

图 6-38　语音识别系统框图

第一步是根据识别系统的类型选择一种识别方法，采用语音分析方法分析出这种识别方法所要求的语音特征参数，这些参数作为标准模式由机器存储起来，形成参考模式库。

第二步是语音识别的核心，采用选择的语音识别方法进行模式匹配。语音识别核心部分又分别表现为模型的建立、训练和识别三个部分。

第三步是进行后处理，后处理通常是一个音字转换过程，还有可能包括更高层次的词法、句法和文法处理，另外也有可能作为某个具体的任务语法的输入。

2．语音识别方式

语音识别系统可分为：特定人语音识别方式和非特定人语音识别方式。

（1）特定人语音识别方式

特定人语音识别方式是将事先指定的人声音中每一个字音的特征矩阵存储起来，形成一个标准模板（或叫做模板），然后再进行匹配。它首先要记忆一个或几个语音特征，而且被指定人讲话的内容也必须是事先规定好的有限的几句话。

特定人说话方式的识别率比较高。为了便于存储标准语音波形及选配语音波形，需要对输入的语音波形频带进行适当的分割，将每个采样周期内各频带的语音特征能量抽取出来，语音识别系统可以识别讲话的人是否是事先指定的人，讲的是哪一句话。

（2）非特定人语音识别方式

非特定人语音识别方式大致可以分为语言识别系统，单词识别系统及数字音（0～9）识别系统。

非特定人语音识别方法需要对一组有代表性的人的语音进行训练，找出同一词音的共性，这种训练往往是开放式的，能对系统进行不断的修正。在系统工作时，将接收到的声音信号用同样的办法求出它们的特征矩阵，再与标准模式相比较，看它与哪个模板相同或相近，从而识别该信号的含义。

3．语音分析与特征的提取

如图 6-39 所示为语音分析与特征的提取示意图。

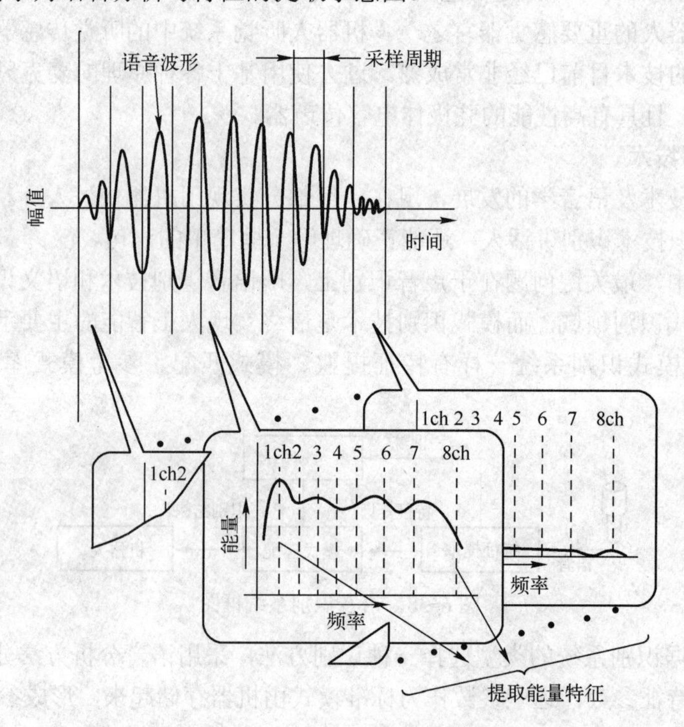

图 6-39　语音分析与特征提取示意图

语音波形的选配方式有多种，但由于说话人的说话速度不能一直保持一致，因此，在与标准语音波形进行选配比较时，需要将输入的语音数据按时间轴作扩展或压缩处理，这种操作可通过计算各波形间的距离（表示相似程度）实现，称为 DP（动态编程）选配，是语音识别中的基本选配方法，它是从多个与标准语音波形比较的计算结果中，选择波形间距离最小的作为识别结果。

在这一过程中，需要进行大量的数据运算。随着 LSI（大规模集成电路）技术的进步，现在几乎所有的语音识别电路都是由一片或几片专用的 LSI 构成。为了能更快、更准确地识别连续语音，在硬件上采用能实现高速数字信号处理的 DSP（数字信号处理器）芯片，在软件上对选配算法进行改进以及采用其他语音识别方式等方法。

6.4　机器人的视觉系统

尽管接近觉、触觉和力觉传感器在提高机器人性能方面具有重大的作用，但视觉被认为是机器人最重要的感觉能力。机器人视觉可定义为从三维环境的图像中提取、显示和说明信息的过程。因此对于机器人来说，“眼睛”将会是一种重要的感知设备。拥有机器人视觉系统是智能机器人的重要标志。利用视觉传感器获取三维景物的二维图像，通过视觉处理算法对一幅或多幅图像进行处理、分析和解释，得到有关景物的符号描述，并为特定的任务提供有用的信息，用于引导机器人的动作，这个过程就叫做机器视觉。

6.4.1 机器人视觉系统的组成

1．机器人的视觉概述

眼睛对人来说十分重要，可以说人类感知客观世界中 70%的信息由视觉获取。人类视觉细胞的数量是听觉细胞的 3000 多倍，是皮肤感觉细胞的 100 多倍。从这个角度也可以看出视觉系统的重要性。至于视觉的应用范围，简直可以说是包罗万象。

（1）机器人视觉系统

人们为了从外界环境获取信息，一般是通过视觉、触觉、听觉等感觉器官来进行的，也就是说如果想要赋予机器人较为高级的智能，那么离开视觉系统是无法做到的。第一代工业机器人只能按照预先规定的动作往返操作，一旦工作环境变化，机器就不能胜任工作。这是因为第一代机器人没有视觉系统，无法感知周围环境和工作对象的情况。因此对于智能机器人来说，视觉系统是必不可少的。

如同人类视觉系统的作用一样，机器人视觉系统赋予机器人一种高级感觉机构，使得机器人能以“智能”和灵活的方式对其周围环境作出反应。机器人的视觉信息系统类似人的视觉信息系统，它包括图像传感器、数据传递系统以及计算机处理系统。

机器人视觉可以划分为六个主要部分：传感预处理、分割、描述、识别、解释。根据上述过程所涉及的方法和技术的复杂性可分为三个处理层次：低层视觉处理、中层视觉处理和高层视觉处理。

（2）机器视觉

我们知道，人的视觉通常是识别环境对象的位置坐标，物体之间的相对位置，物体的形状颜色等，由于人们生活在一个三维的空间里，所以机器人的视觉也必须能够理解三维空间的信息，即机器人的视觉与文字识别或图像识别是有区别的，它们的区别在于机器人视觉系统需要处理三维图像，不仅需要了解物体的大小、形状，还要知道物体之间的关系。为了实现这个目标，要克服很多困难。因为视觉传感器只能得到二维图像，那么从不同角度上来看同一物体，就会得到不同的图像。光源的位置不同，得到的图像的明暗程度与分布情况也不同；实际的物体虽然互不重叠，但是从某一个角度上看，却能得到重叠的图像。为了解决这个问题，人们采取了很多的措施，并在不断地研究新方法。

通常，为了减轻视觉系统的负担，人们总是尽可能地改善外部环境条件，对视角、照明、物体的放置方式作出某种限制。但更重要的还是加强视觉系统本身的功能和使用较好的信息处理方法。

2．机器人视觉系统的组成

一个典型的机器人视觉系统由视觉传感器、图像处理机、计算机及其相关软件组成。如图 6-40 所示。

（1）机器人视觉系统的硬件

机器人视觉系统的硬件由以下几个部分组成。

1）景物和距离传感器：常用的有摄像机、CCD 图像传感器、超声波传感器和结构光设备等。

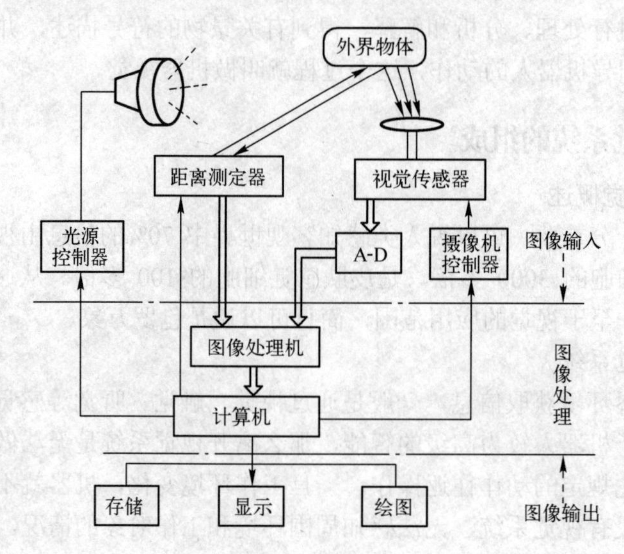

图 6-40　机器人视觉系统组成

2）视频信号数字化设备：其任务是把摄像机或 CCD 输出的信号转换成方便计算和分析的数字信号。

3）视频信号快速处理器：视频信号实时、快速、并行算法的硬件实现设备，如 DSP 系统。

4）计算机及其外设：根据系统的需要可以选用不同的计算机及其外设来满足机器人视觉信息处理及机器人控制的需要。

（2）机器人视觉系统的软件。

机器人视觉的软件系统有以下几个部分组成。

1）计算机系统软件：选用不同类型的计算机，就要有不同的操作系统和它所支撑的各种语言、数据库等。

2）机器人视觉信息处理算法：图像预处理、分割、描述、识别和解释等算法。

6.4.2　机器人视觉系统的原理

图像传感器是采用光电转换原理，用来摄取平面光学图像并使其转换为电子图像信号的器件。图像传感器必须具备两个作用，一是把光信号转换为电信号；二是将平面图像上的像素进行点阵取样，并把这些像素按时间取出。

图像传感器又称为摄像管。摄像管的发展很迅速，它经历了光电摄像管、超光电摄像管、正析摄像管、光导摄像管以及新发展起来的 CCD 图像传感器、CMOS 图像传感器等固体摄像管。

1．CCD 及其原理

视觉信息通过视觉传感器转换成电信号。在空间采样和幅值化后，这些信号就形成了一幅数字图像。机器人视觉使用的主要部件是电视摄像机，它由摄像管或固态成像传感器及相应的电子电路组成。这里只介绍光导摄像管的工作原理，因为它是普遍使用的并有代表性的一种摄像管。

（1）CCD的概念

固态成像传感器的关键部分有两种类型：一种是电荷耦合器件（CCD）；另一种是电荷注入器件（CID）。与带有摄像管的摄像机相比，固态成像器件有若干优点，它重量轻、体积小、寿命长、功耗低。

由图6-41a可以看出，光导摄像管外面是一圆柱形玻璃外壳2，内部有位于一端的电子枪7以及位于另一端的屏幕1光敏层3。加在线圈6、9上的电压将电子束聚焦并使其偏转。偏转电路驱使电子束对光敏层的内表面扫描以便"读取"图像，具体过程如下所述。

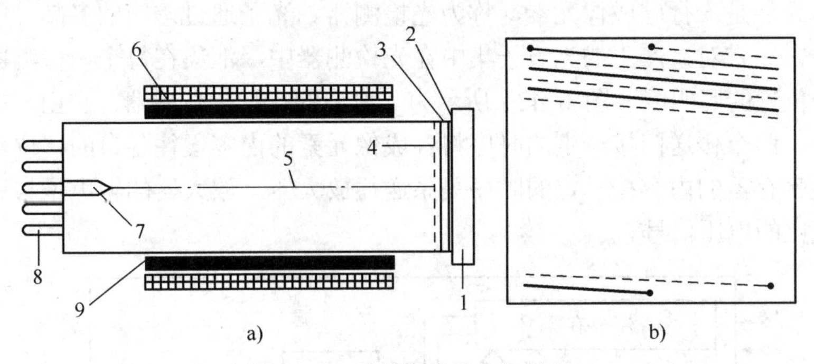

图6-41 光导摄像管工作原理

a) 光导摄像管示意图 b) 电子束扫描方式

1—屏幕 2—玻璃外壳 3—光敏层 4—网格 5—电子束 6—光束聚焦线圈 7—电子枪 8—引脚 9—光束偏转线圈

玻璃屏幕的内表面镀有一层透明的金属薄膜，它构成一个电极，视频电信号可从此电极上获得。一层很薄的光敏层附着在金属膜上，它由一些极小的球状体组成，球状体的电阻反比于光的强度。在光敏层的后面有一个带正电荷的细金属网，它使电子枪发射出的电子减速，以接近于零的速度到达光敏层。

（2）CCD的工作原理

在正常工作时，将正电压加在屏幕的金属镀膜上。在无光照时光敏材料呈现绝缘体特性，电子束在光敏层的内表面上形成一个电子层以平衡金属膜上的正电荷。当电子束扫描光敏层内表面时，光敏层就成了一个电容器，其内表面具有负电荷，而另一面具有正电荷。

光投射到光敏层，它的电阻降低，使得电子向正电荷方向流动并与之中和。由于流动的电子电荷的数量正比于投射到光敏层的某个局部区域上的光的强度，因此其效果是在光敏层表面上形成一幅图像，该图像与摄像管屏幕上的图像亮度相同。也就是说，电子电荷的剩余浓度在暗区较高，而在亮区较低。

电子束再次扫描光敏层表面时，失去的电荷得到补充，这样就会在金属层内形成电流，并可从一个引脚上引出此电流。电流正比于扫描时补充的电子数，因此也正比于电子束扫描处的光强度。经摄像机电子电路放大后，电子束扫描运动时所得到的变化电流便形成了一个正比于输入图像强度的视频信号。如图6-41b所示。

电子束以25次/s的频率扫描光敏层的整个表面，每次完整的扫描称为一帧，它包含625行，其中的576行含有图像信息。若依次对每行扫描并将形成的图像显示在监视器上，图像将是抖动的。克服这种现象的办法是使用另一种扫描方式，即将一帧图像分成两个隔行场，每场包含 312.5 行，并且以两倍帧扫描频率进行扫描，扫描 50 场/s。每帧的第一场扫描奇数行第二场扫描偶数行。

还有一种可以获得更高行扫描速率的标准扫描方式，其工作原理与前一种基本相同。例如在计算机视觉和数字图像处理中常用的一种扫描方式是每帧包含 559 行，其中 512 行含有图像数据。行数取为 2 的整数幂，优点是软件和硬件容易实现。

（3）行扫描传感器和面阵传感器

讨论 CCD 器件时，通常将传感器分为两类：行扫描传感器和面阵传感器。行扫描 CCD 传感器的基本元件是一行硅成像元素，称为光检测器。光子通过透明的多晶硅门由硅晶体吸收，产生电子—空穴对，产生的光电子集中在光检测器中，汇集在每个光检测器中电荷的数量正比于那个位置的照明度。图 6-42a 所示为一典型的行扫描传感器，它由一行前面所说的成像元素组成。两个传送门按一定的时序将各成像元素的内容送往各自的移位寄存器。输出门用来将移位寄存器的内容按一定的时序关系送往放大器，放大器的输出是与这一行光检测器中内容成正比的电压信号。

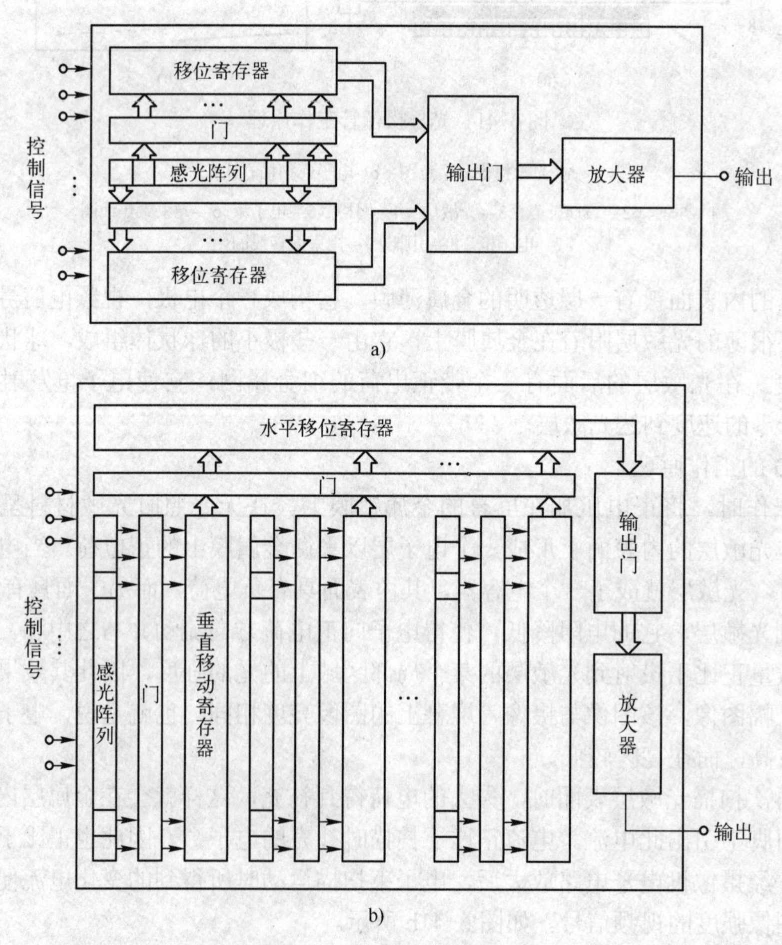

图 6-42　CCD 传感器

a) CCD 行扫描传感器　b) CCD 面阵传感器

电荷耦合面阵传感器与行扫描传感器相似，不同之处在于面阵传感器酌光检测是按矩阵形式排列的，且在两列光检测器之间有一个逻辑门与移位寄存器组合，如图 6-42b 所示。奇数光检测器的数据依次通过门进入垂直移位寄存器，然后再送入水平移位寄存器。水平移位寄存器的内容加到放大器上，放大器的输出即为一行视频信号。对于各偶数行重复上述过程，便可获得一帧电视图像的第二个隔行场。这种扫描方式的重复频率是 30 帧/s。

显然，行扫描摄像机只能产生一行输入图像。这类器件适合于物体相对于传感器运动的场合（例如传送带）。物体沿传感器的垂直方向运动便可形成一幅二维图像。分辨率在 256～2048 元素的行扫描传感器比较常用。面阵传感器的分辨率分成低、中、高三种。低分辨率为 32×32 元素，中分辨率为 256×256 元素。目前市场上较高分辨率器件的分辨率为 480×480 元素，正在研制的 CCD 传感器分，分辨率已达 1024×1024 元素甚至更高。

2．图像信号的数学运算

图像信号一般是二维信号，一幅图像通常由 512×512 个像素组成（当然有时也有 256×256，或者 1024×1024 个像素），每个像素有 256 级灰度，一幅图像就有 256KB 或者 768KB（对于彩色）个数据。

为了完成视觉处理的传感、预处理、分割、描述、识别和解释，上述前几项主要完成的数学运算可以归纳为如下几点。

（1）点处理

常用于对比度增强、小密度非线性校正、阈值处理、伪彩色处理等。每个像素的输入数据经过一定的变换关系映射成像素的输出数据，例如对数变换可实现暗区对比度扩张。

（2）二维卷积的运算

常用于图像平滑、尖锐化、轮廓增强、空间滤波、标准模板匹配计算等。若用 M×M 卷积核矩阵对整幅图像进行卷积时，要得到每个像素的输出结果就需要作 M^2 次乘法和（M^2–1）次加法，由于图像像素一般很多，即使用较小的卷积和，也需要进行大量的乘加运算和存储器访问。

（3）二维正交变换

常用二维正交变换有 FFT、Walsh、Haar 和 K-L 变换等，常用于图像增强、复原、二维滤波、数据压缩等。

（4）坐标变换

常用于图像的放大缩小、旋转、移动、配准、几何校正和由投影值重建图像等。

（5）统计量计算

如计算密度直方图分布、平均值和协方差矩阵等。在进行直方图均衡化、面积计算、分类和 K-L 变换时，常要进行这些统计量计算。

3．视频信号的处理方案

在视觉信号处理时，要进行上述运算，计算机需要大量的运算次数和大量的存储器访问次数。如果采用一般的计算机进行视频数字信号处理，就有很大的限制。所以在通用的计算机上处理视觉信号，有两个突出的局限性：一是运算速度慢，二是内存容量小。为了解决上述问题，可以采用如下方案。

（1）通用的视频信号处理系统

为了解决小型计算机运算速度慢、存储量小的缺点，人们自然会使用大型高速计算机，利用大型高速计算机组成通用的视频信号处理系统的缺点是成本太高。

（2）小型高速阵列机

为了降低视频信号处理系统的造价，提高设备的利用率，有的厂家在设计视频信号处理系统时，选用造价低廉的中小型计算机为主机，再配备一台高速阵列机。

（3）采用专用的视觉处理器

为了适应微型计算机视频数字信号处理的需要，不少厂家设计了专用的视觉信号处理器，它的结构简单、成本低、性能指标高。多数采用多处理器并行处理，流水线式体系结构以及基于 DSP 的方案。

6.4.3 视觉信息的处理

如何从视觉传感器输出的原始图像中得到景物的精确三维集合描述和定量地确定景物中物体的特性是非常困难的，也是目前计算机视觉，或称为图像理解的主要研究课题。但是对于完成某一特定的任务所用的机器视觉系统来说，则不需要全面地“理解”它所处的环境，而只需要抽取为完成该任务所必需的信息。

视觉信息的处理如图 6-43 所示，包括预处理、分割、特征抽取和识别四个模块。

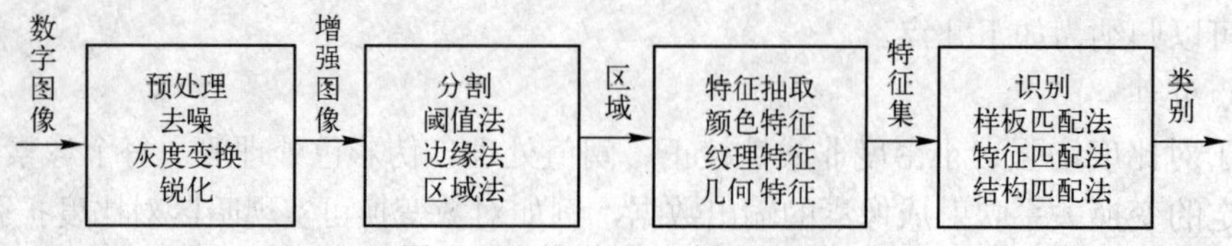

图 6-43　视觉处理过程及方法

预处理是视觉处理的第一步。其任务是对输入图像进行加工，消除噪声，改进图像的质量，为以后的处理创造条件。

为了给出物体的属性和位置的描述，必须先将物体从其背景中分离出来，因此对预处理以后的图像首先要进行分割，就是把代表物体的那一部分像素集合抽取出来。

一旦这一区域抽取出来以后，就要检测它的各种特性，包括颜色、纹理，尤其重要的是它的集合形状特性，这些特性构成了识别某一物体和确定它的位置和方向的基础。

物体识别主要基于图像匹配，即根据物体的模板、特征或结构与视觉处理的结果进行匹配比较，以确认该图像中包含的物体属性，给出有关的描述，输出给机器人控制器以完成相应的动作。

1．图像的预处理

预处理的主要目的是清除原始图像中各种噪声等无用的信息，改进图像的质量，增强感兴趣的有用信息的可检测性。从而使后面的分割、特征抽取和识别处理得以简化，并提高其可靠性。机器视觉常用的预处理包括去噪、灰度变换和锐化等。

（1）去噪

原始图像中不可避免地会包括许多噪声，如传感器噪声、量化噪声等。通常噪声比图像本身包含较强的高频成分，而且噪声具有空间不相关性，因此简单的低通滤波是最常用的一种去噪方法。

空间滤波分为两种方法，一种是采用局部平均法，即将输入图像和一个窗口函数进行卷积，这种平滑处理能够消除噪声，但同时使图像本身的高频成分减弱，引起图像模糊；另一种常用的平滑滤波技术是中值滤波，它可以克服这一弱点。中值滤波是用原始图像中每一窗口内各像素灰度值的中值来代替窗口中心像素的灰度值，这是一种非线性滤波器，计算量较大，特别是当滤波窗口增大时。

在处理静止图像时可以利用时间滤波技术，即连续取多幅图像，对应像素的灰度值进行相加求平均，这样对于消除随机噪声非常有效，而且对图像没有任何影响。

（2）灰度变换

由于光照等原因，原始图像的对比度往往不理想，利用各种灰度变换处理可以增强图像的对比度。例如有时图像亮度的动态范围很小，表现为其直方图较窄，即灰度等级在某一区间内，这时通过所谓直方图拉伸处理，即通过灰度变换将原直方图两端的灰度值分别拉向最小值（0）和最大值（255），使图像占有的灰度等级充满（0～255）整个区域，从而使图像的层次增多，达到图像细节增强的目的。

与此类似的一种灰度变换是增强我们感兴趣的某一灰度区间（如对应于图像中某一物体的灰度值）的对比度，使这一区间的灰度等级（分层）增加，即增强了相应物体的细节。

还有一种对比度增强的方法是直方图均衡。它通过对图像灰度进行某种变换，将直方图值较大处的灰度级拉伸，将直方图值较小处的灰度级压缩，使直方图变为均匀分布，这样就使图像中多数像素的对比度得到了增强。

（3）锐化

为了突出图像中的高频成分，使轮廓增强，可以采用锐化处理。最简单的办法是采用高通滤波器。

2．图像的分割

图像的分割是指从图像中把景物提取出来的处理过程，其目的是把图像划分成不同的区域，以便人们对图像中的某一部分作进一步的分析。像素点都满足基于灰度、纹理、色彩等特征的某种相似性准则。图像分割大致可分为三类：阈值法、边缘法和区域法。

（1）阈值法

阈值是在分割时作为区分物体与背景像素的门限，大于或等于阈值的像素属于物体，而其他属于背景。阈值法是一种简单而有效的图像分割方法，是基于直方图的分割方法，主要针对灰度图像，实现简单，计算量小。近年来，针对彩色图像，人们选取 RGB 空间或 HSI 空间中的某一个通道或者是它们的线性组合来进行阈值分割，使得分割效果有所提高。

这种方法对于在物体与背景之间存在明显差别（对比）的景物分割十分有效。实际上，在任何实际应用的图像处理系统中，都要用到阈值化技术。为了有效地分割物体与背景，人们发展了各种各样的阈值处理技术，包括全局阈值、自适应阈值和最佳阈值等。

（2）边缘法

边缘法是基于边界检测分析的分割方法，以物体边界为对象进行分割，它根据图像的灰度、色彩来划分图像空间。在确定初始轮廓的情况下，利用一定的能量表达式，通过将总体能量最小化，达到边界和形状因素之间的平衡。近年来人们把动态规划、神经网络和贪心算法等应用到了边界优化上，能够比较快速地得到某个准则下的最优边界或局部边界。

为了获得图像的边缘，人们提出了多种边缘检测方法，如 Sobel、Canny edge、LoG 等。在边缘图像的基础上，需要通过平滑、形态学等处理去除噪声点、毛刺、空洞等不需要的部分，再通过细化、边缘连接和跟踪等方法获得物体的轮廓边界。

（3）区域法

区域法是根据同一物体区域内像素的相似性质来聚集像素点的方法，从初始区域（如小邻域甚至于某个像素）开始，将相邻的具有同样性质的像素或其他区域归并到目前的区域中，从而逐步扩大区域，直至没有可以归并的点或其他小区域为止。区域内像素的相似性度量可以包括平均灰度值、纹理、颜色等信息。

与阈值法相比，这种方法除了考虑分割区域的同一性，还考虑了区域的连通性。连通性是指在该区域内存在连接任意两点的路径，即所含的全部像素彼此邻接。

3．图像的特征抽取

常用的图像特征有颜色特征、纹理特征、几何特征（形状特征、空间关系特征）等。

（1）颜色特征

颜色特征是一种全局特征，描述了图像或图像区域所对应的景物的表面性质。一般颜色特征是基于像素点的特征，此时所有属于图像或图像区域的像素都有各自的贡献。

由于颜色对图像或图像区域的方向、大小等变化不敏感，所以颜色特征不能很好地捕捉图像中对象的局部特征。另外，仅使用颜色特征查询时，如果数据库很大，常会将许多不需要的图像也检索出来。颜色直方图是最常用的表达颜色特征的方法，优点是不受图像旋转和平移变化的影响，进一步借助归一化还可不受图像尺度变化的影响，缺点是没有表达出颜色空间分布的信息。

（2）纹理特征

纹理特征也是一种全局特征，它也描述了图像或图像区域所对应景物的表面性质。但由于纹理只是一种物体表面的特性，并不能完全反映出物体的本质属性，所以仅仅利用纹理特征是无法获得高层次图像内容的。与颜色特征不同，纹理特征不是基于像素点的特征，它需要在包含多个像素点的区域中进行统计计算。在模式匹配中，这种区域性的特征具有较大的优越性，不会由于局部的偏差而无法匹配成功。

（3）形状特征

各种基于形状特征的检索方法都可以比较有效地利用图像中感兴趣的目标来进行检索。通常情况下，形状特征有两类表示方法：一类是轮廓特征，另一类是区域特征。图像的轮廓特征主要针对物体的外边界，而图像的区域特征则关系到整个形状区域。

（4）空间关系特征

所谓空间关系，是指图像中分割出来的多个目标之间的相互的空间位置或相对方向关系，这些关系也可分为连接/邻接关系、交叠/重叠关系和包含/包容关系等。

通常空间位置信息可以分为两类：相对空间位置信息和绝对空间位置信息。前一种关系强调的是目标之间的相对情况，如上下左右关系等；后一种关系强调的是目标之间的距离大小以及方位。显而易见，由绝对空间位置可推出相对空间位置，但表达相对空间位置信息常比较简单。

空间关系特征的使用可加强对图像内容的描述区分能力，但空间关系特征常对图像或目标的旋转、反转、尺度变化等比较敏感。另外，实际应用中，仅仅利用空间信息往往是不够的，不能准确有效地表达场景信息。为了检索，除使用空间关系特征外，还需要其他特征来配合。

4．图像的识别

图形刺激作用于感觉器官，人们辨认出它是经历过的某一图形的过程，也叫做图像再认。在图像识别中，既要有当时进入感官的信息，也要有记忆中存储的信息。只有通过存储的信息与当前的信息进行比较的加工过程，才能实现对图像的再认。

图像识别，是利用计算机对图像进行处理、分析和理解，以识别各种不同模式的目标和对象的技术。通常有样板匹配法、特征匹配法、结构匹配法等。图像识别技术是人工智能的一个重要领域。为了编制模拟人类图像识别活动的计算机程序，人们提出了不同的图像识别模型。例如样板匹配模型。

样板匹配模型认为，识别某个图像，必须在过去的经验中有这个图像的记忆模式，又叫做模板。当前的刺激如果能与大脑中的模板相匹配，这个图像也就被识别了。例如有一个字母 A，如果在大脑中有个 A 模板，字母 A 的大小、方位、形状都与这个 A 模板完全一致，字母 A 就被识别了。这个样板匹配模型简单明了，也容易得到实际应用。但这种模型强调图像必须与大脑中的模板完全符合才能加以识别，而事实上人不仅能识别与大脑中的模板完全一致的图像，也能识别与模板不完全一致的图像。例如，人们不仅能识别某一个具体的字母 A，也能识别印刷体的、手写体的、方向不正、大小不同的各种字母 A。同时，人能识别的图像是大量的，如果所识别的每一个图像在大脑中都有一个相应的模板，也是不可能的。

6.4.4 数字图像的编码

1．轮廓编码

数字图像要占用大量的内存，实际使用时，总是希望用尽可能少的内存保存数字图像，为此，可以选用适当的编码方法来压缩图像数据，目的不同，编码的方法也不同。例如在传送图像数据的时候，应选用抗干扰的编码方法。

在恢复图像的时候，因为不要求完全恢复原来的画面，特别是机器人视觉系统，只要求认识目标物体的某些特征或图案，在这种情况下，为了使数据处理简单、快速，只要保留目标物体的某些特征，能达到区别各种物体的程度就可以了。这样做可以使数据量大为减少。

常用的编码方法有轮廓编码和扫描编码。所谓轮廓编码是在画面灰度变化较小的情况下，用轮廓线来描述图形的特征。具体地说，就是用一些方向不同的短线段组成多边形，用这个多边形来描绘轮廓线。各线段的倾斜度可用一组码来表示，称为方向码。如图 6-44 所示。

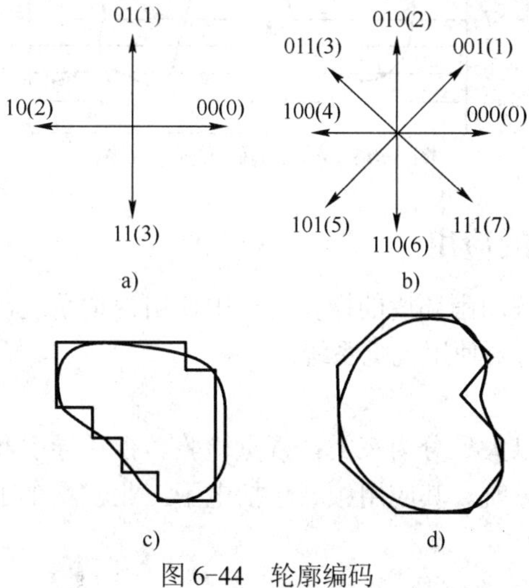

图 6-44 轮廓编码

a) 四方向码 b) 八方向码 c) 四方向码例图 d) 八方向码例图

使用二位 BCD 码可以表示四个方向，使用三位 BCD 码可以表示八个方向。一小段轮廓线可以用一个有方向的短线段来近似，每个线段对应一个码，一组线段组成链式码，这种编码方法称为链式编码。用四方向码编码时，每个线段都取单位长度。用八方向码编码时，水平和垂直方向的线段取单位长度 d，对角线方向的线段长度取为 2d。

如图 6-45 所示，使用方格分割轮廓线，取离轮廓线最近的方格交点进行链式编码，也是一种可行的办法。其链式码为：3433211100077707666554434。

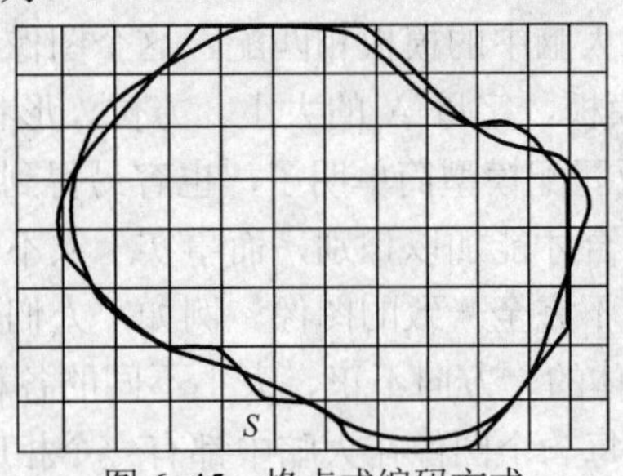

图 6-45　格点式编码方式

2．扫描编码

所谓扫描法，是将一个画面按一定的间距进行扫描，在每条扫描线上找出浓度相同区域的起点和长度。如图 6-46 所示的画面是一个二值图像，即图像的灰度只分明暗两级，平行的横线是扫描线。

在第 3、4……条线上存在物体的图像，依次编号为①、②……

一条扫描线上如果有几段物体图像，则分别编号，将编好号的扫描线段的起点、长度连同号码按先后顺序存入内存，扫描线没有碰到图像时，不记录数据。由此可见，用扫描编码的方法也可以压缩图像数据。

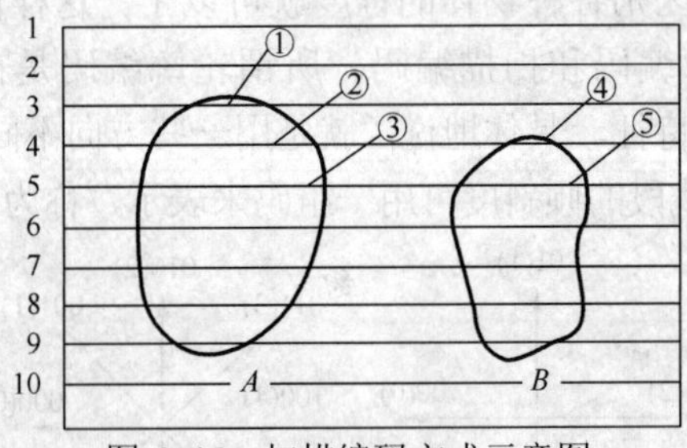

图 6-46　扫描编码方式示意图

6.4.5　机器人视觉系统的应用

机器人通常在需要了解周围环境的操作过程中使用视觉系统，检测、导航、物体识别、装配及通信等操作过程常需要使用视觉系统。

1．视觉应用类型

机器人的视觉应用可以大致分为三类：视觉检验、视觉导引和过程控制，以及近年来迅速发展的移动机器人视觉导航。其应用领域包括电子工业、汽车工业、航空工业以及食品和制药等各个工业领域。

（1）视觉检验

例如，在一条制作电路板的自动生产线上，不同阶段对电路板的检查非常重要，尤其在每一个操作进行前或完成后。在这种情况下，视觉系统创建一个单元，在这个单元中提取要检查的部件图像，然后对该图像进行修改、改进和变换，再将处理过的图像和存储器中的图像进行比较，如果二者相符，则结果就被接受，否则被检测的物体要么被拒绝，要么进行修改处理。这就是视觉检验。

（2）视觉导引

再如，机器人在完成装配、分类或搬运作业时，如果没有视觉反馈，给机器人提供的零件必须保持精确固定的位置和方向，为此对每一特定形状的零件要用专门的振动斗式上料器供料，这样才能保证机器人准确地抓取零件。但由于零件的形状、体积、重量等原因，有时不能保证提供固定的位置和方向，或者对于多种零件、小批量的产品用上料器是不经济的，这时用机器视觉系统完成零件的识别、定位和定向，引导机器人完成零件分类、取放，以至拧紧和装配则是一种经济有效的方法。这就是视觉导引。

又如，搬运机器人在抓取物体时先要识别物体，机器人视觉系统对物体进行平行扫描，然后投射到物体上光束的成像信息由摄像机输入计算机进行处理，计算出正确的 3D 信息。搬运机器人还通过视觉系统知道物体的所在位置和末端执行器抓持物体的位置。这也是视觉导引。

（3）过程控制

视觉系统在导航系统中可用来分析一个场景，然后找出需要避开的障碍及可行的路径。在某些情况下，视觉系统还可以将信息传送给远程遥控机器人的操作员。例如空间探测机器人除了自主操作外，操作员还可以根据其传送的视觉信息进行遥控操作。在一些医学应用中，外科医生控制外科手术机器人也依赖机器人的视觉信息。这就是过程控制。

2．视觉应用举例

视觉机器人很大一部分应用于传送带或货架上，主要完成零件跟踪和识别任务，要求的分辨率比视觉检验低，一般在零件宽度的1%～2%左右。最关键的问题是选择合适的照明方式和图像获取方式，以达到零件和背景间足够的对比度，从而可简化后面的视觉处理过程。

（1）Consight 视觉系统

20 世纪 80 年代初由美国通用（GM）汽车公司研制，到 1985 年该系统已在 GM 所属各工厂安装 300 多套。该系统用狭缝光照射物体，用线阵 CCD 摄像机抽取零件的轮廓，计算其几何特征，辨识和确定在传送带上移动的零件位置和方向，控制机械手将其抓取放入相应的料箱中，如图 6-47 所示。

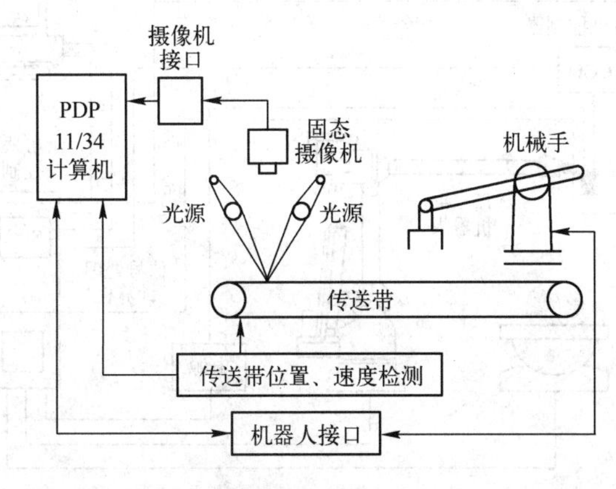

图 6-47　用于零件搬运与装配的视觉控制机器人

（2）焊缝跟踪

即焊接机器人的视觉导引，也是起始于汽车工业，汽车工业使用的机器人大约一半是用于焊接。自动焊接比手工焊接更能保证焊接质量的一致性。但自动焊接关键问题是要保证被焊工件位置的精确性。利用传感器反馈可以使自动焊接具有更大的灵活性，但各种机械式或电磁式传感器需要接触或接近金属表面，因此工作速度慢、调整困难。如图 6-48 所示。

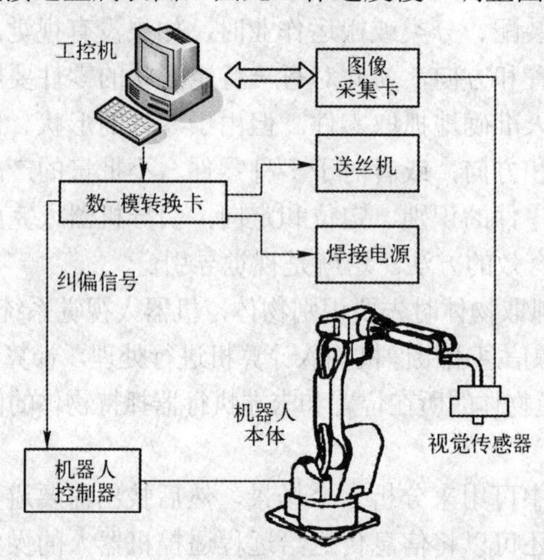

图 6-48　弧焊机器人用视觉传感器

机器视觉作为非接触式传感器用于焊接机器人的反馈控制有极大的优点。它可以直接用于动态测量和跟踪焊缝的位置和方向，因为在焊接过程中工件可能发生热变形，引起焊缝位置变化。它还可以检测焊缝的宽度和深度，监视熔池的各种特性，通过计算机分析这些参数以后，则可以调整焊枪沿焊缝的移动速度、焊枪离工件的距离和倾角，以至焊丝的供给速度。通过调整这些参数，视觉导引的焊机可以使焊接的熔深、截面以及表面粗糙度等指标达到最佳。

（3）Seampilot 视觉系统

荷兰 Oldelft 公司研制的 Seampilot 视觉系统，已被许多机器人公司用于组成视觉导引焊接机器人。它由 3 个功能部件组成：激光扫描器/摄像机、摄像机控制单元（CCU）、信号处理计算机（SPC）。图 6-49 为激光扫描器/摄像机的结构原理图，它装在机器人的手上。激光

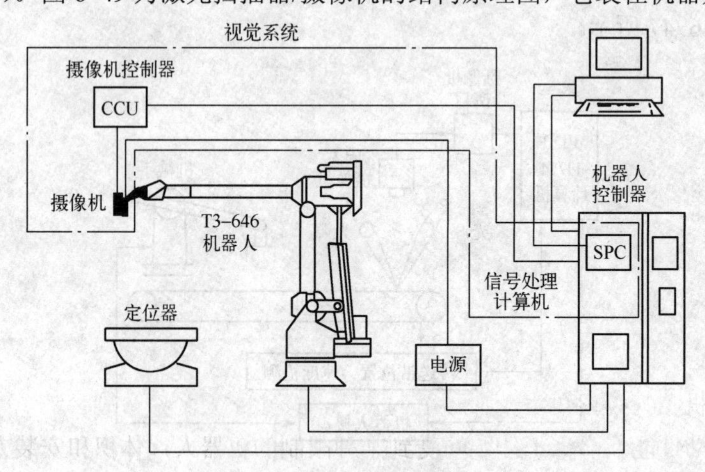

图 6-49　视觉导引焊接机器人系统

聚焦到由伺服控制的反射镜上，形成一个垂直于焊缝的扇面激光束，线阵 CCD 摄像机检出该光束在工件上形成的图像，利用三角法由扫描的角度和成像位置就可以计算出激光点的 y-z 坐标位置，即得到了工件的剖面轮廓图像，并可在监视器上显示。

剖面轮廓数据经摄像机控制单元（CCU）送给信号处理计算机（SPC），将这一剖面数据与操作手预先选定的焊接接头板进行比较，一旦匹配成功即可确定焊缝的有关位置数据，并通过串口将这些数据送到机器人控制器。

6.5 机器人传感器的选择

6.5.1 机器人对传感器的要求

1．机器人对传感器的需要

机器人传感器除了常见的表征内部状态的位置、速度传感器外，还包括外部传感器。也就是说，机器人需要的最重要的感觉能力，可分为以下几类：

1）简单触觉：确定工作对象是否存在；

2）复合触觉：确定工作对象是否存在以及它的尺寸和形状等；

3）简单力觉：沿一个方向测量力，单维力的测量；

4）复合力觉：沿一个以上方向测量力，多维力的测量；

5）接近觉：对工作对象的非接触探测等；

6）简单视觉：孔、边、拐角等的检测；

7）复合视觉：识别工作对象的形状等。

一些特殊领域应用的机器人还可能需要具有温度、湿度、压力、滑动量、化学性质等感觉能力方面的传感器。

2．机器人对传感器的一般要求

（1）精度高、重复性好

机器人传感器的精度直接影响机器人的工作质量。用于检测和控制机器人运动的传感器是控制机器人定位精度的基础。机器人是否能够准确无误地正常工作往往取决于传感器的测量精度。

（2）稳定性好，可靠性高

机器人传感器的稳定性和可靠性是保证机器人能够长期稳定可靠地工作的必要条件。机器人经常是在无人照管的条件下代替人工操作的，万一它在工作中出现故障，轻则影响生产的正常进行，重则造成严重的事故。

（3）抗干扰能力强

机器人传感器的工作环境往往比较恶劣，机器人传感器应当能够承受强电磁干扰、强振动，并能够在一定的高温、高压、高污染环境中正常工作。

（4）重量轻、体积小、安装方便可靠且价格便宜

对于安装在机器人手臂等运动部件上的传感器，重量要轻，否则会加大运动部件惯性，影响机器人的运动性能。对于工作空间受到某种限制的机器人，体积和安装方向的要求也是必不可少的。

3．机器人控制对传感器的要求

机器人控制需要采用传感器检测机器人的运动位置、速度、加速度。

除了较简单的开环控制机器人外，多数机器人都采用了位置传感器作为闭环控制中的反馈元件。机器人根据位置传感器反馈的位置信息，对机器人的运动误差进行补偿。不少机器人还装备有速度传感器和加速度传感器。加速度传感器可以检测机器人构件受到的惯性力，使控制能够补偿惯性力引起的变形误差。速度检测用于预测机器人的运动时间，计算和控制由离心力引起的变形误差。

4．安全方面对传感器的要求

（1）机器人的安全

为了使机器人安全地工作而不受损坏，机器人的各个构件都不能超过其受力极限。为了机器人的安全，也需要监测其各个连杆和各个构件的受力。这就需要采用各种力传感器。

现在多数机器人是采用加大构件尺寸的办法来避免其自身损坏的。如果采用上述力监测控制的方法，就能大大改善机器人的运动性能和工作能力，并减小构件尺寸和减少材料的消耗。

机器人自我保护的另一个问题是要防止机器人和周围物体的碰撞，这就要求采用各种触觉传感器。目前，有些工业机器人已经采用触觉导线加缓冲器的方法来防止碰撞的发生。一旦机器人的触觉导线和周围物体接触，立刻向控制系统发出报警信号，在碰撞发生以前，使机器人停止运动。防止机器人和周围物体碰撞也可以采用接近觉传感器。

（2）机器人使用者的安全

从保护机器人使用者的安全角度出发，也要考虑对机器人传感器的要求。工业环境中的任何自动化设备都必须装有安全传感器，以保护操作者和附近的其他人，这是劳动安全条例中所规定的。

要检测人的存在可以使用防干扰传感器，它能够自动关闭工作设备或者向接近者发出警告。有时并不需要完全停止机器人的工作，在有人靠近时，可以暂时限制机器人的运动速度。

在对机器人进行示教时，操作者需要站在机器人旁边和机器人一起工作，这时操作者必须按下安全开关，机器人才能工作。即使在这种情况下，也应当尽可能设法保护操作者的安全。例如可以采用设置安全导线的办法限制机器人不能超出特定的工作区域。

另外，在任何情况下，都需要安排一定的传感器检测控制系统是否正常工作，以防止由于控制系统失灵而造成意外事故。

6.5.2 机器人传感器的评价与选择

传感器的评价和选择包括两个方面。

一方面是不同类型传感器的评价和选择，如：结构型传感器和物理型传感器之间的选择、接触型传感器和非接触型传感器之间的选择；位移传感器、速度传感器、加速度传感器、力传感器、力矩传感器、触觉传感器（又分简单触觉传感器和复合触觉传感器）、接近觉传感器等的选择。它主要取决于机器人的工作需要，同时又要考虑不同类型传感器的特点。

另一方面是对某种传感器性能的评价和选择，包括对传感器的灵敏度、线性度、工作范围、分辨率、精度、响应时间、重要性、可靠性以及重量、体积、可插接性等传感器参数指标的评价和选择。

1．传感器的常用性能指标

为评价或选择传感器通常需要确定传感器的性能指标，一般包括以下三类参数。

基本参数：包括量程（测量范围、量程及过载能力）、灵敏度、静态精度和动态性能（频率特性及阶跃特性）。

环境参数：包括温度、振动冲击及其他参数（潮湿、腐蚀及抗电磁干扰等）。

使用条件：包括电源、尺寸、安装方式、电信号接口及校准周期等。

下面就介绍一下传感器比较重要和常用的参数指标。

（1）灵敏度

灵敏度是指传感器的输出信号达到稳态时，输出信号变化与传感器输入信号变化的比值。如果传感器的输出和输入呈线性关系，其灵敏度可表示为：

$$S = \frac{\Delta y}{\Delta x} \tag{6-10}$$

式中，S 为传感器的灵敏度；Δy 为传感器输出信号的增量，Δx 为输入信号的增量。

如果传感器的输出与输入呈非线性关系，其灵敏度就是该曲线的导数：

$$S = \frac{\mathrm{d}y}{\mathrm{d}x} \tag{6-11}$$

传感器输出量的量纲和输入量的量纲不一定相同。若输出和输入具有相同的量纲，则传感器的灵敏度也称为放大倍数。一般来说，传感器的灵敏度越大越好，这样可以使传感器的输出信号精确度更高，线性程度更好。但是过高的灵敏度有时会导致传感器输出稳定性下降，所以应该根据机器人的要求选择适中的传感器灵敏度。

（2）线性度

线性度反映传感器输出信号与输入信号之间的线性程度。假设传感器的输出信号为 y，输入信号为 x，则 y 与 x 的关系为：

$$y=bx \tag{6-12}$$

若 b 为常数，或者近似为常数，则传感器的线性度较高；如果 b 是一个变化较大的量，则传感器的线性度较差。机器人控制系统应该选用线性度较高的传感器。实际上，只有少数情况下，传感器的输出和输入呈线性关系。大多数情况下，b 都是 x 的函数，即：

$$b = f(x) = a_0 + a_1 x + a_2 x^2 + \cdots \tag{6-13}$$

如果传感器的输入量变化不太大，且 a_1、a_2……都远小于 a_0，那么可以取 $b=a_0$，近似地把传感器的输出和输入看成是线性关系。这种将传感器的输出输入关系近似为线性关系的过程称为传感器的线性化。它对于机器人控制方案的简化具有重要意义。常用的线性化方法有割线法、最小二乘法、最小误差法等。要了解这些方法可参考数值分析等方面的书籍。

（3）精度

传感器的精度是指传感器的测量输出值与实际被测量值之间的误差。在机器人系统设计中，应该根据系统的工作精度要求选择合适的传感器精度。

还应该注意传感器精度的使用条件和测量方法。使用条件应包括机器人所有可能的工作条件，例如不同的温度、湿度、运动速度、加速度以及在可能范围内的各种负载作用等。用于检测传感器精度的测量仪器必须具有高一级的精度，精度测试也需要考虑到最坏的工作条件。

（4）重复性

重复性是指传感器在其输入信号按同一方式进行全量程连续多次测量时，相应测试结果的变化程度。测试结果的变化越小，传感器的测量误差就越小，重复性就越好。对于多数传感器来说，重复性指标都优于精度指标。这些传感器的精度不一定很高，但只要它的温度、湿度、受力条件和其他参数不变，传感器的测量结果也没有较大变化。同样，传感器重复性也应考虑使用条件和测试方法的问题。对于示教再现型机器人，传感器的重复性至关重要，它直接关系到机器人能否准确地再现其示教轨迹。

（5）分辨率

分辨率是指传感器在整个测量范围内所能辨别的被测量的最小变化量，或者所能辨别的不同被测量的个数。如果被测量最小变化量越小，或被测量个数越多，则它的分辨率越高；反之，分辨率越低。

无论是示教再现型机器人，还是可编程型机器人，都对传感器的分辨率有一定的要求。传感器的分辨率直接影响到机器人的可控程度和控制质量。一般需要根据机器人的工作任务规定传感器分辨率的最低限度要求。

（6）响应时间

响应时间是传感器的动态特性指标，是指传感器的输入信号变化后，其输出信号变化一个稳定值所需要的时间。在某些传感器中，输出信号在达到某一稳定值以前会发生短时间的振荡。传感器输出信号的振荡对于机器人控制系统来说非常不利，它有可能会造成一个虚设位置，影响机器人的控制精度和工作精度，所以传感器的响应时间越短越好。

响应时间的计算应当以输入信号起始变化的时刻为起点，以输出信号达到稳定值时刻为终点。实质上，还需要规定一个稳定值范围，只要输出信号的变化不再超出此范围，即可认为它已经达到了稳定值。对于具体的机器人传感器，还应规定响应时间容许上限。

（7）可靠性

对于所有机器人来说，可靠性都是十分重要的。在工业应用领域，人们要求在 98%～99%的工作时间里，机器人系统都能够正常工作。

由于一个复杂的机器人系统通常是由上百个元件组成的，每个元件的可靠性要求就应当更高。必须对机器人传感器进行例行试验和老化筛选，凡是不能经受工作环境考验的传感器都必须尽早剔除，否则将给机器人可靠的工作留下隐患。可靠性的要求还应当考虑维修的难易程度，对于安装在机器人内部不易更换的传感器，应当提出更高的可靠性要求。

（8）抗干扰能力

机器人的工作环境是多种多样的，在有些情况下可能相当恶劣，因此机器人系统传感器设计必须考虑抗干扰能力。由于传感器输出信号的稳定是控制系统稳定工作的前提，为防止机器人系统的意外动作或发生故障，传感器系统设计必须采用可靠性设计技术。这个指标常通过单位时间内发生故障的概率来定义，因此是一个统计指标。

2．机器人传感器的选择

在选择机器人传感器的时候，最重要的是确定机器人需要传感器做些什么事情，达到什么样的性能要求。根据机器人对传感器的工作类型要求，选择传感器的类型。根据这些工作要求和机器人需要某种传感器达到的性能要求，选择具体的传感器。

（1）尺寸和重量

这是机器人传感器的重要物理参数。机器人传感器通常需要装在机器人手臂上或手腕上，与机器人手臂一起运动，它也是机器人手臂驱动器负载的一部分。所以，它的尺寸和重量将直接影响到机器人的运动性能和工作性能。

（2）输出形式

传感器的输出可以是某种机械运动，也可以是电压和电流，还可以是压力、液面高度或量度等。传感器的输出形式一般是由传感器本身的工作原理所决定的。

由于目前机器人的控制大多是由计算机完成的，传感器的输出信号通过计算机分析处理，一般希望传感器的输出最好是计算机可以直接接受的数字式电压信号，所以应该优先选用这一输出形式的传感器。

（3）可插接性

传感器的可插接能力不但影响传感器使用的方便程度，而且影响到机器人结构的复杂程度。如果传感器没有通用外插口，或者需要采用特殊的电压或电流供电，在使用时不可避免地需要增加一些辅助性设备和工件，机器人系统的成本也会因此而提高。

另外，传感器输出信号的大小和形式也应当尽可能地和其他相邻设备的要求相匹配。

作业与思考题

1．机器人需要哪些感觉，为什么？

2．按照安装位置划分机器人用传感器可分为哪几类？

3．什么是内部传感器？什么是外部传感器？区别有哪些？

4．根据传感器功能划分机器人用传感器，可分为哪几类？

5．感觉机器人与智能机器人的区别与联系有哪些？

6．常用的机器人位置传感器有哪些？

7．谈谈典型的位置传感器电位计的原理。

8．谈谈光电式位置传感器的工作原理。

9．什么是旋转编码器？

10．什么是绝对式编码器？什么是增量式编码器？

11．根据监测方法，旋转编码器可分为哪几类？

12．绝对式编码器和增量式编码器的区别。

13．谈谈光学式绝对式和增量式旋转编码器的工作原理。

14．谈谈绝对式旋转编码器的用途。

15．什么是机器人的速度传感器，都有哪几种？

16．编码器可以做速度传感器吗？有哪些类型？为什么？

17．谈谈机器人的姿态传感器。

18．机器人的触觉传感器有哪些类型？有什么功能？

19．机器人的接近觉传感器有哪些类型？各自的工作原理是什么？

20．机器人的接触觉传感器有哪些类型，有什么作用？各自的工作原理是什么？

21．机器人的压觉传感器有哪些种类，有什么作用？各自的工作原理是什么？

22．机器人的滑觉传感器有哪些种类，有什么作用？各自的工作原理是什么？
23．机器人的力觉传感器有哪些种类，有什么作用？各自的工作原理是什么？
24．举例分析腕力传感器的作用原理。
25．机器人的距离传感器有哪些种类，有什么作用？各自的工作原理是什么？
26．机器人的听觉传感器由哪些组成？主要任务有哪些？
27．机器人的视觉传感器有哪些种类，CCD 原理是什么？
28．机器人的图像信号处理有哪些环节？图像的预处理有哪些步骤？
29．机器人的图像信号的编码有哪些方法？图像的编码处理有哪些过程？
30．机器人的视觉系统有哪几种应用？
31．机器人对传感器的要求有哪些方面？
32．如何评价机器人传感器特性？常用的技术参数有哪些？
33．传感器的选择有哪几个考虑因素？
34．机器人的传感器是如何选择的？

第7章　机器人的语言系统

【内容提要】

本章主要介绍了机器人的语言系统。内容包括机器人的控制方式，机器人的编程系统、编程要求，机器人的编程语言的分类、发展；VAL 语言及特点、指令、示例，AL 语言的编程格式与类型、语句、程序示例，Autopass 语言指令体系、程序示例，RAPT 语言特征与程序示例；机器人离线编程的特点、过程、结构；MOTOMAN 的示教再现示例步骤、程序，离线编程仿真。

【教学提示】

学习完本章的内容后，学生应能够：熟悉机器人的控制方式，掌握机器人的编程系统、编程要求；能够熟悉机器人编程语言的分类。掌握 VAL 语言的指令，AL 语言的编程格式、语句；能够编写简单的 VAL 语言和 AL 语言程序，并能读懂其基本程序。掌握 Autopass 语言的指令，RAPT 语言的编程格式、语句；能够编写简单的 Autopass 语言和 RAPT 语言程序，并能读懂其基本程序。掌握 MOTOMAN 的示教再现示例步骤、程序，能够运用上述所学为 MOTOMAN 机器人完成示教与再现。

7.1　机器人的语言系统概述

早期的机器人由于功能单一，动作简单，可采用固定程序或示教方式来控制机器人的运动。随着机器人作业动作的多样化和作业环境的复杂化，依靠固定的程序或示教方式已满足不了要求，必须依靠能适应作业和环境随时变化的机器人语言编程来完成机器人的工作。

伴随着机器人的发展，机器人语言也得到发展和完善。机器人语言已成为机器人技术的一个重要部分。机器人的功能除了依靠机器人硬件的支持外，相当一部分依赖机器人语言来完成。无论是顺序控制、示教再现、离线编程还是语言编程类控制的机器人。

机器人编程语言是一种程序描述语言，它能十分简洁地描述工作环境和机器人的动作，能把复杂的操作内容通过尽可能简单的程序来实现。机器人编程语言也和一般的程序语言一样，应当具有结构简明、概念统一、容易扩展等特点。从实际应用的角度来看，很多情况下都是操作者实时地操纵机器人工作，为此，机器人编程语言还应当简单易学，并且有良好的对话性。高水平的机器人编程语言还能够作出并应用目标物体和环境的几何模型。在工作进行过程中，几何模型又是不断变化的，因此性能优越的机器人语言会极大地减少编程的困难。

7.1.1　机器人的控制方式

机器人的控制方式无非是远程控制、编程控制与人工控制。机器人按控制方式分类，有操作型机器人、程控型机器人、示教再现型机器人、数控型机器人、感觉控制型机器人、适应控制型机器人、学习控制型机器人和智能机器人等。

目前，一般机器人的主要控制方式和编程方式有顺序控制、示教再现、离线编程、语言编程等几种形式。

1．顺序控制形式

顺序控制形式主要用于程控型机器人，即按预先要求的顺序及条件，依次控制机器人的机械动作。所以又叫做物理设置编程系统。由操作者设置固定的限位开关，实现起动，停车的程序操作，只能用于简单的拾起和放置作业。

在顺序控制的机器人中，所有的控制都是由机械的或电气的顺序控制器实现的。按照我们的定义，这里没有程序设计的要求，因此，也就不存在编程方式。

顺序控制的灵活性小，这是因为所有的工作过程都已事先组织好，或由机械挡块，或由其他确定的办法所控制。大量的自动机都是在顺序控制下操作的。这种方法的主要优点是成本低，易于控制和操作。

2．在线编程或示教编程

在线编程又叫做示教编程或示教再现编程，用于示教再现型机器人中，它是目前大多数工业机器人的编程方式，在机器人作业现场进行。所谓示教编程，即操作者根据机器人作业的需要把机器人末端执行器送到目标位置，且处于相应的姿态，然后把这一位置、姿态所对应的关节角度信息记录到存储器保存。对机器人作业空间的各点重复以上操作，就把整个作业过程记录下来，再通过适当的软件系统，自动生成整个作业过程的程序代码，这个过程就是示教过程。

机器人示教后可以立即应用，在再现时，机器人重复示教时存入存储器的轨迹和各种操作，如果需要，过程可以重复多次。机器人实际作业时，再现示教时的作业操作步骤就能完成预定工作。机器人示教产生的程序代码与机器人编程语言的程序指令形式非常类似。

示教编程的优点：操作简单，不需要环境模型；易于掌握，操作者不需要具备专门知识，不需要复杂的装置和设备，轨迹修改方便，再现过程快。对实际的机器人进行示教时，可以修正机械结构带来的误差。示教编程的缺点：功能编辑比较困难，难以使用传感器，难以表现条件分支，对实际的机器人进行示教时，要占用机器人。

示教编程在一些简单、重复、轨迹或定位精度要求不高的作业中经常被应用，如焊接、堆垛、喷涂及搬运等作业。这种通过人的示教来完成操作信息的记忆过程编程方式，包括直接示教（即手把手示教）和示教盒示教。

（1）直接示教

直接示教就是操作者操纵安装在机器人手臂内的操纵杆，按规定动作顺序示教动作内容。主要用于示教再现型机器人，通过引导或其他方式，先教会机器人动作，输入工作程序，机器人则自动重复进行作业。

直接示教是一项成熟的技术，易于被熟悉工作任务的人员所掌握，而且用简单的设备和控制装置即可进行。示教过程进行得很快，示教过后，马上即可应用。在某些系统中，还可以用与示教时不同的速度再现。

如果能够从一个运输装置获得使机器人的操作与搬运装置同步的信号，就可以用示教的方法来解决机器人与搬运装置配合的问题。

直接示教方式编程也有一些缺点：只能在人所能达到的速度下工作；难以与传感器的信息相配合；不能用于某些危险的情况；在操作大型机器人时，这种方法不实用；难以获得高速度和直线运动；难以与其他操作同步。

（2）示教盒示教

示教盒示教则是操作者利用示教控制盒上的按钮驱动机器人一步一步运动。如图 7-1 所示。

图 7-1　示教盒示教

它主要用于数控型机器人，不必使机器人动作，通过数值、语言等对机器人进行示教，利用装在控制盒上的按钮可以驱动机器人按需要的顺序进行操作。机器人根据示教后形成的程序进行作业。

在示教盒中，每一个关节都有一对按钮，分别控制该关节在两个方向上的运动。有时还提供附加的最大允许速度控制。虽然为了获得最高的运行效率，人们希望机器人能实现多关节合成运动，但在用示教盒示教的方式下，却难以同时移动多个关节。类似于电视游戏机上的游戏杆，通过移动控制盒中的编码器或电位器来控制各关节的速度和方向，但难以实现精确控制。

示教盒示教方式也有一些缺点：示教相对于再现所需的时间较长，即机器人的有效工作时间短，尤其对一些复杂的动作和轨迹，示教时间远远超过再现时间；很难示教复杂的运动轨迹及准确度要求高的直线；示教轨迹的重复性差，两个不同的操作者示教不出同一个轨迹，即使同一个人两次不同的示教也不能产生同一个轨迹。示教盒一般用于对大型机器人或危险作业条件下的机器人示教，但这种方法仍然难以获得高的控制精度，也难以与其他设备同步和与传感器信息相配合。

3．离线编程或预编程

离线编程和预编程的含意相同，它是指用机器人程序语言预先进行程序设计，而不是用示教的方法编程。离线编程克服了在线编程的许多缺点，充分利用了计算机的功能。它主要用于操作型机器人，能自动控制，可重复编程，多功能，有几个自由度，可固定或运动。

离线编程是在专门的软件环境支持下用专用或通用程序在离线情况下进行机器人轨迹规划编程的一种方法。离线编程程序通过支持软件的解释或编译产生目标程序代码，最后生成机器人路径规划数据。一些离线编程系统带有仿真功能，这使得在编程时就解决了障碍干涉和路径优化问题。这种编程方法与数控机床中编制数控加工程序非常类似。离线编程的发展方向是自动编程。

离线编程有以下几个方面的特点：

1）编程时可以不使用机器人，可腾出机器人去做其他工作；

2）可预先优化操作方案和运行周期；

3）以前完成的过程或子程序可结合到待编的程序中去；

4）可用传感器探测外部信息，从而使机器人作出相应的响应，这种响应使机器人可以工作在自适应的方式；

5）控制功能中可以包含现有的计算机辅助设计（CAD）和计算机辅助制造（CAM）的信息；

6）可以预先运行程序来模拟实际运动，从而不会出现危险，利用图形仿真技术，可以在屏幕上模拟机器人运动来辅助编程；

7）对不同的工作目的，只需替换一部分待定的程序即可；

8）在非自适应系统中，没有外界环境的反馈，仅有的输入是各关节传感器的测量值，因此可以使用简单的程序设计手段；

9）所需的能补偿机器人系统误差的功能、坐标系数据仍难以得到。

7.1.2 机器人语言的编程

机器人的主要特点之一是通用性，使机器人具有可编程能力是实现这一特点的重要手段。机器人编程必然涉及机器人语言，机器人语言是使用符号来描述机器人动作的方法。它通过对机器人动作的描述，使机器人按照编程者的意图进行各种动作。

1．机器人的编程系统

机器人编程系统的核心问题是机器人操作运动控制问题。

当前实用的工业机器人编程方法主要为：离线编程和示教。在调试阶段可通过示教控制盒对编译好的程序进行一步一步地执行，调试成功后可投入正式运行。如图 7-2 所示。

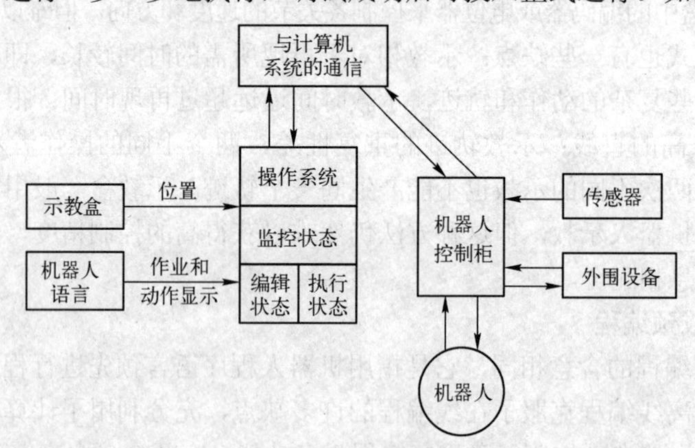

图 7-2　机器人的编程系统

机器人语言编程系统包括三个基本操作状态：监控状态、编辑状态和执行状态。

1）监控状态：监控状态用于整个系统的监督控制，操作者可以用示教盒定义机器人在空间中的位置，设置机器人的运动速度，存储和调出程序等。

2）编辑状态：编辑状态用于操作者编制或编辑程序。一般都包括：写入指令，修改或删去指令以及插入指令等。

3）执行状态：执行状态用来执行机器人程序。在执行状态，机器人执行程序的每一条指令，都是经过调试的，不允许执行有错误的程序。

和计算机语言类似，机器人语言程序可以编译，把机器人源程序转换成机器码，以便机器人控制柜能直接读取和执行。

2．机器人语言编程

机器人语言编程即用专用的机器人语言来描述机器人的动作轨迹。它不但能准确地描述机器人的作业动作，而且能描述机器人的现场作业环境，如对传感器状态信息的描述，更进一步还能引入逻辑判断、决策、规划功能及人工智能。

机器人编程语言具有良好的通用性，同一种机器人语言可用于不同类型的机器人，也解决了多台机器人协调工作的问题。机器人编程语言主要用于下列类型的机器人。

1）感觉控制型机器人，利用传感器获取的信息控制机器人的动作。

2）适应控制型机器人，机器人能适应环境的变化，控制其自身的行动。

3）学习控制型机器人，机器人能“体会”工作的经验，并具有一定的学习功能，可以将所“学习”的经验用于工作中。

4）智能机器人，以人工智能决定其行动的机器人。

3．机器人语言的编程要求

（1）能够建立世界模型

在进行机器人编程时，需要一种描述物体在三维空间内运动的方式。所以需要给机器人及其相关物体建立一个基础坐标系。这个坐标系与大地相连，也称为“世界坐标系”。机器人工作时，为了方便起见，也建立其他坐标系，同时建立这些坐标系与基础坐标系的变换关系。机器人编程系统应具有在各种坐标系下描述物体位姿和建模的能力。

（2）能够描述机器人的作业

机器人作业的描述与其环境模型密切相关，编程语言水平决定了描述水平。其中以自然语言输入为最高水平。现有的机器人语言需要给出作业顺序，由语法和词法定义输入语言，并由它描述整个作业。

（3）能够描述机器人的运动

描述机器人需要进行的运动是机器人编程语言的基本功能之一。用户能够运用语言中的运动语句，与路径规划器和发生器连接，允许用户规定路径上的点及目标点，决定是否采用点插补运动或笛卡尔直线运动。用户还可以控制运动速度或运动持续时间。

对于简单的运动语句，大多数编程语言具有相似的语法。

（4）允许用户规定执行流程

同一般的计算机编程语言一样，机器人编程系统允许用户规定执行流程，包括试验和转移、循环、调用子程序以至中断等。

并行处理对于自动工作站是十分重要的。首先，一个工作站常常运行两台或多台机器人同时工作以减少过程周期。在单台机器人的情况下，工作站的其他设备也需要机器人控制器以并行方式控制。因此，在机器人编程语言中常常含有信号和等待等基本语句或指令，而且往往提供比较复杂的并行执行结构。

通常需要用某种传感器来监控不同的过程。然后，通过中断，机器人系统能够反应由传感器检测到的一些事件。有些机器人语言提供规定这种事件的监控器。

（5）要有良好的编程环境

一个好的编程环境有助于提高程序员的工作效率。机械手的程序编制是困难的，其编程趋向于试探对话式。如果用户忙于应付连续重复的编译语言的编辑—编译—执行循环，那么其工作效率必然是低的。因此，现在大多数机器人编程语言含有中断功能，以便能够在程序开发和调试过程中每次只执行单独一条语句。典型的编程支撑和文件系统也是需要的。

根据机器人编程特点，其支撑软件应具有下列功能：在线修改和立即重新启动；传感器的输出和程序追踪；仿真。

（6）需要人机接口和综合传感信号

在编程和作业过程中，应便于人与机器人之间进行信息交换，以便在运动出现故障时能及时处理，确保安全。而且，随着作业环境和作业内容复杂程度的增加，需要有功能强大的人机接口。

机器人语言的一个极其重要的部分是与传感器的相互作用。语言系统应能提供一般的决策结构，以便根据传感器的信息来控制程序的流程。

7.1.3 机器人编程语言的分类

给机器人编程是有效使用机器人的前提。由于机器人的控制装置和作业要求多种多样，国内外尚未制定统一的机器人控制代码标准，所以编程语言也是多种多样的。

机器人语言种类繁多，而且新的语言层出不穷。一方面因为机器人的功能不断拓展，需要新的语言来配合其工作。另一方面，机器人语言多是针对某种类型的具体机器人而开发的，所以机器人语言的通用性很差，几乎一种新的机器人问世，就有一种新的机器人语言与之配套。

机器人语言可以按照其作业描述水平的程度分为动作级编程语言、对象级编程语言和任务级编程语言三类。

1．动作级编程语言

动作级编程语言以机器人末端执行器的动作为中心来描述各种操作，要在程序中说明每个动作。这是一种最基本的描述方式。

动作级编程语言是最低一级的机器人语言。它以机器人的运动描述为主，通常一条指令对应机器人的一个动作，表示从机器人的一个位姿运动到另一个位姿。动作级编程语言的优点是比较简单，编程容易。其缺点是功能有限，无法进行复杂的数学运算，不接受浮点数和字符串，子程序不含有自变量；不能接受复杂的传感器信息，只能接受传感器开关信息；与计算机的通信能力很差。

典型的动作级编程语言为 VAL 语言，如 VAL 语言语句“MOVE TO （destination）”的含义为机器人从当前位姿运动到目的位姿。

动作级编程语言编程时分为关节级编程和末端执行器级编程两种。

（1）关节级编程

关节级编程是以机器人的关节为对象，编程时给出机器人一系列各关节位置的时间序列，在关节坐标系中进行的一种编程方法。

对于直角坐标型机器人和圆柱坐标型机器人，由于直角关节和圆柱关节的表示比较简单，这种编程方法较为适用；而对具有回转关节的关节型机器人，由于关节位置的时间序列表示困难，即使一个简单的动作也要经过许多复杂的运算，整个编程过程很不方便，故这一方法并不适用。

关节级编程得到的程序没有通用性，针对一台机器人编制的程序一般难以用到另一台机器人上。这样得到的程序也不能模块化，它的扩展十分困难。

关节级编程可以通过简单的编程指令来实现，也可以通过示教盒示教和键入示教实现。

（2）末端执行器级编程

末端执行器级编程是一种在作业空间内各种设定好的坐标系里编程的编程方法。末端执行器级编程给出机器人终端执行器的位姿和辅助机能的时间序列，包括力觉、触觉、视觉等机能以及作业用量、作业工具的选定等。

这种语言的指令由系统软件解释执行。可提供简单的条件分支，可应用于程序，并提供较强的感受处理功能和工具使用功能，这类语言有的还具有并行功能。

这种语言的基本特点是：1）各关节的求逆变换由系统软件支持进行；2）数据实时处理且先于执行阶段；3）使用方便，占内存较少；4）指令语句有运动指令语句、运算指令语句、输入输出和管理语句等。

2．对象级编程语言

对象级语言解决了动作级语言的不足，它是描述操作物体间关系，使机器人动作的语言，即是以描述操作物体之间的关系为中心的语言。使用这种语言时，必须明确地描述操作对象之间的关系和机器人与操作对象之间的关系，它特别适用于组装作业。

所谓对象即作业及作业物体本身。对象级编程语言是比动作级编程语言高一级的编程语言，它不需要描述机器人手爪的运动，只要由编程人员用程序的形式给出作业本身顺序过程的描述和环境模型的描述，即描述操作物与操作物之间的关系。通过编译程序机器人即能知道如何动作。

这类语言典型的例子有AML及Autopass等语言，其特点为：

1）运动控制：具有动作级编程语言的全部动作功能；

2）处理传感器信息：可以接受比开关信号复杂的传感器信号，有较强的感知能力，能处理复杂的传感器信息，可以利用传感器信息来修改、更新环境的描述和模型，也可以利用传感器信息进行控制、测试和监督；

3）具有很好的扩展性：具有良好的开放性，语言系统提供了开发平台，用户可以根据需要增加指令，扩展语言功能；

4）通信和数字运算：数字计算和数据处理能力强，可以处理浮点数，能与计算机进行即时通信。

作业对象级编程语言以近似自然语言的方式描述作业对象的状态变化，指令语句是复合语句结构；用表达式记述作业对象的位姿时序数据及作业用量、作业对象承受的力、转矩等时序数据。

系统中机器人尺寸参数、作业对象及工具等参数一般以知识库和数据库的形式存在，系统编译程序时获取这些信息后对机器人动作过程进行仿真，再进行实现作业对象合适的位姿，获取传感器信息并处理，回避障碍以及与其他设备通信等工作。

3．任务级编程语言

任务级编程语言是一种比前两类更高级的语言，也是最理想的机器人高级语言。这类语言允许使用者对工作任务所要求达到的目标直接下命令，不需要规定机器人所做的每一个动作的细节。只要按某种原则给出最初的环境模型和最终工作状态，机器人可自动进行推理、计算，最后自动生成机器人的动作。为此，机器人必须一边思考一边工作。

这类语言不需要用机器人的动作来描述作业任务，也不需要描述机器人对象物的中间状态过程，只需要按照某种规则描述机器人对象物的初始状态和最终目标状态，机器人语言系统可利用已有的环境信息和知识库、数据库自动进行推理、计算，从而自动生成机器人详细的动作、顺序和数据。

任务级语言的概念类似于人工智能中程序自动生成的概念。任务级机器人编程系统能够自动执行许多规划任务。任务级机器人编程系统必须能把指定的工作任务翻译为执行该任务的程序。

例如，一装配机器人要完成某一螺钉的装配，螺钉的初始位置和装配后的目标位置已知，当发出抓取螺钉的命令时，语言系统从初始位置到目标位置之间寻找路径，在复杂的作业环境中找出一条不会与周围障碍物产生碰撞的合适路径，在初始位置处选择恰当的姿态抓取螺钉，沿此路径运动到目标位置。在此过程中，作业中间状态作业方案的设计、工序的选择、动作的前后安排等一系列问题都由计算机自动完成。

任务级编程语言的结构十分复杂，需要人工智能的理论基础和大型知识库、数据库的支持，目前还不是十分完善，是一种理想状态下的语言，有待于进一步的研究。但可以相信，随着人工智能技术及数据库技术的不断发展，任务级编程语言必将取代其他语言成为机器人语言的主流，使得机器人的编程应用变得十分简单。

7.1.4 机器人编程语言的功能

机器人语言一直以三种方式发展着：一是产生一种全新的语言；二是对老版本语言（指计算机通用语言）进行修改和增加一些句法或规则；三是在原计算机编程语言中增加新的子程序。因此，机器人语言与计算机编程语言有着密切的关系，它也应有一般程序语言所应具有的特性。

1．机器人语言的特征

机器人语言是在人与机器人之间的一种记录信息或交换信息的程序语言，它提供了一种方式来解决人-机通信问题，它是一种专用语言，用符号描述机器人的动作。机器人语言具有四方面的特征：1）实时系统；2）三维空间的运动系统；3）良好的人机接口；4）实际的运动系统。

2．机器人语言的指令集

机器人语言实际上是一个语言系统，机器人语言系统既包含语言本身——给出作业指示和动作指示，同时又包含处理系统——根据上述指示来控制机器人系统。机器人语言系统能够支持机器人编程、控制，以及与外围设备、传感器和机器人接口；同时还能支持与计算机系统间的通信。其机器人语言指令集包括如下几种功能。

1）移动插补功能：直线、圆弧插补。

2）环境定义功能。

3）数据结构及其运算功能。

4）程序控制功能：跳转运行或转入循环。

5）数值运算功能：四则运算、关系运算。

6）输入、输出和中断功能。

7）文件管理功能。

8）其他功能：工具变换、基本坐标设置和初始值设置，作业条件的设置等。

3．机器人编程语言基本特性

（1）清晰性、简易性和一致性

这个概念在点位引导级特别简单。基本运动级作为点位引导级与结构化级的混合体，它可能有大量的指令，但控制指令很少，因此缺乏一致性。

结构化级和任务级编程语言在开发过程中，自始至终都考虑了程序设计语言的特性。结构化程序设计技术和数据结构，减轻了对特定指令的要求，坐标变换使得表达运动更一般化。而子句的运用大大提高了基本运动语句的通用性。

（2）程序结构的清晰性

结构化程序设计技术的引入，如 while、do、if、then、else 这种类似自然语言的语句代替简单的 goto 语句，使程序结构清晰明了，但需要更多的时间和精力来掌握。

（3）应用的自然性

正是由于这一特性的要求，使得机器人语言逐渐增加各种功能，由低级向高级发展。

（4）易扩展性

从技术不断发展的观点来说，各种机器人语言既能满足各自机器人的需要，又能在扩展后满足未来新应用领域以及传感设备改进的需要。

（5）调试和外部支持工具

它能快速有效地对程序进行修改，已商品化的较低级别的语言有非常丰富的调试手段，结构化级在设计过程中始终考虑到离线编程，因此也只需要少量的自动调试。

（6）效率

语言的效率取决于编程的容易性，即编程效率和语言适应新硬件环境的能力（可移植性）。随着计算机技术的不断发展，处理速度越来越快，已能满足一般机器人控制的需要，各种复杂的控制算法实用化指日可待。

4．机器人编程语言基本功能

这些基本功能包括运算、决策、通信、机械手运动、工具指令以及传感器数据处理等。许多正在运行的机器人系统，只提供机械手运动和工具指令以及某些简单的传感数据处理功能。机器人语言体现出来的基本功能都是机器人系统软件支持形成的。

（1）运算

在作业过程中执行的规定运算能力是机器人控制系统最重要的能力之一。

如果机器人未装有任何传感器，那么就可能不需要对机器人程序规定什么运算。没有传感器的机器人只不过是一台适于编程的数控机器。

对于装有传感器的机器人所进行的最有用的运算是解析几何计算。这些运算结果能使机器人自行作出决定，在下一步把工具或夹手置于何处。用于解析几何运算的计算工具可能包括下列内容。

1）机械手解答及逆解答。

2）坐标运算和位置表示，例如相对位置的构成和坐标的变化等。

3）矢量运算，例如点积、交积、长度、单位矢量、比例尺以及矢量的线性组合等。

（2）决策

机器人系统能够根据传感器输入信息作出决策，而不必执行任何运算。传感器数据计算得到的结果，是作出下一步该干什么这类决策的基础。这种决策能力使机器人控制系统的功能变得更强有力。一条简单的条件转移指令（例如检验零值）就足以执行任何决策算法。决策采用的形式包括符号检验（正、负或零）、关系检验（大于、不等于等）、布尔检验（开或关、真或假）、逻辑检验（对一个计算字进行位组检验）以及集合检验（一个集合的数、空集等）。

（3）通信

人和机器能够通过许多不同方式进行通信。机器人向人提供信息的设备，按其复杂程度排列如下。

1）信号灯，通过发光二极管，机器人能够给出显示信号。

2）字符打印机、显示器。

3）绘图仪。

4）语言合成器或其他音响设备（铃、扬声器等）。

这些输入设备包括：按钮、旋钮和指压开关；数字或字母数字键盘；光笔、光标指示器和数字变换板；光学字符阅读机；远距离操纵主控装置，如悬挂式操作台等。

（4）机械手运动

可用许多不同方法来规定机械手的运动。最简单的方法是向各关节伺服装置提供一组关节位置，然后等待伺服装置到达这些规定位置。比较复杂的方法是在机械手工作空间内插入一些中间位置。这种程序使所有关节同时开始运动和同时停止运动。

用与机械手的形状无关的坐标来表示工具位置是更先进的方法，需要用一台计算机对解答进行计算。在笛卡尔空间内引入一个参考坐标系，用以描述工具位置，然后让该坐标系运动。这对许多情况是很方便的。采用计算机之后，极大地提高了机械手的工作能力，包括：1）使复杂得多的运动顺序成为可能；2）使运用传感器控制机械手运动成为可能；3）能够独立存储工具位置，而与机械手的设计以及刻度系数无关。

（5）工具指令

一个工具控制指令通常是由闭合某个开关或继电器而开始触发的，而继电器又可能把电源接通或断开，以直接控制工具运动，或者送出一个小功率信号给电子控制器，让后者去控制工具运动。直接控制是最简单的方法，而且对控制系统的要求也较少。可以用传感器来感受工具运动及其功能的执行情况。

当采用工具功能控制器时，对机器人主控制器来说就能对机器人进行比较复杂的控制。采用单独控制系统能够使工具功能控制与机器人控制协调一致地工作。这种控制方法已被成功地用于飞机机架的钻孔和铣削加工。

（6）传感数据处理

用于机械手控制的通用计算机只有与传感器连接起来，才能发挥其全部效用。传感数据处理是许多机器人程序编制的十分重要而又复杂的组成部分。当采用触觉、听觉或视觉传感器时，更是如此。例如，当应用视觉传感器获取视觉特征数据、辨识物体和进行机器人定位时，对视觉数据的处理工作往往是极其大量和费时的。

7.1.5 机器人编程语言的发展

1. 机器人语言的发展

自机器人出现以来，美国、日本等机器人的原创国也同时开始进行机器人语言的研究。

美国斯坦福大学于 1973 年研制出世界上第一种机器人语言——WAVE 语言。WAVE 语言是一种机器人动作语言，该语言功能以描述机器人的动作为主，兼以力和接触的控制，还能配合视觉传感器进行机器人的手、眼协调控制。

1974 年，在 WAVE 语言的基础上，斯坦福大学人工智能实验室又开发出一种新的语言，称为 AL 语言。这种语言与高级计算机语言 ALGOL 结构相似，是一种编译形式的语言，带有一个指令编译器，能在实时机上控制，用户编写好的机器人语言源程序经编译器编译后对机器人进行任务分配和作业命令控制。AL 语言不仅能描述手爪的动作，而且可以记忆作业环境和该环境内物体和物体之间的相对位置，实现多台机器人的协调控制。

美国 IBM 公司也一直致力于机器人语言的研究，取得了不少成果。1975 年，IBM 公司研制出 ML 语言，主要用于机器人的装配作业。随后该公司又研制出另一种语言——Autopass 语言，这是一种用于装配的更高级语言，它可以对几何模型类任务进行半自动编程。

美国的 Unimation 公司于 1979 年推出了 VAL 语言。1984 年，Unimation 公司又推出了在 VAL 基础上改进的机器人语言——VAL Ⅱ 语言。20 世纪 80 年代初，美国 Automatic 公司开发了 RAIL 语言，该语言可以利用传感器的信息进行零件作业的检测。同时，麦道公司研制了 MCL 语言，这是一种在数控自动编程语言——APT 语言的基础上发展起来的机器人语言。MCL 语言特别适用于由数控机床、机器人等组成的柔性加工单元的编程。

2．机器人语言的种类

到现在为止，已经有很多种机器人语言问世，其中有的是研究室里的实验语言，有的是实用的机器人语言，如表 7-1 所示。

表 7-1　国外常用的机器人语言举例

序　号	语言名称	国　家	研究单位	简要说明
1	AL	美	Stanford Artificial Intelligence Laboratory	机器人动作及对象物描述，是目前机器人语言研究的源流
2	Autopass	美	IBM Watson Research Laboratory	组装机器人用语言
3	LAMA-S	美	MIT	高级机器人语言
4	VAL	美	Unimation 公司	用于 PUMA 机器人（采用 MC6800 和 DECLSI-11 高级微型机）
5	RLAL	美	Automatic 公司	用视觉传感器检查零件时用的机器人语言
6	WAVE	美	Stanford Artificial Intelligence Laboratory	操作器控制符号语言，在 T 型水泵装配曲柄摇杆等工作中使用
7	DIAL	美	Charles Stark Draper Laboratory	具有 RCC 顺应性手腕控制的特殊指令
8	RPL	美	Stanford Research Institute International	可与 Unimate 机器人操作程序结合，预先定义子程序库
9	REACH	美	Bendix Corporation	适于两臂协调动作，和 VAL 一样是使用范围广的语言
10	MCL	美	McDonnell Douglas Corporation	编程机器人、机床传感器、摄像机及其控制的计算机综合制造用语言
11	INDA	美英	SRI International and Philips	相当于 RTL/2 编程语言的子集，具有使用方便的处理系统
12	RAPT	英	University of Edinburgh	类似 NC 语言 APT（用 DEC20，LSI11/2 微型机）
13	LM	法	Artificial Intell Inelligence Group of IMAG	类似 PASCAL，数据类似 AL。用于装配机器人（用 LS11/3 微型机）

（续）

序　号	语言名称	国　家	研究单位	简要说明
14	ROBEX	前联邦德国	Machine Tool Laboratory TH Archen	具有与高级 NC 语言 EXAPT 相似结构的脱机编程语言
15	SIGLA	意	Olivetti	SIGMA 机器人语言
16	MAL	意	Milan Polytechnic	两臂机器人装配语言，其特征是方便、易于编程
17	SERF	日	三协精机	SKILAM 装配机器人（用 Z-80 微型机）
18	PLAW	日	小松制作所	RW 系列弧焊机器人
19	IML	日	九州大学	动作级机器人语言

7.2　常用的机器人语言简介

到目前为止，已经问世的这些机器人语言，有的是研究室里的实验语言，有的是实用的机器人语言。前者中比较有名的有美国斯坦福大学开发的 AL 语言、IBM 公司开发的 Autopass 语言、英国爱丁堡大学开发的 RAPT 语言等；后者中比较有名的有由 AL 语言演变而来的 VAL 语言、日本九州大学开发的 IML 语言、IBM 公司开发的 AML 语言等。

7.2.1　VAL 语言简介

1．VAL 语言及特点

（1）一般介绍

VAL 语言是美国 Unimation 公司于 1979 年推出的一种机器人编程语言，主要配置在 PUMA 和 Unimation 等机器人上，是一种专用的动作类描述语言。VAL 语言是在 BASIC 语言的基础上发展起来的，所以与 BASIC 语言的结构很相似。在 VAL 的基础上 Unimation 公司推出了 VAL II 语言。

VAL 语言可应用于上下两级计算机控制的机器人系统。比如，上位机为 LSI-11/23，编程在上位机中进行，进行系统的管理；下位机为 6503 微处理器，主要控制各关节的实时运动。编程时可以 VAL 语言和 6503 汇编语言混合编程。VAL 语言目前主要用在各种类型的 PUMA 机器人以及 Unimate 2000 和 Unimate 4000 系列机器人上。

（2）语言特点

VAL 语言命令简单、清晰易懂，描述机器人作业动作及与上位机的通信均较方便，实时功能强；可以在在线和离线两种状态下编程，适用于多种计算机控制的机器人；能够迅速地计算出不同坐标系下复杂运动的连续轨迹，能连续生成机器人的控制信号，可以与操作者交互地在线修改程序和生成程序；VAL 语言包含一些子程序库，通过调用各种不同的子程序可很快组合成复杂操作控制；能与外部存储器进行快速数据传输以保存程序和数据。

（3）语言系统

VAL 语言系统包括文本编辑、系统命令和编程语言三个部分。

1）文本编辑：在此状态下可以通过键盘输入文本程序，也可通过示教盒在示教方式下输入程序。在输入过程中可修改、编辑、生成程序，最后保存到存储器中。在此状态下也可以调用已存在的程序。

2）系统命令：包括位置定义、程序和数据列表、程序和数据存储、系统状态设置和控制、系统开关控制、系统诊断和修改。

3）编程语言：把一条条程序语句转换执行。

2．VAL 语言的指令

VAL 语言包括监控指令和程序指令两种。各类指令的具体形式及功能如下。

（1）监控指令

1）位置及姿态定义指令。

① POINT 指令：执行终端位置、姿态的齐次变换或以关节位置表示的精确点位赋值。其格式有两种：

POINT <变量>[=<变量 2>…<变量 *n*>]

或　　POINT <精确点>[=<精确点 2>]

例如：

POINT　PICK1=PICK2

指令的功能是设置变量 PICK2 的值等于 PICK1 的值。

又如：

POINT　#PARK

是准备定义或修改精确点 PARK。

② DPOINT 指令：删除包括精确点或变量在内的任意数量的位置变量。

③ HERE 指令：使变量或精确点的值等于当前机器人的位置。

例如：

HERE PLACK

是定义变量 PLACK 等于当前机器人的位置。

④ WHERE 指令：用来显示机器人在直角坐标空间中的当前位置和关节变量值。

⑤ BASE 指令：用来设置参考坐标系，系统规定参考系原点在关节 1 和 2 轴线的交点处，方向沿固定轴的方向。其格式为：

BASE [<d*X*>]，[<d*Y*>]，[<d*Z*>]，[<*Z* 向旋转方向>]

例如：

BASE　300，–50，30

是重新定义基准坐标系的位置，它从初始位置向 *X* 方向移 300，沿 *Z* 的负方向移 50，再绕 *Z* 轴旋转了 30°。

⑥ TOOLI 指令：对工具终端相对工具支承面的位置和姿态赋值。

2）程序编辑指令。

EDIT 指令：允许用户建立或修改一个指定名字的程序，可以指定被编辑程序的起始行号。其格式为：

EDIT　[<程序名>]，[<行号>]

如果没有指定行号，则从程序的第一行开始编辑；如果没有指定程序名，则上次最后编辑的程序被响应。用 EDIT 指令进入编辑状态后，可以用 C、D、E、I、L、P、R、S、T 等命令来进一步编辑。

① C 命令：改变编辑的程序，用一个新的程序代替。

② D 命令：删除从当前行算起的 n 行程序，n 省略时为删除当前行。

③ E 命令：退出编辑返回监控模式。

④ I 命令：将当前指令下移一行，以便插入一条指令。

⑤ P 命令：显示从当前行往下 n 行的程序文本内容。

⑥ T 命令：初始化关节插值程序示教模式，在该模式下，按一次示教盒上的“RECODE”按钮就将 MOVE 指令插到程序中。

3）列表指令。

① DIRECTORY 指令：显示存储器中的全部用户程序名。

② LISTL 指令：显示任意一个位置变量值。

③ LISTP 指令：显示任意一个用户的全部程序。

4）存储指令。

① FORMAT 指令：执行磁盘格式化。

② STOREP 指令：在指定的磁盘文件内存储指定的程序。

③ STOREL 指令：存储用户程序中注明的全部位置变量名和变量值。

④ LISTF 指令：显示软盘中当前输入的文件目录。

⑤ LOADP 指令：将文件中的程序送入内存。

⑥ LOADL 指令：将文件中指定的位置变量送入系统内存。

⑦ DELETE 指令：撤销磁盘中指定的文件。

⑧ COMPRESS 指令：用来压缩磁盘空间。

⑨ ERASE 指令：擦除磁盘内容并初始化。

5）控制程序执行指令。

① ABORT 指令：执行此指令后紧急停止（急停）。

② DO 指令：执行单步指令。

③ EXECUTE 指令：执行用户指定的程序 n 次，n 可以从–32 768～32 767，当 n 省略时，程序执行一次。

④ NEXT 指令：控制程序在单步方式下执行。

⑤ PROCEED 指令：实现在某一步暂停、急停或运行错误后，自下一步起继续执行程序。

⑥ RETRY 指令：在某一步出现运行错误后，仍自该步起重新运行程序。

⑦ SPEED 指令：指定程序控制下机器人的运动速度，其值从 0.01～327.67，一般正常速度为 100。

6）系统状态控制指令。

① CALIB 指令：校准关节位置传感器。

② STATUS 指令：用来显示用户程序的状态。

③ FREE 指令：用来显示当前未使用的存储容量。

④ ENABL 指令：用于开、关系统硬件。

⑤ ZERO 指令：清除全部用户程序和定义的位置，进行初始化。

⑥ DONE：停止监控程序，进入硬件调试状态。

（2）程序指令

1）运动指令：描述基本运动的指令。

该指令包括 GO、MOVE、MOVEI、MOVES、DRAW、APPRO、APPROS、DEPART、DRIVE、READY、OPEN、OPENI、CLOSE、CLOSEI、RELAX、GRASP 及 DELAY 等。

① 这些指令大部分具有使机器人按照特定的方式从一个位姿运动到另一个位姿的功能，部分指令表示机器人手爪的开合。

例如：

MOVE　#PICK!

表示机器人由关节插值运动到 PICK 所定义的位置。"!"表示位置变量已有自己的值。

再如：

MOVET　<位置>，<手开度>

功能是生成关节插值运动使机器人到达位置变量所给定的位姿，运动中若手为伺服控制，则手由闭合改变到手开度变量给定的值。

又例如：

OPEN　[<手开度>]

表示使机器人手爪打开到指定的开度。

② VAL 语言具有接近点和退避点的自动生成功能，如：

APPRO　<loc><dist>

表示终端从当前位置以关节插补方式移动到与目标点<loc>在 *Z* 方向上相隔<dist>距离处。

DEPART　<dist>

表示终端从当前位置以关节插补方式在 *Z* 方向移动<dist>距离。相应的直线插补方式为：APPROS 和 DEPARTS。

③ 手爪控制指令：OPEN 和 CLOSE 分别使手爪全部张开和闭合，并且在机器人下一个运动过程中执行。而 OPENI 和 CLOSEI 表示立即执行，执行完后，再转下一条指令。

2）位姿控制指令。

这些指令包括 RIGHTY、LEFTY、ABOVE、BELOW、FLIP 及 NOFLIP 等。

3）赋值指令。

赋值指令有 SETI、TYPEI、HERE、SET、SHIFT、TOOL、INVERSE 及 FRAME。

4）控制指令。

控制指令有 GOTO、GOSUB、RETURN、IF、IFSIG、REACT、REACTI、IGNORE、SIGNAL、WAIT、PAUSE 及 STOP。

其中 GOTO、GOSUB 实现程序的无条件转移，而 IF 指令执行有条件转移。IF 指令的格式为：

IF　<整型变量 1><关系式><整型变量 2><关系式>　THEN　<标识符>

该指令比较两个整型变量的值，如果关系状态为真，程序转到标识符指定的行去执行，否则接着执行下一行。关系表达式有 EQ（等于）、NE（不等于）、LT（小于）、GT（大于）、LE（小于或等于）及 GE（大于或等于）。

5）开关量赋值指令。

包括 SPEED、COARSE、FINE、NONULL、NULL、INTOFF 及 INTON。

6）其他指令。

包括 REMARK 及 TYPE。

3．VAL 语言程序示例

【例 7-1】 将物体从位置 I（PICK 位置）搬运至位置 II（PLACE 位置）

EDIT DEMO		：启动编辑状态
PROGRAM DEMO		：VAL 响应
1	OPEN	：下一步手张开
2	APPRO PICK 50	：运动至距 PICK 位置 50mm 处
3	SPEED 30	：下一步降至 30%满速
4	MOVE PICK	：运动至 PICK 位置
5	CLOSE I	：闭合手
6	DEPART 70	：沿闭合手方向后退 70mm
7	APPROS PLACE 75	：沿直线运动至距离 PLACE 位置 75mm 处
8	SPEED 20	：下一步降至 20%满速
9	MOVES PLACE	：沿直线运动至 PLACE 位置
10	OPEN I	：在下一步之前手张开
11	DEPART 50	：自 PLACE 位置后退 50mm
12	E	：退出编译状态返回监控状态

7.2.2 AL 语言简介

1．AL 语言概述

AL 语言是 20 世纪 70 年代中期美国斯坦福大学人工智能研究所开发研制的一种机器人语言，它是在 WAVE 的基础上开发出来的，是一种动作级编程语言，但兼有对象级编程语言的某些特征，适用于装配作业。

它的结构及特点类似于 PASCAL 语言，可以编译成机器语言在实时控制机上运行，具有实时编译语言的结构和特征，如可以同步操作、条件操作等。AL 语言设计的初衷是用于具有传感器信息反馈的多台机器人或机械手的并行或协调控制编程。

运行 AL 语言的系统硬件环境包括主、从两级计算机控制，如图 7-3 所示。主机为 PDP-10，主机内的管理器负责管理协调各部分的工作，编译器负责对 AL 语言的指令进行编译并检查程序，实时接口负责主、从机之间的接口连接，装载器负责分配程序。从机为 PDP-11/45。主机的功能是对 AL 语言进行编译，对机器人的动作进行规划；从机接受主机发出的动作规划命令，进行轨迹及关节参数的实时计算，最后对机器人发出具体的动作指令。

许多子程序和条件监测语句增加了该语言的力传感和柔顺控制能力。当一个进程需要等待另一个进程完成时，可使用适当的信号语句和等待语句。这些语句和其他的一些语句使得对两个或两个以上的机器人臂进行坐标控制成为可能。利用手和手臂运动控制命令可控制位移、速度、力和转矩。使用 AFFIX 命令可以把两个或两个以上的物体当做一个物体来处理，这些命令使多个物体作为一个物体出现。

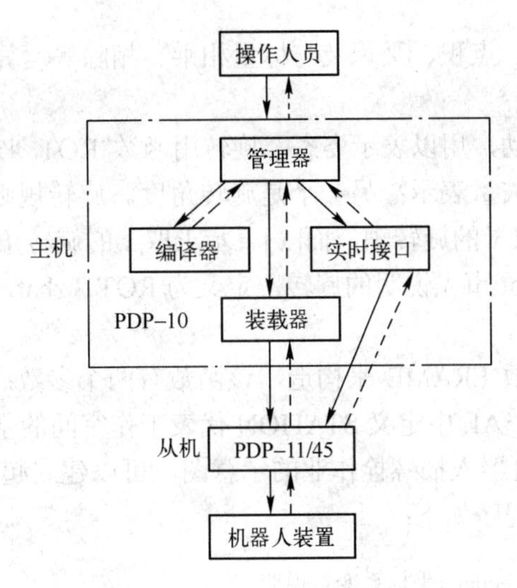

图 7-3　AL 语言运行的硬件环境

2．AL 语言的编程格式

1）程序从 BEGIN 开始，由 END 结束。

2）语句与语句之间用分号隔开。

3）变量先定义说明其类型，后使用。变量名以英文字母开头，由字母、数字和下画线组成，字母不分大、小写。

4）程序的注释用大括号括起来。

5）变量赋值语句中如所赋的内容为表达式，则先计算表达式的值，再把该值赋给等式左边的变量。

3．AL 语言中数据的类型

AL 变量的基本类型有：标量（SCALAR）、矢量（VECTOR）、旋转（ROT）、坐标系（FRAME）和变换（TRANS）。

（1）标量

标量与计算机语言中的实数一样，是浮点数，它可以进行加、减、乘、除和指数 5 种运算，也可以进行三角函数和自然对数的变换。AL 中的标量可以表示时间（TIME）、距离（DISTANCE）、角度（ANGLE）、力（FORCE）或者它们的组合，并可以处理这些变量的量纲，即秒（sec）、英寸（inch）、度（deg）或盎司（ounce）等。AL 中有几个事先定义过的标量，例如：PI = 3.14159，TRUE = 1，FALSE = 0。

（2）矢量

矢量由一个三元实数（x，y，z）构成，它表示对应于某坐标系的平移和位置之类的量。与标量一样它们可以是有量纲的；利用 VECTOR 函数，可以由三个标量表达式来构造矢量。在 AL 中有几个事先定义过的矢量：

```
xhat<- VECTOR（1，0，0）;
yhat<- VECTOR（0，1，0）;
zhat<- VECTOR（0，0，1）;
nilvect<- VECTOR（0，0，0）。
```

矢量可以进行加、减、点积、叉积及与标量相乘、相除等运算。

（3）旋转

旋转表示绕一个轴转动，用以表示姿态。旋转用函数 ROT 来构造，ROT 函数有两个参数，一个代表旋转轴，用矢量表示；另一个是旋转角度。旋转规则按右手法则进行。此外，x 函数 AXIS（x）表示求取 x 的旋转轴，而$|x|$表示求取 x 的旋转角。

AL 中有一个称为 nilrot 事先说明的旋转，定义为 ROT（zhat，0*deg）。

（4）坐标系

坐标系可通过调用函数 FRAME 来构造，该函数有两个参数：一个表示姿态的旋转；另一个表示位置的距离矢量。AL 中定义 STATION 代表工作空间的基准坐标系。

【例 7-2】 图 7-4 是机器人插螺栓作业的示意图。可以建立起图中的 base 坐标系、beam 坐标系和 feeder 坐标系，程序如下：

```
FRAME base, beam, feeder;{坐标系变量说明}
base<- FRAME（nilrot，VECTOR（20，0，15）*inches）;
{坐标系 base 的原点位于世界坐标系（20，0，15）英寸处，z 轴平行于世界坐标系的 z 轴}
beam<- FRAME（ROT（z，90*deg），VECTOR（20，15，0）*inches）;
{坐标系 beam 原点位于世界坐标系（20，15，0）英寸处，并绕世界坐标系 z 轴旋
转 90°}
feeder<- FRAME（nilrot，VECTOR（25，20，0）*inches）;
{坐标系 feeder 的原点位于世界坐标系（25，20，0）英寸处，且 z 轴平行于世界坐标系的 z 轴}
```

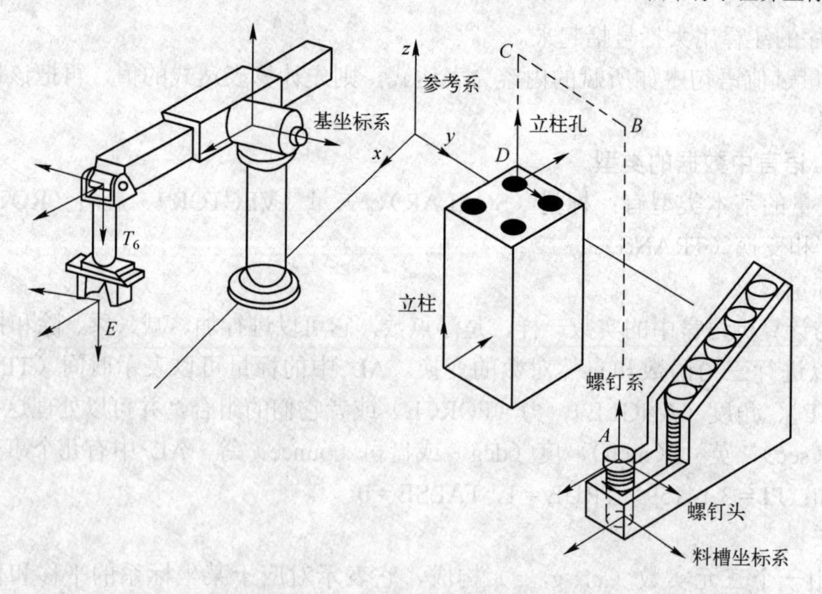

图 7-4 机器人插螺栓作业

对于在某一坐标系中描述的矢量，可以用矢量 WRT 坐标系的形式来表示，如 xhat WRT beam，表示在世界坐标系中构造一个与坐标系 beam 中的 xhat 具有相同方向的矢量。

（5）变换

TRANS 型变量用来进行坐标系间的变换。与 FRAME 一样，TRANS 包括两部分：一个旋转和一个向量。执行时，先与相对于作业空间的基坐标系旋转部分相乘，然后再加上向量

部分。当算术运算符“<–”作用于两个坐标系时，是指把第一个坐标系的原点移到第二个坐标系的原点，再经过旋转使其轴一致。

因此可以看出，描述第一个坐标系相对于基坐标系的过程，可通过对基坐标系右乘一个 TRANS 来实现。如图 7-4 所示，可以建立起各坐标系之间的关系：

```
T6<– base*TRANS（ROT（x，180*deg），VECTOR（15，0，0）*inches）；
{建立坐标系 T6，其 z 轴绕 base 坐标系的 x 轴旋转 180°，原点距 base 坐标系原点（15，0，0）英寸处}
E<– T6*TRANS（nilrot，VECTOR（0，0，5）*inches）；
{建立坐标系 E，其 z 轴平行于 T6 坐标系的 z 轴，原点距 T6 坐标系原点（0，0，5）英寸处}
Bolt – tip <– feeder*TRANS（nilrot，VECTOR（0，0，1）*inches）；
beam – bore <– beam*TRANS（nilrot，VECTOR（0，2，3）*inches）；
```

4．AL 语言的语句介绍

（1）MOVE 语句

用来描述机器人手爪的运动，如手爪从一个位置运动到另一个位置。MOVE 语句的格式为：

MOVE <HAND> TO <目的地>

（2）手爪控制语句

OPEN：手爪打开语句。

CLOSE：手爪闭合语句。

语句的格式为：

OPEN <HAND> TO <SVAL>

CLOSE <HAND> TO <SVAL>

其中 SVAL 为开度距离值，在程序中已预先指定。

（3）控制语句

与 PASCAL 语言类似，控制语句有下面几种：

IF <条件> THEN <语句> ELSE <语句>

WHILE <条件> DO <语句>

CASE <语句>

DO <语句> UNTIL <条件>

FOR…STEP…UNTIL…

（4）AFFIX 和 UNFIX 语句

在装配过程中经常出现将一个物体粘到另一个物体上或一个物体从另一个物体上剥离的操作。语句 AFFIX 为两物体结合的操作，语句 UNFIX 为两物体分离的操作。

例如：BEAM_BORE 和 BEAM 分别为两个坐标系，执行语句

AFFIX BEAM_BORE TO BEAM

使得后两个坐标系附着在一起，即一个坐标系的运动也将引起另一个坐标系同样的运动。然后执行下面的语句：

UNFIX BEAM_BORE FROM BEAM

使得两坐标系的附着关系被解除。

（5）力觉的处理

在 MOVE 语句中使用条件监控子语句可实现使用传感器信息来完成一定的动作。监控子语句如：

ON <条件> DO <动作>

例如：

MOVE BARM TO ◎-0.1*INCHES ON FORCE（Z）>10*OUNCES DO STOP

表示在当前位置沿 z 轴向下移动 0.1 英寸，如果感觉 z 轴方向的力超过 10 盎司，则立即命令机械手停止运动。

5．AL 程序示例

【例 7-3】 用 AL 语言编制如图 7-4 所示的机器人把螺栓插入其中一个孔里的作业。这个作业需要把机器人移至料斗上方 A 点，抓取螺栓，经过 B 点、C 点再把它移至导板孔上方 D 点（图 7-4），并把螺栓插入其中一个孔里。

编制这个程序采取的步骤是：

（a）定义机座、导板、料斗、导板孔、螺栓柄等的位置和姿态；

（b）把装配作业划分为一系列动作，如移动机器人、抓取物体和完成插入等；

（c）加入传感器以发现异常情况和监视装配作业的过程；

（d）重复步骤（a）~（c），调试改进程序。

按照上面的步骤，编制的程序如下：

```
BEGIN insertion
{设置变量}
bolt - diameter <- 0.5*inches;
bolt -heiSht<- 1*inches;
tries <- 0;
grasped <- false;
{定义机座坐标系}
beam<- FRAME（ROT（2，90*deg），VECTOR（20，15，0）*inches）;
feeder <- FRAME（nilrot，VECTOR（25，20，0）*inches）;
{定义特征坐标系}
bolt - grasp <- feeder*TRANS（nilrot[，nilvect]）
bolt - tip <- bolt - grasp*TRANS（nilrot，VECTOR（0，0，0.5）*inches）;
beam - bore <- beam*TRANS（nilrot，VECTOR（0，0，1）*inches）;
{定义经过的点坐标系}
A <- feeder*TRANS（nilrot，VECTOR（0，0，5）*inches）;
B <- feeder*TRANS（nilrot，VECTOR（0，0，8）*inches）;
C <- beam - bore*TRANS（nilrot，VECTOR（0，0，5）*inches）;
D <- beam - bore*TRANS（nilrot，bolt - height*Z）;
{张开手爪}
OPEN bhand TO bolt - diameter +1*inches;
{使手爪准确定位于螺栓上方}
MOVE barm TO bolt - grasp VIA A;
WITH APPROACH = - Z WRT feeder;
{试着抓取螺栓}
```

```
DO
CLOSE bhand TO 0.9*bolt－diameter；
IF bhand< bolt－diameter THEN BEGIN {抓取螺栓失败，再试一次}
OPEN bhand TO bolt－diameter +1*inches；
MOVE barm TO @－1*Z*inches；
END ELSE grasped <－TRUE；
tdes<－tries +1；
UNTIL grasped OP（tries > 3）；
{如果尝试 3 次未能抓取螺栓，则取消这一动作}
IF NOT grasped THEN ABORT；{抓取螺栓失败}
{将手臂移动到 B 位置}
MOVE barm TO B；
VIA A；
WITH DEPARTURE = Z WRT feeder；
{将手臂移动到 D 位置}
MOVE barm TO D VIA C；
WITH APPROACH = Z WRT beam－bore；
{检验是否有孔}
MOVE barmTO @－0.1*Z*inches ON FORCE（Z）>10*ounce；
DO ABORT；{无孔}
{进行柔顺性插入}
MOVE barm TO beam－bore DIRECTLY；
WITH FORCE（z）=－10*ounce；
WITH FORCE（x）=－0*ounce；
WITH FORCE（y）=－0*ounce；
WITH DURATION = 5*seconds；
END insertion
```

7.2.3 Autopass 语言简介

Autopass 是 IBM 公司下属的一个研究所提出来的机器人语言，它像是给人的组装说明书一样，是针对所描述机器人操作的语言，属于对象级语言。

该程序把工作的全部规划分解成放置部件、插入部件等宏功能状态变化指令来描述。Autopass 的编译，是用称作环境模型的数据库，边模拟工作执行时环境的变化边决定详细动作，作出对机器人的工作指令和数据。

1．Autopass 的指令

Autopass 的指令分成如下四组。

1）状态变更语句：PLACE、INSERT、EXTRACT、LIFT、LOWER、SLIDE、PUSH、ORIENT、TURN、GRASP、RELEASE、MOVE。

2）工具语句：OPERATE、CLUMP、LOAP、UNLOAD、FETCH、REPLACE、SWITCH、LOCK、UNLOCK。

3）紧固语句：ATTACH、DRIVE-IN、RIVET、FASTEN、UNFASTEN。

4）其他语句：VERIFY、OPEN-STATE-OF、CLOSED-STATE-OF、NAME、END。

例如，对于 PLACE 的描述语法为：

```
PLACE <object>< preposition phrase >< object>
< grasping phrase >< final condition phrase >
< constraint phrase >< then hold >
```

其中，

< object >是对象名；

< preposition phrase >表示 ON 或 IN 那样的对象物间的关系；

< grasping phrase >提供对象物的位置和姿态、抓取方式等；

<constraint phrase>是末端操作器的位置、方向、力、时间、速度、加速度等约束条件的描述选择；

< then hold >是指令机器人保持现有位置。

2．Autopass 程序示例

【例 7-4】 下面是 Autopass 程序示例，从中可以看出，这种程序的描述很易懂。

（a）OPERATE nutfeeder WITH car − ret − tab − nut AT fixture.nest

（b）PLACE bracket IN fixture SUCH THAT bracket.bottom

（c）PLACE interlock ON bracket SUCH THAT

Interlook.hole IS ALIGNED WITH bracket.top

（d）DRIVE IN car − ret −intlk− stud INTO car− ret − tab − nut

AT interlock.hole

SUCH THAT TORQUE is EQ 12.0 IN − LBS USING − air − driver

AT YACHING bracket AND interlock

（e）NAME bracket interlock car − ret −intlk− stud car − ret − tab − nut

ASSEMBLY support − bracket

7.2.4 RAPT 语言简介

1．RAPT 语言概述

RAPT 语言是英国爱丁堡大学开发的实验用机器人语言，它的语法基础来源于著名的数控语言 APT。RAPT 语言可以详细地描述对象物的状态和各对象物之间的关系，能指定一些动作来实现各种结合关系，还能自动计算出机器人手臂为了实现这些操作的动作参数。由此可见，RAPT 语言是一种典型的对象级语言。

RAPT 语言中，对象物可以用一些特定的面来描述，这些特定的面是由平面、直线、点等基本元素定义的。如果物体上有孔或突起物，那么在描述对象物时要明确说明，此外还要说明各个组成面之间的关系（平行、相交）及两个对象物之间的关系；如果能给出基准坐标系、对象物坐标系、各组成面坐标系的定义及各坐标系之间的变换公式，则 RAPT 语言能够自动计算出使对象物结合起来所必需的动作参数，这是 RAPT 语言的一大特征。

2．RAPT 语言特征

为了简便起见，这里讨论的物体只限于平面、圆孔和圆柱，操作内容只限于把两个物体装配起来。假设要组装的部件都是由数控机床加工出来的，具有某种通用性。

部件可以由下面这种程序块来描述：

BODY / <部件名>;
<定义部件的说明>
TERBODY;

其中，部件名采用数控机床的 APT 语言中使用的符号；说明部分可以用 APT 语言来说明，也可以用平面、轴、孔、点、线、圆等部件的特征来说明。

平面的描述有下面两种：

FACE / <线>，<方向>;
FACE / HORIZONTAL < z 轴的坐标值>，<方向>;

其中，第一种形式用于描述与 z 轴平行的平面，<线>是由 2 个<点>定义的，也可以用一个<点>和与某个<线>平行或垂直的关系来定义，而<点>则用（x，y，z）坐标值给出；<方向>是指平面的法线方向，法线方向总是指向物体外部。描述法线方向的符号有 XLARGE、XSMALL、YSMALL。例如 XLARGE 表示在含有<线>并与 xy 平面垂直的平面中，取其法线矢量在 x 轴上的分量与 x 轴正方向一致的平面。那么给定一个<线>和一个法线矢量，就可以确定一个平面。第二种形式用来描述与 x 轴垂直的平面与 z 轴相交点的坐标值，其法线矢量的方向用 ZLARGE 或 ZSMALL 来表示。

轴和孔也有类似的描述：

SHAFT 或 HOLE / <圆>，<方向>;
SHAFT 或 HOLE / AXIS <线>，RADIUS <数>，<方向>;
前者用一个圆和轴线方向给定，<圆>的定义方法为 CIRCLE / CENTER <点>，RADIUS <数>;

其中，<点>为圆心坐标，<数>表示半径值。例如：

C1 = CIRCLE / CENTER，P5，RADIUS，R

式中，C1 表示一个圆，其圆心在 P5 处，半径为 R。

HOLE / <圆>，<方向>;

表示一个轴线与 z 轴平行的圆孔，圆孔的大小与位置由<圆>指定，其外向方向由<方向>指定（ZLARGE 或 ZSMALL）。

与 z 轴垂直的孔则用下述语句表示：

HOLE / AXIS <线>，RADIUS <数>，<方向>;

孔的轴线由<线>指定，半径由<数>指定，外向方向由<方向>指定（XLARGE、XSMALL、YLARGE 或 YSMALL）。

由上面一些基本元素可以定义部件，并给它命名。部件一旦被定义，它就和基本元素一样，可以独立地或与其他元素结合再定义新的部件。被定义的部件，只要改变其数值，便可以描述同类型的尺寸不同的部件。因此这种定义方法具有通用性，在软件中称为可扩展性。

3．RAPT 程序示例

【例 7-5】 一个具有两个孔的立方体（图 7-5）可以用下面的程序来定义：

BLOCK：MARCO / BXYZR;

```
BODY / B;
P1 = POINT / 0，0，0；定义 6 个点
P2 = POINT / X，0，0；
P3 = POINT / 0，Y，0；
P4 = POINT / 0，0，Z；
P5 = POINT / X / 4，Y / 2，0；
P6 = POINT / X—X / 4，Y / 2，0；
C1 = CIRCLE / CENTER，P5，RADIUS，R；定义两个圆
C2 = CIRCLE / CENTER，P6，RADIUS，R；
L1 = LINE / P1，P2；定义四条直线，
L2 = LINE / P1，P3；
L3 = LINE / P3，PARALEL，L1；
L4 = LINE / P2，PARALEL，L2；
BACKl = FACE / L2，XSMALL；定义背面
BOTl = FACE / HORIZONTAL，0，ZSMALL；定义底面
TOP1 = FACE / HORIZONTAL，Z，ZLARGE；定义顶面
RSIDEl = FACE / L1，YSMALL；定义右面
LSIDEl = FACE / L3，YLARGE；定义顶面
HOLEl = HOLE / C1，ZLARGE；定义左孔
HOLE2 = HOLE / C2，ZLARGE；定义右孔
TERBODY
RERMAC
```

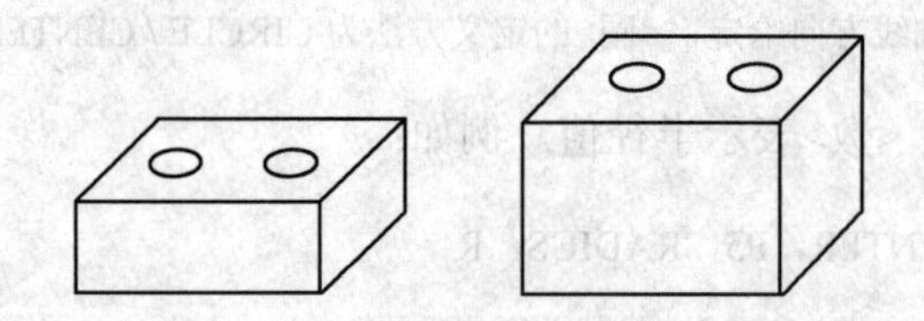

图 7-5　尺寸不同的两个同类部件

程序中 BLOCK 代表部件类型，它有 5 个参数。其中 B 为部件代号，X、Y、Z 分别为空间坐标值，R 为孔半径。这里取立方体的一个顶点 P1 为坐标原点，两孔半径相同。因此，X、Y、Z 也表示立方体的三个边长。只要代入适当的参数，这个程序就可以当做一个指令来调用。例如图 7-5 所示的两个立方体可用下面语句来描述：

```
CALL / BLOCK，B = B1，X = 6，Y = 7，Z = 2，R = 0.5
CALL / BLOCK，B = B2，X = 6，Y = 7，Z = 6，R = 0.5
```

显然，这种定义部件的方法简单、通用，具有良好的可扩充性。

7.3　机器人的离线编程

随着大批量工业化生产向单件、小批量、多品种生产方式转化，生产系统越来越趋向于柔性制造系统（FMS）和集成制造系统（CIMS）。这样一些系统包含数控机床、机器人等自动化设备，结合 CAD/CAM 技术，由多层控制系统控制，具有很大的灵活性和很高的生产适

应性。系统是一个连续协调工作的整体，其中任何一个生产要素停止工作都必将迫使整个系统的生产工作停止。例如用示教编程来控制机器人时，示教或修改程序时需让整体生产线停下来，占用了生产时间，所以其不适用于这种场合。

另外 FMS 和 CIMS 是一些大型的复杂系统，如果用机器人语言编程，编好的程序不经过离线仿真就直接用在生产系统中，很可能引起干涉、碰撞，有时甚至造成生产系统的损坏，所以需要独立于机器人在计算机系统上实现一种编程方法，这时机器人离线编程方法就应运而生了。

7.3.1 机器人离线编程的特点

机器人离线编程系统是在机器人编程语言的基础上发展起来的，是机器人语言的拓展。它利用机器人图形学的成果，建立起机器人及其作业环境的模型，再利用一些规划算法，通过对图形的操作和控制，在离线的情况下进行轨迹规划。

1．机器人离线编程的优点

与其他编程方法相比，离线编程具有下列优点。

1）减少机器人的非工作时间。当机器人在生产线或柔性系统中进行正常工作时，编程人员可对下一个任务进行离线编程仿真，这样编程不占用生产时间，提高了机器人的利用率，从而提高整个生产系统的工作效率。

2）使编程人员远离危险的作业环境。由于机器人是一个高速的自动执行机，而且作业现场环境复杂，如果采用示教这样的编程方法，编程员必须在作业现场靠近机器人末端执行器才能很好地观察机器人的位姿，这样机器人的运动可能会给操作者带来危险，而离线编程不必在作业现场进行。

3）使用范围广。同一个离线编程系统可以适应各种机器人的编程。

4）便于构建 FMS 和 CIMS 系统。FMS 和 CIMS 系统中有许多搬运、装配等工作需要由预先进行离线编程的机器人来完成，机器人与 CAD/CAM 系统结合，做到机器人及 CAD/CAM 的一体化。

5）可使用高级机器人语言对复杂系统及任务进行编程。

6）便于修改程序。一般的机器人语言是对机器人动作的描述。当然，有些机器人语言还具有简单环境构造功能。但对于目前常用的动作级和对象级机器人语言来说，用数字构造环境这样的工作，其算法复杂，计算量大且程序冗长。而对任务级语言来说，一方面高水平的任务级语言尚在研制中，另一方面任务级语言要求复杂的机器人环境模型的支持，需借助人工智能技术，才能自动生成控制决策和轨迹规划。

2．机器人离线编程的过程

机器人离线编程不仅需要掌握机器人的有关知识，还需要掌握数学、计算机及通信的有关知识，另外必须对生产过程及环境了解透彻，所以它是一个复杂的工作过程。机器人离线编程大约需要经历如下的一些过程。

1）对生产过程及机器人作业环境进行全面的了解。

2）构造出机器人及作业环境的三维实体模型。

3）选用通用或专用的基于图形的计算机语言。

4）利用几何学、运动学及动力学的知识，进行轨迹规划、算法检查、屏幕动态仿真，检查关节超限及传感器碰撞的情况，规划机器人在动作空间的路径和运动轨迹。

5）进行传感器接口连接和仿真，利用传感器信息进行决策和规划。

6）实现通信接口，完成离线编程系统所生成的代码到各种机器人控制器的通信。

7）实现用户接口，提供有效的人机界面，便于人工干预和进行系统操作。

最后完成的离线编程及仿真还需考虑理想模型和实际机器人系统之间的差异。可以预测两者的误差，然后对离线编程进行修正，直到误差在容许范围内。

7.3.2 机器人离线编程系统的结构

离线编程系统的结构框图如图 7-6 所示，主要由用户接口、机器人系统的三维几何构造、运动学计算、轨迹规划、动力学仿真、并行操作、传感器仿真、通信接口和误差校正九部分组成。

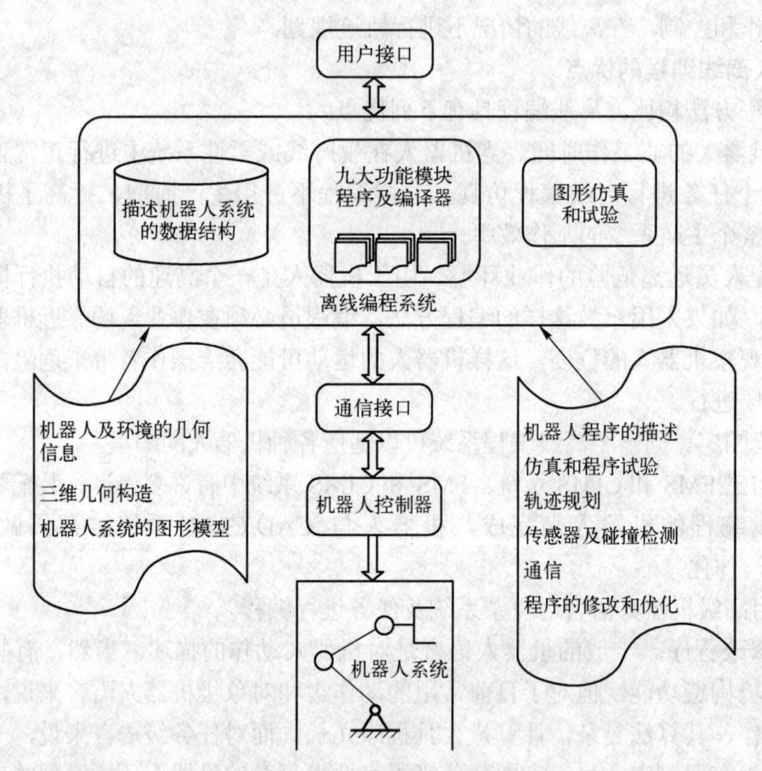

图 7-6 离线编程系统结构图

1. 用户接口

用户接口即人机界面，是计算机和操作人员之间信息交互的唯一途径，它的方便与否直接决定了离线编程系统的优劣。设计离线编程系统方案时，就应该考虑建立一个方便实用、界面直观的用户接口，通过它产生机器人系统编程的环境并快捷地进行人机交互。

离线编程的用户接口一般要求具有图形仿真界面和文本编辑界面。文本编辑方式下的界面用于对机器人程序的编辑、编译等，而图形界面用于对机器人及环境的图形仿真和编辑。用户可以通过操作鼠标等交互工具改变屏幕上机器人及环境几何模型的位置和形态。通过通信接口及联机至用户接口可以实现对实际机器人的控制，使之与屏幕机器人的位姿一致。

2．机器人系统的三维几何构造

三维几何构造是离线编程的特色之一，正是有了三维几何构造模型才能进行图形及环境的仿真。

三维几何构造的方法有结构立体几何表示、扫描变换表示及边界表示三种。其中边界表示最便于形体的数字表示、运算、修改和显示，扫描变换表示便于生成轴对称图形，而结构立体几何表示所覆盖的形体较多。机器人的三维几何构造一般采用这三种方法的综合。

三维几何构造时要考虑用户使用的方便性，构造后要能够自动生成机器人系统的图形信息和拓扑信息，便于修改，并保证构造的通用性。

三维几何构造的核心是机器人及其环境的图形构造。作为整个生产线或生产系统的一部分，构造的机器人、夹具、零件和工具的三维几何图形最好用现成的 CAD 模型从 CAD 系统获得，这样可实现 CAD 数据共享，即离线编程系统作为 CAD 系统的一部分。如离线编程系统独立于 CAD 系统，则必须有适当的接口实现与 CAD 系统的连接。

构建三维几何模型时最好将机器人系统进行适当简化，仅保留其外部特征和构件间的相互关系，忽略构件内部细节。这是因为三维构造的目的不是研究其内部结构，而是用图形方式模拟机器人的运动过程，检验运动轨迹的正确性和合理性。

3．运动学计算

机器人的运动学计算分为运动学正解和运动学逆解两个方面。所谓机器人的运动学正解是指已知机器人的几何参数和关节变量值，求出机器人末端执行器相对于基座坐标系的位置和姿态。所谓机器人的逆解是指给出机器人末端执行器的位置和姿态及机器人的几何参数，反过来求各个关节的关节变量值。机器人的正、逆解是一个复杂的数学运算过程，尤其是逆解需要解高阶矩阵方程，求解过程非常繁复，而且每一种机器人正、逆解的推导过程又不同。所以在机器人的运动学求解中，人们一直在寻求一种正、逆解的通用求解方法，这种方法能适用于大多数机器人的求解。这一目标如果能在机器人离线编程系统中加以解决，即在该系统中能自动生成运动学方程并求解，则系统的适应性强，容易推广。

4．机器人轨迹规划

轨迹规划的目的是生成关节空间或直角空间内机器人的运动轨迹。离线编程系统中的轨迹规划是生成机器人在虚拟工作环境下的运动轨迹。机器人的运动轨迹有两种，一种是点到点的自由运动轨迹，这样的运动只要求起始点和终止点的位姿及速度和加速度，对中间过程机器人运动参数无任何要求，离线编程系统自动选择各关节状态最佳的一条路径来实现。另一种是对路径形态有要求的连续路径控制，当离线编程系统实现这种轨迹时，轨迹规划器接受预定路径和速度、加速度要求，如路径为直线、圆弧等形态时，除了保证路径起点和终点的位姿及速度、加速度以外，还必须按照路径形态和误差的要求用插补的方法求出一系列路径中间点的位姿及速度、加速度。在连续路径控制中，离线系统还必须进行障碍物的防碰撞检测。

5．三维图形动力学仿真

离线编程系统根据运动轨迹要求求出的机器人运动轨迹，理论上能满足路径的轨迹规划要求。当机器人的负载较轻或空载时，确实不会因机器人动力学特性的变化而引起太大误差，但当机器人处于高速或重载的情况下时，机器人的机构或关节可能产生变形而引起轨迹位置和姿态的较大误差。这时就需要对轨迹规划进行机器人动力学仿真，对过大的轨迹误差进行修正。

动力学仿真是离线编程系统实时仿真的重要功能之一，因为只有模拟机器人实际的工作环境（包括负载情况）后，仿真的结果才能用于实际生产。

6. 传感器的仿真

传感器信号的仿真及误差校正也是离线编程系统的重要内容之一。仿真的方法也是通过几何图形仿真。例如，对于触觉信息的获取，可以将触觉阵列的几何模型分解成一些小的几何块阵列，然后通过对每一个几何块和物体间干涉的检查，将所有和物体发生干涉的几何块用颜色编码，通过图形显示而获得接触信息。

7. 并行操作

有些应用工业机器人的场合需用两台或两台以上的机器人，还可能有其他与机器人有同步要求的装置，如传送带、变位机及视觉系统等，这些设备必须在同一作业环境中协调工作。这时不仅需要对单个机器人或同步装置进行仿真，还需要同一时刻对多个装置进行仿真，也即所谓的并行操作。所以离线编程系统必须提供并行操作的环境。

8. 通信接口

一般工业机器人提供两个通信接口，一个是示教接口，用于示教编程器与机器人控制器的连接，通过该接口把示教编程器的程序信息输出；另一个是程序接口，该接口与具有机器人语言环境的计算机相连，离线编程也通过该接口输出信息给控制器。所以通信接口是离线编程系统和机器人控制器之间信息传递的桥梁，利用通信接口可以把离线系统仿真生成的机器人运动程序转换成机器人控制器能接受的信息。

通信接口的发展方向是接口的标准化。标准化的通信接口能将机器人仿真程序转化为各种机器人控制柜均能接受的数据格式。

9. 误差校正

由于离线编程系统中的机器人仿真模型与实际的机器人模型之间存在误差，所以离线编程系统中误差校正的环节是必不可少的。误差产生的原因很多，主要有以下几个方面。

1）机器人的几何精度误差：离线系统中的机器人模型是用数字表示的理想模型，同一型号机器人的模型是相同的，而实际环境中所使用的机器人由于制造精度误差其尺寸会有一定的出入。

2）动力学变形误差：机器人在重载的情况下因弹性形变导致机器人连杆的弯曲，从而导致机器人的位置和姿态误差。

3）控制器及离线系统的字长：控制器和离线系统的字长决定了运算数据的位数，字长越长则精度越高。

4）控制算法：不同的控制算法其运算结果具有不同的精度。

5）工作环境：在工作空间内，有时环境与理想状态相比变化较大，使机器人位姿产生误差，如温度变化产生的机器人变形。

7.4 机器人的编程示例

7.4.1 MOTOMAN 机器人的示教再现

日本安川公司生产的 MOTOMAN 系列工业机器人是一类典型的示教再现型机器人。该类机器人主要用于焊接、喷涂等作业，通过示教盒实现示教编程。本节以该类机器人中的 MOTOMAN UP6 型机器人为例进行示教操作。

1．示教前的准备

（1）操作顺序

按下列操作顺序来使用机器人，如图 7-7 所示。

图 7-7　操作顺序

1）开启 XRC 控制柜。

2）示教机器人一种作业。

3）机器人自动完成作业（称为“再现”）。

4）当完成作业后，关闭电源。

（2）示教前的操作

1）打开 XRC 控制柜上的电源开关，示教盒上部的液晶显示屏显示控制器内部初始化诊断后的初始画面。

2）液晶显示屏开始显示系统控制软件菜单界面。

3）左手握示教盒上的伺服安全开关，接通伺服电源，此时控制柜上的伺服电源指示灯亮。

4）按下示教盒上的示教锁定操作键，此时控制柜正面再现操作盒上的“REMOTE”指示灯处于熄灭状态。

5）按再现盒上的“TEACH”键，此时机器人即处于示教状态。

2．示教的步骤

（1）示教的操作

其后的一切示教操作都通过操作示教盒下部的按键进行。

1）按光标键移动光标，使光标处于显示屏中的程序菜单。

2）按选择键打开程序菜单，接着按光标键移动光标到新建子菜单，按选择键确认，此时可以创建一个新的示教程序，程序名通过移动光标和选择键的组合来确定。

3）光标移动到执行上，创建的程序被送到控制器的内存中，显示程序，自动生成 NOP 和 END 命令。

4）从当前位置移动机器人到适当的起始位置，输入程序点 1。程序点 1 输入的过程如下。

① 用轴操作键把机器人移到适合作业准备的位置。

② 按插补方式键，把插补方式定为关节插补，在输入缓冲显示行中以 MOVJ 表示关节插补命令。

③ 光标停在行号 0000 处，按选择键。

④ 光标停在显示速度“VJ=**.**”上，按转换键的同时按光标键，设定再现速度，如设为 50%。

⑤ 按回车键，输入程序点 1（行 0001）。

5）输入程序点 2，即确定作业开始位置附近的示教点。程序点 2 输入的过程如下。

① 用轴操作键设定机器人为可作业姿态。

② 用轴操作键移动机器人到适当位置。

③ 按回车键输入程序点 2（行 0002）。

6）输入作业开始位置程序点 3。

① 按手动速度高或低键选择示教速度。

② 保持程序点 2 的姿态不变，按坐标键设定机器人坐标系为直角坐标系，用轴操作键把机器人移到作业开始位置。

③ 光标在 0002 行上按选择键。

④ 光标位于显示速度“VJ=50.00”上，按转换键的同时按光标键，设定再现速度，例如设为 12%。

⑤ 按回车键输入程序点 3。

7）输入作业结束位置即程序点 4。

① 用轴操作键把机器人移到作业结束位置。

② 按插补方式键，设定插补方式为直线插补（MOVL）。如果作业轨迹为圆弧则插补方式为圆弧插补（MOVC）。

③ 光标在行号 0003 处，按选择键。

④ 光标位于显示速度“V=66”上，按转换键的同时按光标键，设定再现速度，例如把速度设为 138cm/min。

⑤ 按回车键输入程序点 4。

以后的各点分别为把机器人移到不碰工件和夹具的程序点 5、机器人回到开始位置附近的程序点 6（需经过适当的操作使之与程序点 1 重合）等，各点的操作与上述点类似，这里不再赘述。

8）所有各点的示教完成后进行示教轨迹的确认。

① 把光标移到程序点 1 所在行。

② 手动速度设为中速。

③ 按前进键，利用机器人的动作确认每一个程序点。每按一次前进键，机器人移动一个程序点。

④ 程序点完成确认后，机器人回到程序起始处。

⑤ 按下联锁键的同时按试运行键，机器人连续再现所有程序点，一个循环后停止。

生成的程序还可以进行点位置的修改、程序点插入或删除等，方法参阅相关资料。

（2）示教的程序

从上面的过程可以看出，示教再现机器人的操作程序是通过对机器人的示教操作自动生成的。程序中控制机器人运动的命令即为机器人的移动命令，在命令中记录有移动到的位置、插补方式及再现速度等。

每个程序点前都有程序点号。对于不同用途的机器人，程序中还需插入相应的操作命令。如对于焊接机器人有引弧（ARCON）和熄弧（ARCOF）命令，对于搬运机器人有抓持工件（HAND ON）命令和放置工件（HAND OFF）命令，另外还有定时命令（TIMER T=*）等。

3．示教生成的程序

（1）示教作业程序

下面讲述 MOTOMAN UP6 机器人用于焊接作业时的示教编程示例，其轨迹如图 7-8 所示。该机器人经过示教自动产生的一个作业程序，如表 7-2 所示。

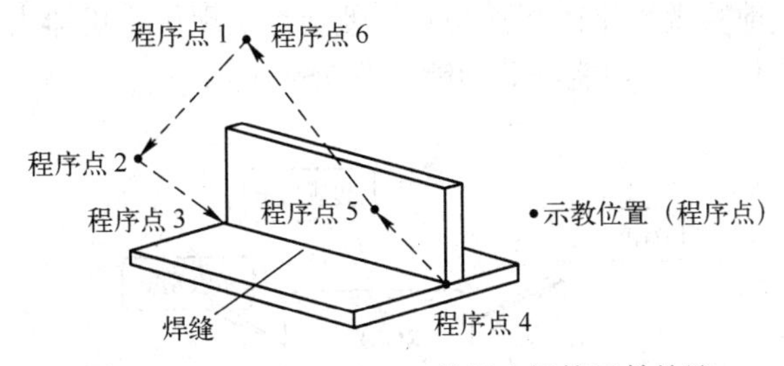

图 7-8　MOTOMAN UP6 机器人焊接示教轨迹

表 7-2　焊接参考程序

行	命　　令	内 容 说 明
0000	NOP	程序开始
0001	MOVJ VJ=25	移到待机位置程序点 1
0002	MOVJ VJ=25	移到焊接开始位置附近程序点 2
0003	MOVJ VJ=12.5	移到焊接开始位置程序点 3
0004	ARCON	焊接开始
0005	MOVL V=5	移到焊接结束位置程序点 4
0006	ARCOF	焊接结束
0007	MOVJ VJ=25	移到不碰触工件和夹具的位置程序点 5
0008	MOVJ VJ=25	移到待机位置程序点 6
0009	END	程序结束

（2）示教作业程序解释

要焊接如图 7-8 所示的焊缝，MOTOMAN UP6 机器人首先在示教状态下走出图示轨迹。点 1、6 为待机位置，两点重合，选取时需处于工件、夹具不干涉的位置，程序点 5 在向程序点 6 移动时，也需处于与工件、夹具不干涉的位置。从点 1 到点 2 再到点 3 和从点 4 到点 5 再回到点 6 为空行程，对轨迹无要求，所以选择工作状态好，效率高的关节插补，生成的代码为 MOVJ。空行程中接近焊接轨迹段时选择慢速。

程序中关节插补的速度用 VJ 表示，数值代表最高关节速度的百分比，如 VJ=25 表示以关节最高运行速度的 25%运动。从点 3 到点 4 为焊接轨迹段，以要求的焊接轨迹（这里为直线）走过，生成的代码为 MOVL；以规定的焊接速度前进。

程序中 ARCON 为引弧指令，ARCOF 为熄弧指令，分别用于引弧的开始和结束，这两个命令也是在示教过程中通过按示教盒上的功能键自动产生的。NOP 表示程序的开始，END 表示程序的结束。

7.4.2 MOTOMAN 机器人的离线编程仿真

大部分 MOTOMAN 机器人在工业领域都用来完成特定环境下的单一工作。但随着应用的进一步深入，该类机器人越来越多地用于一些复杂环境和多任务的场合。这样机器人进行实际作业前的离线编程和仿真就变得非常重要。

这里简单介绍 MOTOMAN UP6 机器人的离线编程仿真软件 ROSTY 的功能。

ROSTY 仿真软件是一种在 Windows 环境下使用的仿真软件，具有与工作站相当的高速图形处理能力，能方便地实现三维图形的仿真，便捷地实现用户机器人系统的建立。

ROSTY 仿真软件具有如下功能，其功能如图 7-9 所示。

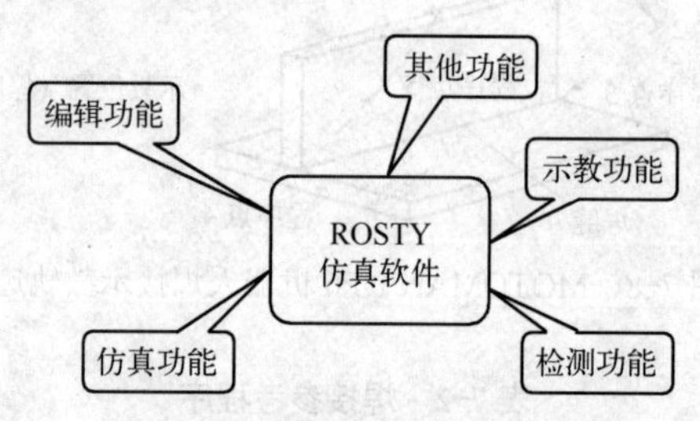

图 7-9 ROSTY 仿真软件功能

1．编辑功能

随着 3D 图形显示的强化，ROSTY 实现了 CAD 图形的编辑功能。此外，还配备了程序文件及其他各种数据的编辑功能，提供了强有力的编辑环境。

（1）3D 模型编辑功能

用鼠标可方便地建立 3D 模型，系统内还配备有立方体、圆柱体等模型。

（2）程序编辑功能

可编辑作业命令，并能在示教的同时简单地追加命令。

（3）工具数据编辑功能

实现工具数据的编辑。

（4）用户坐标编辑功能

编辑用户坐标信息，自动生成三点指定方式的用户坐标系，与离线示教功能组合还可进一步简化数据的建立。

2．仿真功能

随着仿真功能的强化，仿真精度得到提高，可通过画面操作确定实际机器人的位置和作业工具的适当配置。

（1）跟踪功能

用图像显示机器人的动作轨迹。

（2）脉冲记录

用脉冲数据记录机器人的轨迹；借助视觉可实现机器人动作的再现和逆动；通过显示点到点的时间可以直接确定机器人点到点的移动时间。

（3）提高轨迹精度

考虑到伺服控制的延迟，角部的仿真精度可控制在20%以内。

（4）作业时间计算

仿真操作结束后自动算出作业时间，预测精度通常为±5%。

（5）动作范围显示功能

用图形显示机器人的作业范围，使得作业工具的配置变得简单易行。

（6）干涉状况自动检测

检测机器人和其他工具和夹具的干涉。

（7）机器人可配置区域检测功能

为使机器人达到理想的示教点，可检测出机器人的配置位置。

3．检测功能

检测功能使仿真时动作状况的检测得到加强。

（1）I/O信号的检测

支持控制器的各种 I/O 指令、机器人 I/O 信号的检测以及 I/O 信号的输入、输出功能；模拟实现I/O信号同步程序的连锁。

（2）程序步骤的同步显示

与运行中的程序相对应，机器人动作时的各步骤得到同步显示。

4．示教功能

用鼠标指向示教的目标点就可以实现工具前端的瞬时移动，离线示教变得简单易行。

（1）示教盒功能

具有与实际机器人示教盒类似的功能：会操作机器人就会使用该功能；可以应用于示教盒的实际操作培训。

（2）离线编程示教功能

示教功能与离线编程功能相结合，使原来的示教工作量大幅度减轻，直接对画面进行操作，实现目标点移动及姿态变换。

5．其他功能

（1）高速3D图像显示

具有明暗显示功能、线型轮廓显示功能、远近投影显示功能、光源设定功能、旋转及放大/缩小显示功能等。

（2）校准功能

该功能使得机器人本体精度以及作业工具控制点动作精度得以提高；工具和机器人之间的相对位置得以修正。

（3）外部 CAD 数据的应用

可以利用外部 DXF、3DS 格式的数据。

作业与思考题

1．机器人的控制方式有哪些？

2．手把手示教和示教盒示教有何异同点？各有什么优缺点？

3．什么是离线编程？有什么特点？

4．说说机器人语言的编程要求有哪些？

5．机器人编程语言有哪些级别？各有何特点？

6．动作级的语言编程有哪些分工？

7．机器人编程语言的基本特性和基本功能有哪些？

8．机器人编程语言的指令集有哪些？

9．说说你所知道的机器人编程语言。

10．VAL 语言的指令有哪些？

11．试用 VAL 语言编写例 7-2 的任务程序。

12．AL 语言的指令有哪些？

13．试用 AL 语言编写例 7-1 的任务程序。

14．Autopass 语言的指令有哪些？

15．试解释例 7-3 的程序。

16．RAPT 语言的指令有哪些？

17．试解释例 7-4 的程序。

18．机器人离线编程有哪些优点？其系统结构有哪些内容？

19．MOTOMAN 机器人的示教再现工作在示教前的准备工作有哪些，示教步骤有哪些？

20．MOTOMAN 机器人的离线编程仿真能完成什么功能？

第8章 工业机器人及其应用

【内容提要】

本章主要介绍了工业机器人及其应用。内容包括机器人应用的分类和领域，工业机器人应用的准则和步骤；焊接机器人的组成、分类和工作机理，点焊机器人的分类、结构和选择，弧焊机器人的分类、结构和操作，焊接机器人的技术指标，焊接机器人系统的应用实例；搬运机器人的组成、优势，码垛机器人的适用范围与示例；喷涂机器人的特点、分类与组成，喷涂机器人的应用实例；装配机器人的功能、组成与实例。

【教学提示】

学习完本章的内容后，学生应能够：了解机器人应用的分类和领域，掌握机器人应用的准则和步骤；能够在工作中选择合适的工业机器人系统并作合适的评估。熟练掌握点焊、弧焊等焊接机器人的组成、分类、结构、工作机理和技术指标；能够按照实例完成简单焊接机器人的应用。熟练掌握搬运机器人的组成、优势、组成和适用范围；能够按照实例完成简单搬运机器人的应用。掌握喷涂机器人的组成、分类、特点和工作机理；能够按照实例完成简单喷涂机器人的应用。掌握装配机器人的组成、功能和工作机理；能够按照实例完成简单装配机器人的应用。

8.1 工业机器人概述

工业机器人是指在工业环境中应用的机器人，是一种能进行自动控制的、可重复编程的、多功能的、多自由度的、多用途的操作机，用来完成各种作业。因此，工业机器人也被称为“铁领工人”。

目前，工业机器人是技术上最成熟、应用最广泛的机器人。焊接机器人、搬运机器人、喷涂机器人和装配机器人是工业中最常用的机器人类型，本章重点介绍这四类机器人及其应用。

8.1.1 机器人的应用

1．机器人的应用分类

在机器人应用领域，大体上把机器人分成工业机器人、操纵机器人和智能机器人三大类。或按照应用方向大致可分为工业机器人、水下机器人、空间机器人、服务机器人、军用机器人、农业机器人和仿人机器人等几类。

工业机器人，在焊接、搬运、装配和喷漆等工作上表现不俗；不过，它只能机械地按照规定的指令工作，并不领会外界条件和环境的变化。

操纵机器人，如飞机的自动驾驶仪等，可以按照人的指令，灵活地执行命令。

智能机器人，具有一定思维功能和自适应性，它能够根据环境的变化作出判断，并决定采取相应的动作，它是上述三种机器人中的最高形态。

2．工业机器人的应用与发展

制造工业部门应用机器人的主要目的在于削减人员编制和提高产品质量。机器人的工业应用可分为四个方面，即材料加工、零件制造、产品检验和装配。其中，材料加工往往是最简单的；零件制造包括锻造、焊接、捣碎和铸造等；产品检验包括显式检验（在加工过程中或加工后检验产品表面质量和几何形状、零件和尺寸的完整性）和隐式检验（在加工过程中检验零件质量或表面的完整性）两种；装配是最复杂的应用领域，因为它可能包含材料加工、在线检验、零件供给、配套、挤压和紧固等工序。

一套典型的工业机器人系统，除了机器人本体之外，还需要配以控制器、控制系统软件、工作站台，以及其他辅助系统。

到目前为止，工业机器人是最成熟、应用最广泛的一类机器人，截至 2010 年全世界已经销售约 230 万台，已经进行装备使用的约 190 万台。总体来看，日本在工业机器人领域的发展居世界首位，成为工业机器人的王国；美国发展得也很迅速，目前在新安装的台数方面已经超过了日本；中国开始进入产业化的阶段，已经研制出多种工业机器人样机，已有小批量在生产中使用。

8.1.2　工业机器人的应用步骤

1．工业机器人的应用准则

设计和应用工业机器人时，应全面考虑和均衡机器人的通用性、环境的适应性、耐久性、可靠性和经济性等因素，具体遵循的准则如下。

（1）从恶劣工种开始采用工业机器人

工业机器人可以在有毒、风尘、噪声、振动、高温、易燃易爆等危险有害的环境中长期稳定地工作。在技术、经济合理的情况下，采用工业机器人逐步把人从这些工作岗位上替代下来，将从根本上改善劳动条件。

（2）在生产率和质量落后的部门应用工业机器人

现代化的大生产分工越来越细，操作越来越简单，劳动强度越来越大。工业机器人可以高效地完成一些简单、重复性的工作，使生产效率获得明显的改善。

工作节奏的加快使工人的神经过于紧张，很容易疲劳，工人会由此造成失误，很难保证产品质量。而工业机器人完全不存在由于上述原因而引起的故障，可以不知疲倦地重复工作，有利于保证产品质量。

（3）从长远需要选择使用工业机器人

一般来讲，人的寿命比机械的寿命长，不过，如果经常对机械进行保养和维修，对易换件进行补充和更换，也有可能使机械寿命超过人。另外，工人会由于其自身的意志而放弃某些工作，造成辞职或停工，而工业机器人没有自己的意愿，因此机器人的使用不会在工作中途因故障以外的原因停止工作，能够持续从事交给的工作，直至其机械寿命完结。

与只能完成单一特定作业的固定式自动化设备不同，工业机器人不受产品性能、所执行类型或具体行业的限制。若产品更新换代频繁，通常只需要重新编制机器人程序，并换装不同型式的“手部”方法完成部分改装。

2．采用工业机器人的成本计算

虽说工业机器人可以使人类摆脱很脏、很危险或很繁重的劳动，但是工厂经理们最关心的是工业机器人的经济性。在经济方面所考虑的因素包括劳力、材料、生产率、能源、设备和成本等。

（1）劳力节省

减少为提高操作、维护和管理人员的技术水平所需要的人员调换和附加训练费用。

（2）材料节省

因较合理的利用而直接节省材料。省去防护挡板和工作手套等。为间接节省材料。

（3）生产效率提高

因工业机器人连续生产或处理较多较重零件的能力而增加产量。因改善对主要设备和配套装置的使用率等而提高生产率。

（4）能源的增减

用于工业机器人系统的能源消耗增加，而用于区域照明和取暖的能量消耗减少。

（5）设备

为工业机器人系统自动装卸和输送而进行设备调整。因采用工业机器人而保证有恒定的循环时间及有效的润滑，从而延长模具的使用寿命。不需要人工操作时的进一步安全装置。

（6）增加的费用

生产线停工用于工业机器人安装及调试的费用。系统安装所花费的时间。使用机器人能够保证使用现有设备、劳力和空间来生产更多的产品，而无需扩充设备费用。

（7）偿还期计算

可以用偿还期 Y 定量地衡量工业机器人使用的合理性。偿还期 Y 的计算公式：

$$Y=\frac{(P+A+I)-C}{(L+M-O)\times H\times(I-TR)+D\times TR} \tag{8-1}$$

式中，Y 为无盈亏所需年数；P 为机器人价格，A 为工装夹具费，I 为安装费，C 为投资税收抵免，L 为每小时劳动力费用；M 为每小时节约材料费，O 为机器人系统运行维护费；H 为每年每班工作小时数；D 为每年折旧费；TR 为公司税率。

上述公式只是一个近似的计算公式，没有考虑由于使用工业机器人，制造的产品能一直保持高质量所取得的经济效益，也没有评估机器人能采取适当的应急措施从而防止昂贵的生产工艺设备遭到破坏所节约的费用等。

如果工业机器人的使用寿命大于其偿还期，则使用机器人是有效益的。

3．应用工业机器人时需要人力的投入

在应用工业机器人代替工人操作时，要考虑工业机器人的现实能力以及工业机器人技术知识的现状和对未来的预测。用现有的机器人原封不动地取代目前正在工作的所有工人，并接替他们的工作，显然是不现实的。

就工人的综合能力而言，机器人与人相比差距很大，例如，人从肩到五指，仅在一个手臂上就有 27 个自由度，而工业机器人的一个手臂，最多也只能有 7～8 个自由度。人具有至少能搬运与自身重量相等的重物的能力和体重结构，而目前的工业机器人只能搬运相当于自重 1/20 左右的重物。在智能方面，人通过教育和经验，能获得许多记忆以外的全新事物，人能从保留至今的记忆中，选择与其有关的信息。此外，为处理这些记忆，人本身能编制出相应的程序，同时，还具备将处理结果反馈回来作为信息的经验增加到记忆中的自身增值能力和学习能力。而工业机器人只能在给定的程序和存储的范围内，对外部事物的变化作出相应的判断，以目前工业机器人的智能，还无法不断地对预先给定程序以外的事物进行处理。无论从哪一方面进行比较，人和工业机器人之间存在着很大的差别。

对工人而言，即使在个人之间存在着能力上的差别，但除了那些需要特殊技术或需要通过长期训练才能掌握的操作之外，一般人都能通过短时间的指导和训练很容易地掌握几种不同的作业，而且能在极短的时间内从一种作业变换到另一种作业，一个工人能在比较宽的范围内处理几种不同的工作。而机器人的通用性则较小，让工业机器人去完成这些工作是不可能的。为扩大灵活性，要求工业机器人能够更换手腕，或增加存储容量和程序种类。

在平均能力方面，与工人相比，工业机器人显得过于逊色；但在承受环境条件的能力和可靠性方面，工业机器人比人优越。因此要把工业机器人安排在生产线中的恰当位置上，使它成为工人的好助手。

4．采用工业机器人的步骤

在现代工业生产中绝大部分情况都不是将工业机器人单机使用，而是将其作为工业生产系统的一个组成部分来使用。即使是单机使用，也还是将其视为系统的一个组成部分。

工业机器人应用于生产系统的步骤如下。

1）全面考虑并明确自动化要求。

包括提高劳动生产率、增加产量、减轻劳动强度、改善劳动条件、保障经济效益和社会就业等问题。

2）制定机器人化技术。

在全面和可靠的调查研究基础上，制定长期的机器人化计划，包括确定自动化目标、培训技术人员、编绘作业类别一览表、编制机器人化顺序表和大致日程表等。

3）探讨采用机器人的条件。

4）对辅助作业和机器人性能进行标准化。

辅助作业大致分为搬运型和操作型两种。根据不同的作业内容、复杂程度或与外围机械在共同承担某项作业中的相互关系，所用机器人的坐标系统、关节和自由度数、运动速度、动作距离、工作精度和可搬运重量等也不同。必须按照现有的和新研制的机器人规格，进行标准化工作。此外，还要判断各机器人能具有哪些适于特定用途的性能，进行机器人性能及其表示方法的标准化工作。

5）设计机器人化作业系统方案。

设计并比较各种理想的、可行的或折中的机器人化作业系统方案，选定最符合使用目的的机器人及其配套来组成机器人化柔性综合作业系统。

6）选择适宜的机器人系统评价指标。

建立和选用适宜的机器人化作业系统评价指标与方法，既要考虑到能够适应产品变化和生产计划变更的灵活性，又要兼顾目前和长远的经济效益。

7）详细设计和具体实施。

对选定的实施方案进一步进行分部具体设计工作，并提出具体实施细则，交付执行。

8.2 焊接机器人

焊接机器人仅是一个控制运动和姿态的操作机，机器人要完成焊接作业必须依赖控制系统与辅助设备的支持和配合，焊接机器人与其控制系统、辅助设备一起组成一个焊接机器人系统。

8.2.1 焊接机器人概述

1. 焊接机器人的组成

完整的焊接机器人系统一般由机器人操作机、变位机、控制器、焊接系统（专用焊接电源、焊枪或焊钳等）、焊接传感器、中央控制计算机和相应的安全设备等组成，如图 8-1 所示。

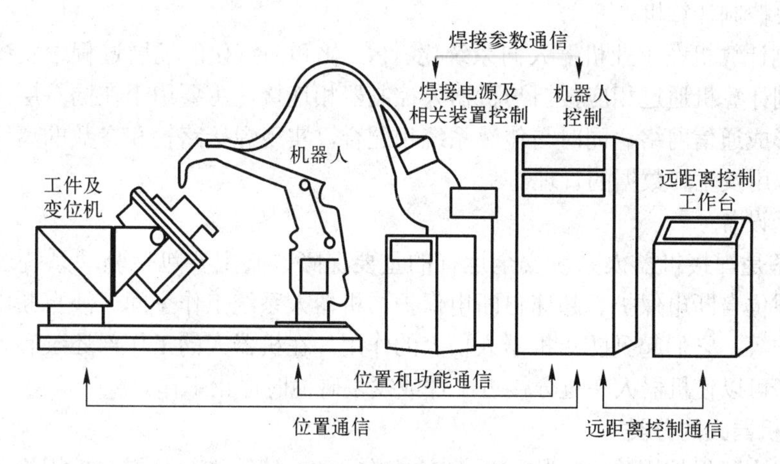

图 8-1 焊接机器人系统组成

（1）机器人操作机

机器人操作机是焊接机器人系统的执行机构。其任务是精确地保证末端执行器（焊枪）所要求的位置、姿态并实现其运动。一般情况下，工业机器人操作机从结构上至少应具有 3 个以上的可自由编程运动关节。

由于具有 6 个旋转关节的铰接开链式机器人操作机从运动学上已被证明能以最小的结构尺寸获取最大的工作空间，并且能以较高的位置精度和最优的路径到达指定位置，因而这种类型的机器人操作机在焊接领域得到广泛的应用。

（2）变位机

变位机作为机器人焊接生产线及焊接柔性加工单元的重要组成部分，其作用是将被焊工件旋转（平移）到最佳的焊接位置。在焊接作业前和焊接过程中，变位机通过夹具装卡和定位被焊工件，对工件的不同要求决定了变位机的负载能力及其运动方式。

通常，焊接机器人系统采用两台变位机，一台进行焊接作业，另一台则完成工件装卸，从而提高系统的运行效率。

（3）机器人控制器

机器人控制器是整个机器人系统的神经中枢。控制器负责处理焊接机器人工作过程中的全部信息和控制其全部动作。

（4）焊接系统

焊接系统是焊接机器人得以完成作业的必需装备，主要由焊钳或焊枪、焊接控制器以及水、电、气等辅助部分组成。焊接控制器是焊接系统的控制装置，它根据预定的焊接监控程序，完成焊接参数输入、焊接程序控制及焊接系统故障自诊断，并实现与上位机的通信联系。用于弧焊机器人的焊接电源及送丝设备由于参数选择的需要，必须由机器人控制系统直接控制，电源的功率和接通时间必须与自动过程相符。

（5）焊接传感器

在焊接过程中，尽管机器人操作机、变位机、装卡设备和工具能达到很高的精度，但由于存在被焊工件几何尺寸和位置误差以及焊接过程中的热变形，传感器仍是焊接过程中不可缺少的设备。传感器的任务是实现工件坡口的定位、跟踪以及焊缝熔透信息的获取。

（6）中央控制计算机

中央控制计算机在工业机器人向系统化、PC 化和网络化的发展过程中发挥着重要的作用。中央控制计算机通过相应接口与机器人控制器相连接，主要用于在同一层次或不同层次的计算机间形成通信网络，同时与传感系统相配合，实现焊接路径和参数的离线编程、焊接专家系统的应用及生产数据的管理。

（7）安全设备

安全设备是焊接机器人系统安全运行的重要保障，其主要包括驱动系统过热自断电保护、动作超限位自断电保护、超速自断电保护、机器人系统工作空间干涉自断电保护及人工急停断电保护等，它们起到防止机器人伤人的作用。在机器人的工作部还装有各类触觉或接近觉传感器，可以使机器人在过分接近工件或发生碰撞时停止工作。

2．焊接机器人的分类

焊接机器人可以按用途、结构、受控方式及驱动方法等进行分类。按用途分，焊接机器人可分为弧焊机器人和点焊机器人。

8.2.2 点焊机器人

汽车工业引入机器人已取得了明显效益，改善多品种混流生产的柔性，提高焊接质量，提高生产率，把工人从恶劣的作业环境中解放出来。机器人已经成为汽车生产行业的支柱。

1．点焊机器人概述

点焊机器人的典型应用领域是汽车工业。一般装配每台汽车车体大约需要完成 3000～4000 个焊点，而其中的 60%是由机器人完成的。在汽车大批量生产线上，服役的机器人台数甚至高达每条生产线 150 台。

点焊机器人被广泛用来焊接薄板材料，点焊作业占汽车工厂的车体组装工程的大半。最初，点焊机器人只用于增强焊作业，即为已拼接好的工件增加焊点。后来，为了保证拼接精度，又让机器人完成定位焊作业。点焊机器人逐渐被要求具有更全面的作业性能。

（1）点焊机器人的作业性能要求

1）较高加速度；

2）良好的灵活性，至少 5 个自由度；

3）良好的安全可靠性；

4）通常要求工作空间大，能适应焊接工作要求，承载能力高；

5）持重大（300～1000N），以便携带内装变压器的焊钳；

6）定位精度高（±0.25mm），以确保焊接质量；

7）重复性要求：可见焊点处小于等于 1mm，不可见焊点处不大于 3mm；

8）考虑到焊接空间小，为避免与工件碰撞，通常要求小臂很长。

（2）点焊机器人的组成

点焊机器人虽然有多种结构形式，但大体上都可以分为 3 大组成部分，即机器人本体、点焊焊接系统及控制系统。目前应用较广的点焊机器人，其本体形式有落地式的垂直多关节型、悬挂式的垂直多关节型、直角坐标型和定位焊接用机器人。目前主流机型为多用途的大型六轴垂直多关节机器人，这是因为其工作空间安装面积之比大，持重多数为 100kg 左右，还可以附加整机移动的自由度。

点焊机器人控制系统由本体控制部分及焊接控制部分组成。本体控制部分主要是实现示教在线、焊点位置及精度控制，控制分段的时间及程序转换，还通过改变主电路晶闸管的导通角而实现焊接电流控制。

点焊机器人的焊接系统即手臂上所握焊枪包括电极、电缆、气管、冷却水管及焊接变压器，如图 8-2 所示。焊枪相对比较重，要求手臂的负重能力较强。目前使用的机器人点焊电源有两种，即单相工频交流点焊电源和逆变二次整流式点焊电源。

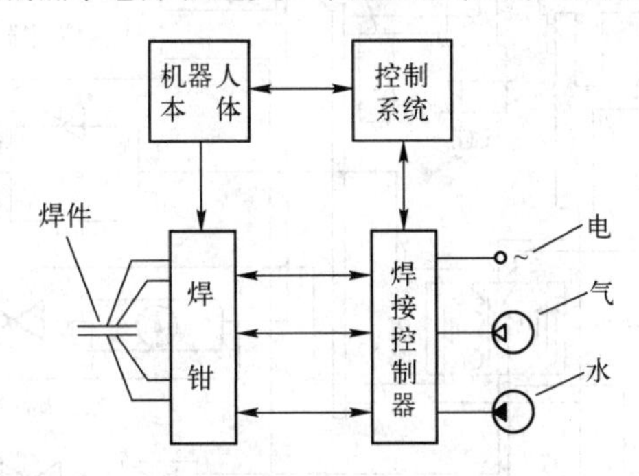

图 8-2　典型点焊机器人的组成关系

（3）点焊机器人的分类

表 8-1 列举了生产现场使用的点焊机器人的分类、特点和用途。

表 8-1　点焊机器人的分类、特点和用途

分　类	特　点	用　途
垂直多关节型（落地式）	工作空间安装面积之比大，持重多数为 1000N 左右，有时还可以附加整机移动自由度	主要用于增强焊点作业
垂直多关节型（悬挂式）	工作空间均在机器人的下方	车体的拼接作业
直角坐标型	多数为 3、4、5 轴，价格便宜	适用于连续直线焊缝
定位焊接用机器人（单向加压）	能承受 500kg 加压反力的高刚度机器人。有些机器人本身带加压作业功能	车身底板的定位焊

在驱动形式方面，由于电伺服技术的迅速发展，液压伺服在机器人中的应用逐渐减少，甚至大型机器人也在朝电动机驱动方向过渡，随着微电子技术的发展，机器人技术在性能、

小型化、可靠性以及维修等方面日新月异。

在机型方面，尽管主流仍是多用途的大型 6 轴垂直多关节机器人，但是，出于机器人加工单元的需要，一些汽车制造厂家也进行开发立体配置 3～5 轴小型专用机器人的尝试。

（4）典型点焊机器人的规格

以持重 1000N，最高速度 4m/s 的 6 轴垂直多关节点焊机器人为例。由于实用中几乎全部用来完成间隔为 30～50mm 左右的打点作业，运动中很少能达到最高速度，因此，改善最短时间内频繁短节距起、制动性能是本机追求的重点。为了提高加速度，在设计中注意了减轻手臂的重量，增加驱动系统的输出转矩。

同时，为了缩短滞后时间，得到高的静态定位精度，该机采用低惯性、高刚度减速器和高功率的无刷伺服电动机。由于在控制回路中采取了加前馈环节和状态观测器等措施，控制性能得到大大改善，50mm 短距离移动的定位时间被缩短到 0.4s 以内。

2．点焊机器人的焊接系统

点焊机器人焊接系统主要由焊接控制器、焊钳（含阻焊变压器）及水、电、气等辅助部分组成，系统原理如图 8-3 所示。

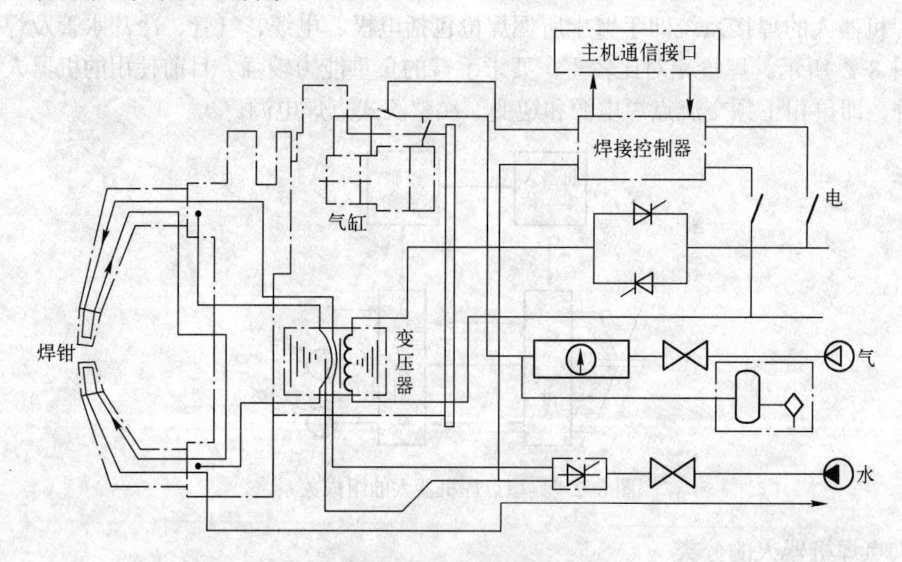

图 8-3　焊接系统原理图

（1）点焊机器人焊钳

点焊机器人焊钳从用途上可分为 C 形和 X 形两种。C 形焊钳用于点焊垂直及近于垂直倾斜位置的焊缝，X 形焊钳则主要用于点焊水平及近于水平倾斜位置的焊缝。

从阻焊变压器与焊钳的结构关系上可将焊钳分为内藏式、分离式和一体式三种形式。

1）内藏式焊钳。

这种结构是将阻焊变压器安放到机器人手臂内，使其尽可能地接近钳体，变压器的二次电缆可以在内部移动，如图 8-4 所示。当采用这种形式的焊钳时，必须同机器人本体统一设计，如 Cartesian 机器人就采用这种结构形式。另外，极坐标或球面坐标的点焊机器人也可以采取这种结构。其优点是二次电缆较短，变压器的容量可以减小，但是使机器人本体的设计变得复杂。

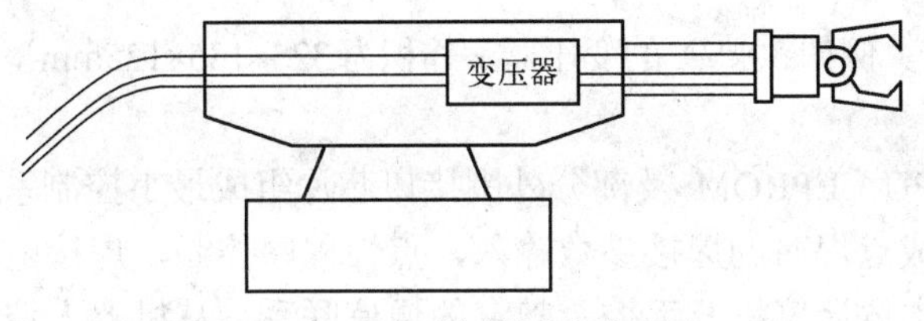

图 8-4　内藏式焊钳点焊机器人

2）分离式焊钳。

该焊钳的特点是阻焊变压器与钳体相分离，钳体安装在机器人手臂上，而焊接变压器悬挂在机器人的上方，可在轨道上沿着机器人手腕移动的方向移动，二者之间用二次电缆相连，如图 8-5 所示。其优点是减小了机器人的负载，运动速度高，价格便宜。

分离式焊钳的主要缺点是需要大容量的焊接变压器，电力损耗较大，能源利用率低。此外，粗大的二次电缆在焊钳上引起的拉伸力和扭转力作用于机器人的手臂上，限制了点焊工作区间与焊接位置的选择。分离式焊钳可采用普通的悬挂式焊钳及阻焊变压器。但二次电缆需要特殊制造，一般将两条导线做在一起，中间用绝缘层分开，每条导线还要做成空心，以便通水冷却。此外，电缆还要有一定的柔性。

3）一体式焊钳。

所谓一体式就是将阻焊变压器和钳体安装在一起，然后共同固定在机器人手臂末端的法兰盘上，如图 8-6 所示。其主要优点是省掉了粗大的二次电缆及悬挂变压器的工作架，直接将焊接变压器的输出端连到焊钳的上下机臂上，另一个优点是节省能量。例如，输出电流 12000A，分离式焊钳需 75kVA 的变压器，而一体式焊钳只需 25kVA。

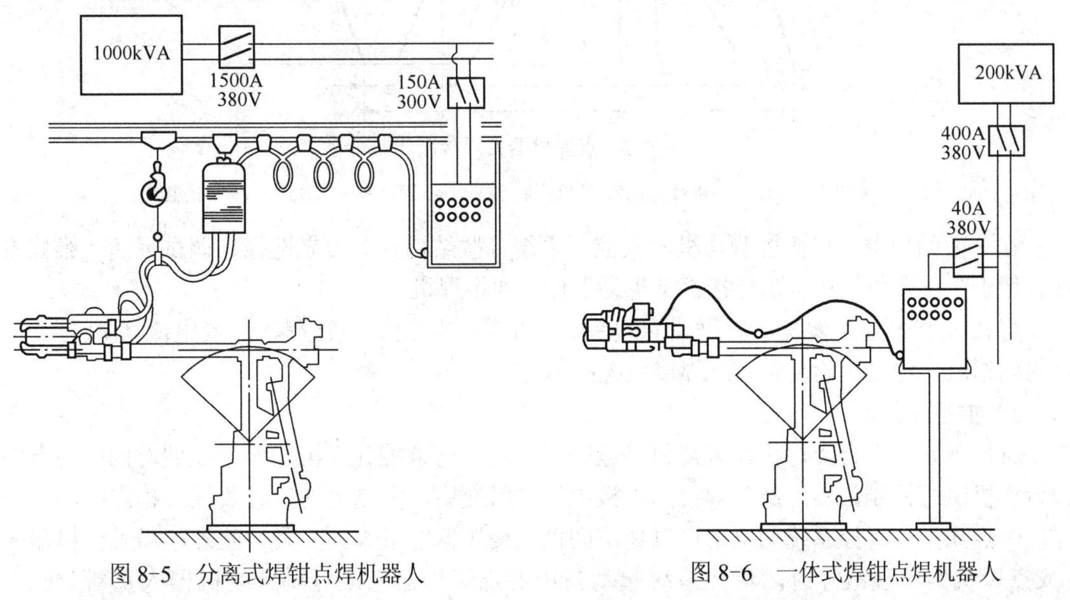

图 8-5　分离式焊钳点焊机器人　　图 8-6　一体式焊钳点焊机器人

一体式焊钳的缺点是焊钳重量显著增大，体积也变大，要求机器人本体的承载能力大于 60kg。此外，焊钳重量在机器人活动手腕上产生惯性力易于引起过载，这就要求在设计时，尽量减小焊钳重心与机器人手臂轴心线间的距离。

阻焊变压器的设计是一体式焊钳的主要问题。由于变压器被限制在焊钳的小空间里，外形尺寸及重量都必须比一般的小，二次线圈还要通水冷却。目前，采用真空环氧浇铸工艺，已制造出了小型集成阻焊变压器。例如 30kVA 的变压器，体积为 $325 \times 135 \times 125mm^3$，重量只有 18kg。

（2）点焊控制器

点焊控制器由 CPU、EPROM 及部分外围接口芯片组成最小控制系统，它可以根据预定的焊接监控程序，完成点焊时的焊接参数输入，点焊程序控制，焊接电流控制及焊接系统故障自诊断，并实现与本体计算机及手控示教盒的通信联系。从机器人控制系统和点焊控制的结构关系上看，常用的点焊控制器主要有三种结构形式。

1）中央结构型。

在中央结构中，机器人控制系统统一完成机器人运动和焊接工作及其控制；它将焊接控制部分作为一个模块与机器人本体控制部分共同安排在一个控制柜内，由主计算机统一管理并为焊接模块提供数据，焊接过程控制由焊接模块完成。这种结构的优点是设备集成度高，便于统一管理。

2）分散结构型。

分散结构型是焊接控制器与机器人本体控制柜分离设置，自成一体，两者通过通信完成机器人运动和焊接工作。二者采用应答式通信联系，主计算机给出焊接信号后，其焊接过程由焊接控制器自行控制，焊接结束后给主机发出结束信号，以便主机控制机器人移位，其焊接循环如图 8-7 所示。这种结构的优点是调试灵活，焊接系统可单独使用，但需要一定距离的通信，集成度不如中央结构型高。

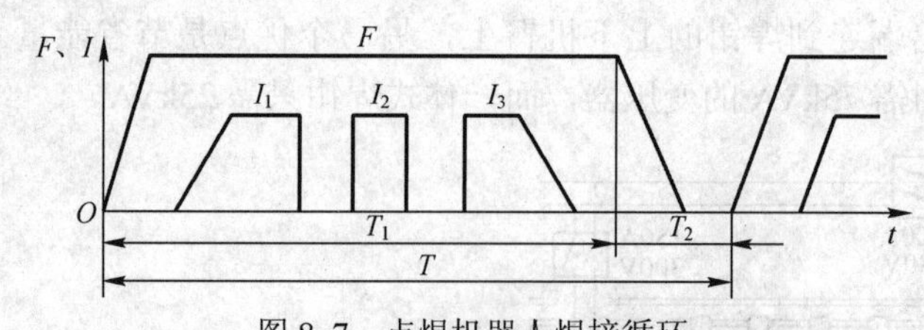

图 8-7 点焊机器人焊接循环

T_1—焊接控制器控制 T_2—机器人主控计算机控制 T—焊接周期 F—电极压力 I—焊接电流

在分散结构中，焊接控制与机器人控制系统分散结构具有独立性强、调试灵活、维修方便、便于分工协作等特点，焊接设备也易于作为通用焊机。

焊接控制器与本体及示教再现的联系信号主要有焊钳大小行程、焊接电流增/减号，焊接时间增减、焊接开始及结束，焊接系统故障等。

3）群控系统。

群控就是将多台点焊机器人焊机（或普通焊机）与群控计算机相连，以便对同时通电的数台焊机进行控制，实现部分焊机的焊接电流分时交错，限制电网瞬时负载，稳定电网电压保证焊点质量。群控系统的出现可以使车间供电变压器容量大大下降。此外，当某台机器人（或点焊机）出现故障时，群控系统起动备用的点焊机器人或对剩余的机器人重新分配工作，以保证焊接生产的正常进行。

为了适应群控的需要，点焊机器人焊接系统都应增加“焊接请求”及“焊接允许”信号，并与群控计算机相连。

（3）新型点焊机器人系统

最近，点焊机器人与 CAD 系统的通信功能变得重要起来，这里 CAD 系统主要用来离线示教。图 8-8 为含 CAD 及焊接数据库系统的新型点焊机器人系统基本构成。

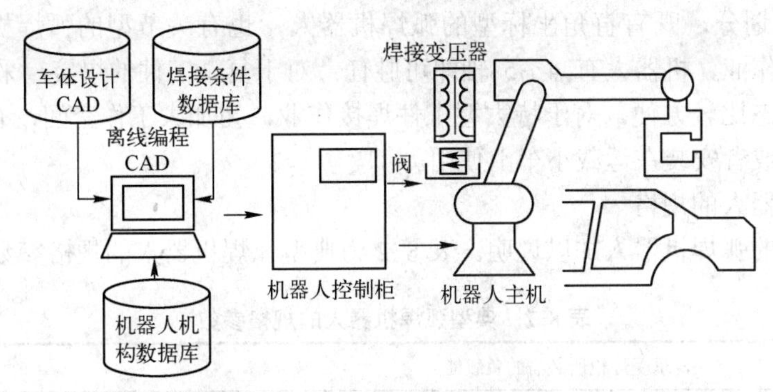

图 8-8　含 CAD 及焊接数据库系统的点焊机器人系统

8.2.3　弧焊机器人

弧焊机器人的应用范围很广，除汽车行业之外，在通用机械、金属结构等许多行业中都有应用。

1．弧焊机器人概述

弧焊机器人应是包括各种焊接附属装置在内的焊接系统，而不只是一台以规划的速度和姿态携带焊枪移动的单机。如图 8-9 所示为弧焊系统的基本组成。

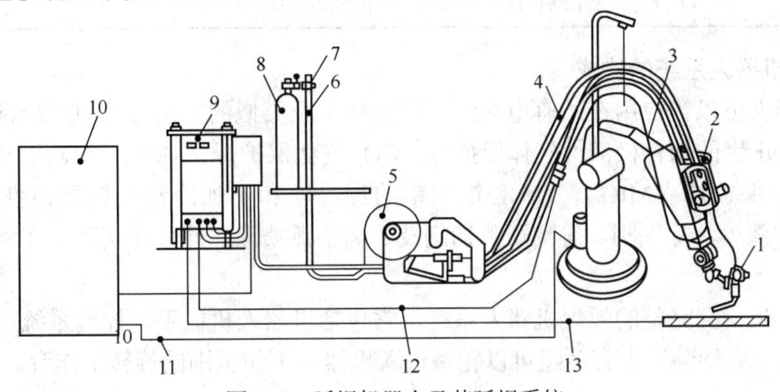

图 8-9　弧焊机器人及其弧焊系统

1—焊枪　2—送丝电动机　3—弧焊机器人　4—柔性导管　5—焊丝轮　6—气路　7—气体流量计
8—气瓶　9—焊接电源　10—机器人控制柜　11—控制/动力电缆　12—焊接电缆　13—工作电缆

（1）弧焊机器人的工作机理及作业性能

在弧焊作业中，要求焊枪跟踪焊件的焊道运动，并不断填充金属形成焊缝。因此，运动过程中速度的稳定性和轨迹精度是两项重要的指标。一般情况下，焊接速度约取 5～50mm/s，轨迹精度约为 0.2～0.5mm。由于焊枪的姿态对焊缝质量也有一定的影响，因此希望在跟踪焊道的同时，焊枪姿态的调整范围尽量大。此外，弧焊机器人还应具有抖动功能、坡口填充功能、焊接异常（如断弧、工件熔化等）检测功能、焊接传感器（起始点检测、焊道跟踪等）的接口功能。作业时为了得到优质的焊缝，往往需要在动作的示教以及焊接条件（电流、电压、速度）的设定上花费大量的劳力和时间。此外，如何使用机器人便于操作也是一个重要课题。

（2）弧焊机器人的分类

从机构形式划分，既有直角坐标型的弧焊机器人，也有关节型的弧焊机器人。对于小型、简单的焊接作业，机器人有 4～5 轴即可胜任；对于复杂工件的焊接，采用 6 轴机器人对调整焊枪的姿态比较方便。对于特大型工件焊接作业，为加大工作空间，有时把关节型机器人悬挂起来，或者安装在运载小车上使用。

（3）弧焊机器人的规格

举一个典型的弧焊机器人加以说明。表 8-2 为典型弧焊机器人的规格参数。

表 8-2　典型弧焊机器人的规格参数

持重	5kg，承受焊枪所必需的负载能力
重复位置精度	±0.1mm，高精度
可控轴数	6 轴同时控制，便于焊枪姿态调整
动作方式	各轴单独插补、直线插补、圆弧插补、焊枪端部等速度控制（直线、圆弧插补）
速度控制	进给速度 6～1500mm/s：，焊接速度 1～50mm/s，调速范围广（从极低速到高速均可调）
焊接功能	焊接电流、电压的选定，允许在焊接中途改变焊接条件，断弧、粘丝保护功能，焊接抖动功能（软件）
存储功能	IC 存储器
辅助功能	定时功能、外部输入输出接口
应用功能	程序编辑、外部条件判断、异常检查、传感器接口

2．弧焊机器人系统的构成

弧焊机器人可以被应用在所有电弧焊、切割技术及类似的工艺方法中。最常用的应用是结构钢和 CTNi 钢的熔化极活性气体保护焊（CO_2 气体保护焊、MAG 焊），铝及特殊合金熔化极惰性气体保护焊（MIG），CrNi 钢和铝的加冷丝和不加冷丝的钨极惰性气体保护焊（TIG）以及埋弧焊。除气割、等离子弧切割及等离子弧喷涂，此外还实现了在激光切割上的应用。

图 8-10 是一套完整的弧焊机器人系统，它包括机器人机械手、控制系统、焊接装置、焊件夹持装置。夹持装置上有两组可以轮番进入机器人工作范围的旋转工作台。

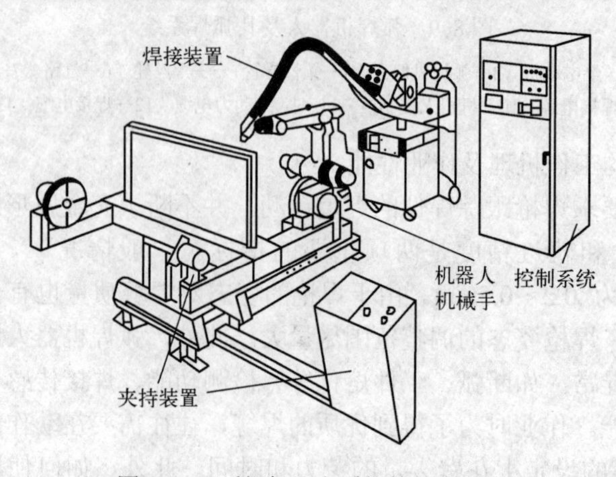

图 8-10　弧焊机器人系统的基本组成

（1）弧焊机器人的机械手

弧焊用的工业机器人通常有 5 个以上自由度，具有 6 个自由度的机器人可以保证焊枪的任意空间轨迹和姿态。点对点方式移动速度可达 60m/min 以上，其轨迹重复精度可达到 ±0.2mm，它们可以通过示教和再现方式或通过编程方式工作。

（2）弧焊机器人的控制器

弧焊机器人的控制系统不仅要保证机器人的精确运动，而且要具有可扩充性，以控制周边设备确保焊接工艺的实施。图 8-11 是一台典型的弧焊机器人控制系统的计算机硬件框图。控制计算机由 8086 CPU 做管理用中央处理机单元，8087 协处理器进行运动轨迹计算，每 4 个电动机由 1 个 8086 CPU 进行伺服控制。通过串行 I/O 接口与上一级管理计算机通信；采用数字量 I/O 和模拟量 I/O 控制焊接电源和周边设备。

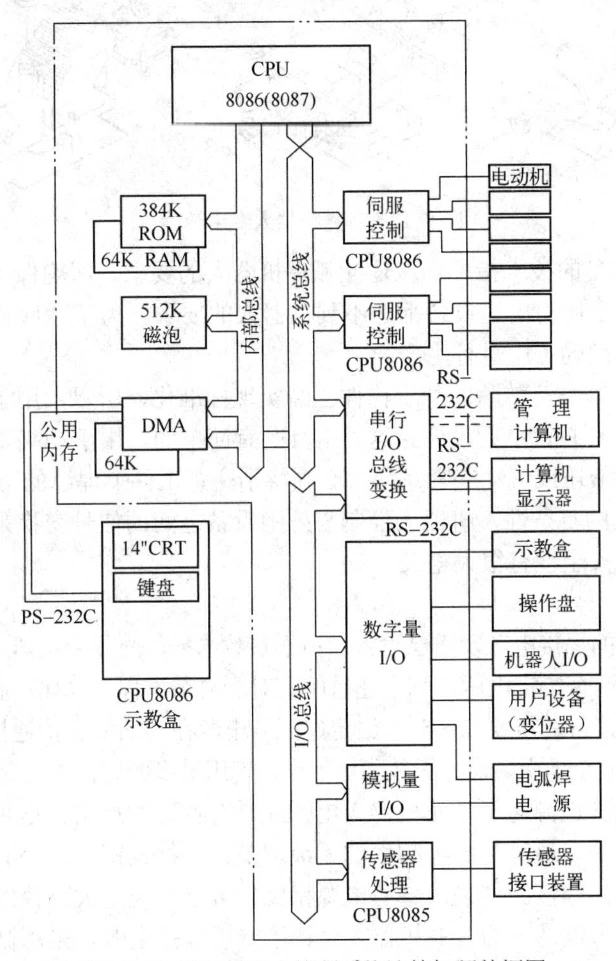

图 8-11　弧焊机器人控制系统计算机硬件框图

该计算机系统具有传感器信息处理的专用 CPU（8085），微计算机具有 384K 的 ROM 和 64K 的 RAM，以及 512K 磁泡的内存，示教盒与总线采用 DMA 方式（直接存储器访问方式）交换信息，并有公用内存 64K。

（3）弧焊机器人周边设备

弧焊机器人只是焊接机器人系统的一部分，还应有行走机构及小型和大型移动机架。通过这些机构来扩大工业机器人的工作范围，同时还具有各种用于接受、固定及定位工件的转胎（图 8-12）、定位装置及夹具。在最常见的结构中，工业机器人固定于基座上（图 8-13），工件转胎则安装于其工作范围内。为了更经济地使用工业机器人，至少应有两个工位轮番进行焊接。

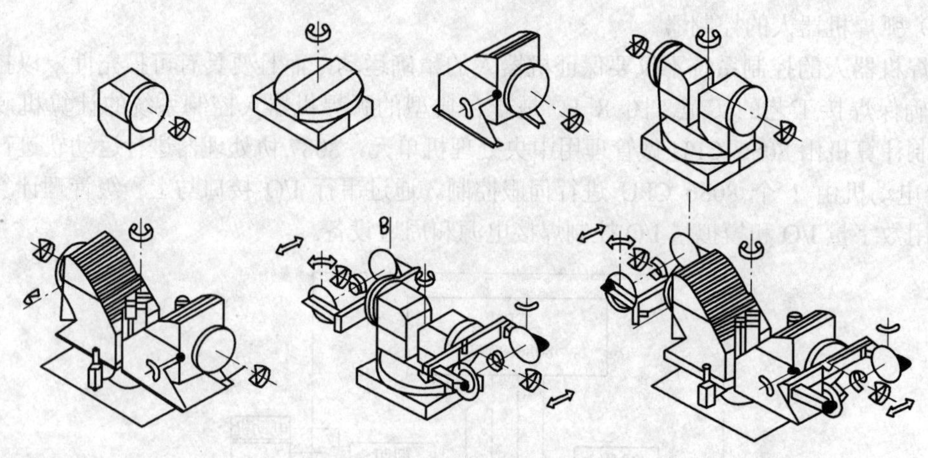

图 8-12　各种机器人专用转胎

所有这些周边设备的技术指标均应适应弧焊机器人的要求。即确保工件上的焊缝的到位精度达到±0.2mm。以往的周边设备都达不到机器人的要求。为了适应弧焊机器人的发展，新型的周边设备由专门的工厂进行生产。

鉴于工业机器人本身及转胎的基本构件已经实现标准化，所以，用于每种工件装夹、夹紧、定位及固定的工具必须重新设计。这种工具既有简单的，用手动夹紧杠杆操作的设备；也有极复杂的全自动液压或气动夹紧系统。必须特别注意工件上焊缝的可接近性。

根据转胎及工具的复杂性，机器人控制与外围设备之间的信号交换是相当不同的，这一信号交换对于工作的安全性有很大意义。

（4）焊接设备

用于工业机器人的焊接电源及送丝设备，由于参数选择，必须由机器人控制器直接控制。为此，一般至少通过两个给定电压达到上述目的。对于复杂过程，例如，脉冲电弧焊或填丝钨极惰性气体保护焊时，可能需要 2～5 个给定电压，电源在其功率和接通持续时间上必须与自动过程相符合，必须安全地引燃，并无故障地工作，使用最多的焊接电源是晶闸管整流电源。

近年的晶体管脉冲电源对于工业机器人电弧焊具有特殊的意义。这种晶体管脉冲电源无论是模拟的或脉冲式的，通过其脉冲频率的无级调节，在结构钢、Cr-Ni 钢及铝焊接时都能保证实现接近无飞溅的焊接。与采用普通电源相比，可以使用更大直径的焊丝，其熔敷效率更高。有很多焊接设备制造厂为工业机器人设计了专用焊接电源，采用微处理机控制，以便与工业机器人控制系统交换信号。

送丝系统必须保证恒定送丝，送丝系统应设计成具有足够的功率，并能调节送丝速度。为了机器人能自由移动，必须采用软管，但软管应尽量短。在工业机器人电弧焊时，由于焊接持续时间长，经常采用水冷式焊枪，焊枪与机器人末端的连接处应便于更换，并需有柔性的环节或制动保护环节，防止示教和焊接时与工件或周围物件碰撞影响机器人的寿命。图 8-13 为焊枪与机器人连接的一个例子。在装卡焊枪时，应注意焊枪伸出的焊丝端部的位置应符合机器人使用说明书中所规定的位置，否则示教再现后焊枪的位置和姿态将产生偏差。

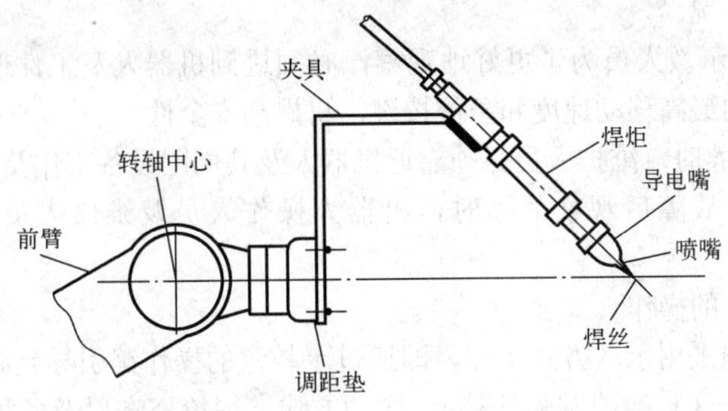

图 8-13 焊枪的固定

（5）控制系统与外围设备的连接

工业控制系统不仅要控制机器人机械手的运动，还需控制外围设备的动作、开启、切断以及安全防护，图 8-14 是典型的控制框图。

控制系统与所有设备的通信信号包括数字量信号和模拟量信号。控制柜与外围设备用模拟信号联系的有焊接电源、送丝机构以及操作机（包括夹具、变位器等）。这些设备需通过控制系统预置参数，通常是通过 D-A 数模转换器给定基准电压，控制器与焊接电源和送丝机构电源一般都需有电量隔离环响，控制系统对操作机电动机的伺服控制与对机器人伺服控制电动机的要求相仿，通常采用双伺服环。确保工件焊缝到位精度与机器人到位精度相等。

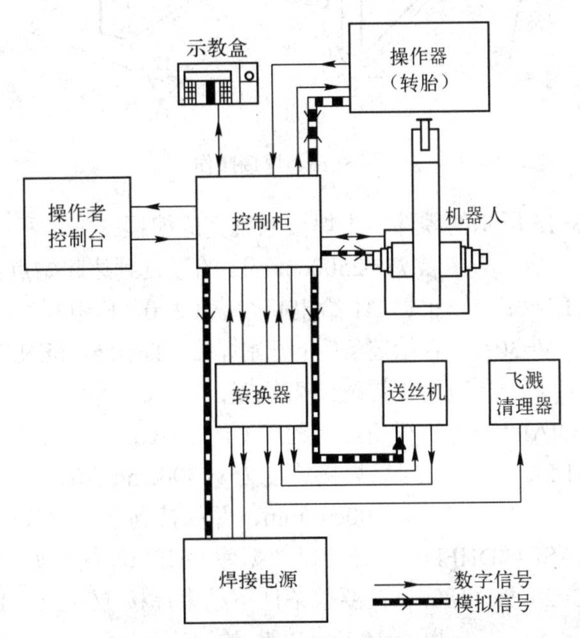

图 8-14 工业控制系统典型的控制框图

数字量信号负担各设备的启动、停止、安全以及状态检测。

3. 弧焊机器人的操作与安全

（1）弧焊机器人的安全

安全设备对于工业机器人工位是必不可少的。工业机器人应在一个被隔开的空间内工作，用门或光栅保护，机器人的工作区通过电及机械方法加以限制。从安全观点出发，危险常出现在下面几种情况。

1）在示教时，示教人员为了更好地观察，必须进到机器人及工件近旁。在此种工作方式下，限制机器人的最高移动速度和急停按键，将提高安全性。

2）在维护及保养时，维护人员必须靠近机器人及其周围设备工作及检测操作。

3）在突然出现故障后观察故障时，机器人操作人员及维修人员须经过特别严格的培训。

（2）弧焊机器人的操作

弧焊机器人普遍采用示教方式工作，即通过示教盒的操作键引导到起始点，然后用按键确定位置，运动方式（直线或圆弧插补）、摆动方式、焊枪姿态以及各种焊接参数。同时还可通过示教盒确定周边设备的运动速度等。

焊接工艺操作包括引弧、施焊、熄弧、填充火口等，可通过示教盒给定。示教完毕后，机器人控制系统退出程序编辑状态，焊接程序生成后即可进行焊接。下面是焊接操作的一个实例。

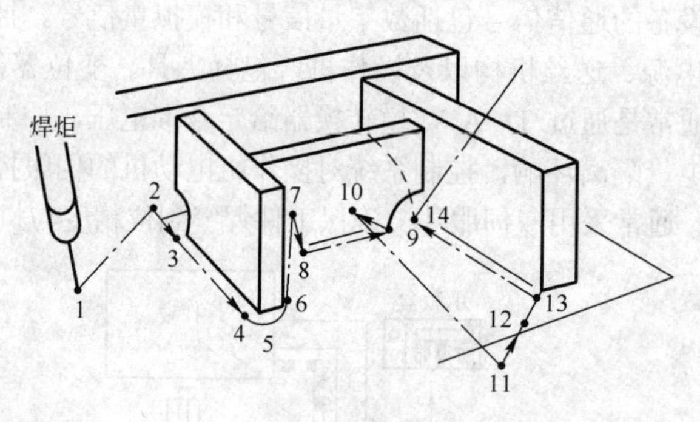

图 8-15 焊接操作

【例 8-1】 将图 8-15 所示的零件，用焊接系统完成编程。

1）F=2500；　以 *TV*=2500cm/min 的速度到达起始点；

2）SEASA=H1，L1=0；　根据 H1 给出起始点 L2=0，F=100；

3）ARCONF=35，V=30；　在给定条件下开始焊接，TF=0.5，SENSTON=H1 并跟踪焊缝；

4）SENSTON=H1；　给出焊缝结束位置；

5）CORN=*CHFOIAI；　执行角焊缝程序 CHFOIAI；

6）F=300，DW=1.5；　1.5s 后焊接速度为 *v*=300cm/min；

7）F=100；　以 *v*=100cm/min，并保持到下一示教点；

8）ARCON，DBASE=*DHFL09；开始以数据库 DHFL09 的数据焊接；

9）ARCOFF，vC=20，ic=180；　在要求条件下结束焊接 TC=1.5，F=200；

10）F=1000；　以 *v*=1000cm/min 的速度运动；

11）Dw=1，OUTB=2；　1s 后，在#2 点发出 1 个脉冲；

12）F=100；　以 *v*=100cm/min 的速度运动；

13）MULTON=*M；　执行多层焊接程序 M；

14）MULTOFF，F=200；　结束多层焊接。

8.3 搬运机器人

搬运作业是指用一种握持工件设备，从一个加工位置移到另一个加工位置。搬运机器人可安装不同的末端执行器以完成各种不同形状的工件搬运工作，大大减轻了人类繁重的体力劳动。

目前世界上使用的搬运机器人逾十万台，被广泛应用于机床上下料、冲压机自动化生产线、自动装配流水线、码垛搬运、集装箱自动搬运等。部分发达国家已制定出人工搬运的最大限度，超过限度的必须由搬运机器人来完成。

8.3.1 搬运机器人概述

1．搬运机器人的组成

自动搬运工作站由搬运机器人和周边设备组成。搬运机器人可用于搬运重达几千克至几吨的负载。微型机械手可搬运轻至几克甚至几毫克的样品，用于传送超纯净实验室内的样品。周边设备包括工件自动识别装置、自动起动及自动传输装置等。为适应对不同种类工件的抓取，根据用户要求可配备不同的手爪，如机械手爪、真空吸盘及电磁吸盘等。

搬运机器人是近代自动控制领域出现的一项高新技术，涉及力学、机械学、电器液压气动技术、自动控制技术、传感器技术、单片机技术和计算机技术等学科领域，已成为现代机械制造生产体系中的一项重要组成部分。它的优点是可以通过编程完成各种预期的任务，在自身结构和性能上有了人和机器的各自优势，尤其体现出了人工智能和适应性。

搬运机器人机身紧凑、运行速度极快，适用于大中型重物搬运。其独有的多功能设计广泛适应各种制造业需求。搬运机器人拥有高速机动能力，可充分适应对速度和柔性要求都较高的应用场合。设计紧凑的防护型机器人还能应用于普通机器人无法胜任的铸造、喷雾等生产环境。铸造专家型搬运机器人达到IP67防护等级，耐高压蒸汽清洗，是恶劣生产环境的理想选择。

2．搬运机器人的优势

（1）紧凑型设计

该设计使机器人的荷重最高，并使其在物料搬运、上下料以及弧焊应用中的工作范围得到最优化。具有同类产品中最高的精确度及加速度，可确保高产量及低废品率，从而提高生产率。

（2）可靠性与经济性兼顾

结构坚固耐用，例行维护间隔时间长。机器人采用具有良好平衡性的双轴承关节钢臂，第 2 轴配备扭力撑杆，并装备免维护的齿轮箱和电缆，达到了极高的可靠性。为确保运行的经济性，传动系统采用优化设计，实现了低功耗和高转矩的兼顾。

（3）多种通信方式

具备串口、网络接口、PLC 、远程 I/O 和现场总线接口等多种通信方式，能够方便地实现与小型制造工位及大型工厂自动化系统的集成，为设备集成铺平道路。

（4）缩短节拍时间

所有工艺管线均内嵌于机器人手臂，大幅降低了因干扰和磨损导致停机的风险。这种集成式设计还能确保运行加速度始终无条件保持最大化，从而显著缩短节拍时间，增强生产可靠性。

（5）加快编程进度

中空臂技术进一步增强了离线编程的便利性。管线运动可控且易于预测，使编程和模拟能如实预演机器人系统的运行状态，大幅缩短程序调试时间，加快投产进度。编程时间从头至尾最多可节省 90%。

（6）生产能力和利用率

拥有大作业范围，因此一个机器人能够在一个机器人单元或多个单元内对多个站点进行操作。该型机器人除能够进行“基本”物料搬运之外还能完成增值作业任务，这一点有助于提高机器人的利用率。因此，生产能力和利用率可以同时得到提高，并减少投资。

（7）降低投资成本

所有管线均采用妥善的紧固和保护措施，不仅减小了运行时的摆幅，还能有效防止焊接飞溅物和切削液的侵蚀，显著延长了使用寿命。其采购和更换成本可最多降低 75%，还可每年减少多达三次的停产检修。

（8）省空间，增产能

设计紧凑，无松弛管线，占地极小。在物料搬运和上下料作业中，机器人能更加靠近所配套的机械设备。在弧焊应用中，上述设计优势可降低与其他机器人发生干扰的风险，为高密度、高产能作业创造了有利条件。

（9）高能力和高人员安全标准

在设备管理应用环境下，它可以提供比传统解决方案更为理想的操作。该型机器人可以从顶部和侧面到达机器。此外，顶架安装的机器人能够从机器正面到达机器，以进行维护作业、小规模搬运和快速切换等工作。由于在手动操作机器时机器人不在现场，因此可以提高人员安全性。

（10）灵活的安装方式

安装方式其中包括落地安装、斜置安装，壁挂安装，倒置安装以及支架安装，有助于减少占地面积以及增加设备的有效应用，其中壁挂式安装的表现尤为显著。这些特点使工作站的设计更具创意，并且优化了各种工业领域及应用中的机器人占地面积。

8.3.2 成品搬运机器人工作站

如图 8-16 所示为某纸浆生产线最后一道工序中搬运机器人的配置。此机器人的任务是将打捆好的纸浆成品包从装运小车上搬下来，放到传送带上去。捆包的尺寸为 $600\times80\times500mm^3$，重量为 250 kg。过去这项工作通常要由两个工人来翻转。

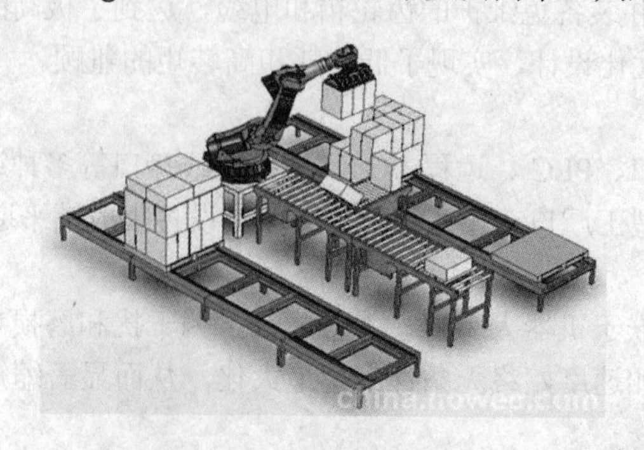

图 8-16 纸浆成品搬运机器人工作站

8.3.3 码垛机器人工作站

1．码垛机器人的适用范围及分类

（1）码垛机器人的适用范围

码垛机器人是能将不同外形尺寸的包装货物，整齐、自动地码（或拆）在托盘上的机器人，所以也称为托盘码垛机器人。为充分利用托盘的面积和保证码堆物料的稳定性，机器人具有物料码垛顺序、排列设定器。通过自动更换工具，码垛机器人可以适应不同的产品，并能够在恶劣环境下工作。

码垛机器人对各种形状的产品（箱、罐、包或板材类等）均可作业，还能根据用户要求进行拆垛作业。

（2）码垛机器人的分类

根据码垛机构的不同，码垛机器人可以分为多关节坐标型、直角坐标型等；根据抓具形式的不同可以分为侧夹型、底拖型及真空吸盘型等。此外，码垛机器人还可分为固定型和移动型。

2．德国库卡公司的拆、码垛机器人

下面介绍德国库卡公司的库卡拆、码垛机器人工作站。

（1）库卡机器人公司简介

库卡（KUKA）公司是全球顶级工业机器人制造商之一，总部位于德国奥格斯堡。库卡自动化设备（上海）有限公司是其在中国的全资子公司。库卡公司工业机器人年产量近 1 万台，至今已在全球安装了 15 万台工业机器人。库卡机器人广泛应用在仪器、汽车、航天、消费产品、物流、食品、制药、医学、铸造、塑料等工业上，主要应用于材料处理、机床装料、装配、包装、堆垛、焊接、表面修整等领域。库卡的客户遍布世界各地，并在全球拥有 20 多个子公司和 2200 多名员工。

码垛机器人广泛应用于将货物搬移到货盘上（码垛）或者从货盘上搬移下货物（卸码垛）以及货物的举起、码垛、包装、运送、分拣和标注。这一流程不仅与木材家具工业、食品物流部门紧密相关，而且所有制造型工厂都要使用。

德国库卡公司最近在全球正式推出四款全新的码垛机器人，型号分别是 KR 300 PA、KR 470 PA、 KR 700 PA 和 KR 1000PA。

库卡机器人应用于包装机械行业已有多年历史，现在最新型的库卡拆、码垛机器人采用了精巧的聚碳纤维材料制造，令机器人在极其轻巧的同时具有更高强度，使其尤其适用于高负载作业。该机器人的拆、码垛过程采用了 FEM 的最优化操作方式，四轴倾斜式设计降低了维护、保养的成本。

（2）拆、码垛机器人描述

1）主机构库卡 KR 100 PA 机器人。

机身的主要移动部件（除臂部外）由聚碳纤维铸成，重量轻，扭力大，韧性强，具有较好的力学性能和较强的抗振动能力。如图 8-17 所示。

机器人底座采用 CRP 工艺制造，制造过程中用 CAD 和 FEM 优化其设计，确保了最大的底座持重能力和最低的底座重量。

驱动系统采用机电一体化设计，所有轴都由数字化交流伺服电动机驱动，交流伺服驱动系统有过载、过流、缺相、超差等各种保护，性能安全、可靠。

图 8-17 库卡拆、码垛机器人主机构

机器人的各部件结构精简，容易拆装。特殊的几何构造使机器人只占用极少的空间就能发挥极大的工作能力，能够充分利用工作场地空间。

先进的设计令机器人能够高速、精确、稳定地运行，并易于维护。机器人运动的轨迹十分精确，重复定位精度小于 0.35 mm。

2）库卡机器人 KR C2 控制器。

该控制器采用开放式体系结构，具有联网功能的基于 PC 技术；总线标准采用 CAN/Device Net 及 Ethernet；配有标准局部现场总线（Interbus、FIFIO、Profibus）插槽；整合示波器功能，提供机器人诊断、程序编辑支援等功能；库卡控制盘的 Windows 界面使操作及程序编辑更加简单、直观；采用紧凑型、可堆叠的设计；一种控制器适用于所有库卡机器人；库卡控制盘按照人机工程学原理来设计；具有软盘及光碟数据文件备份功能；机器人采用 C/S 架构，可以通过 Internet 进行远程诊断。如图 8-18 所示。

KR C2 edition 2005 （ed05）是一套根据客户需要量身定制的控制系统。在该系统中运用了自动化技术中久经考验的驱动技术以及标准 PC 组件。提供了可靠性保障，并始终与尖端技术接轨。比如可以在基本柜中集成最多两个附加轴，最多可以控制 6 个附加轴和 1 个组柜。控制系统的突出优势在于保养和操作简易方便，其模块化的结构以及易于维修的设计使部件可以轻松简单地得以更换。KR C2 edition 2005 的功能包括多种多样的诊断和故障查找功能，如通过因特网进行远程维修，各种扩展选项和全面的安全设计等。能够为用户提供各种优化生产的解决方案。

适合于从低载重级至高载重级的所有库卡机器人的统一控制方案为客户提供计划安全性和一致性；“一插即通”功能实现了快速投入运行；标准 PC 组件确保了最大化的可用性和最少的保养需求；模块化的结构使其可按客户需要在硬件和软件方面实现多种扩展；基于计算机的技术确保了高效的接口连接和极高的兼容性；相互间进行实时通信的联网控制系统可令多个机器人在同一个工件上实现同步作业。

3）库卡控制盘。

采用人机工程学设计的手持操纵器用于对相应的库卡机器人控制系统进行示教和操作，

起着人机接口的作用。如图 8-19 所示。

库卡控制盘有一个 8"全彩色显示屏（VGA 分辨率，640×480）。6D 鼠标；7m 长电缆用以连接控制盘及控制器；具有紧急停止、驱动开关和模式选择及授权开关；附加键盘端口；提供以太网端口。这样从机器人控制系统的投入运行到编制程序，再到程序控制和所有控制步骤的诊断都可以直接在机器人上完成。适合于在库卡控制盘上运行的 Windows 界面为用户引导所有的工作步骤并使编程更快捷高效。

三挡位确认开关和附加的紧急停止按键确保了机器人的安全操作；轻巧便携的控制器为用户提供了最大程度的舒适度；六维输入设备的简单操作实现了快速导航和高效编程；自由布置的功能键和个性化屏幕页面设计使用户个性化操作成为现实。

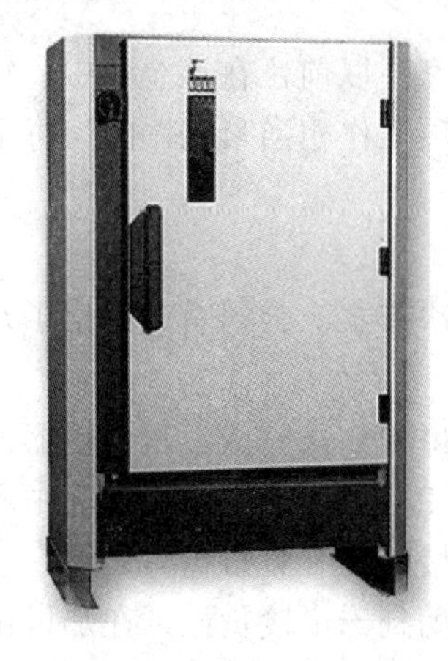

图 8-18　库卡拆、码垛机器人 KR C2 控制器

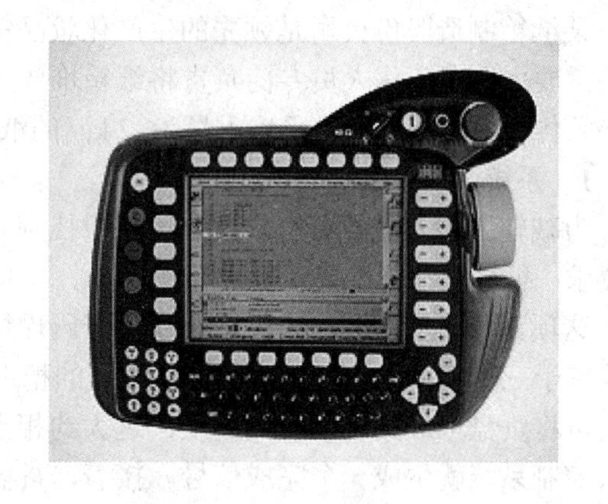

图 8-19　库卡拆、码垛机器人 KCP 控制盘

4）辅助系统。

机器人通过配置如真空吸头、码垛定位夹具、尼龙（纸）袋机械夹爪、纸箱机械夹爪、塑料箱机械夹爪等不同的辅助系统，便能完成尼龙（纸）袋、纸箱、塑料箱、玻璃瓶的拆、码垛任务。如图 8-20 所示。

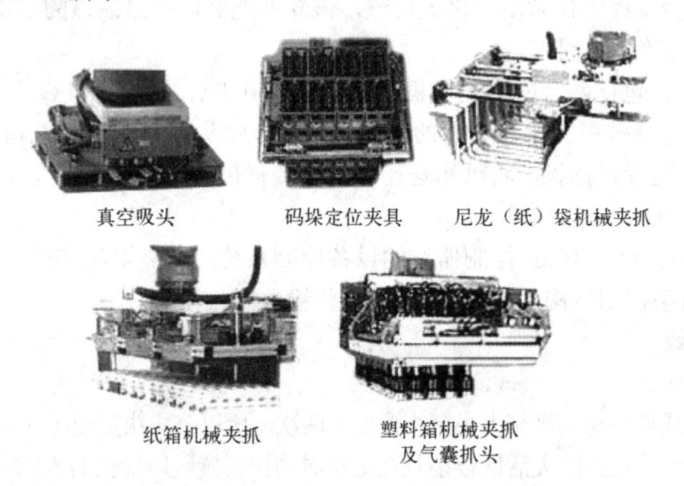

图 8-20　库卡拆、码垛机器人配置的末端执行器（辅助系统）

（3）库卡机器人的特点

库卡机器人的控制和编程系统装有库卡公司开发的 Pallet Tech 货盘处理软件，可离线编程；具有不影响生产，快速调试和转换，优化摆放形式，节省工程量和运输成本等优点；系统反应迅速，无论什么样的拆、码垛任务，库卡机器人和所选择的辅助系统都能提供一流的解决方案，并采用更快、更灵活的结构来缩短启动时间；Pallet Tech 货盘处理软件和库卡机器人的 KR C2 控制系统确保简单、高效地执行指令，能控制整条生产线，并能通过总线整合成为更高级的结构，有同视窗类似的标准界面；Windows 用户界面编程简单并提供了新的图像编辑程序，允许使用直观的符号进行编程和操作。

8.3.4 码垛机器人系统应用实例

某纸箱制造股份公司是领先的生产化妆品精美包装的厂家。以前，在该企业中，每个班次均需要由两名工作人员专门负责将纸箱堆放到货盘上。这项工作相当紧张，因为每个班次内必须传送多达 3000 个平均重量为 7 kg 的纸箱。

1．系统改造方案

为减轻工作人员的负担，该公司希望找到一种自动化解决方案。公司首先提出了几项主要要求：循环周期短、灵活性及操作简单。

这项紧张的体力劳动现在由两台库卡码垛机器人 KR 180 PA 来完成。每台机器人可以堆垛置于三个辊道上的货盘。为保证最佳的稳定性，KR 180 PA 还可放上纸板作为中间层。它们可将货盘堆放到 2.2m 的高度，这大约相当于五至六层楼高。一旦货盘“装满”了，机器人控制系统就生成一个完成信号。接着，货盘就会向前滚动到一个接货站，在那里由一个横向往返车将其领走，并送至相邻的高架仓库。

纸箱尺寸有 70 种，且堆垛也有大约 15 种不同的方式；所以，为减轻工作负担，库卡控制盘上设计了一个扩展操作区。为此在机器人编程界面上设计了一个客户专有的应用界面，该界面可以简化设备操作以及在出现故障时为相应的工作人员提供支持。操作者无需太多的编程知识就可以创建所需的堆垛模式，并且根据不同要求调出相应的模式。同时应用软件 Pallet Tech 也为减少编程工作做出了极大贡献，该软件能够计算出最佳的堆垛方式。

2．系统部件与附件范围

系统部件与附件包括两台库卡码垛机器人 KR 180 PA；两台以 PC 为基础的机器人控制系统 KR C2，包括带视窗操作界面的控制盘；两个吸头夹持器、将纸箱从自动封箱装置内传送过来的输送装置、标签、将纸箱送走的输送装置包括转台及高架仓库内的缓冲段、三个空货盘分配器、保护装置。

使用两台 Soft PLC（PLC 控制器）的设备控制系统，无需附加硬件，可通过库卡控制盘进行编程，分散型控制结构，通过 ASI 总线传输数据。

3．结果与成效

（1）灵活性

由于每个班次需要传送的纸箱大小至少要变换两次，所以公司决定使用 KR 180 PA，而非另一种龙门架式机器人，后者的灵活性较小且在更换时动作缓慢。码垛机器人的灵活性也要归功于吸头夹持器，该夹持器被设计为可以承担 25kg 的重量且适用于面积为 150×380mm～380×500mm 的纸箱。跟机械夹持器相比，这种夹持器还可以避免损伤到造价昂贵的折叠盒。

（2）速度

假设每小时需要堆垛 600 个纸箱，公司要求每台机器人的循环时间为 12s。由于每台 KR 180 PA 具有高达每小时 1800 个的堆垛循环，因此它完全能够满足这个要求。

（3）经济效益

“码垛专家”KR 180 PA 是一种带有第五根被动轴的四轴机器人，其特有的、FEM 最优化的运动结构能够保证堆垛流程有效率地进行以及堆垛工艺的经济效益。由于具有较小的惯性转矩，它由碳纤维复合材料 CFK 制成的手臂具有很高的加速值。尽管手臂是轻型结构，但是它具有非常高的刚性；KR 180 PA 可以将 180kg 的物体堆垛到 3000mm 高的地方。

总之，这种自动化解决方案更加经济，因为相对人工传送来说，机器人出现的错误概率最小。

8.4 喷涂机器人

计算机控制的喷涂机器人早在 1975 年就投入使用，它可以避免人体的健康受到危害，提高经济效益（如节省油漆）和喷涂质量。由于具有可编程能力，所以喷涂机器人能适应于各种应用场合。例如，在汽车工业上，可利用喷涂机器人对下车架和前灯区域、轮孔、窗口、下承板、发动机部件、门面以及行李箱等部分进行喷漆。由于能够代替人在危险和恶劣环境下进行喷涂作业，所以喷涂机器人得到了日益广泛的应用。

8.4.1 喷涂机器人概述

由于喷涂工序中雾状漆料对人体有危害，喷涂环境中照明、通风等条件很差，而且不易从根本上改进，因此在这个领域中大量地使用了喷涂机器人。使用喷涂机器人不仅可以改善劳动条件，而且还可以提高产品的产量和质量、降低成本。

1．喷涂机器人的一般要求与特点

喷涂机器人已广泛用于汽车车体、家电产品和各种塑料制品的喷涂作业。

（1）喷涂机器人的环境要求

与其他用途的工业机器人比较，喷涂机器人在使用环境和动作要求上有如下特点：

1）工作环境包含易爆的喷涂剂蒸气；

2）沿轨迹高速运动，途经各点均为作业点；

3）多数的被喷涂件都搭载在传送带上，边移动边喷涂。

（2）喷涂机器人的技术要求

鉴于上述环境特点，因此，对喷涂机器人有如下要求：

1）机器人的运动链要有足够的灵活性，以适应喷枪对工件表面的不同姿态要求，多关节型为最常用，它有 5～6 个自由度；

2）要求速度均匀，特别是在轨迹拐角处误差要小，以避免喷涂层不均；

3）控制方式通常以手把手示教方式为多见，因此要求在其整个工作空间内示教时省力，要考虑重力平衡问题；

4）可能需要轨迹跟踪装置；

5）一般均用连续轨迹控制方式；

6）要有防爆要求。

2．喷涂机器人的分类与组成

喷涂机器人通常有液压喷涂机器人和电动喷涂机器人两类。采用液压驱动方式，主要是从充满可燃性溶剂蒸气环境的安全着想。近年来，由于交流伺服电动机的应用和高速伺服技术的进步，喷涂机器人已采用电驱动。为确保作业安全，无论何种形式的喷涂机器人都要求有防爆结构，一般采用“本质安全防爆结构”，即要求机器人在可能发生强烈爆炸的 0 级危险中也能安全工作。防爆结构主要有耐压和内压防爆机构。

喷涂机器人的结构一般为六轴多关节型，如图 8-21 所示为一典型的六轴多关节型液压喷涂机器人。它由机器人本体、控制装置和液压系统组成。手部采用柔性用腕结构，可绕臂中心轴沿任意方向作弯曲，而且在任意弯曲状态下可绕腕中心轴扭转。由于腕部不存在奇位形，所以能喷涂形态复杂的工件并具有很高的生产率。

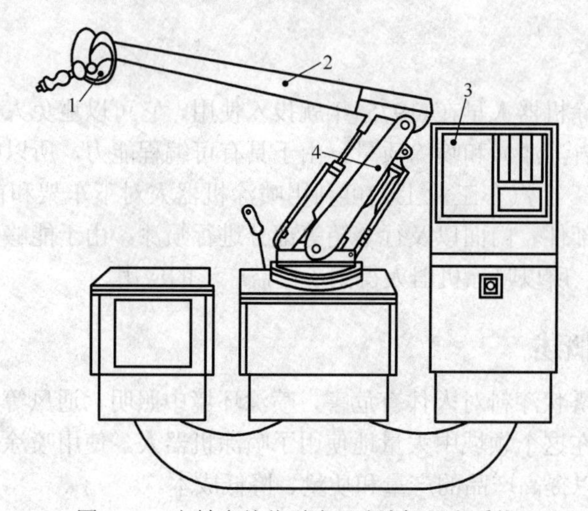

图 8-21　六轴多关节型液压喷涂机器人系统

1—操作机　2—水平臂　3—控制装置　4—垂直臂

机器人的控制柜通常由多个 CPU 组成，分别用于伺服及全系统的管理、实时坐标变换、液压伺服控制系统、操作板控制。示教有两种方式：直接示教和远距离示教。远距离示教有较强的软件功能，可以在直线移动的同时保持喷枪头姿态不变，改变喷枪的方向而不影响目标点。还有一种所谓的跟踪再现动作，只允许在传送带静止状态示教，再现时则靠实时标变换连续跟踪移动的传送带进行作业。这样即使传送带的速度发生变化，也能保持喷枪和工件的距离和姿态一定，从而保证喷涂质量。

8.4.2　喷涂机器人系统应用实例

图 8-22 为驾驶室自动喷涂生产线。

1．系统组成

该系统各部分构成为：PJ 系列喷涂机器人 4 台；PM 系列喷机 4 台；PM 系列顶喷机 4 台；总监控系统 1 套；可识别车型及排队的自动识别装置 1 套；同步装置 1 套；到位检测及启动装置 11 套；涂料手动快速换色系 2 套。

图 8-22　驾驶室自动喷涂生产线

2．系统功能

可实现的功能有：

1）可对 7 种车型自动识别并自动选择相应程序自动进行喷涂；

2）自动喷涂设备可自动保持与传输链同步；

3）全线自动启停与联锁，防止系统操作错误造成损害；

4）自动喷涂设备作业程序的自动收发与排队；

5）实时工况显示，显示各自动涂装设备工作情况；

6）单机故障离线及修复后再联线功能；

7）系统管理功能，产量自动统计、报告文件的生成、管理、查询、显示和打印；

8）故障自诊断及功能处理功能。

该生产线运行后，产品质量合格率由 85%提高到 96%，年节省油漆费用 120 万元，提高了生产效率和管理水平，改善了工人劳动条件。

8.5　装配机器人

装配作业的主要操作是垂直向上抓起零部件，水平移动它，然后垂直放下插入。通常要求这些操作进行得既快又平稳，因此，一种能够沿着水平和垂直方向移动，并能对工作平面施加压力的机器人是最适于装配作业的。此外，对于某些装配作业，要求装配机器人或其装配工具具有某种柔顺性，即具有自动对准中心孔的能力。

随着机器人智能程度的提高，使得有可能实现对复杂产品（如汽车发电机、电动机、电动打字机、收录机和电视机等）进行自动装配。柔顺运动概念的研究及其进展也有助于机械部件的自动装配工作。

8.5.1　装配机器人概述

装配在现代工业生产中占有十分重要的地位。有关资料统计表明，装配占产品生产劳动量的 50%～60%，在有些场合这一比例甚至更高。例如，在电子厂的芯片装配、电路板的生产中，装配工作占劳动量的 70%～80%。由于机器人的触觉和视觉系统不断改善，可以把轴类件投放于孔内的准确度提高到 0.01mm。

1．装配机器人的功能

装配系统使用机器人进行装配作业，机器人应完成如下操作功能：

1）利用机器人的堆垛功能，实现对零件的顺序抓取，并运送到装配位置；

2）配合使用柔顺定心装置，实现零件在装配位置上的自动定心和轴孔插入；

3）利用机器人及其控制器，配合光电检测装置和识别微处理器，实现螺孔的识别、定向和螺纹装配；

4）利用机器人的示教功能，简化设备安装调整工作；

5）使装配系统容易适应产品规格的变化，具有更大的柔性。

2．装配机器人的组成

目前已逐步开始使用机器人装配复杂部件，例如装配发动机、电动机、大规模集成电路板等。因此，用机器人来实现自动化装配作业是现代化生产的必然趋势。

对装配操作统计的结果表明，其中大多数为抓住零件从上方插入或连接的工作。水平多关节机器人（SCARA 机器人）就是专门为此而研制的一种成本较低的机器人。它有 4 个自由度：2 个回转关节，上下移动以及手腕的转动，其中上下移动由安装在水平臂的前端的移动机构来实现。手爪安装在手部前端，负责抓握对象物的任务，为了适应抓取形状各异的工件，机器人上配备各种可换手。如图 8-23、图 8-24 所示为水平多关节装配机器人。

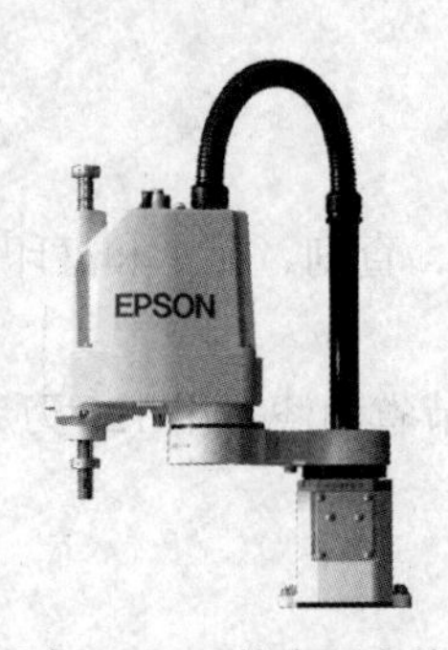

图 8-23　日本 EPSON 的水平多关节机器人

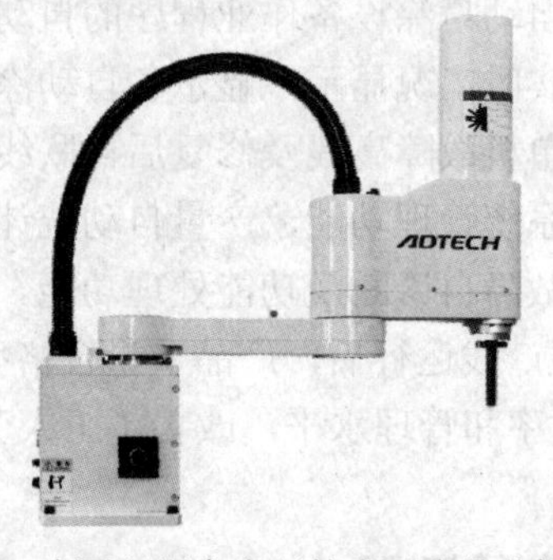

图 8-24　中国深圳众为兴的水平多关节机器人

带有传感器的装配机器人可以更好地顺应对对象物进行柔软的操作。装配机器人经常使用的传感器有视觉传感器、触觉传感器、接近觉传感器和力传感器等。视觉传感器主要用于零件或工件的位置补偿，零件的判别、确认等。触觉和接近觉传感器一般固定在指端，用来补偿零件或工件的位置误差，防止碰撞等。力传感器一般装在腕部，用来检测腕部受力情况，一般在精密装配或去飞边一类需要力控制的作业中使用。恰当地配置传感器能有效地降低机器人的价格，改善它的性能。

机器人进行装配作业时，除机器人主机、手爪、传感器外，零件供给装置和工件搬运装置也至关重要。无论从投资的角度还是从安装占地面积的角度，它们往往比机器人主机所占的比例更大。周边设备常由 PLC 控制，此外还要有台架、安全栏等。

零件供给器的作用是保证机器人能逐个正确地抓取待装配零件，保证装配作业正常进行。目前多采用的零件供给器有给料器和托盘。给料器用振动或回转机构把零件排齐，并逐个送到指定位置，它以输送小零件为主。当大零件或易磕碰划伤的零件加工完毕后将其码放在称为“托盘”的容器中运输，托盘能按一定精度要求把零件送到给定位置，然后再由机器人一个一个取出。由于托盘容纳的零件有限，所以托盘装置往往带有托盘自动更换机构。目前机器人利用视觉和触觉传感技术已经达到能够从散堆状态把零件一一分拣出来的水平，这样在零件的供给方式上可能会发生显著的改观。

在机器人装配线上，输送装置承担把工件搬运到各作业地点的任务，输送装置中以传送带居多。通常是作业时传送带停止，即工件处于静止状态。这样，装载工件的托盘容易同步停止。输送装置的技术问题是停止精度、停止时的冲击和减速。

8.5.2 装配机器人系统应用实例

1. FANUC 公司直流伺服电动机装配线

（1）系统简介

图 8-25 所示为日本 FANUC 公司的直流伺服电动机装配工段平面图，该装配工段应用了 4 台 FANUC 机器人进行装配工作。位于工段中央的搬运机器人 FANUC M-1 用于搬运装配部件；3 台装配机器人 FANUC A-0 用于精密装配。M 系列机器人比 A 系列具有更大的负载能力，但动作不如 A 系列快，A 系列的公差也较小（达到±0.05 mm～±0.1 mm）。所有机器人的控制器都集中在工段的后方。

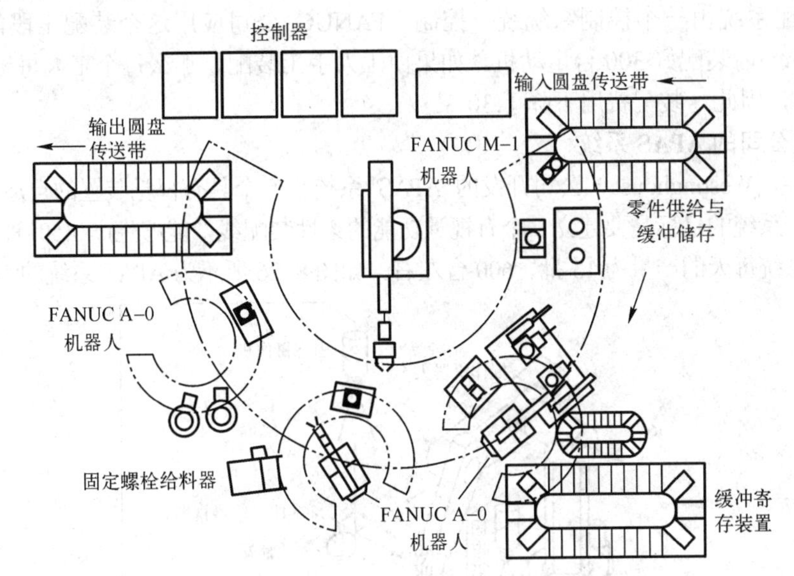

图 8-25 FANUC 的直流伺服电动机自动装配工段

右侧的输入圆盘传送带用于输送上一工段装配好的转子，左侧的输出圆盘传送带用于把装配好的部件送至下一工段。3 台小型装配机器人以搬运机器人为中心沿着半圆排列，并均有辅助设备。靠近第一台装配机器人处有一个小工作台（台上有一台压床）和一个装配工作台（含有另一台压床）；第二台装配机器人周围附有一个固定螺栓给料器；第三台装配机器人附有振动槽给料器，用以供应螺母垫圈。

（2）系统操作

本工段装配机器人的操作包括：

1）把油封和轴承装上转子；

2）把转子装至法兰盘；

3）加上端盖；

4）插入固定螺栓；

5）装上螺线和垫圈，并把它们固紧。

为完成上述操作，搬运机器人把转子从输入圆盘传送到第一装配工作台。接着，第一台装配机器人把轴承装到转子轴上，然后用压床把轴承推至轴肩处，接下去对油封重复上述相同操作。搬运机器人把装有轴承和油封的转子装配体送到小圆盘传送带上。在此之前，当压床工作时，第二装配工作台已送来了端盖。机器人从圆盘传送带上抓起转子装配体，将它置入端盖；工作台上的压床把端盖装配到转子组件上。

由于定子又大又重，所以需要由搬运机器人把它下放到转子外围，并靠在端盖上，然后再把装配组件送至下一个工作台。在下一个工作台，机器人把固定螺栓装进宽槽内。为使固定螺栓与机器人配合工作，应用了一台专用搬运装置，它抓起螺栓，并从槽内移开，然后旋转 90°，使螺栓处于垂直位置。此后，机器人移过来，把它插入定子定位孔。四次重复上述操作，把 4 个螺栓都装到定子上，然后搬运机器人把此装配组件送至下一个工作台。

在最后一个工作台，装配机器人把 4 个垫圈放进螺栓，然后依次旋入和紧固 4 个螺母。搬运机器人把在本工段装配好的电动机送至输出圆盘传送带上。

整个装配系统由一个控制系统统一控制。FANUC 公司应用这个装配工段能够在一天（三班制 24 h）内装配好 300 台电动机。如果由工人手工装配，那么每个工人每班（8 h）只能装配 30 台，因此，装配费用下降了 30%。

2．西屋公司的 APAS 系统

美国西屋（Westinghouse）公司开发的 APAS 系统是一个具有视觉装置的自适应可编程装配系统。这一系统的目标是要建立一个有视觉功能的柔性装配线，能够生产 450 种不同型号的电动机。该系统每天的产量为 13 批、600 台左右。如图 8-26 所示为 APAS 系统的组成。

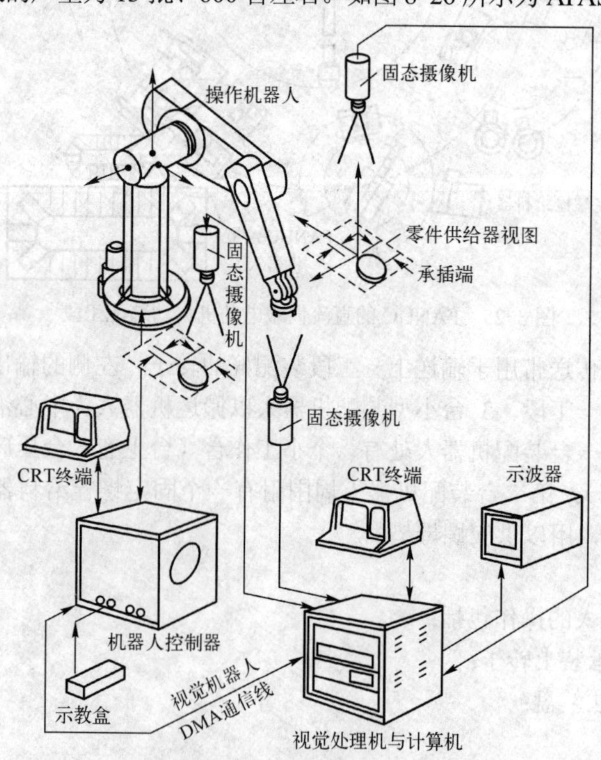

图 8-26　西屋公司 APAS 系统的组成

APAS 系统装配线组成闭合回路，含有 10m 长的传送带。每个回路有 5 个装配工作台和 1 个双装配工作台。视觉系统用于检查装配零件，确定零件的确切位置与方向，以便让机器人能准确抓起它，并执行一个装配操作。本视觉系统由 128×128 像素固态摄像机、视觉预处理器和视觉处理模块、用于显示 X-Y-Z 数据的示波器、阴极射线管图像显示终端、机器人及控制器等单元组成。该系统通过一条直接存取通信线实现机器人与视觉模块间的交互作用。

对于最复杂的装配任务，该系统一个工作循环的时间为 7.5s，其中视觉系统处理数据的时间为 1.5s。

作业与思考题

1．机器人应用的分类和领域有哪些？
2．工业机器人应用的准则和步骤有哪些？
3．要从哪些方面计算使用工业机器人的成本？
4．焊接机器人的组成有哪些？其工作机理主要有什么？
5．点焊机器人和弧焊机器人各有何种特点？
6．点焊机器人是如何分类的，其结构组成有哪些？
7．点焊机器人的选择要考虑哪些问题？
8．弧焊机器人有哪些分类？其结构组成有哪些？
9．弧焊机器人在操作和安全上要考虑哪些内容？
10．焊接机器人的技术指标包括哪些内容？
11．请说说 TIG 焊接机器人系统的组成、技术指标和功能。
12．搬运机器人的组成有哪些？有何种优势？
13．库卡码垛机器人的主要设备有何性能？适用何种工作范围？
14．喷涂机器人有哪些特点和技术要求？
15．喷涂机器人在用于汽车驾驶室喷涂时系统的组成和功能？
16．装配机器人的功能有哪些？有哪些部分组成？

第9章　其他机器人及其应用

【内容提要】

本章主要介绍了其他机器人及其应用。内容包括操纵机器人的分类、特点、控制；水下机器人的概念、关键技术，AUV 机器人、HOV 机器人、ROV 机器人的特性、功能与组成，空间机器人的定义、关键技术，火星探测机器人、玉兔号月球车的特性、功能与组成，飞行机器人的种类、实例，服务机器人的定义、关键技术，医用机器人、导盲机器人、导游机器人、清扫机器人的应用；军用机器人的特性、关键技术，排爆机器人、大狗机器人、无人作战飞机、保安机器人的应用，农业机器人定义、关键技术，林木球果采集机器人、瓜果自动采摘机器人、割草机器人的应用，仿人机器人的定义、关键技术，ASIMO 仿人机器人、NAO 仿人机器人的性能、特点、组成与应用。

【教学提示】

学习完本章的内容后，学生应能够：了解操纵机器人的分类、特点和控制，掌握水下机器人、空间机器人、飞行机器人、服务机器人、军用机器人、农业机器人、仿人机器人的概念、关键技术、特性、功能与组成；能够熟练地分析各种结构机器人的特点与性能，能够读懂并解释这些机器人的技术规格和应用案例并适时运用。

9.1　操纵型机器人

操纵型机器人是一类由人操纵进行工作的机器人。

操纵型机器人的控制方式实际上是用“操纵”代替了工业机器人的“示教”方式。简单的操纵型机器人的动作可以看做是处于示教阶段的直接示教工业机器人的动作。复杂的操纵型机器人具有适应控制方式，即操纵人员只给予“宏指令”，并不指示机器人的动作细节，机器人能根据本身的认识、学习机能自动适应作业情况。这种操纵型机器人接近于智能机器人。

操纵型机器人由于具有灵活性、机动性，可代替人完成重复、繁琐或危险的劳动，已广泛应用于服务、医疗卫生、海洋探索等领域。随着机器人技术的突飞猛进，操纵型机器人将呈现出更加广阔的应用前景。

9.1.1　操纵型机器人的分类

操纵型机器人工作系统实际上是一种人机系统。操纵人员处于联机控制回路之中。一方面操纵人员在工作中不停地向机器人发送操作指令，在智能和适应能力方面辅助机器人完成复杂的作业；另一方面，机器人把操作对象和作业环境的状态直接或间接地（通过监视装置）反馈给操纵人员，作为操纵人员控制机器人行为的根据。这样，人与机器人之间相互传递信息的问题就成为操纵型机器人的研究重点。

1．以功能划分

操纵型机器人既具备机器人的一般结构和性能特点，又不能离开人的操纵，完全是因为它具有特定的应用需要。操纵型机器人按照其功能划分大体分为以下两种类型。

（1）能力扩大式机器人

这种机器人用于扩大人的体力和活动范围，或弥补人的肢体功能，例如装着式机器人和各种人工假肢等。

装着式机器人也称为“体外骨骼（Exoskeleton）”。这种装置往往有几十个关节和相应的电动或液动机构。它们“披挂”或装定在人体身上，数倍或数十倍地“放大”各个部位的动作力量，代替人从事体力工作，执行机构同时配有力传感器，使操纵者感觉到操作对象的反作用力，调整控制作用。

为伤残者研制的各种动力假肢是典型的操纵型机器人。假肢结构是一种关节式机械手臂，自备驱动源，以便按照需要适当增加自由度。大脑皮质运动中枢产生的兴奋脉冲传到截肢端部的肌肉，假肢的控制信号就来源于肌肉作机械伸缩的“应变”信号，或者肌肉在兴奋脉冲到达时产生的“肌电位”信号。假肢装着者可以用眼睛监视调整假肢的动作，而假肢也可以配备人工触觉装置，向皮肤感觉系统反馈动作过程中受到的刺激。

装着式机器人是为了代替人的肢体的工作而研制的。假肢既然要“以假乱真”，它的运动轨迹、动作姿态就需要自然、美观、协调。因此，它不但要用到一般机器人的基本技术，而且控制性能方面还有着许多独特的研究课题。多年来，动力假肢在福利事业的促进下已形成了一个专门的研究方向。

（2）遥控机器人

这种机器人一般用于特殊的作业环境，例如：放射性物质、真空、有毒气体等隔离工作情况；造船、铁塔、建筑等危险工作条件；宇宙、海洋开发用的探查工作环境。

前苏联 1970 年向月球发送了“月球探测器 1 号”机器人，进行土壤分析、摄影、观测等任务，如果它碰到石头，可自行拒绝地面人员的挖土命令。美国由“阿波罗 12 号”向月球发送了“探测者 3 号”机器人，它在空中实验室操作人员的控制下伸出约 1.5 米的机械手，采集月球岩土样品，在实验室中进行化验，把结果发回地球。

用于海洋开发的遥控机器人实际上是安上了机械手、足、眼等器官的深水作业机器人。美国建造的“可控水下回收装置”Curv 和“海洋机器人”Mobot，装有作为视觉用的声纳和摄像机，作为听觉的水听器，检测方向用的陀螺罗盘等。它的机械手通过电缆按照岸上观测站的指令进行动作，曾在西班牙海域回收了掉入海底的核弹头。这是一种“无人有缆”的机器人。另外，还有“有人无缆”的情况，操作人员在机器人——深海调查船内操纵多个机械手从事搬运物体和照相摄影等作业。

遥控机器人，特别是远距离操纵的机器人，由于作业环境的复杂，以及与人的通信联系方面的困难，正在由简单遥控式、监控式，向智能式的方向发展。

2．以应用划分

操纵型机器人是机器人的一个重要分支，按其应用的领域可分为服务机器人、水下机器人、医疗机器人等特种机器人以及娱乐机器人。

（1）服务机器人

服务机器人是为公用设备提供服务的一类机器人。目前服务机器人在技术上已趋于成熟，已在许多国家得到了实际应用。家庭服务机器人、导游机器人、保安巡逻机器人、自动加油机器人、高楼擦窗机器人、清洗机器人及高空作业机器人等服务机器人的使用越来越广泛。例如，全自动吸尘器可以自动完成房间的吸尘工作，遇到障碍物会自动改变方向继续前进，直到整个房间清理干净为止。其在电力不足时可自动充电，减轻了主人的负担。此外，家用服务机器人中为残疾人研制的各种辅助机器人也已经投入使用，如为盲人设计的导航机器人以及为腿脚不便的人设计的轮椅机器人等。

（2）水下机器人

水下机器人主要用于沉船打捞、海上救生、光缆铺设、资源勘探和开采等水下作业任务。随着世界经济的飞速发展和世界人口的不断增加，人类消耗的自然资源越来越多，陆地上的资源正在日益减少，能在不同深度进行多种作业的水下机器人为人类的生存和发展提供了有力的技术保障。

我国从 1990 年开始进行自主水下机器人的研制工作，并先后推出了“探索者”、7B8 军用智能水下机器人以及与俄罗斯联合研制开发的 6000m 水下机器人。

（3）医疗机器人

医疗机器人主要指能够直接为医生提供服务，帮助医生对病人进行手术治疗的服务机器人。医疗机器人包括外科手术机器人、外科手术导航系统以及其他各种利用机器人技术的医疗器械。典型的医疗机器人是医疗外科机器人，可以由医生对机器人进行遥控操作，在难以直接进行人工手术的部位由机器人准确地完成各种手术。外科手术导航系统、可进入人体的诊疗系统可以为医生进行手术提供必要的手术信息，因此，采用医疗机器人进行手术可以减小创面，缩短手术时间，从而达到减少病人痛苦，并使病人早日痊愈的目的。

目前世界上许多国家都在积极进行医疗机器人的研究，各种类型的医疗机器人已经成功地完成了包括神经脑外科手术、心脏手术、胸外腹腔手术、髋关节置换手术在内的许多例不同类型的手术，充分证明了医疗机器人的实用价值。新一代医疗机器人是可以直接进入人体血管进行外科手术的微型机器人和机器人伴侣（Partner robot）。机器人伴侣能提醒病人吃药；给病人量体温，测脉搏，喂饭；在病人身体不适时通知医师；为病人和老年人提供各种必要的服务。

（4）娱乐机器人

目前国内外也有许多企业在积极研发娱乐机器人，并推出了各种类型的娱乐机器人产品。日本 Sony 公司推出的机器狗 AIBO 为机器人进入家庭提供了一个新的发展思路。日本欧姆龙公司的机器猫产品采用仿真皮材料和人工智能技术，在外形、叫声以及基本行为方面都与真猫十分接近，给人以耳目一新的感觉。

机器人动物园、机器人歌手以及各种演奏机器人都能以逼真的形体或音质给人以视觉和听觉上的享受。各种类型的机器人竞赛具有很好的观赏性，可以使参赛的学生在创新能力、动手能力等方面得到很好的锻炼，深受学校和学生家长的欢迎，并越来越多地受到各国政府的重视。

9.1.2 操纵型机器人的特点

1．操纵型机器人的可移动性

与工业机器人相比，操纵型机器人的显著特点是其具有可移动性，使操纵型机器人移动的机构是行走装置。操纵型机器人行走装置由驱动装置、传动机构、位置检测元件等组成。

行走装置一方面支承机器人的机身、手臂，另一方面主要根据任务要求，带动机器人在规定空间内运动。按照行走机构的特点，操纵型机器人行走装置可分为轮式、足式、履带式和混合式等。

2．操纵型机器人工作环境的多样性和复杂性

操纵型机器人不可能像工业领域的机器人那样总是具有良好的工作环境。其使用环境的有关信息往往是不完全或不准确的，而且可能随着时间改变。因此，在部分已知或未知环境，同时又要求自主执行任务时，用传感器探测环境、分析信号，通过适当的建模方式理解环境就具有特别重要的意义。

人只能在自己所能忍受的环境条件下工作，超过这个限度就无法正常工作，如在宇宙、海底及放射性环境中，人就要受到很多因素的制约，因此机器人是最理想的工具。

例如核电站使用的核工业机器人代替工人到核电站工作，执行如巡回检查、维修设备及处理反应堆等任务，既可减少放射线对人造成的伤害，还可节省费用，减少放射性废料；空间机器人可克服恶劣的自然条件，代替人去探索宇宙的奥秘，为人类实现遨游太空、移居外星球的理想；虽然潜水员、潜水艇可潜入海底工作，但它们均受到氧气、压力、温度、深度等因素的制约，而水下机器人则能克服这些困难，并能保证工作的准确性、安全性；火灾中产生的大量烟、有毒气体、高温等对人体有极大的危害，防灾机器人能预报火灾，预测火势发展等，无论在什么情况下都能控制火势并进行自主灭火，将火灾造成的损失降到最低。

由于操纵型机器人实际执行的任务可能是一系列复杂的运动，且这些运动往往在不能明确预见事件及环境的条件下进行，因此机器人在一定范围内必须能自主行动。为了满足机器人所有的自主性需要，能实现手爪、运动平台和各轴的动态运动，可对操作顺序及动作连续性自动进行规划、执行及监视的智能控制器和任务程序设计使用的用户接口需要相互配合。

9.1.3 操纵型机器人的控制

操纵型机器人除满足一般机器人的运动控制要求外，还应利用认知控制、自主控制等现代控制理论与方法对其进行控制，满足操纵型机器人高精度、高速、高灵活性及多样性的要求。操纵型机器人应能自动分析工作环境状况，具备评价环境的能力；规划能达到目标的路径并能实时跟踪控制已规划的路径；能根据目标物的颜色、大小等外观和空间参数进行自学习及手眼协调控制等。

1．手眼协调控制

实现手眼协调控制的系统是机器人的手眼协调控制系统。机器人通过摄像机（至少两台，以产生立体视觉），使机器人能看到目标，并利用此视觉输入通过控制器产生动作信号，使末端执行器能准确抓取工作空间中一个任意放置的物体。手眼协调控制系统包括视觉系统（图像处理和模式识别）、机器人系统和手眼控制器三大部分，如图 9-1 所示。

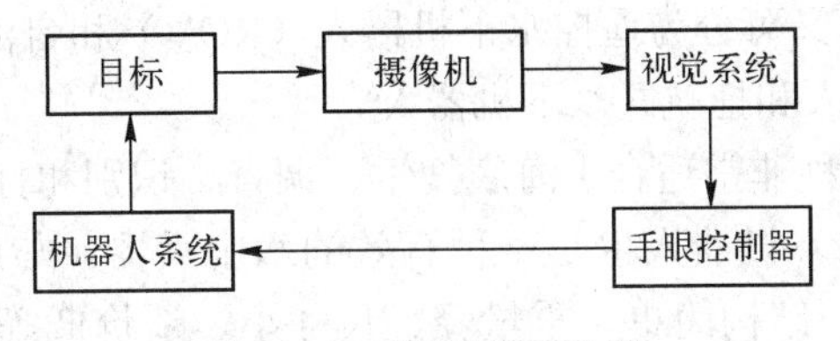

图 9-1　手眼系统示意图

2．认知控制

认知控制使操纵型机器人产生自主运动。认知控制系统包括感知层、数据处理层、存储层、控制层及执行层。系统分为认知、控制与环境三个子系统。认知子系统由感知子系统、认知知识数据库与概念三部分组成。控制子系统由目标感知、控制知识数据库以及解的产生三部分组成。

3．自主控制

操纵型机器人自主控制主要用于无法描述和模型化的环境，或用于描述过于复杂，人有限介入或无人介入操作的未知环境。机器人工作在具有不确定性、不完整性和内部有不精确信息的布满障碍的环境中。自主控制由自主控制系统来实现。

自主控制系统包括传感器、知识库、闭合控制和驱动回路、通信接口等。通信接口用来指定或修正任务，接收事先考察的结果，启动、中止或修正所需要的自主控制动作。自主控制的理论基础是面向知识的控制理论。它应用于基于面向知识的运动控制系统模块的开发、算法结构及自主或半自主系统最优运动的系统设计等。自主控制系统可替代人类工作在许多对人体有危害的场合。

9.2 操纵型机器人应用

近年来，操纵型机器人的发展非常迅速，新的机型不断问世；整机性能不断提高；应用领域越来越广泛，已经涉及海洋探测、太空、娱乐、医疗卫生等很多领域。随着机器人技术的不断进步和机器人制造和使用成本的不断降低，可以预见在不久的将来操纵型机器人将会应用到更多的领域，呈现出更好的使用前景。

9.2.1 水下机器人

水下机器人也称为无人遥控潜水器。水下机器人可由水面母船上的工作人员通过连接潜水器的脐带提供的动力进行操纵或控制，通过水下电视、声纳等专用设备进行观察，还能通过机械手进行水下作业。

1．水下机器人概述

海洋占整个地球总表面积的 71%，人类要进一步扩大开发和利用具有丰富资源的海洋，水下机器人作为一种高技术手段，在海洋开发和利用中扮演着重要角色。水下机器人是一种可在水下移动，具有视觉和感知的系统，通过遥控或自主操作方式，使用机械手或其他工具代替或辅助人去完成水下作业任务的装置。

水下机器人分有缆水下机器人和无缆水下机器人两种，其中有缆水下机器人又分为水中自航式、拖航式和爬行式三种。无缆水下机器人通常分为无人水下机器人和载人水下机器人（HOV）。无人水下机器人又可分为遥控水下机器人（ROV）和自治水下机器人（AUV），另外还有海底爬行水下机器人和拖航式水下机器人。

自治水下机器人是一种非常适合于海底搜索、调查、识别和打捞作业的既经济又安全的工具。在军事上，自治水下机器人也是一种有效的水中兵器。与载人潜水器（HOV）相比较，它具有安全（无人）、结构简单、重量轻、尺寸小、造价低等优点。而与遥控水下机器人（ROV）相比，它具有活动范围大、潜水深度深、不需要庞大水面支持、占用甲板面积小和成本低等优点。自治水下机器人代表了未来水下机器人技术的发展方向，是当前世界各国研究工作的热点。当前自治水下机器人的发展趋势为更深、更远、功能更强大，特别是未来海上作战等军事需求的增加，给自治水下机器人的发展带来了无限生机，也预示着 AUV 开始走向应用阶段。

2．水下机器人的关键技术

水下机器人应用的关键技术如下。

（1）能源技术

水的黏度比空气高，使得水下机器人要比在空气中消耗更多的能量。对于无缆自治水下机器人，只能靠自带的蓄电池，从而大大地限制了它在水下的工作时间。开发应用新的能源，将是自治机器人向远程、大范围作业发展的关键。

（2）水下精确定位、通信和零可见度导航技术

水是导电物质，使无线电波在水中的衰减快，无法传播，这样无线电通信、无线电导航及定位以及雷达等都无法使用。如何利用新的信息处理技术研制出高精度、低误码率、作用距离更大的水声设备是水下机器人的关键技术。

（3）材料技术

水深每增加 10m，外界压力将增加 0.1MPa。这就要求机器人上的每一个部件必须能承受大的压力而不形变、不被破坏。高强度、轻质、耐腐蚀的机构材料和浮力材料是水下机器人重点发展的技术问题。

（4）作业技术

水下机器人的发展目标是代替人完成各种水下作业。柔性水下机械手、专用水下作业工具以及临场感、虚拟现实技术的发展，将使水下机器人在海洋开发中发挥更大的作用。

（5）智能技术

水的密度和黏滞度比空气高得多，海面的风浪变幻莫测，海底又是千山万壑、暗流纵横的黑暗世界，水下机器人在这样复杂的环境中工作是危机四伏的。这使得水下机器人的航行控制、自我保护、环境识别和建模困难得多。目前机器人智能的发展程度还有较长的路要走，由人参与或半自主的水下机器人是解决目前复杂水下作业的现实办法。

（6）回收技术

水下机器人的吊放回收作业一般是在海面附近进行，所以常受海况条件的限制而成为影响水下机器人水下作业的主要因素。

3．自治水下机器人（AUV）

1995 年中国和俄罗斯联合研制开发的“CR-01”6000m 自治水下机器人，是一套采用预编程方式航行，能自动回避障碍，可进行 6000m 水下地形扫描、浅地层剖面测量、温度、盐度、深度等海洋要素测量、拍照、录像等作业，并能自动记录各种数据及其相应坐标位置的无人无缆水下机器人系统。如图 9-2 所示。

6000m 自治水下机器人的主要技术功能为：最大工作水深 6000m，最大水下航速 2 节，续航能力 10h，定位精度为 10～15m；可拍摄照片 3000 张，实现微光水下拍摄；连续录像时间 4h，侧扫声纳距离 750m，避碰声纳作用距离 60m，剖面仪地层穿透度 50m；能源为银锌电池，总能量 4.8kW・h，电压 24V；机器人本体在空气中重 1305.15kg，长 4.374m，宽 0.8m，高 0.93m。回收海况风力小于或等于 4 级，可实现插挂和回收器两种回收方式。

图 9-2 “CR-01”自治水下机器人

“CR-01”6000m 自治水下机器人主要由控制系统、载体系统、水声系统和收放系统四部分构成。

（1）控制系统

控制系统包括自动驾驶系统网络及网络管理系统、导航系统、安全系统、能源及其监视与保护系统、语言及编译系统、实验设备及实验检测系统、油压补偿及其连接系统、支持母船的操纵及信息处理和显示系统、软件体系结构及应用软件的编制与调试系统等。

（2）载体系统

载体系统包括载体自身的骨架、浮力材料、压力罐、传感器及 4 台推进器、1 台头侧推、1 台垂直单推浆、下潜上浮用压铁、稳定翼及小襟翼、油压补偿系统等。

（3）水声系统

水声系统包括长基线声学定位系统、侧扫声纳系统、浅层剖面仪系统、避碰声纳系统和声纳主控器等。

（4）收放系统

收放系统包括水面回收器、甲板滑道装置、载体下水脱钩和回收插挂装置、操纵台及控制间等。

“CR-02”除具有“CR-01”的功能外，还具有更好的机动性能，并具有对洋底微地形地貌进行探测和对洋底地形的跟踪和爬坡能力，能进行多种深海资源调查。“CR-02”机器人首次使用了双电动机对转桨推力器，提高了纵垂面运动的机动性；首次研制了非同轴的对转螺旋桨。通过对推进器进行合理布局，提高了潜水器的操纵性，使“CR-02”在复杂海底安全航行的能力得到提高，避碰与爬坡的能力得到增强。项目组研制成功了“CR-02”半物理数字虚拟仿真平台，为安全、便捷地进行深海应用奠定了基础；研制成功了全新型的测深侧扫声纳系统，使“CR-02”具有进行地形地貌探测和浅地层剖面能力。

4．载人的双工水下机器人（HOV）

2013 年，中国研制的“蛟龙号”载人水下机器人（潜水器）本体、船舶与水面支持系统进入了试验性应用阶段。如图 9-3 所示。

“蛟龙号”能运载科学家和工程技术人员进入深海，在海山、洋脊、盆地和热液喷口等复杂海底进行机动、悬停、正确就位和定点坐坡，有效执行海洋地质、海洋地球物理、海洋地球化学、海洋地球环境和海洋生物等科学考察。

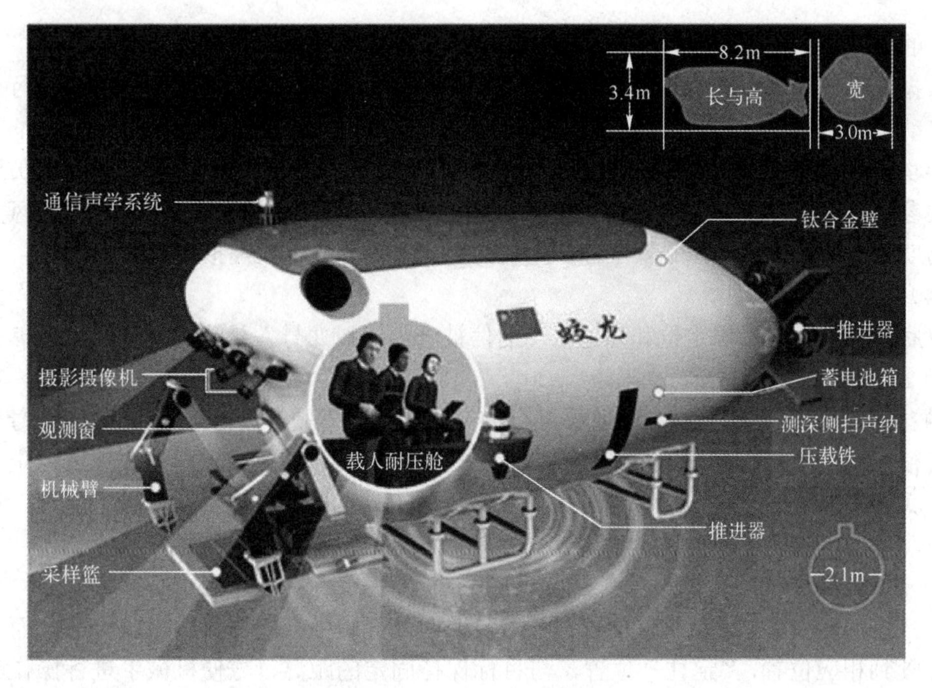

图 9-3 “蛟龙号”载人潜水器

(1)“蛟龙号”技术特点

1）最大下潜深度 7000m，这意味着该潜水器可在占世界海洋面积 99.8%的广阔海域使用。

2）针对作业目标稳定的悬停，这为该潜水器完成高精度作业任务提供了可靠保障。

3）先进的水声通信和海底微貌探测能力，可以高速传输图像和语音，探测海底的小目标。

4）配备多种高性能，确保载人潜水器在特殊的海洋环境或海底地质条件下完成保真取样和潜钻取芯等复杂任务。

(2)“蛟龙号”技术参数

1）长、宽、高分别是 8.2m、3.0m 与 3.4m。

2）空重不超过 22t，最大荷载是 240kg。

3）最大速度为 25 海里/h，巡航为 1 海里/h。

4）“蛟龙号”当前最大下潜深度 7062.68m；最大工作设计深度为 7000m。

(3)“蛟龙号”控制系统

控制系统相当于“蛟龙号”的神经系统，每条神经末梢都连着其他的系统，“蛟龙号”在海底的每一个动作都必须得到“大脑”的命令。

航行控制系统是“蛟龙号”大脑的核心，具备自动定向、定深、定高以及悬停定位功能，使“蛟龙号”能全自动航行，免去潜航员长时间驾驶的疲劳。

综合显控系统相当于“仪表盘”，能够分析水面母船传来的信息，显示出“蛟龙号”和母船的位置以及潜水器各系统的运行状态，实现母船与“蛟龙号”间的互动。

水面监控系统显示母船信息与“蛟龙号”信息的集合，使指挥员能对母船的位置和“蛟龙号”的位置进行正确判断，进而作出相应调整，保证“蛟龙号”安全回家。

数据分析平台可以对综合显控系统所采集的数据如深度、温度及报警信息等进行分析，使之自动生成图形。这一平台还可查看历次下潜的时间、地点以及潜航员的操作流程。

半物理仿真平台的主要用途是验证“蛟龙号”控制系统设计的准确性。科研人员通过输入相关参数，模拟水下环境，测试控制系统运行状况，可以节约人力、物力，降低风险缩短研制周期，提高系统可靠性和安全性，还能为潜航员训练提供“虚拟环境”。

（4）技术突破

近底自动航行、悬停定位和高速水声通信被誉为“蛟龙号”号的三大技术突破。

1）近底自动航行。

“蛟龙号”可以完成三种自动航行：自动定向航行，驾驶员设定方向后，“蛟龙号”可以自动航行，而不用担心跑偏；自动定高航行，这一功能可以让潜水器与海底保持一定高度，尽管海底地形起伏，自动定高功能可以让“蛟龙号”轻而易举地在复杂环境中航行，避免出现碰撞；自动定深功能，可以让“蛟龙号”保持与海面固定距离。

2）悬停定位。

一旦在海底发现目标，“蛟龙号”不需要像大部分国外深潜器那样坐底作业，而是由驾驶员行驶到相应位置，“定住”位置，与目标保持固定的距离，方便机械手进行操作。在海底洋流等导致“蛟龙号”摇摆不定，机械手运动带动整个潜水器晃动等内外干扰下，能够做到精确地“悬停”，在已公开的消息中，尚未有国外深潜器具备类似功能。

3）高速水声通信。

陆地通信主要靠电磁波，速度可以达到光速。但这一利器到了水中却没了用武之地，电磁波在海水中只能深入几米。“蛟龙号”潜入深海数千米，为保持与母船的联系，科学家们研发了具有世界先进水平的高速水声通信技术，采用声纳通信。这一技术需要解决多项难题，比如水声传播速度只有1500m/s左右，如果是7000m深度，喊一句话往来需要近10s，声音延迟很大；声学传输的带宽也极其有限，传输速率很低；此外，声音在不均匀物体中的传播效果不理想，而海水密度大小不同，温度高低不同，海底回波条件也不同，加上母船和深潜器上的噪声，在复杂环境中有效提取信号更难。而“蛟龙号”很好地克服了这些缺点。

5．遥控水下机器人（ROV）

使用 ROV 最主要的是代替潜水员完成特定任务，以及在深水环境下，到达人类很难甚至不可能到达的地方。通常将 ROV 的应用领域归纳为以下几个方面：海洋工程辅助、深海科学与研究、潜水员辅助监测、协助电影拍摄、内陆湖泊检查、港口及航道安全、事故和现场调查、先进的水产养殖业务、先进的饮用水水箱检查。

天津斯卡特科技有限公司制造的 SYSROV D300 是一个远程遥控潜水器，是适合于海底观察和轻型作业的水下机器人。如图 9-4 所示。

（1）SYSROV D300 功能特性

300m 额定工作深度，8kg 负载能力（可增配）；最大 400m 零浮力电缆；最大 1100m 光纤零浮力电缆；磁耦合式无刷直流推进器同时提供转速反馈；2 个水平推进器，1 个垂直推进器，1 个侧向推进器；分布式智能控制系统；智能系统诊断；高分辨率彩色摄像机，俯仰 180°、水平 140° 云台系统；亮度可调的卤素灯；自动定向，定深，罗盘和陀螺仪；便携式地面控制系统，具备视频叠加显示和阳光下可读的高亮 LCD 显示器；低拖曳力的电缆；单向 AC 电源输入 100～270V，5kW 功率。

图 9-4　斯卡特 SYSROV D300 远程遥控潜水器

（2）SYSROV D300 水下机器人主体

1）性能：全方位 3 轴运动，外加绕自身中心轴自旋；前进速度>3 节（海里/h）；工作水深 300m；稳定性好，有低重心位；负载 8kg，带有可调节的配重块（可增配）；系统供电需求 AC 100～270 V，功率 5kW。

2）机械性能：尺寸（mm） 9001×470×600（L×H×W）；框架材料聚丙烯，该材料免维护且在海水中有很好的防腐蚀性能。仓体材料，6082 海洋级别阳极氧化的铝合金；主电路仓带有漏水检测功能，当警报发生时会在视频叠加区域显示。重量 70kg（不包括选配仪器）。

3）推动力：水平 2 个推进器，前向推力 34 kg；垂直 1 个推进器，垂直推力 17 kg；侧向 1 个推进器，侧向推力 17 kg。无刷直流电动机已经被应用到所有的 ROV 推进器上。每个推进器是通过磁耦合式驱动且通过水冷。所有的推进器具有高可靠性且只需要非常少的维护。

4）视觉系统：观察型 TV 摄像机，挂载在外置云台单元（水平 140°，俯仰 180°）上，包括彩色变焦摄像机（PAL 或者 NTSC 可选）和卤素灯。导航 TV 摄像机，装在机器人顶部，为低照度黑白摄像机。

5）传感器：航向有 3 轴磁方传感器，精度±1°；陀螺仪 0.1°/s；有自动定向功能。深度有压力传感器；精度满量程的 0.5%；自动定深功能。

6）可选的配件：两功能电子机械臂；4/5 功能液压机械臂；图像声纳；金属探测；侧扫声纳。导航和剖面声纳；数字照相机和闪光灯；LBL or USBL 定位系统；高度计（可具备自动定高功能）；后置黑白 TV 摄像机；声脉冲发生器。

（3）地面控制

1）集成计算机，供电单元和数字硬盘录像机；19 英寸防振箱，前后盖可拆卸；防水等级 IP52；带有 15 英寸液晶屏的计算机。与水下机器人通过 19 200bit/s 通信，RS-485 格式。

2）控制系统软件菜单提供的功能包括：摄像机参数（视频增益，电子快门，白平衡）；自动定向和自动定深；数字照相机控制；拍摄的照片回调；整套系统的自检；灯光控制（开/关，亮度调节）。

3）摄像机视频链路选择（观察/导航/同时）；屏幕显示视频图像，导航参数，电流和电压，错误指示。

4）手动控制器：4 轴摇杆控制 ROV 移动，云台单元摇杆控制和 4 轴摇杆控制机械臂；TV 摄像机控制；灯光控制；自动定深和自动定向控制。

9.2.2 空间机器人

1. 空间机器人概述

宇宙空间充满着对人致命的太阳辐射线，且具有重力、高温差、超高真空等难以使人类生存的恶劣条件，在这样的恶劣环境条件下要有效地进行空间开发，需要能够部分或大部分代替宇航员舱外作业的空间智能机器人。

（1）空间机器人的定义

空间机器人是指在大气层内、外从事各种作业的机器人，包括在内层空间飞行并进行观测、可完成多种作业的飞行机器人，到外层空间其他星球进行探测作业的星球探测机器人和在各种航天器里使用的机器人，因此又叫做星球探测机器人。

星球探测是航天领域中一个重要的研究课题，目前星球探测主要集中在月球探测和火星探测。为了进行这些探测，研制出了多种类型的星球探测机器人。

（2）星球探测机器人的关键技术

1）星球探测机器人在重量、尺寸和功耗等方面受到的严格限制。

星球探测机器人的机械结构应紧凑、体积小、重量轻，同时与之配套的驱动机构应具备良好的稳定性以及较强的爬坡和越障能力；星球探测机器人的电源主要用于提供动力和为仪器供电，这就需要星球探测机器人使用的电池对环境的适应能力强、体积小、寿命长，功率密度大。

2）星球探测机器人适应苛刻的未知环境。

外层空间的星球环境可能比地球环境更为复杂，因此，在设计探测机器人时必须考虑到地球上没有的一些特殊环境可能对机器人造成的损害。

3）建立一个易于操作的星球探测机器人系统。

星球探测机器人的工作方式一般同时具备自主和遥控操作两种。一方面，星球探测机器人可以根据自身携带的计算机进行自主决策，实现一定程度的自主导航、定位和控制；另一方面，星球探测机器人也可以接受地面系统的遥控操作控制指令。因此要求星球探测机器人具有很高的智能。

2. 火星探测机器人

火星是太阳系里面唯一被认为有机会取代地球成为人类居住地的行星，自上个世纪 60 年代开始，世界各国不断的尝试探索火星。历经了几次失败之后，终于在 1964 年 11 月由美国太空总署（NASA）的水手四号（Mariner 4）成功飞跃火星并且回传火星表面照片。从 1964 年开始到现在，人类总共对火星发射了超过 30 种宇宙飞船与探测器，虽然大部分的任务都以失败收场，但是科学研究一直都对火星探测持有高度的兴趣。

美国太空总署在 2011 年发射的火星探测机器人命名为火星科学实验室（Mars Science Laboratory）好奇号（Curiosity），如图 9-5 所示。而本次任务的最主要目标为探索火星的可居住性。

为了调查火星的可居住性，好奇号携带了大量最先进的仪器设备来执行以往从来没有执行过的科学研究，针对石头、土壤以及当地的地质背景来调查组成生命的化学成分以及评断火星过去的环境状况。

图 9-5　火星科学实验室好奇号

好奇号的身体外层用来保护好奇号的重要“器官”如计算机、电池与其他的电子设备，并且控制体内的温度，因此被称为暖电子盒。

好奇号的头脑，是由一台计算机所组成，设备媲美高档且功能强大的笔记本电脑。好奇号的计算机含有特殊的内存来承受太空环境里的极端辐射，并且在断电情况下（如夜间关闭时），提供安全措施保证程序和数据存在，不会意外丢失。

好奇号的手臂，有着像人类手臂一样的构造：肩、肘、腕。可以巧妙地操控各种仪器，使得科学家可以如同自己接触一般更近距离地接触火星岩石和土壤，同时显示显微图像以及分析其组成成分。

好奇号本身拥有六个轮子，每个轮子都有驱动自己的电动机。好奇号本身的悬吊系统继承了以往火星机器人的摇晃式转向架悬吊系统。转向架这一概念来自于旧的铁路系统，转向架是拥有六个轮子的列车底盘部分，可以沿着曲线的轨道旋转。整个摇晃式悬吊系统的设计是用于在行驶于岩石地形时，能够保持平衡，避免剧烈的位置变化造成好奇号倾倒。

好奇号的眼睛与其他感觉器件包括如下设备。

1）四个避危摄影机：这四个避危摄影机捕捉三维的影像（3D image），视野可达 120°，可建立长 4m 宽 3m 的地形图，用于提供好奇号危险地形的信息。

2）两个导航摄影机：两个导航摄影机为一对立体视觉摄影机，提供了 45° 的全景视野，给予好奇号导航时的信息。

3）两个科学摄影机：两个科学摄影机拥有强大的变焦镜头，可捕捉三维的彩色立体影像。观测岩石与泥沙时，科学摄影机会发射一道激光使得在平面区域上小于 1mm 的岩石与泥沙的组成成分蒸发，并且使用摄谱仪来分析这些组成成分。

4）一个降落成像系统：降落成像系统又称为火星降落成像系统，每秒提供五张高分辨率的影像，这些影像会如同人眼看到的一样呈现真实的颜色。借由观测降落时所拍摄到的影像信息，科学家与工程师们用尺度的变化以及水平风速扩线信息来建立详细的地质、地貌并且规划最佳的登陆地点。

5）一个科学手镜头：科学手镜头为一个全新的设备，可以让地球上的地质学家看到比头发还小的火星上的特征。这项设备就如同这些地质学家手中的镜头一样，可以近距离观测有关火星上矿物、火星上岩石的质地与结构以及火星上表层的岩石碎片与尘埃。

6）一个惯性导航单元：惯性导航单元提供了好奇号有关自己的三轴位置信息，可以让好奇号在移动时保持适当的垂直与水平位置，以及适当的航向角。

3．玉兔号月球车

玉兔号是中国首辆月球车。玉兔号设计质量 140kg，以太阳能为能源，能够耐受月球表面真空、-180℃～150℃极限温度等极端环境。月球车具备爬坡和越障能力，并配备有全景相机、红外成像光谱仪、测月雷达等科学探测仪器。2013 年 12 月 2 日，西昌卫星发射中心成功将着陆器和玉兔号月球车组成的嫦娥三号探测器送入轨道。如图 9-6 所示。

图 9-6　玉兔号

（1）主体介绍

玉兔号呈盒状，长 1.5m，宽 1m，高 1.1m，周身金光闪闪，耀眼夺目。“黄金甲”是为了反射月球白昼的强光，降低昼夜温差，同时阻挡宇宙中各种高能粒子的辐射，支持和保护月球车的腹中“秘器”——红外成像光谱仪、激光点阵器等十多套科学探测仪器。它肩部有两片可以打开的太阳能电池帆板，腿部有六个轮状的移动装置，玉兔号对车轮要求极高。研制中，科研人员曾拿出四轮、六轮、八轮以及履带式等几十种方案。最终，确定为“六轮独立驱动，四轮独立转向”的方案。玉兔号上装有一个地月对话通信天线；头顶有导航相机，前后方有避障相机；有负责钻孔、研磨和采样的机械臂。

（2）月球移动

玉兔号具备 20° 爬坡、20cm 越障能力，可耐受 300℃温差。月球重力是地球的 1/6，表面土壤非常松软，凹凸不平，有石块、陨石坑，还有陡峭的高坡。在这种环境中，月球车既不能打滑，更不能翻车。为了克服这些困难，玉兔号上有全景相机和导航相机，总计 4 台。

通过相机“观察”周围环境，对月面障碍进行感知和识别，然后对巡视的路径进行规划。遇到超过 20° 的斜坡、高于 20cm 的石块或直径大于 2m 的撞击坑，能够自主判断安全避让。月球车在月面“行走”风险重重，月壤细粒会大量扬起，形成月尘，一旦附着很难清除。月尘可能引起月球车很多故障，包括机械结构卡死、密封机构失效、光学系统灵敏度下降等。

（3）系统组成

玉兔号月球车由移动、导航控制、电源、热控、结构与机构、综合电子、测控数传、有效载荷 8 个分系统组成，被形象地称之为“八仙过海，各显神通”。

1）移动分系统：采用轮式、摇臂悬架方案，具备前进、后退、原地转向、行进间转向、20° 爬坡、20cm 越障能力。

2）导航控制分系统：携带有相机及大量传感器，在得知周围环境、自身姿态、位置等信息后，可通过地面或车内装置，确定速度、规划路径、紧急避障、控制运动、监测安全。

3）电源分系统：由两个太阳电池阵、一组锂离子电池组、休眠唤醒模块、电源控制器组成，利用太阳能为车上仪器和设备提供电源。

4）热控分系统：利用导热流体回路、隔热组件、散热面设计、电加热器、同位素热源，可使月球车工作时舱内温度控制在-20℃～55℃之间。

5）结构与机构分系统：由结构和太阳翼机械部分、桅杆、机械臂构成，主要为各种仪器、设备、有效载荷提供工作平台。

6）综合电子分系统：将中心计算机、驱动模块、处理模块等集中一体化，采用实时操作系统，实现遥测遥控、数据管理、导航控制、移动与机构的驱动控制等功能。

7）测控数传分系统：保证月球车与地球 38.4 万千米的通信以及与着陆器之间的通信。

8）有效载荷分系统：月球车配备的科学探测仪器，包括全景相机、红外成像光谱仪、测月雷达、粒子激发 X 射线谱仪等。

9.2.3 飞行机器人

飞行机器人或称为无人机、无人飞机，全称为无人飞行载具（Unmanned Aerial Vehicle，UAV），它是指借由遥控或自动驾驶技术，进行科学观测、战场侦察等任务的飞行载具。UAV 与传统有人飞机相比具有操作成本低、运用弹性大、支援装备少等特性。

1. 飞行机器人概述

（1）飞行机器人的种类

一般来说，UAV 大致上可分为以下几种。

1）近距离 UAV：搭载 5kg 以下，低空飞行距离 5km，常称为迷你型 UAV。

2）短距离 UAV：将飞行距离增加至 20km，常称为小型 UAV。

3）微型 UAV（Micro Aerial Vehicle，MAV）：指翼展 0.5m 以下，飞行距离至多 2km。

4）战术 UAV：至少具有 20h 的飞行时间，视任务而定，升限至少 5000m。

5）无人作战空中载具（Unmanned Combat Aerial Vehicle，UCAV）：具备类似攻击机的性能。

（2）长时留空无人机

为对目标进行长时间监视，弥补无人侦察机留空时间短，对同一目标反复侦察时所需航次多等不足，长时间留空无人机便应运而生。如美国洛克希德公司的微波动力无人机，可在高空飞行 60 天以上。国外的长时间留空无人机最大续航时间可达 1 年，可对目标进行连续不断地侦察、监视。

（3）飞行机器人的应用

无人机最早的开发是在一战后，二战中曾以无人靶机用于训练防空炮手之外，美国与德国都尝试以飞机携带大量炸药，经由飞行员直接或者是通过另外一架飞机控制，对特殊目标进行精确度较高的攻击。

随着电子技术的进步，无人机在担任侦查任务的角色上开始展露出它的灵活性与重要性。美国军方在这类飞行器上的兴趣不断增长，因为这为他们提供了成本低廉、极富任务灵活性的战斗机器，使用这样的战斗机器不存在飞行人员伤亡的风险。由无人机担任更多角色的军事设想，最初是侦察，现在则发展到了空对地攻击。装备有武器的无人机被称为无人作战空中载具（UCAV）。一款被命名为“猎鹰 HTV-2”的无人飞行器可达到 20 倍音速飞行，预计该速度下不足 12min 便能从纽约抵达洛杉矶，而正常情况下航班飞行至少需要 5h。

中国无人机在四川雅安地震后崭露头角，作为灾后救援的重要科技力量，首次投入到抗震救灾的队伍中，承担起灾情航拍的重要工作，并成为国家政府和人民对灾情掌控的中坚力量。事实上无人机的应用领域不仅仅在地震航拍，同时在救灾物资投放、地理测绘、警用侦察、环境保护、大气研究、地质勘探、气象观测、农药喷洒等诸多领域，无人机都有着巨大的市场潜力。

2．飞行机器人实例

（1）微型无人机

1）黄蜂号（Wasp）长度 20cm，重量 170g，最大航程半径 0.97km。这款翼展 33cm 的“飞翼机”2004 年创下了一项飞行纪录，飞行了 1 小时 47 分钟，比 2 年前所创下的微型 UAV 飞行纪录的 3 倍还要长。由无线电控制的黄蜂号有一项巧妙的设计，它的机翼是由一种新奇的合成“多功能”材料制成，此材料除了做成机翼，还能提供电能，以作为推进之用。下一代的黄蜂号将会加上简单的自动驾驶仪，并配上彩色摄影机。

2）全球鹰无人机（iStar）直径 23cm，高度 30.5cm，重量 2.3kg，最大航程半径 8.9km。它配有一组感应器（光电、红外线、雷达）。iStar 会像直升机一样盘旋，不过也会转成接近水平姿势往前飞。iStar 的飞行高度可达 4880m，最长可飞行 1h。

（2）迷你型无人机

1）直升间谍（HeliSpy）直径 28cm，高度 69cm，重量 2.7kg，最大航程半径 40km。原本是为 DARPA 研发，如今的直升间谍 2（HeliSpy II）则主要针对商用市场，具有完整的自主性；它也可以用一个类似游戏机的摇杆来控制，还可在空中重新进行设定。这款飞机是由一具价格低廉的模型飞机引擎所驱动，可以从垂直飞行转换成水平飞行，借以加速。还有一个潜在的用途是，警方的特种武器战略部队（SWAT）可派遣它穿过窗户，进入怀疑有恐怖分子藏匿的建筑物中进行搜索。

2）龙之眼（Dragon Eye）长度 76cm，重量 2.3kg，最大航程半径 4.7km。这款翼展长 1.2m 的双螺旋桨飞机可拆成五段，以装进背包中。它不需要地面站，使用者只要配备穿戴式笔记本计算机与通信控制盒即可。起飞方式是用手或弹性橡皮绳，并可携带日光、低光度与红外线影像系统。

3）黄金眼（Golden Eye）直径 91cm，高度 1.7m，重量 68kg，最大航程半径 800km（估计值）。这是一个小型酬载的匿踪运送系统，目的是要将 4.5kg 或 9kg 重的感应器悄悄地放置在敌界之内，然后快速飞离。其机翼让它能够在升空之后转变为水平飞行。

（3）小型无人机

1）扫描鹰（Scan Eagle）长度 1.2m，重量 15kg，最大航程半径 748km。扫描鹰利用弹射器起飞，并用一个被称为钩（skyhook）的有线钩装置从空中收回。它的翼展长 3m，可在空中飞行 15h；研发中的引擎可让它飞行时间长达 60h，距离大约 8000km。

2）指针号（Pointer）长度 1.8m，重量 4.5kg，最大航程半径 5.6km。由螺旋桨驱动，翼展长 2.7m 的 FQM-151 指针号，能搭载 0.9kg 的物品，并且靠手的力量来起飞。目前在佐治亚州班宁堡的城市作战训练中心，有 6 个指针号系统正在运作中，其他的则仍在缉毒局作为微型感应器的试床。波多黎各备受争议的维克试爆场，最近就用指针号来监视示威抗议分子，它配上了红外线摄影机，用来发现与观察入侵者。如图 9-7 所示。

图 9-7　指针号

3）龙战士（Dragon Warrior）长度 2.1m，重量 104kg，最大航程半径 93km（估计值）。这款完全自主的 UAV，是专为侦察与通信传输任务而设计。它的引擎设计以摩托车引擎为灵感来源，是燃料喷气、火花塞点火，液冷式直列三汽缸的结构。

4）影子 200（Shadow 200）长度 3.4m，重量 147kg，最大航程半径 126km。RQ-7A 影子 200 的载重量高达 27kg，上面安装有光电与红外线感应器。它的翼展为 4m。

5）先锋号（Pioneer）长度 4.3m，重量 205kg，最大航程半径 185km。RQ-2B 先锋号的起飞可利用火箭、弹射器或跑道，用拦截索或网子回收。

6）蜻蜓号（Dragon fly）长度 5.4m，重量 810kg，最大航程半径 170km（估计值）。这是首款能在飞行中故意停止旋转翼的直升机。在用类似直升机的方式起飞后，它的旋转翼就能变成机翼，分歧阀会将推进力导向旋转叶片的尖端，以进行旋转飞行；或导向机尾的喷嘴，以进行高次音速的定翼巡航。

7）鹰眼号（Eagle Eye）长度 5.5m，重量 1020kg，最大航程半径未知。旋翼呈垂直状态时，TR911X 鹰眼号能够像传统的直升机一样起飞、盘旋与降落。将旋翼倾斜到水平位置，它就能达到涡轮螺旋定翼机的飞行速度与航程。

9.2.4　服务机器人

服务机器人与人们生活密切相关，服务机器人的应用将不断改善人们的生活质量。服务机器人是一种以自主或半自主方式运行，能为人类健康提供服务，或者是能对设备运行进行维护的一类机器人。由于服务机器人经常与人在同一工作空间内，因此它比工业机器人有更强的感知能力、决策能力和与人的交互能力。

1．服务机器人概述

（1）服务机器人的定义

服务机器人目前处于早期阶段，国际机器人联合会对服务机器人的定义是：服务机器人是一种半自主或全自主工作的机器人，它所从事的服务工作可使人类生存得更好，使制造业以外的设备更好地工作。德国生产技术与自动化研究所（IPA）对服务机器人所下的定义是：服务机器人是一种可自由编程的移动装置，它至少应有三个运动轴，可以部分或全自动地完成服务工作。这里的服务工作不是指为工业生产而从事的服务活动，而是指为人和单位完成的服务工作。

随着传感器和控制技术、驱动技术及材料技术的进步，在服务行业实现运输、操作及加工自动化具备了必要的条件，服务机器人开辟了机器人应用的新领域。专家们预测，服务机器人的数量将会超过工业机器人。目前世界各国正努力开发应用于各种领域的服务机器人，医用机械手（治疗及诊断）、建筑机器人、公共事业及环保机器人、物体及平面清洗用机器人、在难以接近的地方进行维护检查用机器人、保安部门及内部送信用移动机器人等服务机器人不断出现。

非制造业用操作型工业机器人也可以看做服务机器人。服务机器人在某些情况下可由一个移动平台构成，上面装有一只或数只手臂。服务机器人的控制方式与工业机器人手臂的控制方式相同。对服务机器人评价的内容包括：能否完成人所不能完成的任务；它的使用是否有意义或对人有所帮助；能否改善人的生活质量，并完成繁重的家务劳动等。

（2）服务机器人的关键技术

1）环境的表示。

服务机器人通常在非结构化环境中以自主方式运行，因此要求对环境有较为准确的描述。如何针对特定的工作环境，寻找实用的、易于实现的提取、表示以及学习环境特征的方法是服务机器人的关键技术之一。

2）环境感知传感器和信号处理方法。

服务机器人的环境传感器包括机器人与环境相互关系的传感器和环境特征传感器。前者包括定位传感器和姿态传感器，后者是与任务相关的专门类型传感器，它随机器人的工作环境变更，这类传感器可以是直接的或间接的，通常需要借助多传感器信息融合技术将原始信号再加工。

3）控制系统与结构。

机器人控制系统和体系结构研究目前主要集中在开放式控制器体系结构、分布式并行算法融合等方面。对于服务机器人控制器而言，更加注重控制器的专用化、系列化和功能化。

4）复杂任务和服务的实时规划。

机器人运动规划是机器人智能的核心。运动规划主要分为完全规划和随机规划。完全规划是机器人按照环境—行为的完全序列集合进行动作决策，环境的微小变化都将使机器人采取不同的动作。随机规划则是机器人按照环境—行为的部分序列计划进行动作决策。

5）适应于作业环境的机械本体结构。

设计在非结构环境下工作的服务机器人是一项富有挑战性的工作。灵巧可靠、结构可重构的移动载体是这类机器人设计成功的关键。服务机器人作为人的助手，经常与人进行接触，所以服务机器人的安全性、友善性应首先考虑。因此，服务机器人的机械本体设计指导思想与工业机器人或其他自动化机械有较大变化。在满足功能的前提下，功能与造型一体化的结构设计也要充分考虑。如柔韧性、平滑的曲线过渡、美观的造型、与人的亲近感等。

6）人机接口。

人机接口包含了通用交互式人机界面的开发和友善的人机关系两个方面。

2．医用机器人

（1）医用机器人的分类

医用机器人大致可以分为三类。

1）对残疾人、病人、护理人员个别进行援助的机器人，如护士助手、护理机器人等。

2）对诊断、治疗、检查等医疗业务进行辅助的机器人，如诊疗机器人、机器人医生等。

3）用于医学研究的研究用机器人，如解剖机器人、生理机器人等。

医用机器人的研究与开发需要综合工、医、生、药、农等各个学科领域的先进技术与成果，特别是以人作为操作对象的机器人，必须具有对状况变化的适应性、作业的柔软性、对危险作业的安全性以及对人和精神的适应性等性能。图 9-8 为机器人医生。

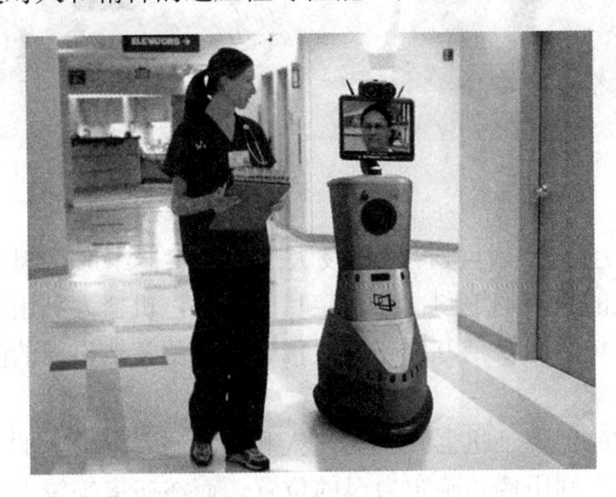

图 9-8　机器人医生

医用机器人既是高度精密的机械装置，又是以计算机控制为核心，可进行识别、判断和行动的综合性精密机电系统，是智能化仿生机械的典型应用。

医用机器人在医疗方面的应用越来越广泛。例如美国协助外科医生完成关节移植手术的机器人 ROBODOC 可以完成开颅、在骨头上钻孔、精确铰孔及安装人造关节等多种操作。手术中，由 CAI 扫描仪将需要移植的骨头形状扫描并传给 ROBODOC 的控制系统，ROBODOC 将植入物放到最佳位置。医用机器人还可以帮助外科医生完成许多复杂手术和微型手术，这一方面增加了手术的精确性，另一方面避免了外科医生因疲劳而产生误操作。

储藏库和搬运车配备在患者的卧室内，护理人员只要定期地把患者的生活用品存入库内，患者就可以通过中央综合控制系统的显示装置（电视画面）选择想要进行的动作，构成指令，进行有关的操作，并且还可以与其他房间里的患者或室外的来访者进行通信对话等。

（2）护士助手

护士助手属于卧床患者护理用机器人，主要由机械手、储藏库与搬运车、控制装置与通信装置等组成。该机器人系统的主要特点如下。

1）可以自由地向任意方向前进以运送患者。

2）床上特殊进口处的两个机械手，可以连床一起把患者抱起来移动。

3）有供患者独立、自行操作的装置（主要是人机对话方式）等。

美国 TRC 公司于 1985 年开始研制医院用的“护士助手”机器人，如图 9-9 所示，1990 年开始出售，目前已在世界许多国家的几十家医院投入使用。

“护士助手”是自主式机器人，它不需要通过导线控制，也不需要事先作计划，一旦编好程序，它可以完成的任务有：①运送医疗器材和设备；②为病人送饭；③送病历、报表及信件；④运送药品；⑤运送试验样品及试验结果；⑥在医院内部送邮件及包裹。

图 9-9 护士助手

“护士助手”由行走部分、行驶控制器及大量的传感器组成。因而可以在医院中自由行动。机器人中装有医院的建筑物地图，在确定目的地后，机器人利用航位推算法自主地沿走廊导航，由结构光视觉传感器及全方位超声波传感器探测突然出现的静止或运动物体，并对航线进行修正。

它的全方位触觉传感器保证机器人不会与人和物相碰，车轮上的编码器测量它行驶过的距离。在走廊中，机器人利用墙角确定自己的位置，而在病房等较大的空间时，它可利用天花板上的反射带，通过向上观察的传感器帮助定位，需要时它还可以开门。在多层建筑物中，它可以给载人电梯打电话，并进入电梯到所要去的楼层。通过“护士助手”上的菜单可以选择多个目的地，机器人有较大的荧光屏及较好的音响装置，用户使用起来迅捷方便。由于设计有冗余的传感器及系统，操作中不会出现故障，到达目的地后，机器人停下来等候主人的指示。它的保险机构能够防止未经允许的人从它的后柜中拿走东西。

护士助手已在英国伦敦的一家 NorthwiehPark 的大型教学医院试用，经过一段时间的试用，证明“护士助手”基本上能胜任自己的工作。

3．导盲机器人

导盲机器人的导向功能通过导盲街道地图——移动用数据库来实现。导盲机器人不仅能把握障碍物等外界状况，而且能实时地捕捉其后面盲人的行动，并根据盲人的行动来决定自己的行动。此种机器人可以按照盲人的自由行走步伐决定其自身的相应移动。当盲人行动安全时，机器人不会给盲人任何约束，以保障盲人能集中残存的生理机能自由行动；只有当盲人的行动存在危险的时候，机器人才会让盲人了解到危险，躲避或远离危险的环境。

移动用数据库是由计算机把普通地图进行图像处理，预先制成面向机械装置的地图，包括将十字路口和十字路口之间的连接关系，机器人边走边对照来自地图和自身传感器的信息，使自己了解自身现在的位置和方向，用从外部传感器得到的确切信息来修正，以消除误差，继续行走或停止前进。因此，在每个十字路口或重要的地方设置里程标记，帮助机器人根据外部传感器的信息确定其位置与方向，机器人便可成为盲人的向导。应用时只要盲人向导盲机器人输入现在所在点和目的地的编码，机器人就会找到到达目的地的有效途径，实现盲人和机器人一体行动的目的。

4. 导游机器人

导游机器人装备有先进的计算机语音处理系统，它能使用语言与人类交流，机器人内的计算机可以根据雷达选择行走路线。这种机器人可以用于商店导购、宾馆服务及盲人导向等多方面的服务工作。

图 9-10 是中国台湾精密机械研究发展中心的第二代导游机器人 UPITOR（User-interfaced Purpose-defined Interactive Tour guide Operation Robot），也就是“具有用户接口的用途定义化互动导游机器人”，是一台具有跟游客高度互动能力的多用途导游机器人，可在各大博物馆、美术馆、科学教育馆担任导游员的工作，也可在各大展览帮厂商推销产品。它拥有灵活的双手跟头部，精准的定位、避障、导航能力，电容式触控屏幕与生动的图形化人机接口，也具有播放影片、投影片或动画的能力。

图 9-10 第二代导游机器人 UPITOR

精密机械研究发展中心依靠微加工技术、智慧化机械技术、ICT 制造服务技术及薄膜太阳能技术等，运用精密机械、ICT 以及致动技术发展机器人技术，并以导游服务及教育娱乐机器人两大产品，进行智能机器人产品与关键模块的研发。

该机器人整体造型运用曲线来塑造了一个仿人型而亲切的姿态，看起来温文儒雅。前方触控屏幕、扬声器及散热孔整合成一件半立领礼服，头部应用面罩传达出前瞻科技感，面罩内利用灯光来呈现脸部的表情，让互动更直接。主要控制安全距离的激光扫描仪及超音波传感器设置在动作底座上，除了有加强底座结构跟重量的考虑，并且因为分割跟细节灯光的处理，显得轻盈而有特色。

5. 清扫机器人

日本精工株式会社的清水工厂开发出一种自动清扫机器人，它可完成各种工厂的清扫工作。该机器人采用了光纤陀螺自主控制机器人的方向，对地面没有任何要求，而传统的自动导引车（AGV）采用了不同的控制方式，例如，电磁导引、磁气导引、反射式光学导引等方式。尽管它们的控制方式不同，但都要求地面上有相应的配套设施。

清扫机器人能够稳定地进行大面积清扫，而人则能把复杂场所的死角扫得干干净净。该机器人把机器人与人的特点充分地结合，且采取了充分的安全措施。机器人装备的光学传感器可测定障碍物的位置，机器人接收到信号后可实现加速、停车、等待和避障等动作。人与机器人清扫车一般不接触，为防止出现意外，在清扫车的四周装有橡胶垫，其内装有触觉传感器，一旦车辆与人接触，触觉传感器的信号就会使车辆停下来，从而保证人的安全。

（1）机器人清扫车的特点

1）行驶稳定，清扫效果良好。

2）可利用车载充电器安全充电。

3）采用无需维修保养的安全电池组。

4）作业时的行驶路线呈梳形，由直线段和圆弧段构成。

（2）机器人清扫车的功能

1）既能自动操作又能手动操作。

2）前轮是一个转向轮，左、右两个后轮是驱动轮。

3）直线行驶时车辆通过两个驱动轮的速度差修正方向；转向时，以转向轮为中心，两后轮沿接线方向行驶并保持一定的速度差。

4）有两种不同功能的机器人，一种是擦洗车，另一种是真空吸尘式清扫车。

5）控制装置由多个部件构成，包括控制机器人功能的 CPU 插件板、控制清扫功能的定序器、传送角度信息的光纤陀螺、测距用编码器及超声波传感器、探测障碍物用光学探测器、驱动电动机及控制转向用的电动机、液晶显示器、操作面板以及手动操作用悬垂式按钮开关。

9.3 其他机器人的应用

9.3.1 军用机器人

历史上，一切高新技术无不首先出现在战场上，机器人也不例外。早在第二次世界大战期间，德国人就研制出并使用了扫雷及反坦克的遥控爆破机器人，美国则研制出遥控飞行机器人。近十几年来，在接连不断的局部战争的推动下，在飞速发展的高新技术支持下，军用机器人的发展产生了质的飞跃。

1．军用机器人概述

军用机器人有地面的、水下的和空间的。其中，以地面军用机器人的开发最为成熟，应用也较为普遍。地面军用机器人分为两类：一类是智能机器人，包括自主和半自主车辆；另一类是遥控机器人，即各种用途的遥控无人驾驶车辆。

（1）军用机器人特性

首先，机器人可以代替士兵去完成那些不太复杂的工程及后勤任务，使战士从繁重的工作中解放出来，而去从事更加重要的工作。

其次，由于机器人对各种恶劣环境的承受能力大大超过载人系统，因而，在各种极限条件下，如使用核、生化武器的情况下，战场机器人不仅能生存，还能够完成各种作战任务，而在这样的战场上，士兵要生存，其代价是昂贵的，而且是困难的。

最后，由于机器人没有感觉，在环境极其险恶、只有采取某种自杀行为才能挽救战局时，它会毫不畏惧地承担其自杀性的战斗任务。

（2）军用机器人关键技术

机器人在军事领域的应用要比在民用领域困难得多，其关键性技术如下。

1）对于地面军用机器人，机器人必须随时对意料不到的障碍物作出反应，还要适应不断变化的地面特征。地面行驶能力和快速准确识别重要目标是发展地面军用机器人面临的重大挑战。

2）对于半自主机器人，控制台与机器人之间的每一次数据传输都可能被敌人干扰甚至控制，因此应尽量减少它们之间的信息交换。这样就要求一次交给机器人多项任务，由它独立地去完成，而一个操作人员可以控制多台机器人。

3）要进一步提高军用机器人的自主程度，主要依靠以下的关键技术：模式识别及障碍物识别、实时数据传输及适当的人工智能方法，还要开发全局模型，可以为机器人解释所拥有的全局信息，还要在传感器及执行机构方面取得重大进展。

2．排爆机器人

当今世界，恐怖活动始终是各国头痛的问题，随着时间的推移，这些活动还越演越烈。针对这种活动，早在20世纪60年代，排爆机器人就诞生了。

排爆机器人有轮式的，也有履带式的。它们一般体积不大，转向灵活，便于在狭窄的地方操作，操作人员可以在几百米到几千米外对它进行遥控，可以通过无线电或光缆控制其活动。排爆机器人车上一般装有多台CCD摄像机对爆炸物进行观察，一个可360°旋转的、有多个自由度的机械手，用它的手爪或夹钳可将爆炸物的引线或雷管拧下来，并把爆炸物运走。车上还装有猎枪，利用激光指示器瞄准后，它可以把爆炸物的定时装置及引爆装置击毁。也有的机器人装有高压水枪，可以切割爆炸物。如果装上步枪、机枪或其他非致命武器，还可用它来抓捕罪犯及歹徒。

图9-11所示为法国Cybernetics公司研制的TR200排爆机器人，该机器人重265kg，长1m，宽0.67m，高1m。其臂长2.4m，有6个自由度。在操作臂完全展开时，可以举起12kg的重物；当臂处于折叠位置时，可举起70kg重的物体。机器人装有橡胶履带，最大速度65m/min，能越过40°的斜坡和30°的侧坡，能够跨越直径为1.2m的坑，并能通过多石的地形。它使用两组密封的可再充电的12V电池，可以连续行驶4h。机器人采用无线电控制时最远可达300m，采用电缆控制时最远为200m。目前法国空军、陆军和警察署都购买了这种机器人。

图9-11　排爆机器人

3．大狗机器人

这个形似机械狗的四足机器人被命名为“大狗”（Big dog），由波士顿动力学工程公司（Boston Dynamics）专门为美国军队研究设计。与以往各种机器人不同的是，“大狗”并不依靠轮子行进，而是通过其身下的四条“铁腿”。

大狗机器人不仅可以跋山涉水，还可以承载较重载荷的货物，而且这种机械狗可能比人类跑得还快。大狗即可以自行沿着预先设定的简单路线行进，也可以进行远程控制。大狗机器人被称为“当前世界上最先进适应崎岖地形的机器人”，如图 9-12 所示。

图 9-12 美军大狗机器人

这种机器人的体型与大型犬相当，能够在战场上发挥非常重要的作用：在交通不便的地区为士兵运送弹药、食物和其他物品。它不但能够行走和奔跑，而且还可跨越一定高度的障碍物。该机器人的动力来自一部带有液压系统的汽油发动机。

大狗机器人的四条腿完全模仿动物的四肢设计，内部安装有特制的减振装置。机器人的长度为 1m，高 70cm，重量为 75kg，从外形上看，它基本上相当于一条真正的大狗。行进速度可达到 7km/h，能够攀越 35° 的斜坡，可携带重量超过 150kg 的武器和其他物资。

大狗机器人的内部安装有一台计算机，可根据环境的变化调整行进姿态。而大量的传感器则能够保障操作人员实时地跟踪大狗的位置并监测其系统状况。

4．无人作战飞机

经过多年的资金投入、发展和使用，美国无人航空器取得了很大的进步，其能力已经可以和有人机相提并论，在某些情况下，甚至超过了有人机的性能。在军事上，无人机技术更是迅速成熟，其中最为卓著的无人机项目莫过于美军的联合无人空战系统（JUCAS）了。

（1）X-45A

X-45A 的无尾翼设计借鉴了于 1996 年首飞成功的 X-36 无人试验机的设计，两种机型的机翼外形十分相似，如机翼边缘控制面和偏航向矢量排气喷管等。不过两者还是有很大区别的，如 X-45A 就要比 X-36 大许多，而且后者不具备自动驾驶能力。X-45A 动力为一台霍尼韦尔 F124-GA-100 涡扇喷气发动机，其进气口置于飞机的上方。X-45A 机身内部有两个武器弹仓，其中一个携带试验设备，另一个则挂载一枚 450kg 重的 JDAM 炸弹或六枚 113kg 炸弹。

（2）X-45C

X-45B 没有进入实质性的研制阶段就被取消了，取而代之的是 X-45C。X-45C 型无人机的最大起飞重量为 16t，远远超过了 A 型机的 6.8t，机长也由 A 型的 8.08m 增加至 11m，翼展则为 14.6m。如图 9-13 所示。由于重量大幅增加，X-45C 采用了通用电气公司强劲的 F404-102D 发动机。X-45C 也有两个内置武器舱，可携带两枚 750kg 重的 JDAM 炸弹。

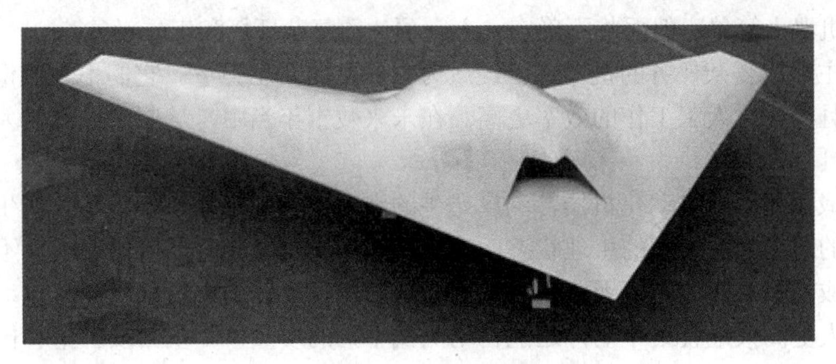

图 9-13　X-45C 无人作战飞机

5．保安机器人

如图 9-14 所示是 Cybermotion 公司为美国国防部研制的 SR2 室内保安机器人，机器人高 1.93m，宽 0.86m，最大速度 0.76m/s，它可围绕其中心以 120°/s 的速度旋转，一次充电可连续工作 12h～15h。

SR2 装备了多种传感器，有可探测入侵者、火焰的微波扫描仪及被动红外传感器，有可探测气体及烟雾并测量湿度和温度的空气采样器，有闭路电视摄像机，以及导航及避障用的超声波传感器等。这台机器人是为满足美国三军后勤部门的迫切需求而研制的。

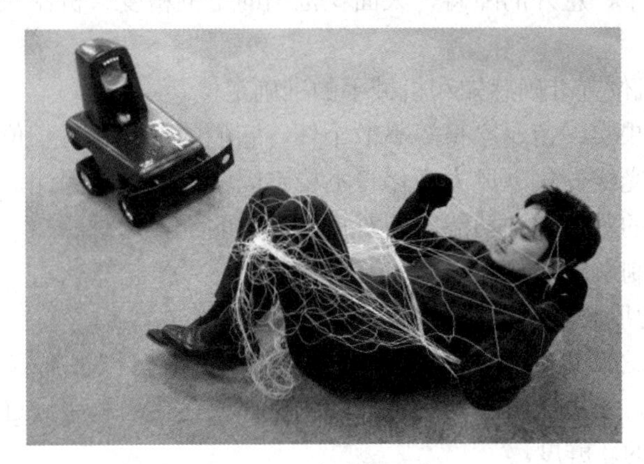

图 9-14　保安机器人

9.3.2　农业机器人

1．农业机器人概述

农业机器人是机器人在农业生产中的运用，区别于工业机器人，是一种新型多功能农业机械。农业机器人的广泛应用，改变了传统的农业劳动方式，降低了农民的劳动力，促进了现代农业的发展。

（1）农业机器人定义

农业机器人是一种以农产品为操作对象、兼有人类部分信息感知和四肢行动功能、可重复编程的柔性自动化或半自动化设备。能够部分模拟人类智能的农业机器人则称为智能型农业机器人。

农业机器人可分为移动型和定位型，也可以将农业机器人分为室内型和室外型。农业机器人比工业机器人简单，但面临不确定、不宜预估的复杂环境和工作对象。

能够自主完成复杂任务的机器人已经成为农业中的新生力量。它们不会疲倦，更精细，更主动，而且往往比人工工作的效率更高。在未来数十年当中，这些农业机器人可能会成为更有力的工具。

目前最成熟的农业自动化机器，当属奶牛的自动饲养和自动挤奶设备。奶牛的牛奶产量并不是稳定的，它会随奶牛的生理状态而改变。在不同的时段，要给奶牛喂养不同数量的精饲料来提高成本收益比，而每天两到三次的挤奶工作也可以由机器来代劳。自动化挤奶机器不仅可以比人更高效地收集牛奶，还能自动测试牛奶的质量，如蛋白质含量和抗生素含量。目前这种机器已经大规模地应用在大型奶牛场中，目的和其他自动化机器一致：降低成本和提高效益。

相比于其他的农业机器人，和奶牛相关的机器人还算比较简单。毕竟奶牛自己会走动，也可以训练。田间的杂草和害虫会更难对付一些，而我们也没法给每棵庄稼都安装电子身份证。只有让机器人学会人类农夫所做的一切，才能让智能农业真正成为现实。

（2）农业机器人关键技术

1）自动在特定空间行走或移动。

在果园或田野中自动运动的机器人，其移动和精确定位技术比工业机器人要复杂得多，它涉及地面的凹凸不平、意外的障碍、大面积范围的定位精度、机器人的平稳和振动、恶劣的自然环境等问题。

2）对目标的随机位置准确感知和机械手的准确定位。

由于作业对象是果实、苗、家畜等离散个体，它们的形状和生长位置是随机性的，又多数在室外工作，易受光线变化、风力变化等不稳定因素的影响，因此，农业机器人的机械手必须具有敏感和准确的对象识别功能，能对抓取对象的位置及时感知，并基于位置信息对机械手进行位置闭环控制系统。

3）机械手抓取力度和形态控制技术。

对于像桃、蘑菇之类的娇嫩对象或蛋类等脆弱产品，机械手抓取力度必须进行合理控制，需具有柔软装置，能适应对象物的各种形状，保证在传送和搬运过程中不能有损伤现象发生，并保持对象物的新鲜度。

4）对复杂目标的分类技术和学习能力。

农产品的采摘、分选，往往需要对同类产品进行成熟程度或品质进行分类，例如依据颜色、形状、尺寸、纹理，结实程度等特征，挑选符合采摘条件的果实进行采摘。由于农产品特征的复杂性，进行数学建模比较困难，因此农业机器人应具有不断进行学习、并记忆学习结果、形成自身处理复杂情况的知识库。

5）恶劣环境条件的适应技术。

农业机器人的工作环境较工业机器人要复杂和恶劣得多，其感知、执行以及信息处理各部件和系统必须适应环境照明、阳光、树叶遮挡、脏、热、潮湿、振动的影响，保持高可靠性的工作。为尽量多采集监测数据，需要开发新型传感器或按照一定融合策略构造传感器阵列，以弥补单个传感器的缺陷以及提出新的融合方法来提高传感器的灵敏度和反应速度，完善探测结果，这些都是重要的研究方向。

2．瓜果自动采摘机器人

农业机器人最可能得到广泛应用的领域是农产品的自动采摘。如图 9-15 所示为瓜果自动采摘机器人。机器人用于农产品采摘，可以充分利用机器人的信息感知功能，对被采摘对象的成熟程度进行识别，从而保证采摘到的果实的质量，机器人采摘的工作效率将大大高于人工。由法国开发的水果采摘机器人，其机械手是三自由度圆柱坐标型，可以收获苹果或柑橘，利用 CCD 摄像机和光电传感器识别果实，识别苹果时从树冠外部的识别率可以达到85%，速度达到 2～4s/个。

机器人既可以应用于番茄、洋葱、马铃薯等蔬菜的采摘，也可用于樱桃、枣、柑橘和西瓜等水果的采摘，甚至花生和蘑菇等经济作物也可利用机器人进行采摘。英国已开发出蘑菇采摘机器人，用 CCD 黑白摄像机识别作业对象，识别率达 84%，使用直角坐标机械手进行采摘。为了防止损伤蘑菇，执行器部分装有衬垫，吸附后用捻的动作进行收获，收获率达60%，完整率达 57%。

日本国家农业和食品研究所发明了一个能够采摘草莓的机器人。该机器人装有一组摄像头，能够精确捕捉草莓的位置，还有配套软件能根据草莓的红色程度来确保机器人采摘的是成熟的草莓，如图 9-16 所示。由于感测以及辨识的困难度，要达到完全百分之百的无人化筛选是不可能的，因此本套机器人是采用人机协同合作的策略，晚上由机器人筛选大部分的草莓，等到白天的时候再由工人筛选剩下的草莓，本机器人的视觉传感器包含三组彩色摄影机以及五组含有偏光镜的 LED 图像光线，由左右两侧的摄影机拍下照片后进行处理以辨识成熟的红草莓，选定的草莓由立体影像系统进行量测，该机器以每筛选一个耗费 9～12s 的时间，当操作环境的光源是稳定的状态下，收割机器人的准确性是相当高的。虽然此机器人目前只能采摘草莓，但可以通过修改程序来使机器人采摘其他水果，如葡萄、番茄等。

图 9-15　瓜果自动采摘机器人

图 9-16　草莓自动采摘机器人

3．割草机器人

瑞典 Husqvarna 公司研制了太阳能割草机。清晨光线充足时，太阳能割草机就可自动开始工作。它可避开花园中有阴影的地方，等到阴影离开后再回到这一地区工作。1 台机器人割草机一个夏天可以整齐地修剪 $1200m^2$ 的草坪。割草机表面装有多晶太阳能电池，可将日光转换为电流；为防止损坏，太阳能电池进行了封装处理，两组充电电池从太阳能电池获取能量，供机器人上的计算机使用；计算机中装有功能强大的微处理器。

太阳能电池为电动机提供能量，电动机驱动割草刀片，刀片高度的变化范围为 30～60cm。电动机内安装的传感器可测量切割阻力的大小。该信息经计算机处理后，再由计算机决定切割速度及切割图形。

太阳能电池还为车轮电动机供电。割草机安装了两台电动机，电动机直接从太阳能电池获得电流驱动。电动机内装有连续可变的齿轮箱，驱动割草机运动。

专门设计的太阳能发电机为割草机器人的导航提供动力。围绕待割草地边界铺设导线，导线产生两种不同频率的信号：一种是安全信号，只要机器人在圈内，它就可探测到这个信号；另一种是接近信号，机器人离开导线 40cm 远时，它可接收到此信号。接近信号可使机器人掉转头，并转向其他方向。装在割草机前面的两个碰撞传感器接受安全信号和接近信号，机器人碰到坚硬物体时触发这两个碰撞传感器，所得到的信息也由计算机处理。这时机器人会停下来，掉头离开该物体。

机器人割草机自己会决定怎样割草。若草比较短，它就随意割；若所到地区的草比较高，它就开始系统地按照一个方形图形割草，随后又转换到随意割草的方式。机器人割草机可利用信号指出它正在割草、休息还是给电池充电（光线太暗时）；指示它是否出了问题或者需要引起人的注意，并需要操作者输入指令码。当有人无意拿起时机器人割草机还会报警。

9.3.3 仿人机器人

人类一直梦想着创造出和人类构造相似、能与人类合作的仿人机器人。从 20 世纪 70 年代起，研究人员开始对双足步行机器人进行研究，至 20 世纪 90 年代前后，仿人机器人的研究取得标志性的成果，从一般性的拟人行走发展到全方位的拟人。

1．仿人机器人概述

（1）仿人机器人的定义

模仿人的形态和行为而设计制造的机器人就是仿人机器人，一般分别或同时具有仿人的四肢和头部。因此，仿人形机器人是指，具有两手，两足，头部、躯干等人类外形特征，能用双足进行移动以及其他类人功能的人形机器人。仿人机器人是一种具有人的外形，能够效仿人体的某些物理功能、感知功能及社交能力并能承袭人类的部分经验的机器人。

当然，仿人机器人的研究目的不是企图制造以假乱真或替代人类的机械，而是要创造一种新型工具，它能在典型的日常环境中和人类交流，在更广泛的环境任务中扩展人类的能力。仿人机器人不仅具有双腿、双臂、头、眼、颈、腰等物理特征，还能模仿人类的视觉、触觉、语言、甚至情感等功能。

这和能在特种环境下工作的服务机器人是有区别的，仿人机器人的自由度远远超过传统的工业机器人，相应的形位空间在维数上的切实增加使得与它们相关的建模、编程、规划和控制具有了更大的挑战性。

仿人机器人的研究是多学科的交叉、综合与提高。机械工程师、电子学家、计算机专家、机器人学家、人工智能专家、心理学家、物理学家、生物学家、认知学家、神经生物学家甚至哲学家、语言学家和艺术家等都参与研究。

（2）仿人机器人关键技术

1）仿人机器人的机构设计。

2）仿人机器人的运动操作控制，包括实时行走控制、手部操作的最优姿态控制、自身碰撞监测、三维动态仿真、运动规划和轨迹跟踪。

3）仿人机器人的整体动力学及运动学建模。

4）仿人机器人控制系统体系结构的研究。

5）仿人机器人的人机交互研究，包括视觉、语音及情感等方面的交互。

6）动态行为分析和多传感器信息融合。

2．ASIMO仿人机器人

2000年10月31日，日本本田公司的“ASIMO”（Advanced Stepin Innovative Mobility）问世了。ASIMO身高1.3m，体重54kg，有57个自由度。它的行走速度是0～6km/h。外形就像背书包的小学生。如图9-17所示。

（1）ASIMO简介

ASIMO机器人可以斜行、跳舞、上楼梯，由于它的颈部和手部关节连接部位模仿人类的构造设计，动作非常轻盈灵活。它有5个手指，可以同时将手指合拢紧握，还能与其他人握手、指引行路、点头、摇头以及作头部45°的倾斜等动作。ASIMO机器人另一个重要特性是可以模仿人类性情，如啼哭、发怒、欢喜、惊讶以及怡然自得等。

从诞生起，ASIMO的进步可以用神速来形容，2013最新版的ASIMO，除具备了行走功能与各种人类肢体动作之外，还能跑能走、上下阶梯、踢足球和开瓶倒茶倒水，动作十分灵巧。更具备了人工智能，能依据人类的声音、手势等指令，来从事相应动作；还能在复杂的地形中行走并规避动态障碍。此外，它还具备了基本的记忆与辨识能力。

ASIMO机器人采用了新开发的技术“I-Walking（Intelligent Realtime Flexible Walking）”，实现更加自由的步行。它可连续地、自由自在地、平稳地改变步幅、方向、步频等，彻底改变了以前要改变步伐和方向都要停机后更换程序才能进入下一步动作，因此该机器人的姿势非常接近人类。

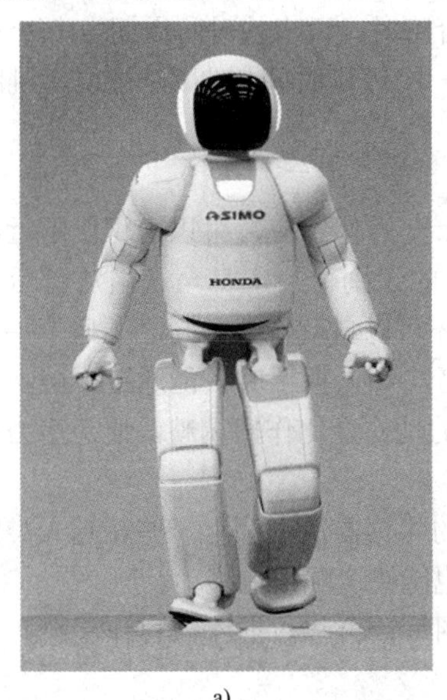

a)

b)

图9-17　仿人机器人ASIMO

a) 正面行走的ASIMO　b) 站住倒水的ASIMO

ASIMO 的灵活程度达到了同类机器人难以比拟的高度，也大大的超出了人们对于机器人的想象。这些功能之所以能够实现，主要依赖于ASIMO 内部的电动机驱动系统与关节的配合，这种相互配合的系统使它拥有了 57 个自由度，达到近乎和人类一样的灵活。

这么多的零件同时工作会散发出大量的热，ASIMO 内部装配了空气制冷系统，保证核心功能能够在正常的工作温度下工作。同时，ASIMO 的电量消耗也是非常大的，以至于ASIMO 必须天天背着背包（电池）才能跑来跑去。

ASIMO 的应用场景主要用于帮助人们解决实际生活中的一些问题和事情，如在不久的将来，人们会看到ASIMO 的机器人能够在家里帮助人们打理家务，协助照看老人，在火车站或者飞机场这样公共场所中为人们提供体贴的服务等。

（2）ASIMO 的奔跑控制技术

在实现机器人的奔跑方面，面临着两大课题。一个是正确地吸收飞跃和着陆时的冲击，另一个是防止高速带来的旋转和打滑。

1）正确地吸收飞跃和着陆时的冲击。

实现机器人的奔跑，要在极短的周期内无间歇地反复进行足部的踢腿、迈步、着地动作，同时，还必须要吸收足部在着地瞬间产生的冲击。本田公司利用新开发的高速运算处理电路，高速应答、高功率电动机驱动装置，轻型、高刚性的脚部构造等，设计、开发出性能高于以往 4 倍以上的高精度、高速应答硬件。

2）防止旋转、打滑。

在足部离开地面之前的瞬间和离开地面之后，由于足底和地面间的压力很小，所以很容易发生旋转和打滑。克服旋转和打滑，成为在提高奔跑速度方面所面临的控制上的最大课题。对此，本田公司在独创的双足步行控制理论的基础上，积极地运用上半身的弯曲和旋转，开发出既能防止打滑又能平稳奔跑的新型控制理论。

由此，ASIMO 实现了时速达 6km/h 的像人类一样的平稳直线奔跑。而且，步行速度也由原来的 1.6km/h 提高到 2.7km/h。另外，人类在奔跑时，迈步的时间周期为 0.2～0.4s，双足悬空的时间（跳跃时间）为 0.05～0.1s。ASIMO 的迈步时间周期为 0.36s，跳跃时间为 0.05s，与人类的慢跑速度相同。

（3）ASIMO 的传感技术

ASIMO 利用其身上安装的传感器，拥有 360°全方位感应，可以辨识出附近的人和物体。配合特别的视觉感应器，它可以阅读人类身上的识别卡片，甚至认出从背后走过来的人，真正做到眼观六路。当它识别出合法人员后，还可以自动转身，与之并肩牵手前进。在行进中，ASIMO 还能自动调节步行速度配合同行者。和人握手时，能通过手腕上的力量感应器，测试人手的力量强度和方向，随时按照人类的动作变化作出调整，避免用力太大捏伤人类。

ASIMO 装载的大量传感器，既包括传统人类的传感器，也拥有一些超越人类的特殊感应器，能够迅速地了解周围情况，在复杂的环境下也能快速顺畅地移动。

1）视觉感应器：其眼部摄影机通过连续拍摄图片，再与数据库内容作比较，以轮廓的特征识别人类及辨别来者身份。

2）水平感应器：由红外线感应器和CCD 摄像机构成的传感系统共同工作，可避开障碍物。

3）超音波感应器：以音波测量 3m 范围内的物体，即使在无光的黑暗中行使也完全无碍。

3．NAO 仿人机器人

NAO 是法国 Aldebaran Robotics 公司生产的两足行走的仿人机器人。高难度的机械结构设计，多自由度的复杂动力学特征，精密制造和多传感器融合技术的难度激发了全世界科学家和工程师的研究热情。

（1）NAO 简介

NAO 拥有 25 个自由度，动作灵活。它还配有一个惯性导航仪装置，在移动时十分平稳，并可随时确定自己的位置。NAO 还可以靠超声波传感器探测并绕过障碍物。其减速引擎使用尖端技术，可以使它的活动十分精确。

装入的许多算法使 NAO 具有声音合成、音响定位、颜色图案与形状的探测等能力。这些算法也使它能（依靠一种双通道的超声波系统）探测到障碍物并依靠自己的大量发光二极管借助视觉进行互动。

NAO 机器人智力相当于 2、3 岁儿童，机器人 NAO 拥有可爱的外形，灵活的肢体动作，显著的语音和视觉性能，被广泛应用于机械、电子、传感器、自动化、软件、人工智能等多个领域的教学与研究，作为 RoboCup 的标准平台组机器人高端的配置与性能，受到广大名牌院校的青睐。

可以用不同颜色（红、蓝或者个性化的颜色）的附件使 NAO 个性化。装入的多媒体构件（扬声器、无线互联网、扩音器、两个数字摄像头）为它提供了各种可能：语音对话、播放音乐、音响源的定位或者脸部探测等。如图 9-18 所示。

图 9-18　仿人机器人 NAO

（2）NAO 技术规格

基本情况：身高约 58 cm，重量约 4.3 kg，机体材料为工程塑料。25 个自由度包括头部 2 个，每只手臂各 5 个，胯部 1 个，每条腿部各 5 个，每只手部各 1 个。

能量：来自充电电池，可用 AC 90～230 V/DC 24 V 充电，电池能量持续时间约 90min，采用 MAXON 空芯杯直流电动机。

控制器硬件：内置英特尔 ATOM 处理器，CPU 1.6GHz，1GB 内存，2GB 闪存；数据通信与接口包括 WiFi（IEEE 802.11g），以太网，红外，USB；控制器操作系统采用开放式架构 Linux 操作系统。

传感器：有 32 个霍尔效果传感器，8 个压力传感器，1 个 3 轴加速器，1 个双轴陀螺仪，2 个碰撞器，2 个双通道超声波传感器，2 个红外传感器，8 个压觉传感器，9 个触觉传感器等总共 100 多个传感器；2 个 SOC 图像传感器，具有物体识别、面部探测及识别的功能；4 个声音传感器，分别位于前后左右，可进行声源定位、语音识别。

声音源：2 个扬声器，2 个高保真音响，4 个扩音器。

（3）NAO 编程能力

NAO 拥有一个开放的编程构架，所以不同的软件模块可以和谐的方式相互作用。不管使用者的专业水平如何，都完全能用图像编程平台 Choregraphe 来为 NAO 编制程序，高级的操作人员还可以通过一个非常丰富的应用程序接口使用各种脚本语言来编程。

依靠这个高级的应用程序接口，使用者可以创造 NAO 的移动动作并控制它的平衡。更专业的使用者还可打开一个低水平的传感器与驱动器编写程序，如果愿意可用他们自己的编码替换我们的编码。最后，在使动作序列生效时，Choregraphe 也适用于微软 Robotics Studio 和 CyberboticsWebots 模拟器。软件开发环境要求可同时支持 Linux、Windows、Mac OS；编程语言要求支持 C、C++、Net、Python、Choregraphe、Matlab 等。

（4）NAO 智能控制能力

智能刚度功能：机器人在作动作时，根据实际情况，自动调节电动机耗电量。既可有效地使用驱动器组件，也可节约电池能量。

防自撞功能：可自动避免机器人的手臂碰撞到身体的其他部位。

摔倒管理功能：机器人摔倒探测系统，帮助 NAO 在倒地之前，使用手臂进行自我保护，并可按照程序指令自行站起来。

资源管理器：由于电动机较多，控制复杂，要求机器人必须具备可中断、停止或调整正在执行中的行为的能力，之后，再执行新的行为命令。

物体识别：可识别大量物体，并可通过开发软件保存物体信息。此后，当它再次看到已保存的物体时，就会自主地进行识别并说出其名称。

面部探测与识别：可探测并学习记忆不同的面部。此后，它可对其进行识别。

自动语音识别：可在 2m 范围内听到讲话，并能听懂一整句话或关键词汇。能够识别国际通用的 8 种语言：汉语、英语、法语、德语、意大利语、日语、韩语、西班牙语。具有中、英双语语音识别功能。

声音合成：可讲 9 种语言：汉语、英语、法语、德语、意大利语、日语、韩语、西班牙语、葡萄牙语。提供中、英双语语音库。

声音探测与定位：可借助安装在其头部的麦克风，像人类一样探测到周围环境中的声音，并进行声源定位。

作业与思考题

1. 什么是操纵机器人？有哪些分类？具有哪些特点？

2. 操纵机器人控制有什么特点？

3. 什么是水下机器人？其关键技术有哪些？

4．举例说明 AUV 机器人的特点和应用。
5．举例说明 HOV 机器人的特点和应用。
6．举例说明 ROV 机器人的特点和应用。
7．什么是空间机器人？其关键技术有哪些？
8．举例说明火星探测机器人的特点和应用。
9．玉兔号月球车的特性、功能与组成各有哪些？
10．举例说明飞行机器人的种类和应用。
11．什么是服务机器人？其关键技术有哪些？
12．举例说明医用机器人的特点和应用。
13．举例说明导盲机器人的特点和应用。
14．举例说明导游机器人的特点和应用。
15．举例说明清扫机器人的特点和应用。
16．什么是军用机器人？其关键技术有哪些？
17．举例说明排爆机器人的特点和应用。
18．举例说明大狗机器人的特点和应用。
19．举例说明无人作战飞机的特点和应用。
20．举例说明保安机器人的特点和应用。
21．什么是农业机器人？其关键技术有哪些？
22．举例说明林木球果采集机器人的特点和应用。
23．举例说明瓜果自动采摘机器人的特点和应用。
24．举例说明割草机器人的特点和应用。
25．什么是仿人机器人？其关键技术有哪些？
26．举例说明 ASIMO 仿人机器人的特点和应用。
27．举例说明 NAO 仿人机器人的特点和应用。

第 10 章　智能机器人简介

【内容提要】

本章主要简单介绍了智能机器人。内容包括智能机器人的定义、分类、机能与三要素，智能机器人技术的形成，智能机器人的普及与应用，智能机器人的发展；智能机器人的体系结构，智能机器人的控制系统；智能机器人的新型驱动器。

【教学提示】

学习完本章的内容后，学生应能够：掌握智能机器人的定义、分类、机能与三要素，了解智能机器人技术的形成、普及、应用与发展，熟悉智能机器人的体系结构、控制系统；能够熟练的分析智能机器人的结构、特点与性能。了解智能机器人的静电驱动器、记忆合金驱动器、压电效应驱动器、磁致伸缩驱动器、人工肌肉等新型驱动器；能够读懂这些新型驱动器对智能机器人发展的推动作用，具有正确应用将来出现的智能机器人的能力。

10.1　智能机器人概述

近年来，各种传感器的迅速发展以及人工智能的发展推进了智能机器人的发展。智能机器人是工业机器人从无智能发展到有智能、从低智能发展到高智能的产物。

10.1.1　智能机器人的定义与分类

到目前为止，学术界对智能机器人并没有确切的定义，问题的根源在于目前人们对“智能”并没有确切的定义。因此虽然当今世界有不少科学家研究人工智能和智能机器人，人们对人工智能和智能机器人的要求是不断提高的。

1．智能机器人的定义

机器人按其智能程度可分为一般机器人和智能机器人。一般机器人是指不具有智能，只具有一般编程能力和操作功能的机器人。目前人们通常认为智能机器人是具有感知、思维和动作的机器人。

也就是说，智能机器人应该是具有对本身状态和环境状态的感知能力，具有根据外界环境变化而自主作出决策的思维能力，并根据自身的思维决策作出相应动作的机器人。

所谓感知即指机器人发现、认识和描述外部环境和自身状态的能力。如机器人的装配作业，需要在非结构化的环境中认识障碍物并实现避障移动，它要能找到和识别所要的工件，为智能机器人的运动找到道路，发现并测量障碍物，并能够自主地回避障碍物。这依赖于智能机器人的感觉系统，即各种各样的传感器。感知能力是智能机器人的重要组成部分。

所谓思维是指机器人自身具有解决问题的能力。比如，装配机器人可以根据设计要求为一部复杂机器找到零件的装配办法及顺序，指挥执行机构，即指挥动作部分完成这部机器的装配。由此可见，智能机器人是一个复杂的软件、硬件综合体。虽然对智能机器人没有统一的定义，但通过考察具体的智能机器人，还是可以有一个感性认识。

由于人们对自身智能行为的认识还很不够，人工智能的能力还十分有限，感知环境的能力也还很有限，所以对智能机器人的能力要求也必然是随着技术的进步而不断提高的，目前不能对机器人的智能期望过高。对能在一定程度上感知环境，具有一定适应能力和解决问题本领的机器人，我们就称之为智能机器人。

2．智能机器人的三要素

由以上的定义可知，智能机器人并不是单纯的软件体，它具有可以完成作业的结构和驱动装置，换句话说它必须首先符合机器人的基本定义。而作为智能机器人，它必须具有思维和决策能力，它并不是简单地由人以某种方式来命令它干什么就会干什么。它具有自身解决问题、学习问题，并根据具体情况进行思维决策的能力。例如，它可以根据设计，为一个复杂的机器找到零件的装配办法和顺序，指挥执行机构去完成装配工作。又例如，一台水下机器人去深海打捞物品，它应该自己寻找可行的路线、回避障碍、减少危险、处理意外事故，发现目标后，采用可能的办法，把物品取回。

大多数专家认为智能机器人至少要具备以下三个要素：一是感觉要素，用来认识周围环境状态；二是运动要素，对外界作出反应性动作；三是思考要素，根据感觉要素所得到的信息，思考采用什么样的动作。

1）感觉要素，包括能感知视觉、接近、距离等非接触型传感器和能感知力、压觉、触觉等接触型传感器。这些要素实质上就相当于人的眼、鼻、耳等五官，它们的功能可以利用诸如摄像机、图像传感器、超声波传感器、激光器、导电橡胶、压电元件、气动元件、行程开关等机电元器件来实现。

2）运动要素，是指智能机器人需要有一个无轨道型移动机构，以适应诸如平地、台阶、墙壁、楼梯、坡道等不同的地理环境。它们的功能可以借助轮子、履带、支脚、吸盘、气垫等移动机构来完成。在运动过程中要对移动机构进行实时控制，这种控制不仅要包括位置控制，而且还要有力度控制、位置与力度混合控制及伸缩率控制等。

3）思考要素，是三个要素中的关键，也是应赋予机器人的必备要素。思考要素包括判断、逻辑分析、理解等方面的智力活动。这些智力活动实质上是一个信息处理过程，而计算机则是完成这个处理过程的主要手段。

3．智能机器人的分类

智能机器人根据智能程度的不同又可分为三种。

1）传感型机器人——具有利用传感信息（包括视觉、听觉、触觉、接近觉、力觉和红外、超声及激光等）进行传感信息处理及实现控制与操作的能力。

2）交互型机器人——机器人通过计算机系统与操作员或程序员进行人-机对话，实现对机器人的控制与操作。

3）自主型机器人——在设计制作之后，机器人无需人的干预，能够在各种环境下自动完成各项拟人任务。

智能机器人的研究从 20 世纪 60 年代初开始。经过几十年的发展，目前，基于感觉控制的智能机器人（又称为第二代机器人）已达到实际应用阶段；基于知识控制的智能机器人（又称为自主机器人或下一代机器人）也取得较大进展，已研制出多种样机。

4．智能机器人的机能

智能控制（Intelligent Control）概念推动了人工智能和自动控制的结合，而智能机器人的控制系统成了这种研究的最好应用领域。长期以来，人工智能领域的研究一直把机器人作为研究人工智能理论的载体，他们将智能机器人看做是一个纯软件的系统，而事实上不应该把智能机器人看成是纯软件系统，它应该是软件、硬件和本体组成的一个统一体。

智能机器人应该具备以下四种机能：

1）运动机能——施加于外部环境的相当于人的手、脚的动作机能；

2）感知机能——获取外部环境信息以便进行自我行动监视的机能；

3）思维机能——求解问题的认识、推理、判断机能；

4）人–机通信机能——理解指示命令、输出内部状态，与人进行信息交换的机能。实际上智能机器人与人工智能息息相关，人工智能是智能机器人的核心。

因此严格地来说，在智能机器人的研究中，许多和人工智能所研究的内容是一致的。但是它又不可避免地涉及许多其他问题，这些实际上与人工智能无关。

例如一个具有智能的机器人可以在车间内通过分析图样的办法知道如何去装配一个产品，它能发现与找到所需工件，并按照正确的顺序把工件装配好。它应该具备人所具有的一些装配知识，因此它就涉及知识的表达和获取技术。它要为装配作出规划，无论机器人采用人工智能中的搜索技术或其他方法，都涉及人工智能中的问题求解技术。另一方面，它要发现和寻找工件，要利用模式识别中的技术。装配是一个复杂的工艺，它可能要采用力与位置的混合控制技术，同时，还可能为机器人本体安装柔性手腕，才能够完成工作任务，因此又涉及机构学问题。

10.1.2 智能机器人技术的形成

智能机器人是人工智能的综合成果，它是在扩大计算机的功能和研究人工智能的实验床的基础上形成和发展起来的。

1．社会对智能机器人的需求

人类社会和生产对智能机器人有着强烈的需求，人类需要这种智能机器人去拓宽生产和活动领域，希望机器人能够取代人们完成一些危险的工作。同时也期待智能机器人在工业中逐步把人解放出来，提高生产效率。智能机器人的广泛应用，将会使人类从“人-机器人-自然界”的生产模式过渡到“人-机器人-机器-自然界”的生产模式。

人类社会对智能机器人的要求既是切实的，也是实际的，不断发展的。早期的机器人并没有智能，如点焊机器人、弧焊机器人、喷涂机器人等，它们被广泛地应用于工业领域并取得了极大的成功。

在不断扩大的应用中，人们发现它们至少有两个问题：如由于机器人仅仅是编程控制的，它对周围环境的变化并不能适应，另外由于它们都是等待作业对象到位后才进行操作，机器人并不能主动地走到作业对象所在位置去进行操作。

解决第一个问题的途径是在机器人上增加传感器，如力觉、接近觉和视觉等传感器，使机器人可以感知外部环境，并在此基础上控制机器人的动作。

解决第二个问题是要求机器人有移动能力，早期的工业机器人应用是把加工作业对象摆放在机器人周围，现在在生产线上应用的工业机器人是把工件自动传送到工业机器人的作业位置。

将来会要求机器人运动到各个作业现场，这将大大提高机器人应用的范围。这种移动机器人的应用不仅仅局限在工业领域，它还可以应用在室外环境。很明显，随着智能机器人应用的扩大，它的研究会不断深入，对人类的贡献也将不断增加。

2．智能机器人技术的形成

1958 年，美国人工智能学者 Shannon 和 Minsky 为使计算机更有用，提出给计算机装上手的想法。

1961 年麻省理工学院（MIT）林肯实验室的 H·A·Ernst 把 AMF 公司处理放射线物质的伺服操作器和 MIT 的 Tx-0 计算机连接起来，研制出具有感觉，由计算机控制的 MH-1 型智能机器人。它凭触觉判断积木的形状，并把散放的积木进行组装。同时，L·G·Robons 开展了给计算机装上眼睛的研究，即以电视摄像机作为与计算机的接口，进行物体识别研究。1963 年，他又发展了齐次坐标变换法，用于决定机械手的位置和方向，提出机器人位置控制方法。

1967 年，综合上述成果出现了装有电视摄像机，由计算机控制的智能机器人。这种机器人通过电视摄像机确定物体的位置，用齐次坐标变换的数学方法计算出各关节的转角和手臂的位置。随后美国斯坦福大学研制出能进行行动规划的眼-车系统；MIT 研制出手-眼系统；英国爱丁堡大学研制出手-眼结合的智能机器人系统；日本研制出能按识别图形进行积木组装的机器人和带视觉反馈的手-眼系统。

人工智能研究者通过智能机器人实验床把人工智能活现出来，第一次证实了智能机器人可以根据环境和任务目标制定行动规划和进行操作，尤其是它能使用简单的工具去完成某种任务，这项发现具有非常重要的科学价值。由于智能机器人本身难度较大，耗资多，与实际应用较远，长期以来只有技术驱动，没有形成产品，发展比较缓慢。而几乎与其同期形成和发展的第一代工业机器人却进展较快。

进入 20 世纪 70 年代之后，研究重点转向智能机器人的单元技术，如计算机视觉、机器人语言、操作器的高级控制、触觉等研究课题。智能机器人基础技术的发展促进了整机性能的提高，开始了面向自动化的应用研究。智能机器人的主要研制目的是为了解决工业装配、原子能利用、宇宙和海洋开发等领域的需要。

由于研究目的明确，针对性强，实际需求迫切，研制和使用部门结合，资金、人力集中使用，因此研制出了面向自动化应用的各种机器人。如 MIT 的电动机机器人装配系统以及西屋电气公司可实现柔性自动装配的电动机机器人装配系统，二者均可进行 8 种小型电动机的装配；日本研制的各种智能机器人可用于电动机组装、集成电路压焊和印制电路检查等。另外，特殊条件下工作的特种机器人也已取得实验成果。

10.1.3 智能机器人的普及与应用

1．智能机器人的实用阶段

20 世纪 80 年代中期以后，第一代工业机器人的市场趋于饱和，工业机器人的应用开始从汽车领域转向电子、机械装配和非制造领域。由于一般的工业机器人没有视觉和触觉，已适应不了新用途的需要。只有让机器人学会感知它们所接触到的部件，其产品的销路才有保证。智能机器人为人工智能实验床所使用，促进了计算机视觉、触觉传感器、操作器控制等单元技术的发展，为智能机器人的研制和应用奠定了技术基础。

在工业机器人处于更新换代的转折关头，许多没有思想准备的机器人制造厂家出现了产品滞销现象；而善于抓住时机的厂家就发展壮大。如 Adept 公司能及时抓产品转向工作，他们的产品目标不是面向汽车工业，而是面向电子工业，重点研究轻型装配机器人，采用了许多新技术，研制出了高精度、高速度、高柔性、带视觉的智能机器人。随后该公司的销售额迅速增加，1986 年为 2 500 万美元，1987 年达到 3 400 万美元。其产品占美国装配机器人市场的 24%，其中 30%是电子工业公司的订货。销量的增长极大地促进了智能机器人的发展。

2．智能机器人的普及应用阶段

20 世纪 90 年代，智能机器人将以装配机器人为先导产品，以电子、电气及精密机械制造为先导应用产业，慢慢进入普及应用阶段。

随着机器人技术的发展，许多机器人研制和生产厂家正在广泛采用视觉、力觉和其他传感技术，以提高机器人的智能水平，从而提高机器人的性能，使精度和重复精度更高，速度更快，并且降低机器人的成本。这样就使得采用智能机器人生产的单位产品成本低于用传统技术及工业机器人生产的单位产品成本，使智能机器人技术的性价比提高，最终导致企业对机器人的需求量会逐步增加。

与电子计算机的普及是从个人计算机出现以后才广泛展开一样，20 世纪 90 年代小型、微型智能机器人也将得到普及应用。目前美国、日本已研制出用于工业、医疗、服务等领域的各种型号微小型机器人。美国近年来在食品行业正在普及服务机器人，日本已研制出家用自动清扫且负责警戒的机器人、医护机器人及娱乐机器人等。

3．智能机器人的展望

随着现代科技的发展，机器人技术已广泛应用于人类生活的各种领域，研制具有人类外观特征，可以模拟人类行走与其他基本操作功能的类人型机器人一直是人类对机器人研究的梦想之一。由于类人型机器人研究是一门综合性很强的学科，其本身包含着多项高科技成果，在很大程度上代表着一个国家的高科技发展水平，因此，一些发达国家不惜投入巨资进行研究开发。

除工业应用外，智能机器人已在军事、医疗、文娱、农业、林业、矿业等领域得到广泛应用。可以预见，智能机器人将首先在军事、医疗、文娱等领域取得突破性进展。

微型机器人是智能机器人的一个重要方向。在《西游记》中，孙悟空经常摇身一变，变成一只虫子，钻入妖魔鬼怪的腹内。这虽然是神话，但从一个侧面反映了人类的梦想。随着微型机电系统的不断深入发展，微型机器人进入人体内实施手术、疏通血管、定点投放药物将不再是梦想。

国外正在开发体内自主行走式诊断治疗、定点投放药物、体内微细手术的外科手术机器人。医用注射器将微型机器人推入体内，机器人携带生物传感器对人体组织进行检查，并将信号反馈到信息处理中心进行分析处理。如果发生病变，医生可以指挥机器人实施手术、定点投放药物等操作。机器人完成工作任务后自行消失，随人体废弃物排出，对人体没有任何副作用。目前已经开发出一些样机，相信在不久的将来，这项技术将进入我们的生活，造福人类。

10.1.4 智能机器人的发展

机器人的智能从无到有、从低级到高级，并随着科学技术的进步而不断深入发展。随着计算机技术、网络技术、人工智能、新材料和 Mems（微机电系统）技术的发展，机器人智能化、网络化、微型化的发展趋势已凸现出来。

1．网络机器人

网络技术的发展拓宽了智能机器人的应用范围。利用网络和通信技术可以对机器人进行远程控制和操作，代替人在遥远的地方工作。利用网络机器人，外科专家可以在异地为病人实施疑难手术。2001 年，身在美国纽约的外科医生雅克·马雷斯科成功地利用机器人为躺在法国东北部城市的一位女患者做了胆囊摘除手术，这是网络机器人成功应用的一个范例。在国内，北京航空航天大学、清华大学和海军总医院共同开发的遥控操作远程医用机器人系统可以在异地为病人实施开颅手术。

美国一家网络科技公司研制了一个金属骷髅机器人玩具，模仿《绝灭战士》中的机器人。用户通过串行口将骷髅机器人连接到自己的计算机上，就能通过互联网控制骷髅机器人。骷髅机器人散发红光的眼睛中隐藏着小型相机，相机能将周围的影像传送到控制者的计算机中。另外，骷髅机器人还能将用户传递的语音信号以阴森森的语音说出来。网络机器人在远程医疗、战地救护、娱乐等领域有广阔的应用前景。

2．微型机器人

日本东京工业大学的一名教授对微型和超微型机构尺寸作了一个基本的定义：1～100mm 机构尺寸为小型机构，0.01～1mm 为微型机构，10μm 以下为超微型机构。微型机器人的发展依赖于微加工工艺、微传感器、微驱动器和微结构的发展。现已研制出直径为 20μm、长 150μm 的铰链连杆以及 200μm×200μm 的滑块结构和微型齿轮、曲柄、弹簧等。贝尔实验室已开发出一种直径为 400μm 的齿轮。

德国卡尔斯鲁厄核研究中心的微型机器人研究所研究出一种 X 射线深刻蚀、电铸和塑料模铸组合的新型微加工方法。深刻蚀厚度为 10～1 000μm。微驱动器、微传感器都是在集成电路技术的基础上用标准的光刻和化学腐蚀技术制成的，不同的是集成电路大部分是二维刻蚀，而微型机械则完全是三维刻蚀。

随着 Mems 技术和生物芯片技术的发展，微型机器人不可阻挡地进入了实用阶段。国外正在开发体内自主行走式诊断治疗、定点投放药物及进行体内微细手术的外科手术机器人。医用注射器将微型机器人推入体内，机器人携带生物传感器对人体组织进行检查，并将信号反馈到信息处理中心进行分析处理。如果发生病变，医生可以指挥机器人实施手术、定点投放药物等操作。机器人完成工作任务后自行消失，随人体废弃物排出，对人体没有任何副作用。

美国 IBM 公司瑞士苏黎世实验室与瑞士巴塞尔大学的科学家正在研究利用 DNA（脱氧核糖核酸）的结构特性为微型机器人提供动力的新方法。利用这一方法，科学家可能制造出不用电池的新一代微型机器人。

据美国《科学》杂志报道，研究人员发现 DNA 能够被用来弯曲直径不及头发丝五十分之一的硅原子构成的悬臂。他们装配的这种小悬臂一端固定，另一端可自由上下弯曲，顶端则粘有单股 DNA 链。DNA 自然形成双螺旋结构，就像被扭曲的梯子，双链被分开后，它们会力图重新组合。当研究人员将带有单股 DNA 链的悬臂置于含有与之对应的单股 DNA 链的溶液中时，这两个链就会自动配对结合在一起，小悬臂在这种力的作用下开始弯曲。研究人员可以利用这种生物力学技术制造带有纳米级阀门的微型治癌胶囊，通过控制驱动力控制阀门的开合，将精确剂量的药物传送到身体所需部位达到治疗目的。

3．高智能机器人

美国著名的科普作家阿西莫夫曾设想机器人具有这样的数学天赋："能像小学生背乘法口诀一样来心算三重积分，做张量分析题如同吃点心一样轻巧"。1997 年，IBM 公司开发的名为"深蓝"的 RS/6000SP 超级计算机打败了国际象棋之王——卡斯帕罗夫，显示了大型计算机的威力。"深蓝"重达 1.4 t，有 32 个节点，每个节点有 8 块专门为进行国际象棋对弈设计的处理器，平均运算速度为 200 万步/s。

机器人需要处理和存储的信息量大，要求计算机的实时处理速度快。如果将"深蓝"这样的计算机体积缩小到相当小，就可以直接放人机器人的脑中。有了硬件支持以及人工智能的突破，更高智能的机器人一定会出现。

4．变结构机器人

智能机器人工作环境千变万化，科学家梦想着机器人能像人和动物一样运动。比如，像蛇一样爬行，像人一样用两条腿行走。日本在仿人形机器人上取得了很大的进步。但是机器人的行走速度慢，对地面的要求很高，真正达到像人一样行走的水平，道路仍然很漫长。

变结构机器人研究的目标就是创造出新的结构，可以根据环境的变化变换结构。如机器人可以依照环境的变化将自己变成一条蛇或者一个四条腿爬行的昆虫。

10.2 智能机器人的体系

智能机器人的体系结构是定义一个智能机器人系统各部分之间相互关系和功能分配，确定一个智能机器人或多个智能机器人系统的信息流通关系和逻辑上的计算结构。对于一个具体的机器人而言，可以说就是这个机器人信息处理和控制系统的总体结构，它不包括这个机器人的机械结构内容。

10.2.1 智能机器人的体系结构

事实上，任何一个机器人都有子集的体系结构。目前，大多数工业机器人的控制系统为两层结构，上层负责运动学计算和人机交互，下层负责对各个关节进行伺服控制。现在世界上一些智能机器人的实验系统追求的是采用某种思想或技术，实现某种功能或达到某种水平，所以其体系结构很多都是就其的需要进行设计的。

智能机器人的体系结构遵循的最为广泛的原则是依据时间和功能来划分体系结构中的层次和模块。这样的体系结构中，最有代表性的是美国航空航天局（NASA）和美国国家标准局（NBS）提出的，它的出发点是考虑到一个移动机器人上可能有作业手、通信、声纳等多个被控制的分系统，而这样的机器人可能由多个分系统相互协调工作。体系结构的设计要满足这样的发展要求，甚至可以和具有计算机集成制造系统（CIMS）的工厂的系统结构相兼容。它设计的另一个出发点是考虑到已经有的单元技术和正在研究的技术可用到这一系统中来，包括现代控制方面的技术和人工智能领域的技术等。

整个系统分成信息处理、环境建模和任务分解三列，分为坐标变换与伺服控制、动力学计算、基本运动、单体任务、成组任务和总任务六层，所有模块共享一个全局存储器（数据库）。体系结构的六层是依照信息处理的顺序排列的。

第一层：坐标变换和伺服控制层。它把上层送来的载体要达到的几何坐标，分解变换成各关节的坐标，并对执行器进行伺服控制。

第二层：动力学计算层。这一层工作于载体（单体）坐标系或绝对坐标系。它的作用是给出一个平滑的运动轨迹，并把轨迹上各点的几何坐标位置、速度、方向定时地向第一层发送。

第三层：基本运动层。这层工作在几何空间内，也可以工作在符号空间内。其结果是给出被控体运动的各关键点的坐标。由于上述三层是对一个分系统的控制，各分系统工作性质不同，各层工作也相应不同。上述描述是以控制被控体运动而言的。

第四层：单体任务层。这一层是面对任务的，把整个单体任务分解成若干子任务串，分配给各个分系统，这一层又叫做任务分解层或任务层。

第五层：成组任务层。它的任务是把任务分解成若干子任务串，分配给不同组的机器人。

第六层：总任务层。它把总任务分解成子任务分配给各机器人组。

10.2.2 智能机器人的控制系统

根据应用的目的不同，智能机器人的系统构成不尽相同，比较完整的典型结构如图10-1 所示。

智能机器人的系统综合运用了多种智能模拟技术，其目的是建立起一个类似“人”的模型。

首先人类大量信息获取的途径是通过眼睛，机器人的视觉是它最主要的感觉手段，视觉装置可以获取目标物的明暗、距离和颜色等信息，机器人据此识别目标物的形状、姿态、位置和颜色等特征参数。

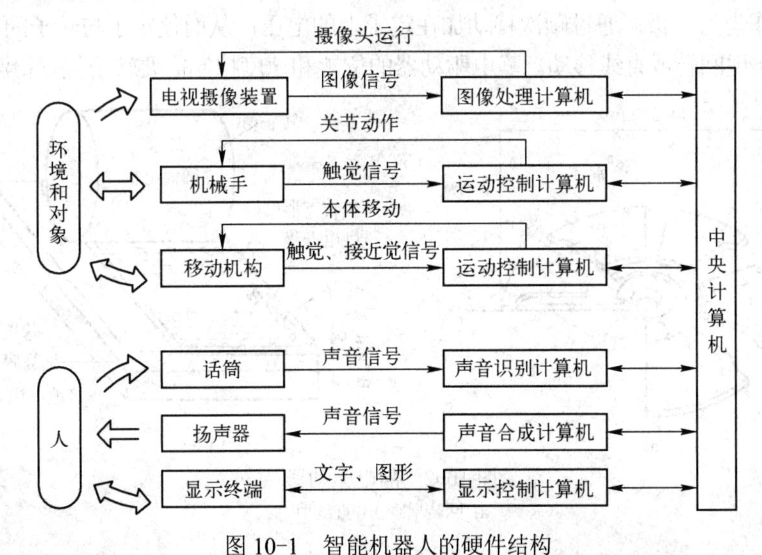

图 10-1 智能机器人的硬件结构

人类智能的另一个前提是具有相当高的灵巧程度，这是通过较多的关节实现的。与工业机器人相比，智能机器人的“手”需要增加自由度，而且需要配备接触觉、压觉、滑觉和力觉等传感器以便产生灵活、可靠的动作，完成复杂的作业，而且触觉信息本身就可以用来配合或代替视觉识别物体。

人类智能的特点是能够自由移动。机器人的移动功能是与传统机械的一大区别。人类智能的又一个特点就是人类能够进行信息的交流，较高级别的智能机器人能够实现和人类进行信息交流。

最后，整个智能机器人的结构是一个多级计算机系统，计算机担负着运动、感知、人-机通信这几种机能所涉及的信息处理和管理控制任务，它必须具有大容量内存，以便建立包括环境模型、对象数据、推理机制等内容的知识库；具有并行实时处理能力，以便改善下属各子系统之间存在的时间不平衡性，求得协调行为的高速实现。即使如此，理想的智能机器人对于将现有的顺序型冯·诺依曼计算机作为“脑”仍感不足，而是寄希望于以非顺序型理论为基础的新型计算机。

10.3 智能机器人的新型驱动器

智能机器人除了传统的电动机驱动、液压驱动、气压驱动等方式外，由于结构及尺寸的不同，还常采用如下一些新型的驱动器，如静电驱动、形状记忆合金驱动、压电驱动及磁致伸缩驱动等。

10.3.1 静电驱动器

静电驱动器利用电荷间引力和排斥力的互相作用顺序驱动电极而产生平移或旋转运动。因静电作用属于表面力，作用力大小和元件尺寸的二次方成正比，在尺寸很微小时，能够产生很足的电量。

静电驱动器有回转型和直线型两种，如图 10-2 所示。驱动时，将转子当作接地电极，长方形或扇形定子作为另一极，通过顺次移动加在定子上的电压，从而使定子与转子间产生引力与排斥力，就可以实现回转或直线移动。静电驱动器的位置和速度控制需要转子位置检测电路。

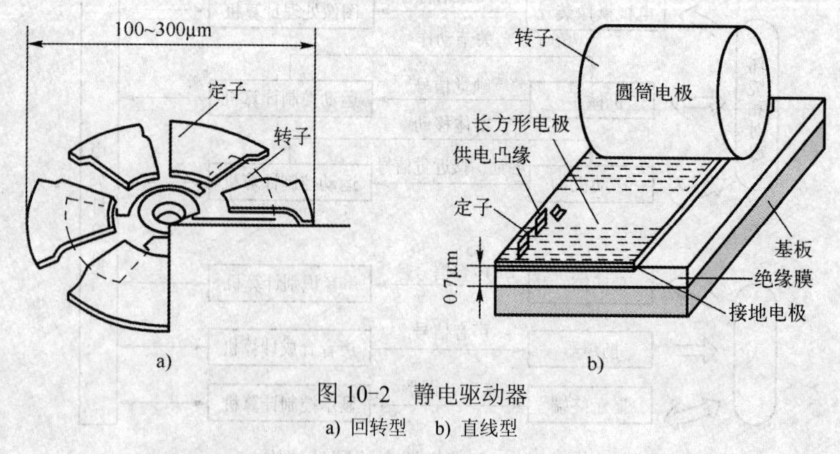

图 10-2　静电驱动器
a) 回转型　b) 直线型

10.3.2 形状记忆合金驱动器

近年来，随着形状记忆合金（SMA）的发展，它正在各领域得到广泛应用。SMA 驱动器已成功应用于医疗、航空航天领域，同时成功用在管接头及家用电器中。

基于机器人行业的不同特点，机器人用 SMA 驱动器的开发难度最大，但由于形状记忆合金具有功率/质量比大（可达 230），可直接进行驱动等特殊性能，其在机器人领域的应用前景非常广阔。

1．形状记忆合金的性能

形状记忆合金之所以可用做驱动器，首先是由于其具有形状记忆效应（Shape memory effect）。一般金属材料受到外力作用后会发生弹性变形，达到屈服点后产生塑性变形，应力消除后，留下永久变形；而形状记忆合金在发生塑性变形后加热到某一温度之上，能够回复到变形前的形状，这就是形状记忆效应。

2．形状记忆合金的特点

与电动机等驱动器相比，形状记忆合金还有以下特点。

1）功率/质量比大。质量越小，优势越明显。

2）机构简单。

3）无污染和噪声。

4）具有传感功能。

5）低压驱动。

3．形状记忆合金（SMA）驱动器的工作机理

形状记忆合金（SMA）驱动器是利用形状记忆合金加热形状恢复（形状记忆效应）时恢复力对外做功的特性来产生动作和力的热驱动器。

SMA 驱动器工作的实质是：SMA 元件为低温马氏体相时柔弱，在很小的作用力下就可发生变形；作用力撤除后产生很小的弹性恢复，弹性恢复后的残余变形随着温度的升高在马氏体逆相变结束时（SMA 升温到奥氏体结束温度）完全消失，表现为高温奥氏体相时强硬的力学性能；为低温马氏体相对使 SMA 元件产生变形，在升温过程中通过形状记忆效应对外输出位移并做功。

10.3.3 压电效应驱动器

某些物质在外力作用下不仅几何尺寸发生变化，而且内部出现极化——表面上有电荷出现，形成电场；当外力消失时，材料重新回复到原来的状态，电场也随即消失，这种现象即称为压电效应。

与此相反，如果将这些物质置于电场中，则其几何尺寸也发生变化。这种由于外电场作用导致物质产生机械变形的现象称为逆压电效应，如图 10-3 所示。

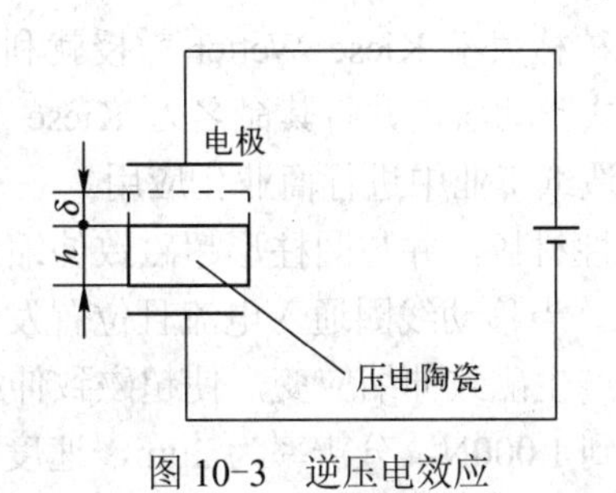

图 10-3 逆压电效应

1．压电材料

具有压电效应的材料称为压电材料。压电材料按晶体的性质可分为两大类，一类是压电单晶，石英是压电单晶中最有代表性的，应用广泛；另一类是压电多晶，它是以钛酸盐为基的多晶体陶瓷，一般称为压电陶瓷，如钛酸钡、锆钛酸铅等。

压电多晶在烧结后需经人工极化方能具有压电效应，现在使用最多的压电多晶是 PZT 锆钛酸铅系列压电陶瓷。PZT 是一个材料系列，随配方和掺杂物的变化可以获得不同的性能。

2．压电效应驱动器

在电场强度为 E 的外加电场作用下，压电陶瓷的变形 δ 为

$$\delta=d_{33}hE$$

式中，d_{33} 为压电陶瓷材料在极化方向上的压电应变常数；h 为压电陶瓷晶片的厚度。由于单片压电陶瓷晶片的变形较小，因此为了获得较大变形输出，可将多片压电陶瓷晶片串联叠置，并根据每片压电陶瓷晶片的极化方向施加并联电场。

压电材料有很多优点，如易于微型化，控制方便，采用低压驱动，对环境影响小以及无电磁干扰等，因此在小型智能机器人方面具有广阔的应用前景。

由于压电超声波驱动器存在着许多其他驱动方式没有的优点，这种新型驱动器的研究与开发正引起很多国家的重视，人们正在试图在某些领域实现它的规模化生产以取代传统的电磁驱动器。

10.3.4 磁致伸缩驱动器

磁致伸缩效应是指铁磁材料和亚铁磁材料磁化状态的改变导致其长度发生微小的变化，1840 年焦耳就发现了这种现象，因此也称为焦耳效应。

与此相反，当材料受到压力或张力作用而使材料长度发生变化时，材料内部的磁化状态也随之改变，这种现象称为磁致伸缩逆效应。

1．超磁致伸缩材料

1972 年，Clark 等首先发现稀土-铁化合物 RFe_2（R 代表稀土元素 Tb、Dy、Ho、Er、Sm 及 Tm 等）的磁致伸缩在室温下是 Fe、Ni 等传统磁致伸缩材料的 100 多倍，这种材料被称为超磁致伸缩材料。从那时起，对磁致伸缩效应的研究才再次引起了学术界和工业界的注意。

超磁致伸缩材料具有伸缩应变大，机电耦合系数高，响应速度快，输出力大等特点，因此，它的出现为新型驱动器的研制与开发又提供了一种行之有效的方法，并引起了国际上的极大关注。

2．尺蠖式磁致伸缩驱动器

20 世纪 80 年代末，德国柏林大学 Kiese Wetter 教授就利用超磁致伸缩材料棒作为驱动元件研制成功一种新型的尺蠖式驱动器，并将其命名为 Kiese Wetter 驱动器。这是世界上第一台超磁致伸缩驱动器，已在造纸工业中进行商业化应用。

驱动器定子采用管状非磁性材料，并与圆柱形超磁致伸缩棒具有相同的直径，超磁致伸缩棒的尺寸为 ϕ10mm×120mm。当移动线圈通入电流且位置发生变化时，超磁致伸缩棒运动部分分别在纵向和径向方向上产生磁致伸缩应变，使超磁致伸缩棒交替伸缩，像虫子一样蠕动前进。它的最大驱动力可达到 1 000N，分辨率为 2μm，速度可达 20mm/s。

10.3.5 人工肌肉

为了更好地模拟生物体的运动功能以在机器人上应用，目前已经研制出了各种不同类型的人工肌肉，如利用高分子凝胶、形状记忆合金等材料制成的人工肌肉。其中应用最为广泛的是气动人工肌肉。

气动人工肌肉的概念在20世纪30年代由俄国发明家S・Garasiev首先提出。到了20世纪50年代，美国医生Joseph・L・Mckibben发明了一种以其名字命名的气动人工肌肉，即Mckibben肌肉，并用其设计了能够辅助残疾手指运动的气动装置。通过调节肌肉的充气压力，可对其进行简单的开环控制，从而方便残疾人的使用。由于其总带有一个又大又重的CO_2储气罐，同时气动技术自身仍存在一些缺陷，20世纪60年代后Mckibben肌肉就被电动机所取代。

20世纪80年代，日本工程师在Mckibben肌肉的设计基础上，又推出Rubbertuator，并用其制造出喷漆用机器人手臂。这期间世界上一些专家、学者和厂家也都注意到气动人工肌肉的潜在应用价值，相继研制和开发出各种类型的气动人工肌肉，但到现在为止，普遍使用的仍是日木Bridgestone公司生产的Rubbertuator和德国某公司生产的气动肌腱（Fluidic muscle）。

作业与思考题

1．什么是智能机器人？智能机器人三要素有哪些？
2．说说智能机器人分类和机能有哪些。
3．智能机器人技术是如何形成的？
4．新型智能机器人有哪些？
5．智能机器人有哪些体系结构？
6．智能机器人的控制系统由哪些组成部分？
7．智能机器人有哪些新型驱动器？
8．说说静电驱动器的原理。
9．记忆合金驱动器有哪些特点？其工作机理有哪些？
10．压电效应驱动器的原理有哪些？可以用在何处？
11．磁致伸缩驱动器的原理有哪些？可以用在何处？
12．人工肌肉的原理有哪些？可以用在何处？

参 考 文 献

[1] 谢存禧，张铁．机器人技术及其应用[M]．北京：机械工业出版社，2005.

[2] 郭洪红．工业机器人运用技术[M]．北京：科学出版社，2008.

[3] 刘极峰，丁继斌．机器人技术基础[M]．2 版．北京：高等教育出版社，2012.

[4] 肖南峰．仿人机器人[M]．北京：科学出版社，2008.

[5] 董春利．传感器与检测技术[M]．北京：机械工业出版社，2008.

[6] 陈哲．机器人技术基础[M]．北京：机械工业出版社，2011.

[7] 郑笑红，唐道武．工业机器人技术及应用[M]．北京：煤炭工业出版社，2004.

[8] 张玫，等．机器人技术[M]．北京：机械工业出版社，2011.

[9] 柳桂国．机器人技术[M]．北京：电子工业出版社，2009.

[10] 董春利．传感器技术与应用[M]．北京：中国电力出版社，2013.

[11] 肖南峰．服务机器人[M]．北京：清华大学出版社，2013.

[12] 张福学．机器人学：智能机器人传感技术[M]．北京：电子工业出版社，1995.

[13] 韦巍．智能控制技术[M]．北京：机械工业出版社，2003.

[14] 罗蓉．液压与气压传动[M]．北京：中国电力出版社，2009.

[15] 刘金琨．智能控制[M]．北京：电子工业出版社，2005.

[16] 孙兵．气液动控制技术[M]．北京：科学出版社，2008.

[17] 中国国家标准化管理委员会．GB/T 12643—1997 工业机器人词汇[S]．北京：中国计划出版社，1998.

[18] 工业机器人常用术语（JIS B0134）[S]．北京：中国计划出版社，1995.

[19] 中国国家标准化管理委员会．GB/T 12644—2001 工业机器人特性表示[S]．北京：中国计划出版社，2002.

[20] 中国国家标准化管理委员会．GB/T 19399—2003 工业机器人编程和操作图形接口[S]．北京：中国计划出版社，2004.

[21] JIS B0138—1996 Industrial robots-Graphical symbols of mechanism[S]．Tokyo：JIS，1999.

[22] 林绳宗．国外工业机器人现状及其发展趋势[J]．机械工业自动化，1994（5）.

[23] 彭鹏访，蒋亚宝．工业机器人在汽车轨道交通中的应用[J]．金属加工，2011（16）.

[24] 程剑新．工业机器人应用的现状与未来[J]．科技传播，2013（2）.

[25] 柳桂国，葛鲁波．超声波测距系统在教学用机器人中的设计[J]．电工技术，2004（6）.

[26] 陈旻，毛立民．变位四履带足机器人行走机构的性能研究[J]．东华大学学报，2005（3）.

[27] 王耀南，孙炜．基于模糊神经网络的机器人自学习控制[J]．电机与控制学报，2001（2）.

[28] FANUC 公司．FANUC 机器人目录．北京：Fanuc 公司，2012.

[29] KUKA 公司．KUKA 机器人中文培训资料．上海：KUKA 公司，2012.

[30] 安川公司．安川机器人培训资料．上海：安川公司，2013.

[31] ABB 公司．ABB 机器人培训资料．北京：ABB 公司，2013.